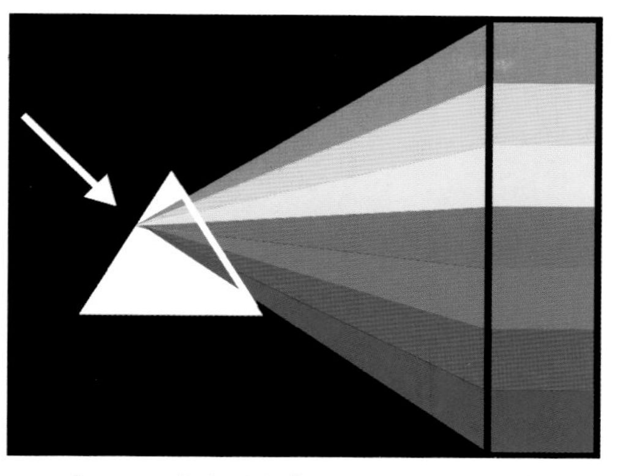

图 3-1　白光被分解后的 7 种主要颜色

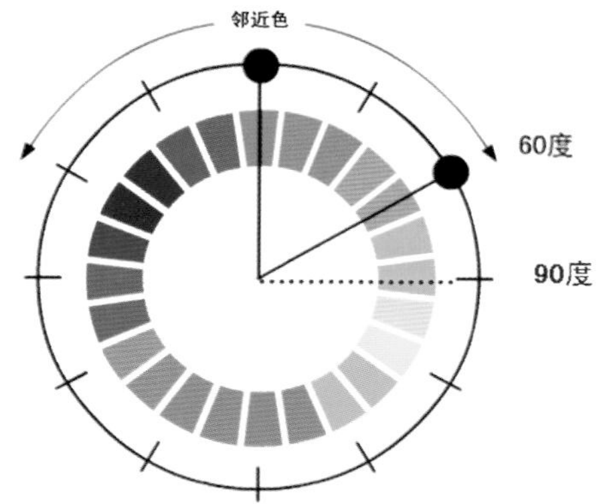

图 3-2　邻近色

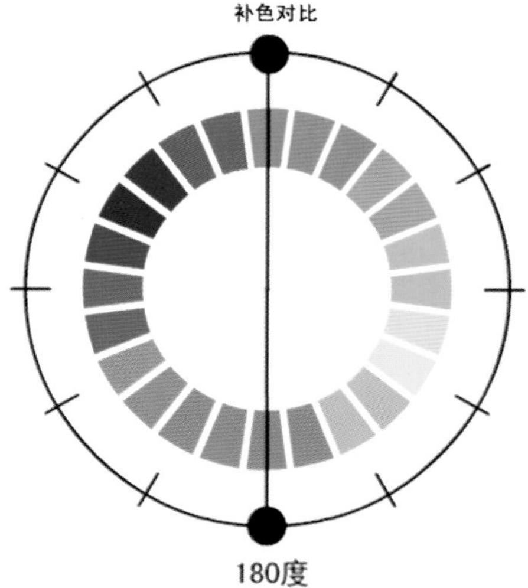

图 3-3　互补色

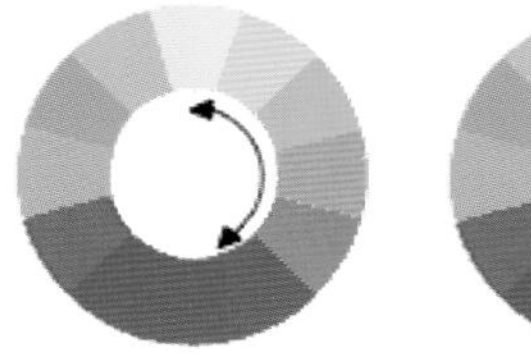

图 3-4　暖色

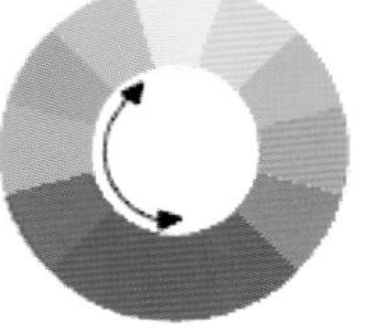

图 3-5　冷色

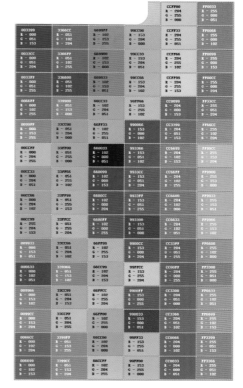

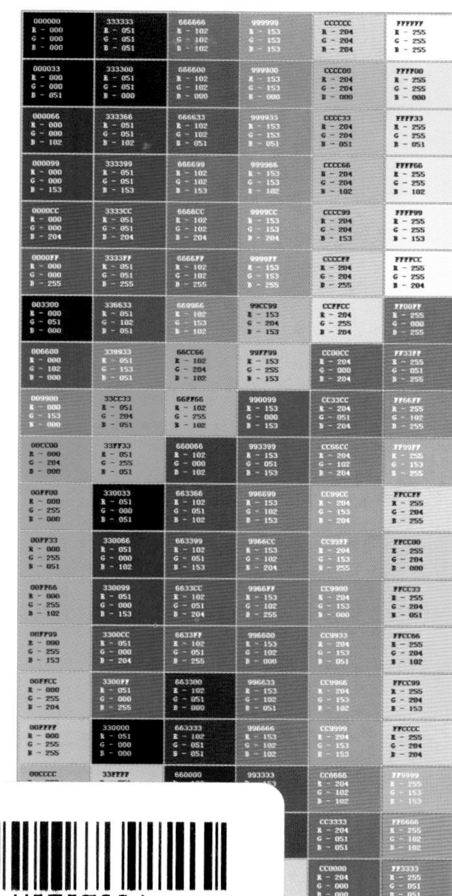

000000 R - 000 G - 000 B - 000	333333 R - 051 G - 051 B - 051	666666 R - 102 G - 102 B - 102	999999 R - 153 G - 153 B - 153	CCCCCC R - 204 G - 204 B - 204	FFFFFF R - 255 G - 255 B - 255
000033 R - 000 G - 000 B - 051	333300 R - 051 G - 051 B - 000	666600 R - 102 G - 102 B - 000	999900 R - 153 G - 153 B - 000	CCCC00 R - 204 G - 204 B - 000	FFFF00 R - 255 G - 255 B - 000
000066 R - 000 G - 000 B - 102	333366 R - 051 G - 051 B - 102	666633 R - 102 G - 102 B - 051	999933 R - 153 G - 153 B - 051	CCCC33 R - 204 G - 204 B - 051	FFFF33 R - 255 G - 255 B - 051
000099 R - 000 G - 000 B - 153	333399 R - 051 G - 051 B - 153	666699 R - 102 G - 102 B - 153	999966 R - 153 G - 153 B - 102	CCCC66 R - 204 G - 204 B - 102	FFFF66 R - 255 G - 255 B - 102
0000CC R - 000 G - 000 B - 204	3333CC R - 051 G - 051 B - 204	6666CC R - 102 G - 102 B - 204	9999CC R - 153 G - 153 B - 204	CCCC99 R - 204 G - 204 B - 153	FFFF99 R - 255 G - 255 B - 153
0000FF R - 000 G - 000 B - 255	3333FF R - 051 G - 051 B - 255	6666FF R - 102 G - 102 B - 255	9999FF R - 153 G - 153 B - 255	CCCCFF R - 204 G - 204 B - 255	FFFFCC R - 255 G - 255 B - 204
003300 R - 000 G - 051 B - 000	336633 R - 051 G - 102 B - 051	669966 R - 102 G - 153 B - 102	99CC99 R - 153 G - 204 B - 153	CCFFCC R - 204 G - 255 B - 204	FF00FF R - 255 G - 000 B - 255
006600 R - 000 G - 102 B - 000	339933 R - 051 G - 153 B - 051	66CC66 R - 102 G - 204 B - 102	99FF99 R - 153 G - 255 B - 153	CC00CC R - 204 G - 000 B - 204	FF33FF R - 255 G - 051 B - 255
009900 R - 000 G - 153 B - 000	33CC33 R - 051 G - 204 B - 051	66FF66 R - 102 G - 255 B - 102	990099 R - 153 G - 000 B - 153	CC33CC R - 204 G - 051 B - 204	FF66FF R - 255 G - 102 B - 255
00CC00 R - 000 G - 204 B - 000	33FF33 R - 051 G - 255 B - 051	660066 R - 102 G - 000 B - 102	993399 R - 153 G - 051 B - 153	CC66CC R - 204 G - 102 B - 204	FF99FF R - 255 G - 153 B - 255
00FF00 R - 000 G - 255 B - 000	330033 R - 051 G - 000 B - 051	663366 R - 102 G - 051 B - 102	996699 R - 153 G - 102 B - 153	CC99CC R - 204 G - 153 B - 204	FFCCFF R - 255 G - 204 B - 255
00FF33 R - 000 G - 255 B - 051	330066 R - 051 G - 000 B - 102	663399 R - 102 G - 051 B - 153	9966CC R - 153 G - 102 B - 204	CC99FF R - 204 G - 153 B - 255	FFCC00 R - 255 G - 204 B - 000
00FF66 R - 000 G - 255 B - 102	330099 R - 051 G - 000 B - 153	6633CC R - 102 G - 051 B - 204	9966FF R - 153 G - 102 B - 255	CC9900 R - 204 G - 153 B - 000	FFCC33 R - 255 G - 204 B - 051
00FF99 R - 000 G - 255 B - 153	3300CC R - 051 G - 000 B - 204	6633FF R - 102 G - 051 B - 255	996600 R - 153 G - 102 B - 000	CC9933 R - 204 G - 153 B - 051	FFCC66 R - 255 G - 204 B - 102
00FFCC R - 000 G - 255 B - 204	3300FF R - 051 G - 000 B - 255	663300 R - 102 G - 051 B - 000	996633 R - 153 G - 102 B - 051	CC9966 R - 204 G - 153 B - 102	FFCC99 R - 255 G - 204 B - 153
00FFFF R - 000 G - 255 B - 255	330000 R - 051 G - 000 B - 000	663333 R - 102 G - 051 B - 051	996666 R - 153 G - 102 B - 102	CC9999 R - 204 G - 153 B - 153	FFCCCC R - 255 G - 204 B - 204
00CCCC [illegible]	33FFFF [illegible]	660000 [illegible]	993333 [illegible]	CC6666 R - 204 G - 102 B - 102	FF9999 R - 255 G - 153 B - 153
[illegible]	[illegible]	[illegible]	[illegible]	CC3333 R - 204 G - 051 B - 051	FF6666 R - 255 G - 102 B - 102
[illegible]	[illegible]	[illegible]	[illegible]	CC0000 R - 204 G - 000 B - 000	FF3333 R - 255 G - 051 B - 051
[illegible]	[illegible]	[illegible]	[illegible]	CCFF00 R - 204 G - 255 B - 000	FF0033 R - 255 G - 000 B - 051
003399 R - 000 G - 051 B - 153	3366CC R - 051 G - 102 B - 204	6699FF R - 102 G - 153 B - 255	99CC00 R - 153 G - 204 B - 000	CCFF33 R - 204 G - 255 B - 051	FF0066 R - 255 G - 000 B - 102
0033CC R - 000 G - 051 B - 204	3366FF R - 051 G - 102 B - 255	669900 R - 102 G - 153 B - 000	99CC33 R - 153 G - 204 B - 051	CCFF66 R - 204 G - 255 B - 102	FF0099 R - 255 G - 000 B - 153
0033FF R - 000 G - 051 B - 255	336600 R - 051 G - 102 B - 000	669933 R - 102 G - 153 B - 051	99CC66 R - 153 G - 204 B - 102	CCFF99 R - 204 G - 255 B - 153	FF00CC R - 255 G - 000 B - 204
0066FF R - 000 G - 102 B - 255	339900 R - 051 G - 153 B - 000	66CC33 R - 102 G - 204 B - 051	99FF66 R - 153 G - 255 B - 102	CC0099 R - 204 G - 000 B - 153	FF33CC R - 255 G - 051 B - 204
0099FF R - 000 G - 153 B - 255	33CC00 R - 051 G - 204 B - 000	66FF33 R - 102 G - 255 B - 051	990066 R - 153 G - 000 B - 102	CC3399 R - 204 G - 051 B - 153	FF66CC R - 255 G - 102 B - 204
00CCFF R - 000 G - 204 B - 255	33FF00 R - 051 G - 255 B - 000	660033 R - 102 G - 000 B - 051	993366 R - 153 G - 051 B - 102	CC6699 R - 204 G - 102 B - 153	FF99CC R - 255 G - 153 B - 204
00CC33 R - 000 G - 204 B - 051	33FF66 R - 051 G - 255 B - 102	660099 R - 102 G - 000 B - 153	9933CC R - 153 G - 051 B - 204	CC66FF R - 204 G - 102 B - 255	FF9900 R - 255 G - 153 B - 000
00CC66 R - 000 G - 204 B - 102	33FF99 R - 051 G - 255 B - 153	6600CC R - 102 G - 000 B - 204	9933FF R - 153 G - 051 B - 255	CC6600 R - 204 G - 102 B - 000	FF9933 R - 255 G - 153 B - 051
00CC99 R - 255 G - 204 B - 153	33FFCC R - 051 G - 255 B - 204	6600FF R - 102 G - 000 B - 255	993300 R - 153 G - 051 B - 000	CC6633 R - 204 G - 102 B - 051	FF9966 R - 255 G - 153 B - 102
009933 R - 000 G - 153 B - 051	33CC66 R - 051 G - 204 B - 102	66FF99 R - 102 G - 255 B - 153	9900CC R - 153 G - 000 B - 204	CC33FF R - 204 G - 051 B - 255	FF6600 R - 255 G - 102 B - 000
006633 R - 000 G - 102 B - 051	339966 R - 051 G - 153 B - 102	66CC99 R - 102 G - 204 B - 153	99FFCC R - 153 G - 255 B - 204	CC00FF R - 204 G - 000 B - 255	FF3300 R - 255 G - 051 B - 000
009966 R - 000 G - 153 B - 102	33CC99 R - 051 G - 204 B - 153	66FFCC R - 102 G - 255 B - 204	9900FF R - 153 G - 000 B - 255	CC3300 R - 204 G - 051 B - 000	FF6633 R - 255 G - 102 B - 051
0099CC R - 000 G - 153 B - 204	33CCFF R - 051 G - 204 B - 255	66FF00 R - 102 G - 255 B - 000	990033 R - 153 G - 000 B - 051	CC3366 R - 204 G - 051 B - 102	FF6699 R - 255 G - 102 B - 153
0066CC R - 000 G - 102 B - 204	3399FF R - 051 G - 153 B - 255	66CC00 R - 102 G - 204 B - 000	99FF33 R - 153 G - 255 B - 051	CC0066 R - 204 G - 000 B - 102	FF3399 R - 255 G - 051 B - 153
006699 R - 000 G - 102 B - 153	3399CC R - 051 G - 153 B - 204	66CCFF R - 102 G - 204 B - 255	99FF00 R - 153 G - 255 B - 000	CC0033 R - 204 G - 000 B - 051	FF3366 R - 255 G - 051 B - 102

图 3-6　网页安全色

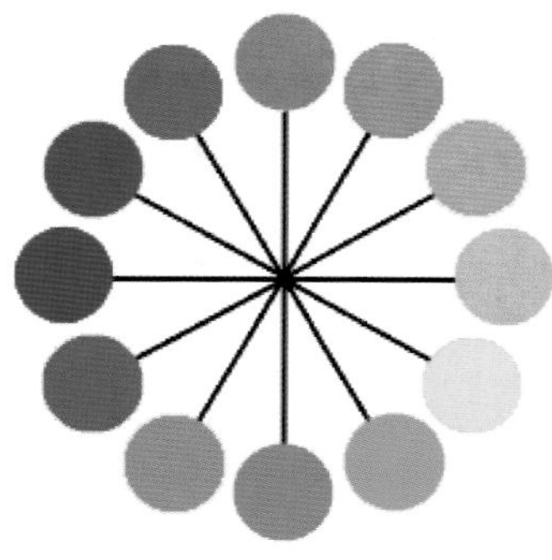

图 3-7　十二基本色相

#712704　#04477C
#BD7803　#065FB9
#FE9D01　#049FF1
#FFBB1C　#70E1FF
#EED205　#CBF3FB

图 3-8　色彩的明度变化

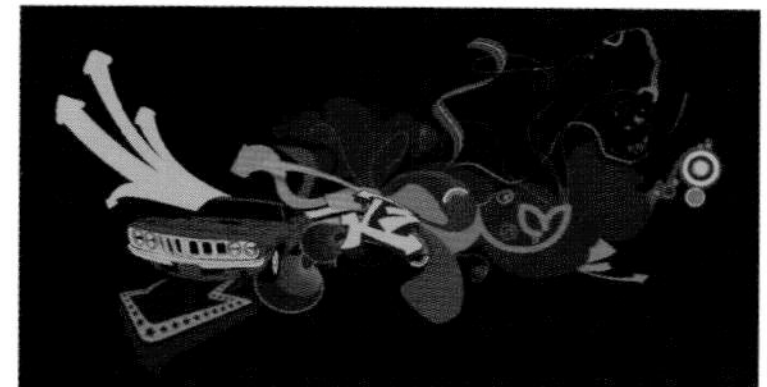

图 3-9　同一色彩的明暗变化

图 3-10　色彩的纯度变化

图 3-11　以红色为主色的网页

图 3-12　以黄色为主色的网页

图 3-13　以蓝色为主色的网页

图 3-14　以绿色为主色的网页

图 3-15　以紫色为主色的网页

图 3-16　以橙色为主色的网页

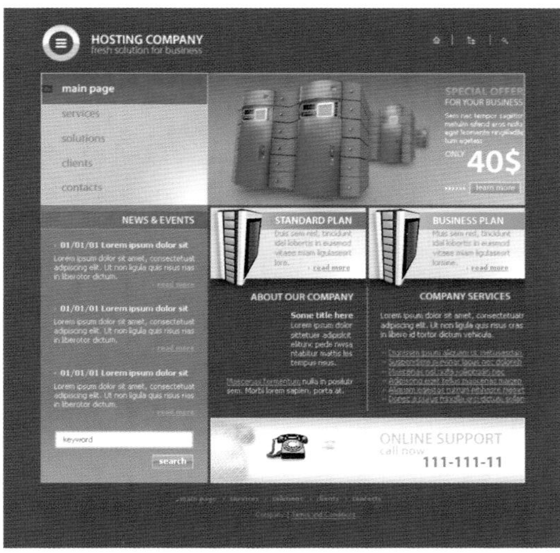

图 3-17　使用黑色与灰色为主色的网页

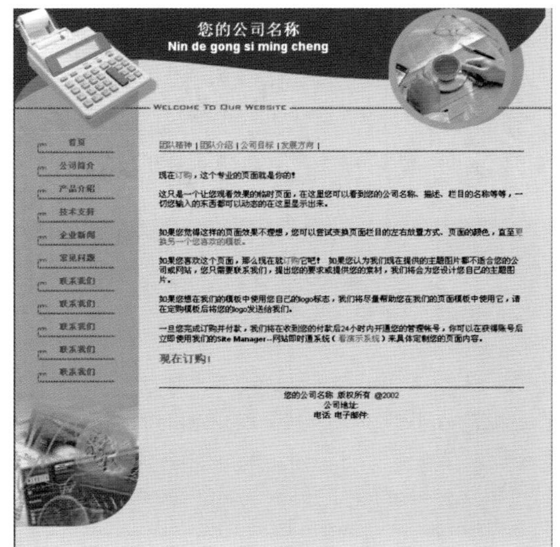

图 3-18　以灰色为主色的网页

图 3-19　色彩的鲜明性

图 3-20　网页色彩独特

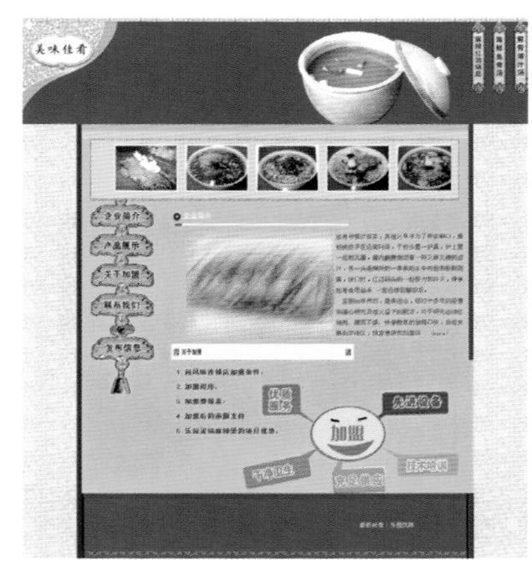

图 3-21　色彩的适合性

图 3-22　使用同一种色彩搭配的网页

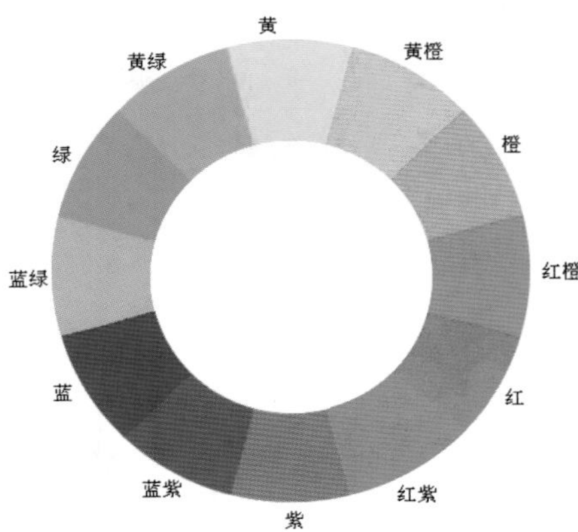

图 3-23　色环

图 3-24　原色对比搭配

图 3-25　互补色

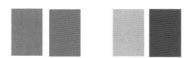

图 3-26　应用补色对比的网页设计

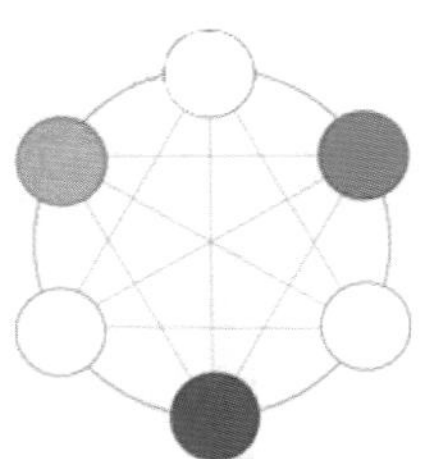

图 3-27　间色对比

图 3-28　绿与橙间色对比

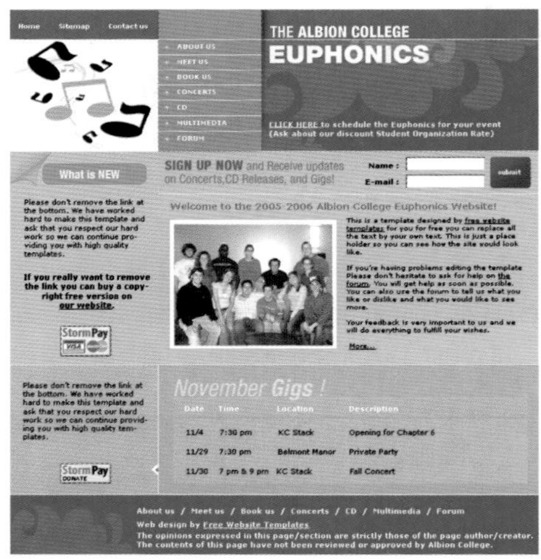

图 3-29　色彩的面积对比

图 3-31　辅助色应用效果

网站设计与开发

从新手到高手

原晋鹏 刘云玉 / 编著

清华大学出版社

北京

内 容 简 介

网页设计与网站建设是目前最受欢迎的技术职位之一。本书由浅入深、循序渐进地向读者介绍了网页设计与网站建设的各种相关技术，最终目的是使读者能够胜任网页设计与网站建设这项工作，同时达到独立开发网站的技术水平。

本书分7篇共23章，以“网站设计与开发入门”→“网页的排版与制作”→“设计精美的网页图像”→“HTML网站开发”→“动态网站开发”→“网站发布维护与推广”→“网站综合案例”为线索展开，循序渐进地讲述了网页设计与网站建设方面的知识。内容涵盖网站页面的策划与布局，网页的色彩搭配，Dreamweaver，CSS，CSS+Div布局，Photoshop，HTML，HTML 5，ASP，VBScript，网站的发布、维护与推广等技术。

本书知识全面实用，通俗易懂，让读者轻松实现自己制作网站的梦想。本书可作为大专院校、高职高专、中等职业学校计算机专业的教材，也可作为各种计算机培训班的培训教材，还可作为想学习网页制作与网站建设自学者的参考用书。

图书在版编目（CIP）数据

网站设计与开发从新手到高手 / 原晋鹏，刘云玉编著 . – 北京：清华大学出版社，2021.10
（从新手到高手）
ISBN 978-7-302-59180-1
1. ①网 .. II. ①原 .... ②刘 ... III. ①网站—设计②网站—开发 IV. ① TP393.092
中国版本图书馆 CIP 数据核字（2021）第 187095 号

责任编辑： 陈绿春
封面设计： 潘国文
责任校对： 胡伟民
责任印制： 朱雨萌

出版发行： 清华大学出版社
网　　址： http://www.tup.com.cn， http://www.wqbook.com
地　　址： 北京清华大学学研大厦 A 座　　**邮　　编：** 100084
社 总 机： 010-62770175　　**邮　　购：** 010-83470235
投稿与读者服务： 010-62776969，c-service@tup.tsinghua.edu.cn
质量反馈： 010-62772015，zhiliang@tup.tsinghua.edu.cn
印 刷 者： 北京富博印刷有限公司
装 订 者： 北京市密云县京文制本装订厂
经　　销： 全国新华书店
开　　本： 188mm×260mm　　**印　　张：** 18.5　　**插页：** 2　　**字　　数：** 520 千字
版　　次： 2021 年 11 月第 1 版　　**印　　次：** 2021 年 11 月第 1 次印刷
定　　价： 69.00 元

产品编号：064606-01

前言
PREFACE

随着互联网技术的发展，网站已经成为公司、企业宣传推广产品（服务）及商品交易的一种重要手段。设计精美、架构合理的网站对于提高企业的知名度、树立企业形象具有重要的意义。所以，制作网站及维护网站已经成为企业运营的一部分，这项工作具有非常好的发展前景。但是网站建设是一门综合性很强的技能，网站开发涉及的知识面很广，要在短时间内完全掌握几乎不可能。作为一个合格的网页设计与网站建设人员，必须了解市场需求、网站策划、网页图像设计、网页页面排版、网页动画设计、网站程序开发、数据库设计、网络安全、网站维护、网站推广优化等各方面的知识。当前，能够系统地掌握这些知识的网页设计师相对较少，市场上虽然有不少讲解网页制作设计的图书，但是很多都在纯粹地讲解网页设计软件的使用方法，对于网页设计和网站建设的全部流程则很少涉及，因此，基于网页设计与网站建设人才的需求，编写了本书。

本书内容

本书由资深网页设计与网站建设专家编写，从实用角度出发，全面、详细地介绍了网页设计与网站建设的基本理论、制作流程、应用工具等内容。本书分 7 篇共 23 章，以“网站设计与开发入门”→“网页的排版与制作”→“设计精美的网页图像”→“HTML 网站开发”→“动态网站开发”→“网站发布与运营”→“网站综合案例”为线索展开，循序渐进地讲述了网页设计与网站建设方面的知识。

- 第 1 篇 网站设计与开发入门：包括网站设计基础、网站页面的策划与布局、网页的色彩搭配等。
- 第 2 篇 网页的排版与制作：包括在 Dreamweaver 中使用文本、用表格进行网页排版、使用图像和多媒体美化网页、使用模板和库、使用行为添加网页特效、利用表单对象创建表单文件、使用 CSS 样式美化网页、使用 CSS+Div 灵活布局页面、使用 jQuery UI 和 jQuery 特效等。
- 第 3 篇 设计精美的网页图像：包括网页图像设计软件 Photoshop 的使用方法、页面图像的切割与优化、设计网站的图片元素等。
- 第 4 篇 HTML 网站开发：包括使用 HTML 编写网页、HTML 5 的新特性、HTML 5 的结构等。
- 第 5 篇 动态网站开发：包括动态网站基础、动态网页开发语言 ASP 基础与应用、动态网页脚本语言 VBScript。
- 第 6 篇 网站发布与运营：包括上传发布网站、网站维护、网站的宣传推广等。
- 第 7 篇 网站综合案例：从综合运用的角度讲述了公司宣传网站的完整设计与制作流程。

本书特点

- 本书涵盖了众多优秀网页设计师的宝贵实战经验，以及丰富的创作灵感和设计理念。
- 内容全面：涵盖网页设计与网站建设实际工作中方方面面的技术，包括网站页面的策划与布局，网页的色彩搭配，Dreamweaver，Photoshop，HTML，CSS，CSS+Div 布局，

HTML 5，动态网页基础，ASP，VBScript，网站的发布、维护与推广等内容。

- 实战性强：本书除技术讲解非常详细外，案例实践也非常贴近实际的网站开发。掌握书中介绍的知识，基本上可以胜任一般的网站开发任务。
- 循序渐进，由浅入深：为了方便读者学习，本书首先从基本的网站建设常识及最基础的网页布局和色彩搭配等知识开始讲解。在读者不断学习的过程中，逐步介绍所需要的各种软件的使用方法及程序设计语言。每章的学习都会使读者学有所获，有信心进入下一阶段的学习。
- 结构完整：本书以实用功能讲解为核心，每节分为基本知识学习和综合实战两部分，基本知识学习部分以基本知识为主，讲解每个知识点的操作和用法，操作步骤详细，目标明确；综合实战部分则相当于一个学习任务或案例制作。

读者对象

本书适用于以下读者对象。

1. 网页设计与制作人员。
2. 网站建设与开发人员。
3. 大中专院校相关专业师生。
4. 网页制作培训班学员。
5. 个人网站爱好者与自学读者。

本书作者

本书主创人员为黔南民族师范学院原晋鹏和刘云玉，均为从事计算机教学工作的资深教师，有着丰富的教学经验和网络开发经验。由于时间所限，书中疏漏之处在所难免，恳请广大读者朋友批评指正。

配套素材和技术支持

本书的配套素材请用微信扫描下面的二维码进行下载，如果在下载过程中碰到问题，请联系陈老师，联系邮箱：chenlch@tup.tsinghua.edu.cn。

如果有技术性问题，请扫描下面的二维码，联系相关技术人员进行解决。

配套素材

技术支持

本书为 2019 年黔南民族师范学院校级教改项目“计算机类《移动互联网开发技术》课程教学内容和课程体系改革”（项目号：2019xjg0515），2019 年贵州省教育厅自然科学基金项目“基于深度学习与高光谱数据的农作物分类的研究”（项目号：黔教合 KY 字 [2019]206），2020 年贵州省教改项目“‘双创’背景下地方高校 Java 开发技术课程体系建设”（项目号：2020230）研究成果。

作者

2021 年 9 月

目录
CONTENTS

第 1 篇　网站设计与开发入门

第 10 章 使用 CSS 样式美化网页 120

第 11 章 使用 CSS+Div 灵活布局页面 132

第 12 章 使用 jQuery UI 和 jQuery 特效 140

第 3 篇 设计精美的网页图像

第 13 章 网页图像设计软件 Photoshop 161

第 5 篇 动态网站开发

第 7 篇 网站综合案例

第 1 章　网站设计基础

本章导读

上网已成为当今人们的一种生活方式，通过互联网，人们足不出户就可以了解全世界的信息，网站成为了每个公司必不可少的宣传媒介。互联网的迅速发展使网页设计变得越来越重要，要制作出更出色的网站，就需要熟练掌握网站建设的基础知识，这对以后的网站建设工作有很大的帮助。

技术要点

- 预备知识
- 常用的网页设计软件
- 网站建设的基本步骤

1.1 预备知识

在具体学习网页设计与制作之前，先来认识什么是网站、什么是静态网页和动态网页，了解什么是网站的域名和空间的申请，为以后的学习打好基础。

1.1.1 什么是网站

网站是在 Internet 上通过超链接的形式构建的相关网页的集合。简单地说，网站是一种通信工具，就像布告栏，人们可以通过网站来发布自己想要公开的信息，或者利用网站来提供相关的服务。通过网站，人们可以浏览、获取信息。现在，许多公司都拥有自己的网站，他们利用网站来进行宣传、产品资讯发布、招聘人才等。在互联网的早期，网站大多只是单纯的文本。经过多年的发展，图像、声音、动画、视频，甚至 3D 技术都开始在互联网上流行起来，网站也慢慢发展成我们现在看到的图文并茂的样子。通过动态网页技术，人们还可以与其他用户或者网站管理者进行交流。

网站由域名、服务器空间、网页 3 部分组成。网站的域名就是在访问网站时在浏览器地址栏中输入的网址。网页是通过 Dreamweaver 等软件编辑出来的，多个网页由超链接联系起来，然后将网站上传到服务器空间中，供浏览器访问其中的内容。

1.1.2 静态网页和动态网页

网页又称 HTML 文件，是一种可以在互联网上传输，能被浏览器认识并编译成页面显示出来的文件，网页分为静态网页和动态网页。

静态网页是网站建设初期经常采用的一种形式。网站建设者把内容设计成静态网页，浏览者只能被动地浏览网站建设者提供的网页内容，如图 1-1 所示为静态的内容展示网页。

图 1-1　静态的内容展示网页

静态网页的特点如下。

- 网页内容不会发生变化，除非网页设计者修改了网页的内容。
- 不能实现和浏览网页的用户之间的交互。信息流向是单向的，即从服务器到浏览器。服务器不能根据用户的选择调整返回给用户的内容。

所谓“动态网页”是指，网页文件中包含了程序代码，通过后台数据库与 Web 服务器的信息交互，由后台数据库提供实时数据更新和数据查询服务。这种网页的后缀名称一般根据不同的程序设计语言而不同，如常见的 asp、jsp、php、perl、cgi 等形式的后缀。动态网页能够根据不同时间和不同浏览者而显示不同的内容。如常见的新闻发布系统、聊天系统和购物系统通常用动态网页实现，如图 1-2 所示为动态购物网页。

制作动态网页比较复杂，需要用到 ASP、PHP、JSP 和 ASP.NET 等专门的动态网页设计语言。

动态网页的一般特点如下。

- 动态网页以数据库技术为基础，可以大幅降低网站维护的工作量。
- 采用动态网页技术的网站可以实现更多的功能，如用户注册、用户登录、搜索查询、用户管理、订单管理等。
- 动态网页并不是独立存在于服务器上的网页文件，只有当用户请求服务器时才返回一个完整的网页。
- 动态网页中的“？”不利于搜索引擎的检索，采用动态网页的网站在进行搜索引擎推广时需要做一定的技术处理，才能适应搜索引擎的要求。

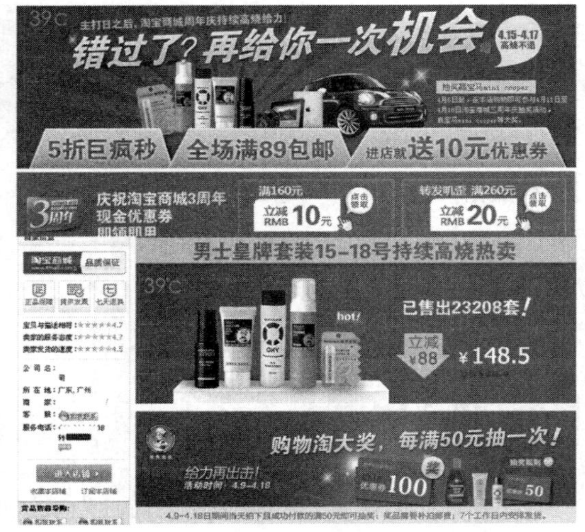

图 1-2　动态购物网页

1.1.3　申请域名

网站的域名就是在访问网站时在浏览器地址栏中输入的网址。

一个网站必须有一个世界范围内唯一可访问的名称，这个名称还可以方便地书写和记忆，这就是网站的域名。域名对于开展电子商务具有重要的意义，它被誉为网络时代的“环球商标”，一个好的域名会大幅增加企业在互联网上的知名度。因此，企业如何选取好的域名就显得十分重要。

从网络体系结构上讲，域名是由域名管理系统（Domain Name System，DNS）全球统一管理的，用来映射主机 IP 地址的一种主机命名方式。例如，百度的域名是 www.baidu.com，在浏览器地址栏中输入 www.baidu.com 时，计算机会把这个域名指向对应的 IP 地址。

同样，网站的服务器空间会有一个 IP 地址，还需要申请一个便于记忆的域名指向这个 IP 地址以便访问。

1. 域名选取原则

在选取域名的时候，首先要遵循两个基本原则。

- 域名应该简明易记，便于输入，这是判断域名好坏最重要的因素。一个好的域名应该短而顺口，便于记忆，最好让人看一眼就能记住，而且读起来发音清晰，不会导致拼写错误。此外，域名选取还要避免同音异义词。
- 域名要有一定的内涵和意义。用有一定意义和内涵的词或词组作为域名，不但可记忆性好，而且有助于实现企业的营销目标。如企业的名称、产品名称、商标名、品牌名等都是不错的选择，这样能够使企业的网络营销目标和非网络营销目标达成一致。

提示

选取域名时有以下常用的技巧。

- 用企业名称的汉语拼音作为域名。
- 用企业名称对应的英文名作为域名。
- 用企业名称的缩写作为域名。
- 用汉语拼音的谐音形式为企业注册域名。
- 以中英文结合的形式为企业注册域名。
- 在企业名称前、后加上与网络相关的前缀和后缀。
- 用与企业名不同，但有相关性的词或词组为作域名。
- 不要注册其他公司拥有的独特商标名和国际知名企业的商标名。

2. 网站域名类型

一个域名是分为多个字段的，如 www.sina.com.cn，这个域名分为 4 个字段。cn 是一个国家字段，表示该域名是中国的；com 表示域名的类型，表示这个域名是公共服务类的域名；sina 表示这个域名的名称；www 表示该域名提供 www 网站服务。域名中的最后一个字段，一般是国家字段。表 1-1 为一些常见的域名后缀类型。对于 .gov 政府域名、.edu 教育域名等类型的域名，需要这些有相关资质的机构提供有效的证明材料才可以申请和注册。

表 1-1　常用的域名字段

字　段	类　型
.com	商业机构域名
.net	网络服务机构域名
.org	非营利性组织
.gov	政府机构
.edu	教育机构
.info	信息和信息服务机构
.name	个人专用域名
.tv	电视媒体域名
.travel	旅游机构域名
.ac	学术机构域名
.cc	商业公司
.biz	商业机构域名
.mobi	手机和移动网站域名

3. 申请域名

域名是由国际域名管理组织或国内的相关机构统一管理的。国内有很多网络公司可以代理域名的注册业务，可以直接在这些网络公司注册一个域名。注册域名时，需要找到服务较好的域名代理商进行注册。

可以在搜索引擎上查找域名代理商，如图 1-3 所示。也可以在浏览器中打开阿里云的网站，在这里可以申请注册域名，如图 1-4 所示。

图 1-3　查找域名代理商

图 1-4　在阿里云申请注册域名

图 1-5　申请服务器空间

1.1.4　申请服务器空间

访问网站的过程实际上就是用户计算机和服务器进行数据连接和数据传递的过程，这就要求网站必须存放在服务器上才能被访问。一般的网站，不会使用独立的服务器，而是在网络公司租用一定大小的存储空间来支持网站的运行。这个租用的网站存储空间就是服务器空间。如图 1-5 所示为申请服务器空间的页面。

一个小的网站直接放在独立的服务器上是不实际的，实现方法是在商用服务器上租用一定的服务器空间，每年定期支付很少的服务器租用费即可把自己的网站放在服务器上运行。用户只需要管理和更新自己的网站即可，服务器的维护和管理则由网络公司完成。

在租用服务器空间时，需要选择服务较好的网络公司。好的服务器空间运行稳定，很少出现服务器停机的现象，有很好的访问速度和售后服务。某些测试软件可以方便地测出服务器的运行速度。新网、万网、中资源等公司的服务器空间都有很好的性能和售后服务。

在网络公司的主页注册用户名并登录后，即可购买服务器空间。在购买时需要选择空间的大小和支持的程序类型。

1.2　常用的网页设计软件

在设计网页时，首先要选择网页设计软件。虽然用记事本手工编写源代码也能做出网页，但这需要对编程语言相当了解，所以并不适合初学者使用。由于目前可视化的网页设计软件越来越多，使用也越来越方便，所以设计网页已经成了一件轻松的工作。Flash、Dreamweaver、Photoshop、Fireworks 这 4 款软件相辅相成，是设计网页的首选工具，其中 Dreamweaver 用来排版布局网页，Flash 用来设计精美的网页动画，Photoshop 和 Fireworks 用来处理网页中的图形图像。

1.2.1　网页设计软件 Dreamweaver

使用 Photoshop 制作的网页图像并不是真正的网页，要想真正成为能够正常浏览的网页，还需要用到 Dreamweaver 进行网页排版布局、添加各种网页特效，Dreamweaver 还可以轻松开发新闻发布系统、网上购物系统、论坛系统等动态网页。

Dreamweaver 是创建网站和应用程序的专业之选，它集成了功能强大的布局工具、应用程序开发工具和代码编辑支持工具等。Dreamweaver 的功能强大且稳定，可帮助设计和开发人员轻松创建和管理网站，如图 1-6 所示为 Dreamweaver 中文版的工作界面。

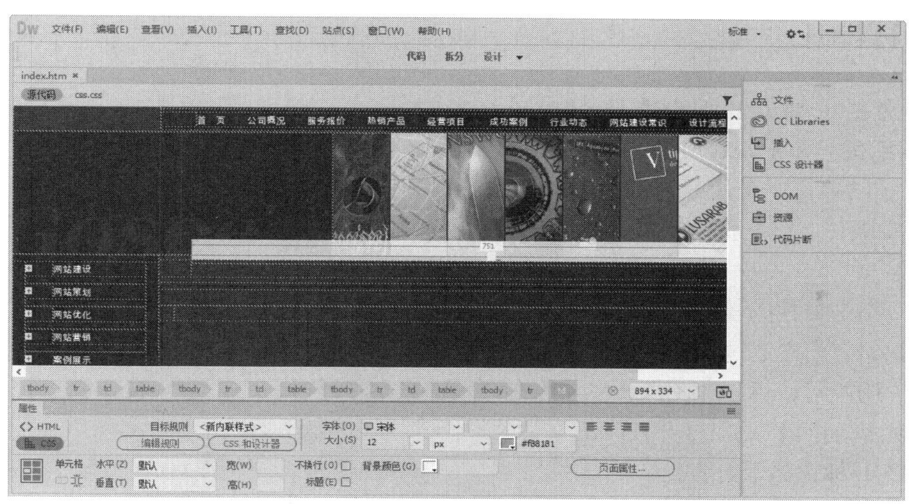

图 1-6 Dreamweaver 中文版工作界面

1.2.2 图像设计软件 Photoshop

网页中如果只是文字，则缺少生动性和活泼性，也会影响视觉效果和整个页面的美观程度，所以图像是网页中重要的组成元素。使用 Photoshop 可以设计出精美的网页图像，目前该软件已被广泛应用于平面设计、网页设计和照片处理等领域。随着计算机技术的发展，Photoshop 已历经数次版本更新，功能越来越强大，如图 1-7 所示为 Photoshop CC 中文版工作界面。

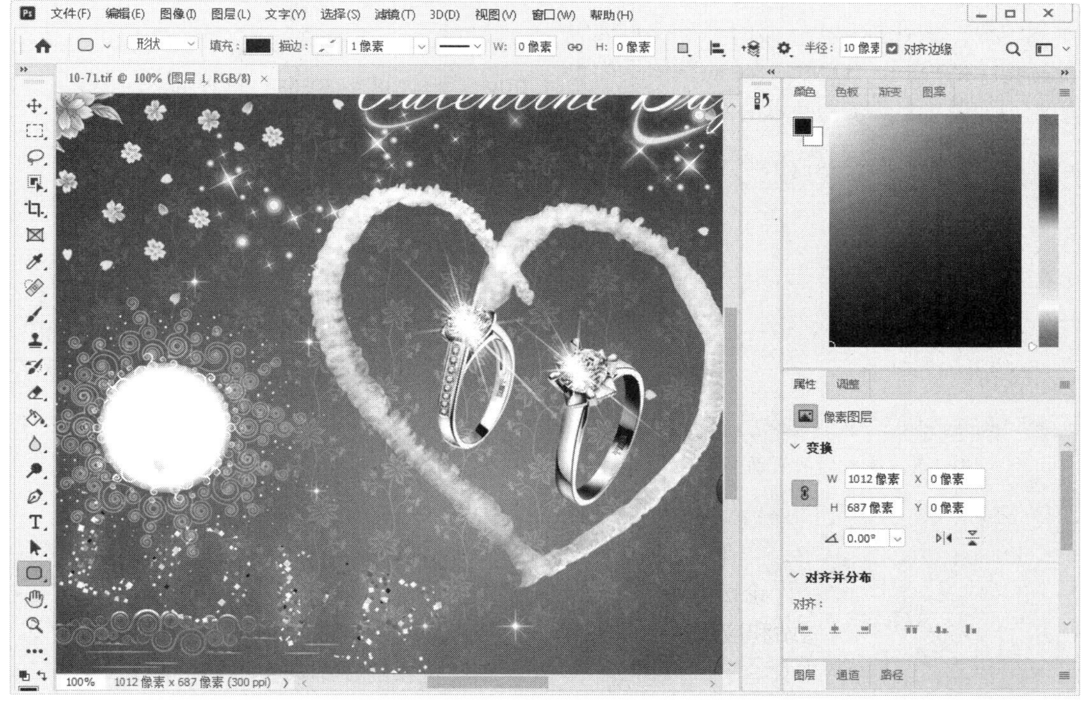

图 1-7 Photoshop CC 中文版工作界面

1.2.3 HTML

网页文档主要是由 HTML 语句构成。HTML 全名是 Hyper Text Markup Language，即超文本标记语言，是用来描述互联网上超文本文件的语言，该文件的扩展名为 .html 或 .htm。

HTML 不是一种编程语言，而是一种页面描述性标记语言，它通过各种标记描述不同的内容，如说明段落、标题、图像、字体等在浏览器中的显示效果。浏览器打开 HTML 文件时，将依据 HTML 标记显示内容。

HTML 能够将互联网上不同服务器上的文件连接起来，可以将文字、声音、图像、动画、视频等媒体有机地组织起来，展现给浏览者五彩缤纷的画面。此外，它还可以接受用户信息，与数据库相连，实现查询请求等交互功能。

HTML 的任何标记都由 < 和 > 围起来，如 <HTML><I>。在起始标记的标记名前加上 / 符号便是其终止标记，如 </I>，夹在起始标记和终止标记之间的内容受标记的控制，如 <I> 幸福永远 </I>，夹在标记 I 之间的“幸福永远”将受标记 I 的控制。HTML 文件的整体结构也是如此，如图 1-8 所示为基本的网页面结构。

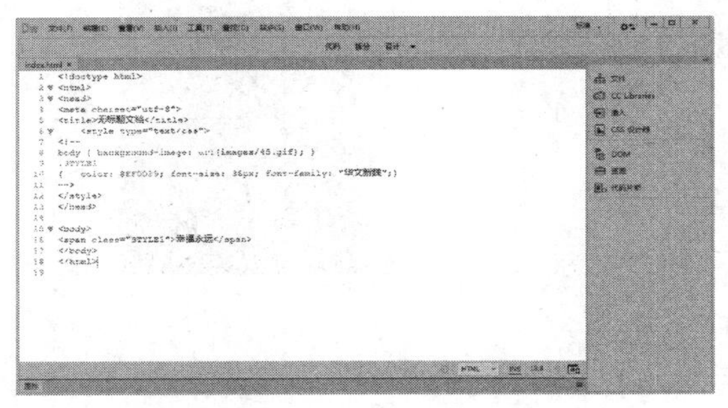

图 1-8　基本的网页面结构

```
<!doctype html>
<html>
<head>
<meta charset="utf-8">
<title> 无标题文档 </title>
  <style type="text/css">
<!--
body { background-image:
url(images/45.gif); }
.STYLE1
{ color: #EF0039;     font-size:
36px; font-family: " 华文新魏 ";}
-->
</style>
</head>
<body>
<span class="STYLE1"> 幸福永远 </
span>
</body>
</html>
```

下面讲述 HTML 的基本结构。

1. HTML 标记

<html> 标记用于 HTML 文档的最前边，用来标识 HTML 文档的开始。而 </html> 标记恰恰相反，它放在 HTML 文档的最后边，用来标识 HTML 文档的结束，两个标记必须一起使用。

2. Head 标记

<head> 和 </head> 构成 HTML 文档的开头部分，在此标记对之间可以使用 <title></title>、<script></script> 等标记对，这些标记对都是描述 HTML 文档相关信息的标记对，<head></head> 标记对之间的内容不会在浏览器内显示出来，两个标记必须一起使用。

3. Body 标记

<body></body> 是 HTML 文档的主体部分，在此标记对之间可包含 <p></p>、<h1></h1>、
</br> 等众多标记，它们所定义的文本、图像等将在浏览器内显示出来，两个标记必须一起使用。

4. Title 标记

使用过浏览器的人可能都会注意到浏览器窗口顶部蓝色部分显示的文本信息，这些信息一般是网页的“标题”，要将网页的标题显示到浏览器的顶部其实很简单，只要在 <title></title> 标记对之间加入要显示的文本即可。

1.2.4 FTP软件

网站制作完毕，需要发布到Web服务器上，才能够让别人浏览。现在，上传网站的工具有很多，有些网页制作软件本身就带有FTP功能，利用这些FTP工具，可以很方便地把网站发布到服务器上。

CuteFtp是一款非常受欢迎的FTP工具，其界面简洁，并具有支持上下载断点续传、操作简单方便等特征，使其在众多的FTP软件中脱颖而出，无论是下载文件还是更新主页，CuteFtp都是一款不可多得的好软件，如图1-9所示为CuteFtp软件的界面。

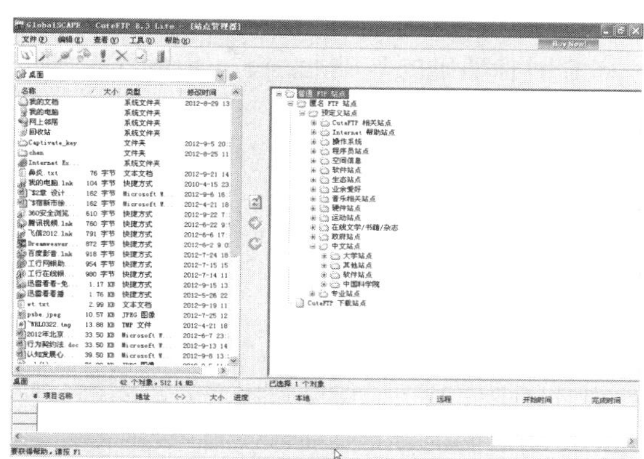

图1-9　CuteFtp软件界面

1.3 创建网站的基本步骤

创建网站是一个系统工程，需要按照一定的工作流程，按部就班地操作才能设计出令人满意的网站。因此，在创建网站前，需要先了解网站建设的基本流程，这样才能制作出更好、更合理的网站。

1.3.1 网站的定位

在创建网站时，确定站点的目标是第一步。设计者要清楚建立站点的目标，即确定它将提供什么样的服务，网页中应该出现哪些内容等。要确定站点目标，应该从以下3个方面考虑。

- 网站的整体定位。网站可以是大型商用网站、小型电子商务网站、门户网站、个人主页、科研网站、交流平台、公司和企业介绍性网站、服务性网站等。首先应该对网站的整体进行一个客观的评估，同时以发展的眼光看待问题，否则将带来许多升级和更新方面的不便。
- 网站的主要内容。如果是综合性网站，那么对于新闻、邮件、电子商务、论坛等都要有所涉及，这样就要求网页面结构紧凑、美观大方；对于侧重某一方面的网站，如书籍网站、游戏网站、音乐网站等，则往往对美工要求较高，使用模板较多，更新网页和数据库较快；如果是个人主页或介绍性的网站，那么网站的更新速度较慢，浏览率较低，并且由于链接较少，内容不如其他网站丰富，但对美工的要求更高一些，可以使用较鲜艳、明亮的颜色，同时可以添加Flash动画等，使网页更具动感并充满活力，否则网站将没有吸引力。
- 网站浏览者的教育程度。对于不同的浏览人群，网站的吸引力是截然不同的，如针对少年儿童的网站，卡通和科普性的内容更符合浏览者的品位，也能够达到网站寓教于乐的目的；针对学生的网站，往往对网站的动感程度和特效技术要求更高；对于商务浏览者，网站的安全性和易用性更重要。

1.3.2 确定网站主题

在目标明确的基础上，下一步就要完成网站的构思创意，即总体设计方案，对网站的整体风格和特色做出定位，规划网站的组织结构。网站应针对所服务对象的不同，采用不同的形式。有些网站只提供简洁的文本信息，有些则采用多媒体表现手法，提供华丽的图像、闪烁的灯光、复杂的页面布置，甚至可以下载声音和视频。要做到主题鲜明突出、要点明确，应以简单明确的语言和画面体现站点的主题。还要调动一切手段充分表达站点的个性与情趣，办出网站的特色。

网站主页应具备的基本要素包括：页眉，准确无误地标识网站和企业标志；E-mail 地址，用来接收用户来信；联系信息，如普通邮件地址或电话；版权信息，声明版权所有者等。注意重复利用已有信息，如客户手册、公共关系文档、技术手册和数据库等，可以轻而易举地用到企业网站中。

1.3.3 网站整体规划

在设计网站之前，需要对网站进行整体规划和设计，写好网站项目规划书，在以后的制作过程中按照这些规划进行设计。创建网站需要从内容、美术效果和程序这 3 个方面进行网站的整体规划。

网站内容：在网站进行开发前，需要构思网站的内容，考虑突出哪些主要内容。例如，个人网站可以有原创文章、个人活动、生活照片、才艺展示、个人作品、联系方式等内容。还需要明确哪些是主要内容，需要在网站中突出制作的重点。

网页美术效果：页面的美术效果往往决定一个网站的档次，需要有美观大方的版面。可以根据喜好、页面内容等设计出令人满意的页面效果。如果是个人网站，可以根据个人的特长和才艺等，制作出夸张的美术作品式的网站。

网站程序的构思：需要构思网站的功能，网站的功能需要用什么程序实现。如果是很简单的个人主页，则不需要经常更新，更不必制作动态网站。

1.3.4 收集资料与素材

网站的设计需要相关的资料和素材，充足的内容才可以丰富网站的版面。个人网站可以整理个人的文章、作品、照片等资料。企业网站需要整理企业的文件、广告、产品介绍、活动等相关资料。整理好资料后需要对资料进行筛选和编辑。

可以使用以下方法来收集网站资料与素材。

- 图片：可以使用数码相机拍摄相关图片，对已有的纸质照片可以使用扫描仪输入计算机。一些常见图片可以在网络中搜索下载。
- 文档：收集和整理现有的文件、广告、电子表格等内容。对于纸质文件需要输入计算机形成电子文档。文字类的资料需要进行整理和分析。
- 媒体内容：收集和整理现有的音频、视频等资料。

1.3.5 设计网页图像

在确定好网站的风格并搜集资料后就需要设计网页图像了，网页图像设计包括 Logo、标准色彩、标准字、导航条和首页布局等。可以使用 Photoshop 或 Fireworks 软件来具体设计网站中的图像。有经验的网页设计者，通常会在使用网页制作软件制作网页之前，设计好网页的整体布局，这样在具体设计过程中将会胸有成竹，大幅节省工作时间，如图 1-10 所示为设计好的网页图像。

图 1-10 网页图像

1.3.6 切图并制作成页面

完成网页布局效果图的设计后，需要使用 Fireworks 或 Photoshop 对效果图进行切割和优化。完成切割后的效果图，需要使用 Dreamweaver 进行网站页面的设计，在该过程中实现网站内容的输入和排版。不同的页面使用超链接连接起来，浏览者单击该链接时即可跳转到相应页面。

网页制作是一个复杂而细致的过程，一定要按照先大后小、先简单后复杂的顺序制作。所谓“先大后小”，就是在制作网页时，先把大的结构设计好，然后再逐步完善小的结构设计；所谓“先简单后复杂”，就是先设计出简单的内容，然后设计复杂的内容，以便出现问题时容易修改。在制作网页时要灵活运用模板和库，这样可以大幅提高制作效率。如果很多网页都使用相同的版面设计，就应该为这个版面设计一个模板，然后以此模板为基础创建网页。以后如果想要改变这些网页的版面设计，只需简单地改变模板即可，如图 1-11 所示为制作的网页。

图 1-11 制作的网页

1.3.7 开发动态网站模块

网页制作完成后，如果还需要动态功能，就需要开发动态功能模块，网站中常用的功能模块包括搜索功能、留言板、新闻信息发布、在线购物、技术统计、论坛及聊天室等。

1. 搜索功能

搜索功能是使浏览者在短时间内，快速从大量的资料中找到需要的资料，这对于资料非常丰富的网站来说非常有用。要建立一个搜索功能，就要有相应的程序及完善的数据库支持，可以快速地从数据库中搜索到所需要的内容，如图 1-12 所示为网站的搜索功能。

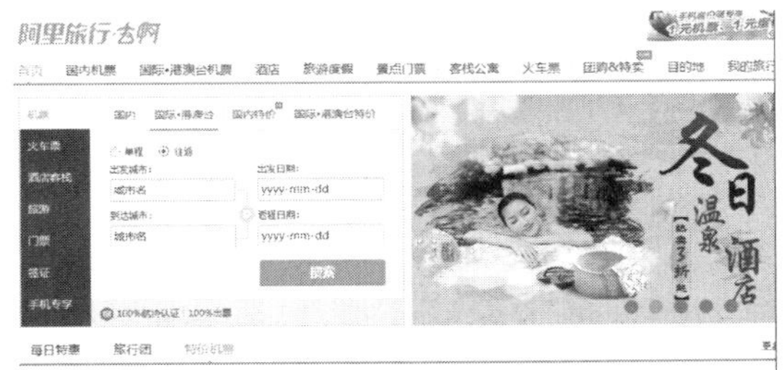

图 1-12 网站的搜索功能

2. 留言板

留言板、论坛及聊天室是为浏览者提供信

息交流的组件，浏览者可以围绕个别的产品、服务或其他话题进行讨论。浏览者也可以提出问题、提出咨询，或者得到售后服务。但是聊天室和论坛是比较占用资源的，一般不是大中型的网站没有必要建设论坛和聊天室，如果访问量不是很大，做好了也没有人来访问，如图1-13所示为留言板页面。

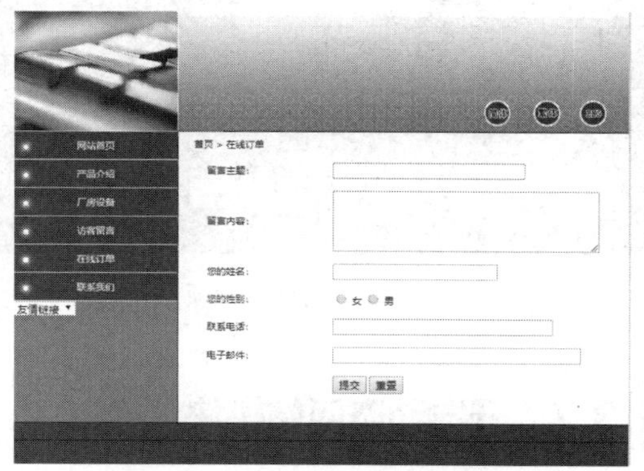

图 1-13　留言板页面

3. 新闻发布系统

新闻发布系统可以提供方便、直观的页面文字信息的更新维护界面，提高工作效率、降低技术要求，非常适合用于经常更新的栏目或页面，如图1-14所示为新闻发布系统。

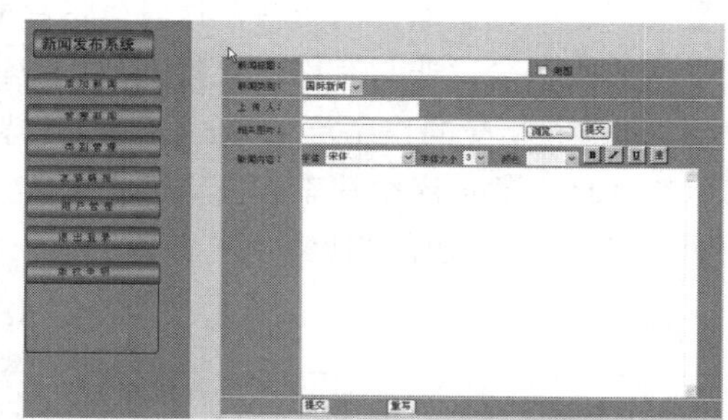

图 1-14　新闻发布系统

4. 购物网站

购物网站是实现电子交易的基础，浏览者将感兴趣的产品放入购物车，以便统一结账，当然也可以修改购物的数量，甚至将产品从购物车中取出。浏览者选择结算后系统自动生成本系统的订单，如图1-15所示为购物网站的界面。

图 1-15　购物网站界面

1.3.8 发布与上传

网站的域名和空间申请完毕后，就可以上传网站了，可以使用 Dreamweaver 自带的站点管理功能上传文件。

01 执行“站点”|“管理站点”命令，弹出如图1-16所示的“管理站点”对话框。

图 1-16　“管理站点”对话框

02 在“管理站点”对话框中单击“新建站点”按钮，弹出“站点设置对象”对话框，在该对话框中选择“服务器”选项卡，如图1-17所示。

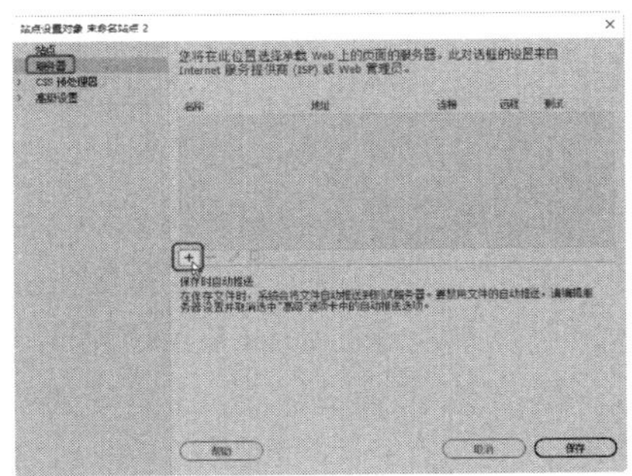

图 1-17 “服务器”选项卡

03 单击 + 按钮，弹出如图 1-18 所示的对话框。在“连接方法”下拉列表中选择 FTP 选项，用来设置远程站点服务器的信息。

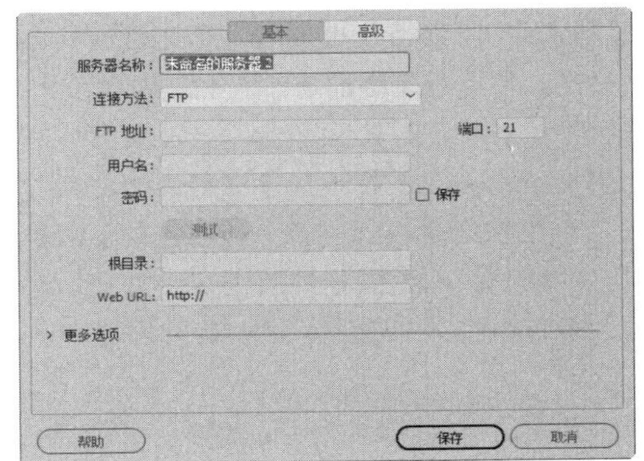

图 1-18 设置“连接方法”

“基本”选项卡中的主要选项含义如下。

- 服务器名称：指定新服务器的名称。
- 连接方法：在该下拉列表中，选择 FTP 选项。
- FTP 地址：输入远程站点的 FTP 主机 IP 地址。
- 用户名：输入用于连接到 FTP 服务器的登录名。
- 密码：输入用于连接 FTP 服务器的密码。
- 测试：单击该按钮，测试 FTP 地址、用户名和密码是否正确。
- 根目录：在该文本框中，输入远程服务器上用于存储公开显示的文档目录。
- Web URL：在该文本框中，输入 Web 站点的 URL。

04 设置相关的参数后，单击“保存”按钮完成远程信息设置。在“文件”面板中单击“展开 / 折叠”按钮，展开“站点”管理器，如图 1-19 所示。

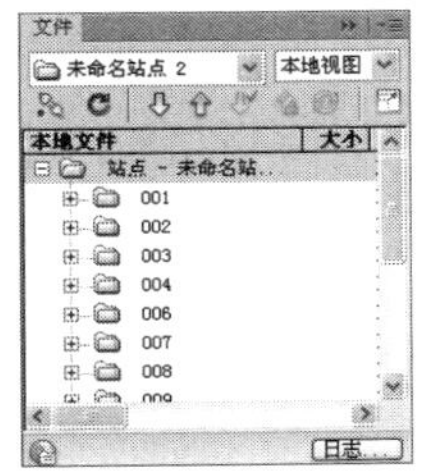

图 1-19 “文件”面板

05 在站点管理器中单击“连接到远端主机”按钮，建立与远程服务器的连接，如图 1-20 所示。

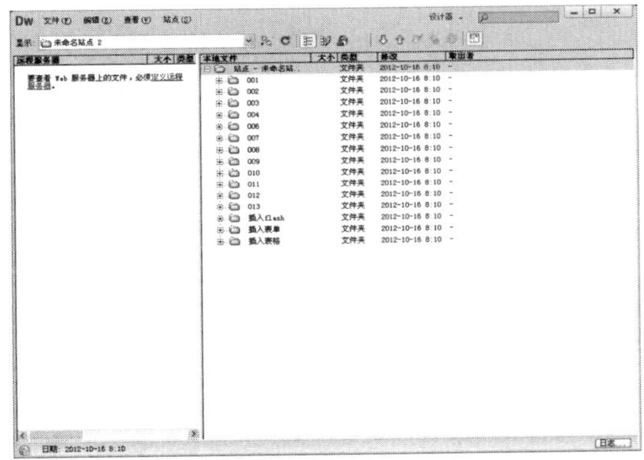

图 1-20 与远程服务器连通后的网站管理窗口

连接服务器后，按钮会自动变为接通状态，并在一旁亮起小绿灯，列出远端网站的接收目录，右侧窗口显示为“本地信息”，在本地目录中选择要上传的文件，单击“上传文件”按钮，上传文件。

1.3.9 后期更新与维护

一个好的网站，仅仅一次是不可能制作完美的，由于环境在不断变化，网站的内容也需要随之调整，给人常新的感觉，网站才会更吸引浏览者，而且给浏览者留下很好的印象。这就要求对网站进行长期的、不间断的维护和更新。

网站维护一般包含以下内容。

- 内容的更新：包括产品信息的更新、企业新闻动态更新和其他动态内容的更新。采用动态数据库可以随时更新发布新内容，不必做网页和上传服务器等烦琐的工作。静态页面不便于维护，必须手动修改网页文档，制作完成后还需要上传到远程服务器。一般对于数量比较多的静态页面建议采用模板制作。
- 网站风格的更新：包括版面、配色等方面。改版后的网站可以让浏览者感觉焕然一新。一般改版的周期要长一些，如果浏览者对网站比较满意，改版可以延长到几个月甚至半年。一般一个网站建设完成后，代表了公司（个人）的形象、风格。随着时间的推移，浏览者对这种形象已经形成了定势。如果经常改版会让浏览者感觉不适应，特别是那种风格彻底改变的“改版”。当然，如果对网站有更好的设计方案，可以考虑改版。毕竟长期沿用一种版面会让人感觉陈旧、厌烦。
- 重要事件页面：如遇重大事件、突发事件及庆祝活动等就需要更新页面。
- 网站系统维护：如 E-mail 账号维护、域名维护续费、网站空间维护、与 IDC 联系、DNS 设置、域名解析服务等。

1.3.10 网站的推广

互联网的应用和繁荣提供了广阔的电子商务市场和商机，但是互联网上大大小小的网站数以百万计，如何让更多的人迅速访问到你的网站是一件非常重要的事。企业网站建好以后，如果不进行推广，那么企业的产品与服务在网上仍然不为人知，起不到建立网站的作用，所以企业在建立网站后应着手利用各种手段推广自己的网站。网站的推广有很多种方式，在后面的章节中将详细讲述，这里就不再赘述了。

1.4 本章小结

本章主要学习了网页和网站的基本概念、域名和空间的申请方法、网页制作常用软件，最后介绍了网站建设的流程等。通过对本章的学习，读者应掌握网页设计的一些基础知识，为后面设计制作更复杂的网站打下良好的基础。

第 2 章　网站页面的策划与布局

本章导读

设计网页的第一步是设计版面布局。好的网页布局会令浏览者耳目一新，同样也可以使浏览者比较容易在网站上找到所需的信息，所以网页制作初学者应该对网页布局的相关知识有所了解。

技术要点

- 网站栏目和页面设计策划
- 网站布局的基本元素
- 网页版面布局设计
- 网页布局
- 创建常见的网页面结构类型
- 文字与版式设计
- 图像设计排版

2.1 网站栏目和页面设计策划

网站策划是整个网站构建的灵魂，网站策划在某种意义上讲就是一个“导演”，它引领了网站的方向，赋予网站生命，并决定着它能否走向成功。

2.1.1 为什么要进行策划

网站策划是指，在网站建设前对市场进行分析，确定网站的功能及要面对的用户，并根据需要对网站建设中的技术、内容、费用、测试、推广、维护等做出策划。网站策划对网站建设起到计划和指导的作用。

一个网站的成功与否和建站前的网站策划有着极为密切的关系。在建立网站前应明确建设网站的目的，确定网站的功能，确定网站规模和投入费用，明确要做成什么样的网站，网站建成后面对的是广大网民还是其他有针对性的客户。这些问题只有详细规划并进行必要的市场分析后，才能避免在网站建设中出现各种各样的问题，使网站建设顺利进行。

一个成功的网站，不在于投资多少钱，也不在于使用多少高深的技术，更不在于市场有多大，而在于这个网站是否符合市场需求，是否符合体验习惯，是否符合运营规则。专业的网站策划可以带来以下几个好处。

- 避免日后返工，提高运营效率。很多网站投资人不是 IT 从业人士，以为有了网站开发人员、编辑人员和市场人员就可以将一个网站运营成功。但是当网站建设好后，市场工作却无法展开。为什么？因为技术人员总是在不断地修改网站，而技术人员也总是叫苦连天，因为老板今天要求这样明天要求那样。所以，为了避免以后不停地返工修改网站，事先对网站的各个环节进行细致的策划是非常必要的。

- 避免重复花钱，节约运营成本。当网站建设好后，为什么总是没有浏览者呢？然后花很多钱去推广，到最后也没有留住浏览者。那是因为网站的各环节，尤其是浏览者的体验环节出了问题。因此，如果想节省网站推广的费用，就要仔细反省一下网站自身的定位，做好网站的策划。
- 避免投资浪费，提高成功概率。在投资网站之前，一定要做一次细致的策划，如市场的考察、赢利模式的研究、网站的定位等。只有具备了专业的思考和策划，才能使投资人的钱不白花，避免投资浪费。
- 接受教训，成功运营。当建设网站时，不要以为有了技术、内容、市场人员就万事大吉了，其实不是这样的。策划网站时，不但要策划网站的具体内容，更要策划网站的市场定位、赢利模式、运营模式、运营成本等重要的环节。如果投资人连投资网站要花多少钱、什么时候有回报都不了解，那么投资这个网站最终很可能会失败。

2.1.2 网站的栏目策划

相对于网站页面及功能规划，网站栏目策划的重要性常被忽略。其实，网站栏目策划对于网站的成败有着非常直接的关系，网站栏目兼具以下两个功能，二者缺一不可。

1. 提纲挈领，点题明义

现在的网速越来越快，网络的信息也越来越丰富，但浏览者却越来越缺乏耐心。打开网站不超过 10 秒，一旦找不到自己所需的信息，网页就会被浏览者毫不客气地关闭。要让浏览者驻留更长时间，就要清晰地给出网站内容的“提纲”，也就是网站的栏目。

网站栏目的策划，其实也是对网站内容的高度提炼。即使是文字再优美的书籍，如果缺乏清晰的纲要和结构，恐怕也会被淹没在书籍的海洋中。网站也是如此，无论网站的内容有多么精彩，缺乏准确的栏目提炼，也难以引起浏览者的关注。

因此，网站的栏目策划首先要做到“提纲挈领、点题明义”，用最简练的语言提炼出网站中每个部分的内容，清晰地告诉浏览者网站在展示什么、有哪些信息和功能。图 2-1 所示的网站栏目即具有提纲挈领的作用。

图 2-1　网站栏目

2. 指引迷途，清晰导航

网站的内容越多，浏览者就越容易迷失方向。网站栏目除了“提纲”的作用，还应该为浏览者提供清晰、直观的指引，帮助浏览者方便地到达网站的所有页面。网站栏目的导航作用通常包括以下 4 种情况。

- 全局导航：全局导航可以帮助浏览者随时跳转到网站的任何一个栏目。通常，全局导航的位置是固定的，以减少浏览者查找的时间。
- 路径导航：路径导航显示了浏览者浏览页面的所属栏目及路径，帮助浏览者访问该页面的上下级栏目，从而更完整地了解网站信息。

- 快捷导航：对于网站的老用户而言，需要快捷地到达所需栏目，快捷导航为这些浏览者提供了直观的栏目链接，减少其点击次数，提升浏览效率。
- 相关导航：为了增加浏览者停留的时间，网站策划者需要充分考虑浏览者的需求，为页面设置相关导航，让浏览者可以方便地到达所关注的相关页面，从而增进对企业的了解，提升合作概率。

在如图 2-2 所示的网页中，可以看到多级导航栏目，顶部有一级导航，左侧又有“精品酒店”和“酒店报价”的二级导航。

图 2-2　多级导航栏目

归根结底，成功的栏目策划还是基于对浏览者需求的理解。对浏览者的需求理解得越准确、深入，网站的栏目就越具有吸引力，也就越能够留住更多的潜在客户。

2.1.3　网站的页面策划

网页是网站营销策略的最终表现层，也是浏览者访问网站的直接接触层。同时，网页的规划也最容易让项目团队产生分歧。对于网页设计的评估，最有发言权的是网站的浏览者，然而浏览者却无法明确地告诉网站设计者，他们想要的是什么样的网页，停留或者离开网站是他们表达意见的最直接方法。好的网站策划者除了要听取团队中各个角色的意见，还要善于从浏览者的浏览行为中捕捉信息。

网站策划者在做网页策划时，应遵循以下原则。

- 符合行业属性及网站特点：在浏览者打开网页的一瞬间，让其直观地感受到网站所要传递的理念及信息，如网页色彩、图片、布局等。
- 符合浏览者的浏览习惯：根据网页内容的重要性进行排序，让浏览者用最少的时间，找到所需的信息。
- 符合浏览者的使用习惯：根据浏览者的使用习惯，将浏览者最常用的功能置于醒目的位置，以便于浏览者查找使用。
- 图文搭配，突出重点：浏览者对于图片的认知程度远高于对文字的认知程度，适当地使用图片可以提高浏览者的关注度。此外，确立页面的视觉焦点也很重要，过多的干扰元素会让浏览者不知所措。图 2-3 所示的网页中使用了图片，大幅提高了浏览者的关注程度。

图 2-3　网页中使用了图片

- 利于搜索引擎优化：减少 Flash 和大图片的使用，多用文字及描述，使搜索引擎更容易收录网站，让浏览者更容易找到所需的内容。

2.2 网站布局的基本元素

不同性质的网站，构成网页的基本元素也不同。网页中除了使用文本和图像，还可以使用丰富多彩的多媒体和 Flash 动画等。

2.2.1 网站 Logo

网站 Logo 也称为“网站标志”，是一个站点的象征，也是一个站点是否正规的标志之一。网站的标志应体现该网站的特色、内容及其内在的文化内涵和理念。成功的网站标志有着独特的形象标识，在网站的推广和宣传中将起到事半功倍的作用。网站标志一般放在网页的左上角，浏览者一眼就能看到它。网站标志通常有 3 种尺寸：88 像素 ×31 像素、120 像素 ×60 像素和 120 像素 ×9 像素，如图 2-4 所示。

图 2-4　网站 Logo

标志的设计创意来自网站的名称和内容，大致分以下 3 个方面。

- 网站有代表性的人物、动物、花草，可以用它们作为设计的蓝本，加以卡通化和艺术化处理。
- 有专业性的网站，可以用本专业有代表的物品作为标志，如中国银行的铜板标志、奔驰汽车的方向盘标志。
- 最常用和最简单的方式是用自己网站的英文名称作为标志。采用不同的字体、字符的变形、字符的组合可以很容易地制作好网站标志。

2.2.2 网站 Banner

网站 Banner 即横幅广告，是互联网广告中最基本的广告形式。Banner 可以位于网页顶部、中部或底部，一般横向贯穿整个或者大半个页面。常见的尺寸是 480 像素 ×60 像素或 233 像素 ×30 像素，使用 GIF 格式的图像文件，可以使用静态图形，也可以使用动画图像。除普通 GIF 格式外，采用 Flash 形式能赋予 Banner 更强的表现力和交互性。

网站 Banner 首先要美观，这个小的区域设计得非常漂亮，会让人看上去很舒服，即使不是他们所要看的内容，或者是一些他们可看可不看的内容，也会很有兴趣地去看看，点击就是顺理成章的事情了。Banner 还要与整个网页协调，同时又要突出、醒目，用色要与页面的主色相搭配，图 2-5 所示为某网站 Banner。

图 2-5　网站 Banner

2.2.3 导航栏

导航栏是网页的重要组成部分，它的任务是帮助浏览者在站点内快速查找信息。好的导航栏能够引导浏览者浏览网页而不迷失方向。导航栏的形式多样，可以是简单的文字链接，也可以是设计精美的图片或丰富多彩的按钮，还可以是下拉菜单形式。

一般来说，网站中的导航栏在各个页面中出现的位置比较固定，而且风格也较为统一。导航栏的位置一般有 4 种：在页面的左侧、右侧、顶部和底部，有时候在同一个页面中还会运用多种导航。当然并不是导航栏在页面中出现的次数越多越好，而是要合理地运用，达到页面总体的协调一致。图 2-6 所示的网站导航栏中既有顶部导航也有左侧导航。

图 2-6　网页的双重导航栏

2.2.4　主体内容

主体内容是网页中最重要的元素。主体内容借助超链接，可以利用一个页面，高度概括几个页面所表达的内容，而首页的主体内容甚至能在一个页面中高度概括整个网站的内容。

主体内容一般均由图片和文档构成，现在的一些网站的主体内容中还加入了视频、音频等多媒体元素。由于人们的阅读习惯是由上至下、由左至右的，所以主体内容的分布也是按照这个规律，依照重要到不重要的顺序进行安排的，所以在主体内容中，左上方的内容是最重要的，如图 2-7 所示为网页的主体内容。

图 2-7　网页的主体内容

2.2.5　文本

网页内容是网站的灵魂，网页中的信息也以文本为主。无论制作网页的目的是什么，文本都是网页中最基本的、必不可少的元素。与图像相比，文字虽然不如图像那样易于吸引浏览者的注意，但能准确地表达信息的内容和含义。

一个内容充实的网站必然会使用大量的文本。良好的文本格式可以创建出别具特色的网页，激发浏览者的兴趣。为了克服文字固有的缺点，人们赋予了文本更多的属性，如字体、字号、颜色等，通过不同格式的区别，突出显示重要的内容。此外，还可以在网页中设置各种各样的文字列表，从而明确表达一系列的项目。这些功能给网页中的文本增加了新的生命力，如图 2-8 所示的网页就运用了大量文本。

图 2-8　网页中运用了大量文本

2.2.6　图像

图像在网页中具有提供信息、展示形象、装饰网页、表达个人情趣和风格的作用。图像是文本的说明和解释，在网页的适当位置放置一些图像，不仅可以使文本清晰易读，而且可以使网页更有吸引力。现在几乎所有的网站都使用图像来增加吸引力，有了图像，网站才能吸引更多的浏览者。可以在网页中使用 GIF、JPEG 和 PNG 等多种图像格式，其中使用最广泛的是 GIF 和 JPEG 两种格式。如图 2-9 所示的网页中插入了图片，生动形象地展示了酒店的形象。

图 2-9　在网页中使用图片

2.2.7　页脚

网页的底部被称为“页脚”，页脚部分通常被用来介绍网站所有者的具体信息和联络方式，如名称、地址、联系方式、版权信息等。其中一些内容被做成标题式的超链接，引导浏览者进一步了解详细的内容，如图 2-10 所示。

图 2-10　页脚

2.2.8　广告区

广告区是网站实现赢利或自我展示的区域，一般位于网页的顶部或右侧。广告区的内容以文字、图像、Flash 动画为主，通过吸引浏览者点击链接的方式达成广告效果。广告区设置要明显、合理、引人注目，这对整个网站的布局很重要，如图 2-11 所示。

图 2-11　网页广告区

2.3　网页版面布局设计

网站中有很多不同的网页，如主页、栏目首页、内容网页等，不同的网页需要不同的版面布局。与报纸和杂志不同的是，网站的所有网页组成的是一个层次结构，每一层网页中都需要建立访问下一层网页的超链接索引，所以网页所处的层次越高，网页中的内容就越丰富，网页的布局就越复杂。

2.3.1　网页版面布局原则

网页和传统的出版物在设计上有许多共同之处，也要遵循一些设计的基本原则。熟悉一些设计原则，再对网页的特殊性加以考虑，即可轻松设计出美观大方的网页来。网页设计有以下几条基本原则，熟悉这些原则将对网页的设计有所帮助。

1. 主次分明，中心突出

在一个页面上，必须考虑视觉的中心，这个中心一般在屏幕的中央，或者在中间偏上的位置。因此，一些重要的文章和图像一般可以安排在这个区域，在视觉中心以外的区域就可以安排那些次要的内容，这样在页面上就突出了重点，做到了主次有别。如图 2-12 所示的网页做到了内容主次分明，重点突出了酒店的会议设施、餐饮设施、康体娱乐设施和客房设施。

图 2-12 网页内容主次分明

2. 简洁一致

保持简洁的常用做法是使用醒目的标题，这个标题经常采用图形表示，但图形同样要求简洁。另一种保持简洁的做法是限制所用的字体和颜色的数目。一般每页使用的字体不超过 3 种，一个页面中使用的颜色少于 256 种。要保持一致性，可以从页面的排版着手，各个页面使用相同的页边距，文本、图形之间保持相同的间距。主要图形、标题或符号周围留下相同的空白。

3. 大小搭配，相互呼应

较长的文章或标题，不要放置在一起，要有一定的距离。同样，较短的文章也不能放置在一起。对待图像的安排也是这样，要互相错开，使大小图像之间有一定的间隔，这样可以使页面错落有致，避免重心偏离，如图 2-13 所示为图文搭配大小呼应的网页示例。

4. 图文并茂，相得益彰

文字和图像具有一种相互补充的视觉关系，页面上文字太多就显得沉闷，缺乏生气。页面上图像太多，缺少文字，必然会减少页面的信息容量。因此，最理想的效果是文字与图像密切配合，互为衬托，既能活跃页面，又使页面有丰富的内容。

图 2-13 图文搭配排版

5. 网页颜色选用适当

在互联网出现的初期，考虑到大多数人使用 256 色显示模式，因此一个页面显示的颜色不宜过多，应当控制在 256 色以内。主题颜色通常只需要两三种，并采用一种标准色，如图 2-14 所示为主题颜色采用两种的网页示例。现在因网络速度和显示技术的发展，选用颜色只考虑美观即可。

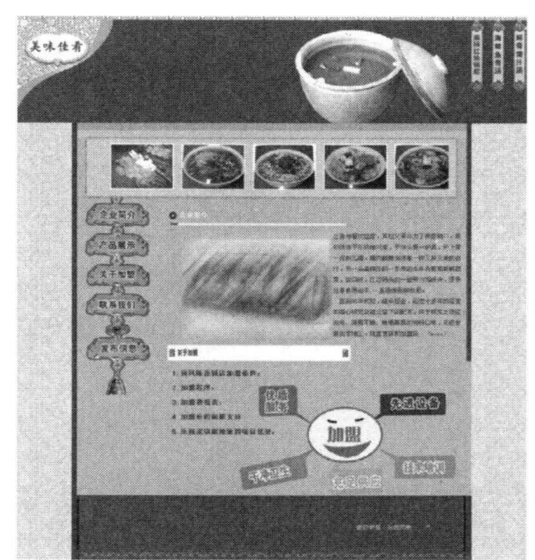

图 2-14 网页主题颜色

6. 网页布局时的技术要点

网页布局时的技术要点包括，格式美观的正文、和谐的色彩搭配、较好的对比度、可读性较强的文字、生动的背景图案、页面元素大小适中、布局匀称、不同元素之间有足够的空白、各元素之间保持平衡、文字准确无误、无错别字、无拼写错误。

2.3.2 点、线、面的构成

点、线、面是构成视觉空间的基本元素，是表现视觉形象的基本设计语言。网页设计实际上就是如何经营好三者的关系，因为无论是任何视觉形象或者版式构成，其实都可以归纳为点、线和面。一个按钮、一个文字是一个点。几个按钮或者几个文字的排列形成线。而线的移动、数行文字或者一块空白可以理解为面。点、线、面相互依存，相互作用，可以组合成各种各样的视觉形象和千变万化的视觉空间。

1. 点的视觉构成

在网页中，一个单独而细小的形象可以称为点。点是相对而言的，例如一个汉字是由很多笔画组成的，但是在整个页面中，可以称为一个点。点也可以是网页中相对微小、单纯的视觉形象，如按钮、Logo 等，如图 2-15 所示为网页中的按钮组成的点。

图 2-15 网页中的按钮组成的点

需要说明的是，并不是只有圆形的才叫点，方形、三角形、多边形等都可以作为视觉上的点，点是相对线和面而存在的视觉元素。点是构成网页的最基本单位，在网页设计中，经常需要主观地加一些点，如在新闻的标题后加一个 NEW 文字装饰，在每一行文字的前面加一个方形或者圆形的点。

点在页面中起到活泼、生动的作用，使用得当，可以得到画龙点睛的效果。一个网页往往需要由数量不等、形状各异的点来构成。点的形状、方向、大小、位置、聚集、发散，能够给浏览者带来不同的心理感受。

2. 线的视觉构成

点的延伸形成线，线在页面中的作用在于表示方向、位置、长短、宽度、形状、质量和情绪，如图 2-16 所示为网页中的线条。

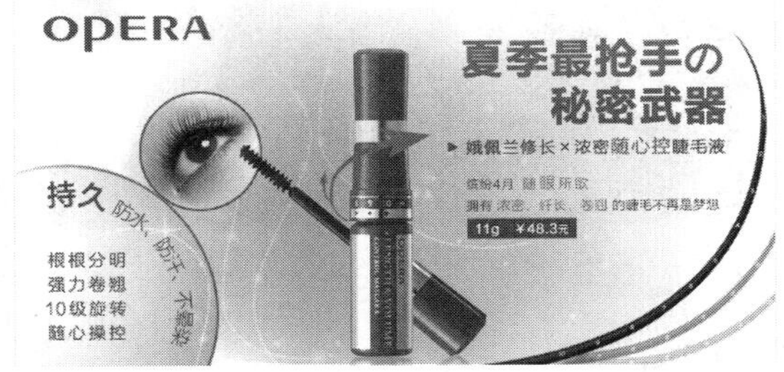

图 2-16 网页中的线条

线是分隔页面的主要元素，是决定页面形象的基本要素。

线分为直线和曲线两种，总体形状有垂直、水平、倾斜、几何曲线、自由线等几种可能。

线是具有情感的，如水平线给人开阔、安宁、平静的感觉；斜线具有动力、不安、速度和现代意识；垂直线具有庄严、挺拔、力量、向上的感觉；曲线具有柔软、流畅的女性特征；自由曲线是最好的情感抒发手段。

将不同的线运用到页面设计中，可以充分地表达所要体现的内容。

3. 面的视觉构成

面是无数点和线的组合，面具有一定的面积和质量，占据空间的位置更多，因而相比点和线来说，面的视觉冲击力更大，更强烈。如图 2-17 所示为网页中不同背景颜色将页面分成不同的板块。

只有合理地安排好面的关系，才能设计出充满美感、艺术加实用的网页作品。在网页的视觉构成中，点、线、面既是最基本的造型元素，又是最重要的表现手段。在确定网页主体形象的位置、动态时，点、线、面是首先考虑的因素。只有合理地安排好点、线、面的互相关系，才能设计出具有最佳视觉效果的页面。

图 2-17　网页中的面

2.4 网页布局方法

为了使网页能达到最佳的视觉效果，应讲究网页整体布局的合理性，使浏览者有一个流畅的视觉体验。在制作网页前，可以先绘制出网页的草图。网页布局的方法有两种，一种为纸上布局，另一种为软件布局，下面分别进行介绍。

2.4.1 纸上布局法

从事多年网页制作的人在拿到网页的相关内容后，也许很快就可以在脑海中形成大概的布局，并且可以直接用网页制作软件开始制作。但是对不熟悉网页布局的人来说，这么做有相当大的困难，所以此时就需要借助其他的方法来进行网页布局。

在设计版面布局前，先画出版面的布局草图，并对版面布局进行细化和调整，反复细化和调整后确定最终的布局方案。

新建的页面就像一张白纸，没有任何表格、框架和约定俗成的东西，尽可能地发挥想象力，将想到的内容画上去。此时属于创意阶段，不必讲究细致、工整，也不必考虑具体功能，只用粗陋的线条勾画出创意的轮廓即可。尽可能多画几张草图，最后选定一个满意的方案来创作，如图 2-18 所示。

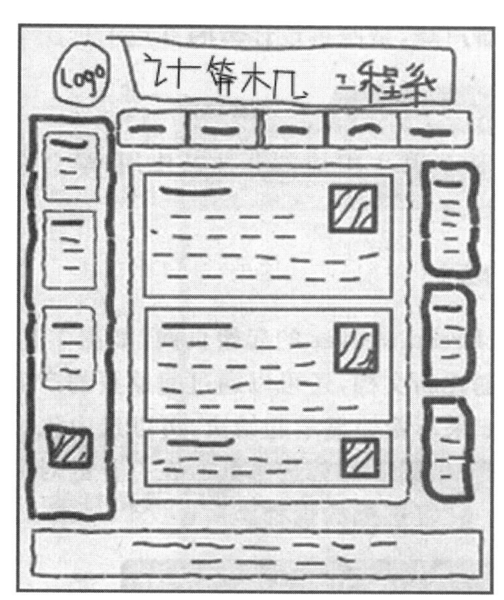

图 2-18　纸上布局草图

2.4.2 软件布局法

对于有一定设计经验的人，可以用专业制图软件进行布局（如 Fireworks 和 Photoshop

等），用它们可以像设计图片、招贴画、广告一样去设计一个网页的界面，然后再考虑如何用网页制作软件去实现它。利用软件可以方便地使用颜色、图形，并且可以利用图层的功能设计出用纸张无法实现的布局效果，如图 2-19 所示为使用软件布局的网页草图。

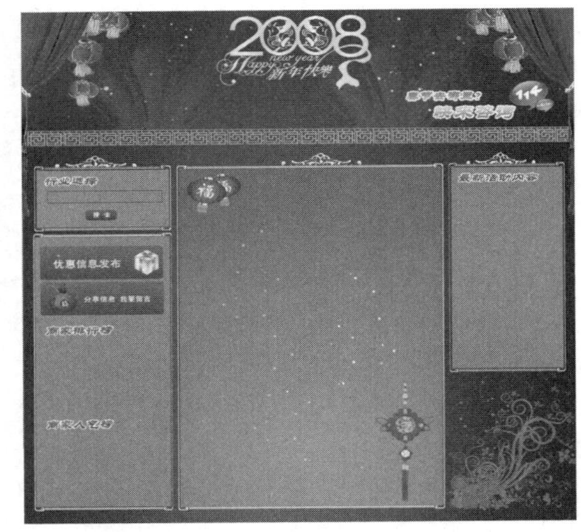

图 2-19　使用软件布局的网页草图

2.5 常见的网页面结构类型

常见的网页布局形式大致分为“国”字形、“厂”字形、“框架”型、“封面”型和 Flash 型布局。

2.5.1 “厂”字形布局

“厂”字形结构布局是指，页面顶部为标志 + 广告条，下方左侧为主菜单，右侧显示正文信息，如图 2-20 所示。这是网页设计中使用比较广泛的一种布局方式，一般应用于企业网站中的二级页面。这种布局的优点是页面结构清晰、主次分明，是初学者最容易上手的布局方式。在这种类型中，一种很常见的形式是顶部为标题及广告，左侧为导航链接。

图 2-20　“厂”字形布局

2.5.2 “国”字形布局

“国”字形布局如图 2-21 所示，其顶部是网站的标志、广告以及导航栏，接下来是网站的主要内容，左、右分别列出一些栏目，中间是主要部分，底部是网站的一些基本信息，这种结构是国内一些大中型网站常见的布局方式。其优点是充分利用版面、信息量大，缺点是页面显得拥挤，不够灵活。

图 2-21　“国”字形布局

2.5.3 “框架”型布局

“框架”型布局一般分成上下或左右布局，一栏是导航栏目，另一栏是正文信息。复杂的框架结构可以将页面分成若干部分，常见的是三栏布局，如图 2-22 所示。顶部一栏放置图像广告，左侧一栏显示导航栏，右侧显示正文信息。

图 2-22 “框架”型布局

2.5.4 “封面”型布局

“封面”型布局一般应用在网站的主页或广告宣传页上，为精美的图像加上简单的文字链接，指向网页中的主要栏目，或通过“进入”链接转到下一个页面，如图 2-23 所示为“封面”型布局的网页。

图 2-23 “封面”型布局的网页

2.5.5 Flash 型布局

这种布局与“封面”型布局的结构类似，不同的是页面采用了 Flash 技术，动感十足，可以大幅增强页面的视觉效果，如图 2-24 所示为 Flash 型布局的网页。

图 2-24 Flash 型布局的网页

2.6 文字与版式设计

文本是人类重要的信息载体和交流工具，所以网页中的信息也是以文本为主的。虽然文字不如图像直观形象，但是却能准确地表达信息的内容和含义。在确定网页的版面布局后，还需要确定文本的样式，如字体、字号和颜色等，也可以将文字图形化。

2.6.1 文字的字体、字号、行距

网页中默认的中文标准字体是宋体，英文字体是 The New Roman。如果在网页中没有设置任何字体，在浏览器中将以这两种字体显示。

字号可以使用磅（point）或像素（pixel）为单位来确定，一般网页常用的字号为12磅左右。较大的字体可用于标题或其他需要强调的文字，小一些的文字可以用于页脚和辅助信息。需要注意的是，小字号容易产生整体感和精致感，但可读性较差。

无论选择什么字体，都要依据网页的总体设想和浏览者的需要。在同一页面中，字体种类少，版面雅致，有稳重感；字体种类多，则版面活跃，丰富多彩。关键是如何根据页面内容来掌握整体的比例关系。

行距的变化也会对文本的可读性产生很大影响，一般情况下，接近文字尺寸的行距比较适合正文。行距的常规比例为10:12，即文字为10点，则行距为12点，视觉效果比较合适。

行距可以用行高（line-height）属性来设置，建议以磅或默认行高的百分比为单位。如line-height:20pt和line-height:150%。

2.6.2 文字的颜色

在网页设计中可以为文字、文字超链接、已访问超链接和当前活动超链接选用各种颜色。如正常文字颜色为黑色，默认的超链接颜色为蓝色，用鼠标单击之后又变为紫红色。

使用不同颜色的文字可以使内容引人注目，但应该注意的是，对于文字的颜色，只可少量运用，如果什么都想强调，其实是什么都没有强调。况且，在一个页面上运用过多的颜色，会影响浏览者阅读页面内容，除非有特殊的设计目的。

颜色的运用除了能够起到强调整体文字中特殊部分的作用，对于整个文案的情感表达也会产生影响，如图2-25所示为多彩的网页文字。

图2-25　多彩的网页文字

另外需要注意文字颜色的对比度，包括明度上的对比、纯度上的对比及冷暖的对比。这些不仅对文字的可读性有影响，更重要的是，可以通过对颜色的运用，实现预想的设计效果、设计情感和设计思想。

2.6.3 文字的图形化

所谓“文字的图形化”，即把文字作为图形元素来表现，同时又强化了原有的功能。作为网页设计者，既可以按照常规的方式来设置文字，也可以对文字进行艺术化设计。无论怎样，一切都应该围绕如何更出色地实现设计目标这个主题。

将文字图形化，以更富有创意的形式表达出深层的设计思想，能够克服网页的单调与平淡，从而打动人心，如图2-26所示为图形化的文字。

图2-26　图形化的文字

2.7 图像设计排版

图像是网页构成中最重要的元素之一，美观的图像会给网页增色不少。另一方面，图像本身也是传达信息的重要手段，与文字相比，它可以更直观、更容易地把那些文字无法表达的信息表达出来，易于浏览者理解和接受，所以图像在网页中的作用非常重要。

2.7.1 网页中应用图像的注意事项

网页设计与一般的平面设计不同，网页图像不需要很高的分辨率，但是这并不代表任何图像都可以添加到网页上。在网页中使用图像还需要注意以下几点。

- 图像不仅是修饰性的点缀，还可以传递相关信息。所以在选择图像前，应选择与文本内容及整个网站相关的图像，如图 2-27 所示的图像就与网站的内容相关。

图 2-27　图像与网站的内容相关

- 除了图像的内容，还要考虑图像的大小，如果图像文件太大，浏览者在下载时会花费很长的时间去等待，这将会极大地影响浏览者的下载意愿。所以，一定要尽量压缩图像文件的大小。
- 图像的主体最好清晰可见，图像的含义最好简单明了，如图 2-28 所示。图像文字的颜色和图像背景颜色最好有鲜明的对比。
- 在使用图像作为网页背景时，最好能使用淡色系列的背景图。背景图像像素越少越好，这样将能大幅降低文件的大小，又可以制作出美观的背景图，如图 2-29 所示为淡色的背景图。

图 2-28　图像的主体清晰可见

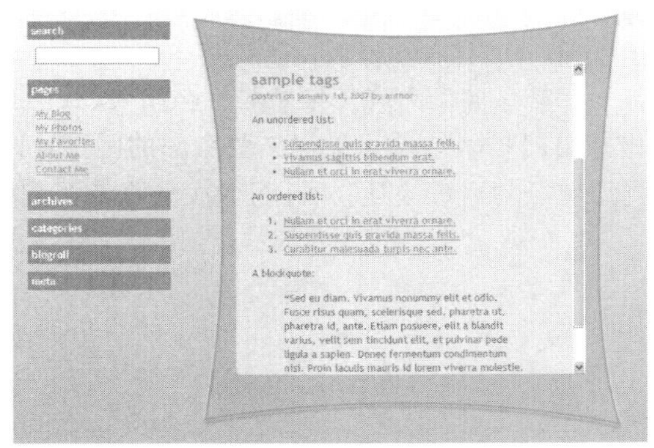

图 2-29　淡色的背景图

- 对于网页中的重要图像，最好添加提示文本。这样做的好处是，即使浏览者关闭了图像显示或由于网速原图无法显示图像时，浏览者也能看到图像说明，从而决定是否下载图像。

2.7.2 让图片更合理

网页上的图片也是版式的重要组成部分，正确地运用图片，可以帮助浏览者加深对信息的印象。与网站整体风格协调的图片，能帮助网站营造独特的品牌氛围，加深浏览者对网站的印象。网站中的图片大致有以下 3 种：Banner 广告图片、产品展示图片、修饰性图片，如图 2-30 所示的网页中使用了各种图片。

指点迷津

在网页图片的设计处理时注意以下事项。

- 图片出现的位置和尺寸要合理，不对信息获取产生干扰，不喧宾夺主。
- 考虑浏览者的网速，图片文件不宜过大。
- 有节制地使用Flash和GIF动画图片。
- 在产品图片的alt标签中添加产品名称。
- 形象图片注重原创性。

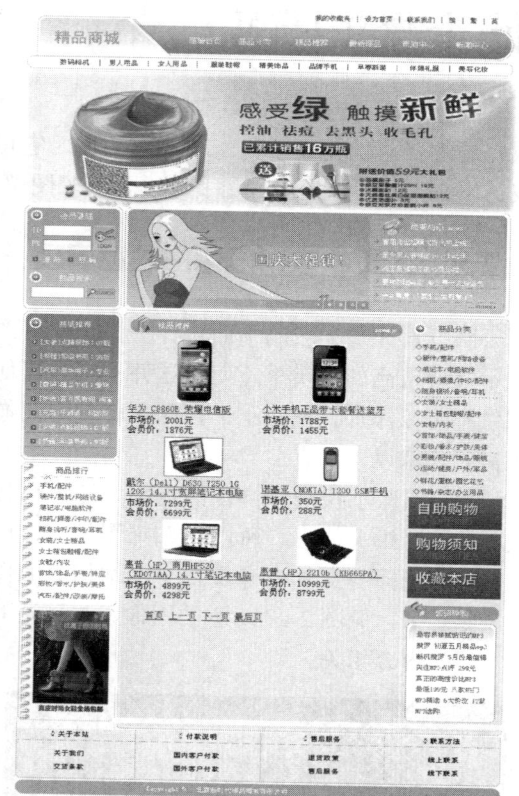

图 2-30　网页中使用了各种图片

2.8 本章小结

网站页面的布局与策划对于网站要表达的理念具有关键性的作用。网站页面布局设计服务于目标用户是网站设计最优先要考虑的因素。网站布局的设计是网站竞争力的一个重要方面，在同质化非常严重的互联网行业中，浏览者更喜欢有良好布局的网站，进而成为网站的忠实“粉丝”。

第 3 章　网页的色彩搭配

本章导读

打开一个网站，给用户留下第一印象的既不是网站丰富的内容，也不是网站合理的版面布局，而是网站的色彩。在网页设计中，色彩搭配是树立网站形象的关键，色彩处理得好，可以使网页锦上添花，达到事半功倍的效果。色彩搭配一定要合理，给人以和谐、愉快的感觉，避免采用容易造成视觉疲劳的纯度很高的单一色彩。在设计网页色彩时，应该了解一些搭配技巧，以便更好地使用色彩。本章彩色效果请查看彩插页。

技术要点

- 色彩基础知识
- 色彩的三要素
- 色彩与心理
- 页面色彩搭配

3.1　色彩基础知识

自然界中有许多种色彩，如香蕉是黄色的，天是蓝色的，橘子是橙色的……色彩多种多样，千变万化。

3.1.1　色彩的基本概念

为了能更好地应用色彩来设计网页，首先来了解色彩的基本概念。自然界中的色彩千变万化，但是最基本的有 3 种——红、黄、蓝，其他的色彩都可以由这 3 种色彩调和而成，所以这 3 种色彩称为“三原色”。平时我们看到的白色光，经过分析可以在色带上看到，它包括红、橙、黄、绿、青、蓝、紫 7 种颜色，如图 3-1 所示。

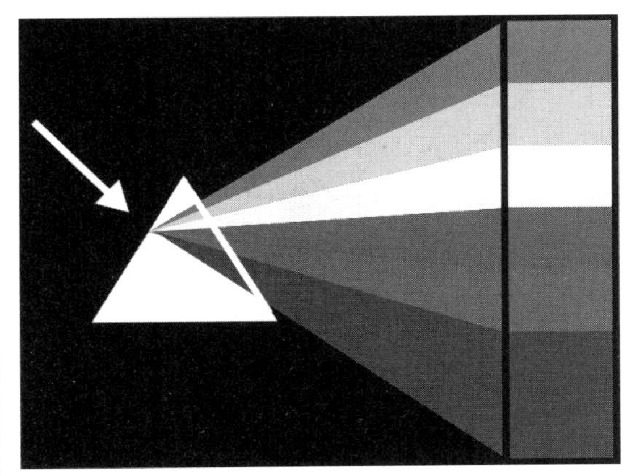

图 3-1　白光被分解后的 7 种主要颜色

- 邻近色：色环中相邻的 3 种颜色，邻近色的搭配给人的视觉感觉很舒适，很自然，所以邻近色在网站设计中极为常用，如图 3-2 所示。
- 互补色：色环中相对的两种色彩，如图 3-3 所示的亮绿色和紫色、红色和绿色、蓝色和橙色等均为互补色。对于互补色，调整一下补色的亮度，有时候是一种很好的搭配。

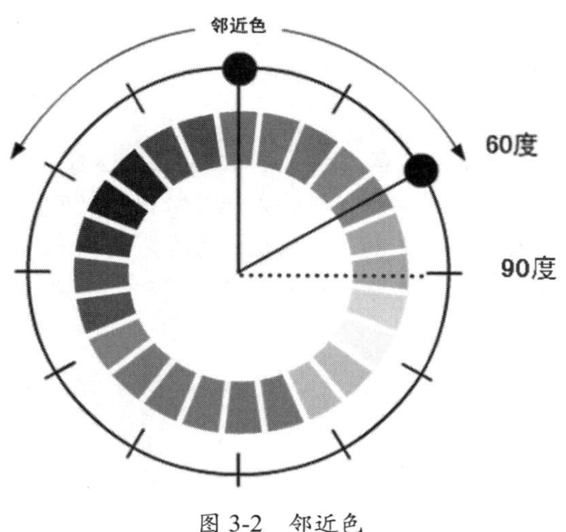

图 3-2　邻近色

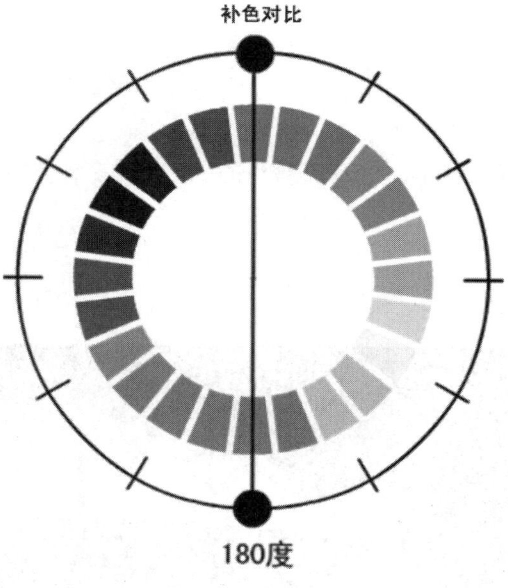

补色对比

180度

图 3-3　互补色

- 暖色：如图 3-4 所示的黄色、橙色、红色等都属于暖色系。暖色与黑色调和可以达到很好的效果。暖色一般应用于购物类、儿童类网站等，用于体现商品的琳琅满目，儿童类网站的活泼、温馨等。

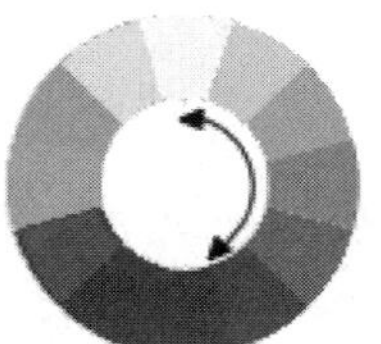

图 3-4　暖色

- 冷色：如图 3-5 所示的绿色、蓝色、紫色等都属于冷色系。冷色与白色调和可以达到一种很好的效果。冷色一般应用于一些高科技网站，主要表达严肃、稳重的效果。

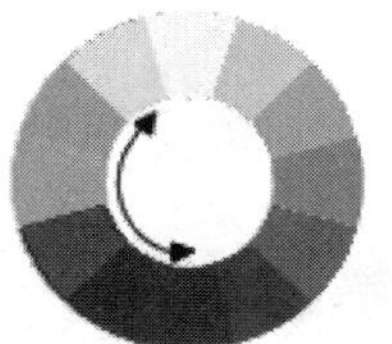

图 3-5　冷色

3.1.2　网页安全色

网页安全色是指在不同硬件环境、不同操作系统、不同浏览器中都能够正常显示的颜色集合（调色板），也就是说，这些颜色在任何终端浏览，显示设备上的显示效果都是相同的。所以，使用 216 网页安全色进行网页配色，可以避免原有的颜色失真，如图 3-6 所示为网页安全色列表。

只要在网页中使用 216 网页安全色，就可以控制网页的色彩显示效果。使用网页安全色的同时，也可以使用非网页安全色。

000000 R - 000 G - 000 B - 000	333333 R - 051 G - 051 B - 051	666666 R - 102 G - 102 B - 102	999999 R - 153 G - 153 B - 153	CCCCCC R - 204 G - 204 B - 204	FFFFFF R - 255 G - 255 B - 255
000033 R - 000 G - 000 B - 051	333300 R - 051 G - 051 B - 000	666600 R - 102 G - 102 B - 000	999900 R - 153 G - 153 B - 000	CCCC00 R - 204 G - 204 B - 000	FFFF00 R - 255 G - 255 B - 000
000066 R - 000 G - 000 B - 102	333366 R - 051 G - 051 B - 102	666633 R - 102 G - 102 B - 051	999933 R - 153 G - 153 B - 051	CCCC33 R - 204 G - 204 B - 051	FFFF33 R - 255 G - 255 B - 051
000099 R - 000 G - 000 B - 153	333399 R - 051 G - 051 B - 153	666699 R - 102 G - 102 B - 153	999966 R - 153 G - 153 B - 102	CCCC66 R - 204 G - 204 B - 102	FFFF66 R - 255 G - 255 B - 102
0000CC R - 000 G - 000 B - 204	3333CC R - 051 G - 051 B - 204	6666CC R - 102 G - 102 B - 204	9999CC R - 153 G - 153 B - 204	CCCC99 R - 204 G - 204 B - 153	FFFF99 R - 255 G - 255 B - 153
0000FF R - 000 G - 000 B - 255	3333FF R - 051 G - 051 B - 255	6666FF R - 102 G - 102 B - 255	9999FF R - 153 G - 153 B - 255	CCCCFF R - 204 G - 204 B - 255	FFFFCC R - 255 G - 255 B - 204
003300 R - 000 G - 051 B - 000	336633 R - 051 G - 102 B - 051	669966 R - 102 G - 153 B - 102	99CC99 R - 153 G - 204 B - 153	CCFFCC R - 204 G - 255 B - 204	FF00FF R - 255 G - 000 B - 255
006600 R - 000 G - 102 B - 000	339933 R - 051 G - 153 B - 051	66CC66 R - 102 G - 204 B - 102	99FF99 R - 153 G - 255 B - 153	CC00CC R - 204 G - 000 B - 204	FF33FF R - 255 G - 051 B - 255
009900 R - 000 G - 153 B - 000	33CC33 R - 051 G - 204 B - 051	66FF66 R - 102 G - 255 B - 102	990099 R - 153 G - 000 B - 153	CC33CC R - 204 G - 051 B - 204	FF66FF R - 255 G - 102 B - 255
00CC00 R - 000 G - 204 B - 000	33FF33 R - 051 G - 255 B - 051	660066 R - 102 G - 000 B - 102	993399 R - 153 G - 051 B - 153	CC66CC R - 204 G - 102 B - 204	FF99FF R - 255 G - 153 B - 255
00FF00 R - 000 G - 255 B - 000	330033 R - 051 G - 000 B - 051	663366 R - 102 G - 051 B - 102	996699 R - 153 G - 102 B - 153	CC99CC R - 204 G - 153 B - 204	FFCCFF R - 255 G - 204 B - 255
00FF33 R - 000 G - 255 B - 051	330066 R - 051 G - 000 B - 102	663399 R - 102 G - 051 B - 153	9966CC R - 153 G - 102 B - 204	CC99FF R - 204 G - 153 B - 255	FFCC00 R - 255 G - 204 B - 000
00FF66 R - 000 G - 255 B - 102	330099 R - 051 G - 000 B - 153	6633CC R - 102 G - 051 B - 204	9966FF R - 153 G - 102 B - 255	CC9900 R - 204 G - 153 B - 000	FFCC33 R - 255 G - 204 B - 051
00FF99 R - 000 G - 255 B - 153	3300CC R - 051 G - 000 B - 204	6633FF R - 102 G - 051 B - 255	996600 R - 153 G - 102 B - 000	CC9933 R - 204 G - 153 B - 051	FFCC66 R - 255 G - 204 B - 102
00FFCC R - 000 G - 255 B - 204	3300FF R - 051 G - 000 B - 255	663300 R - 102 G - 051 B - 000	996633 R - 153 G - 102 B - 051	CC9966 R - 204 G - 153 B - 102	FFCC99 R - 255 G - 204 B - 153
00FFFF R - 000 G - 255 B - 255	330000 R - 051 G - 000 B - 000	663333 R - 102 G - 051 B - 051	996666 R - 153 G - 102 B - 102	CC9999 R - 204 G - 153 B - 153	FFCCCC R - 255 G - 204 B - 204
00CCCC R - 000 G - 204 B - 204	33FFFF R - 051 G - 255 B - 255	660000 R - 102 G - 000 B - 000	993333 R - 153 G - 051 B - 051	CC6666 R - 204 G - 102 B - 102	FF9999 R - 255 G - 153 B - 153
009999 R - 000 G - 153 B - 153	33CCCC R - 051 G - 204 B - 204	66FFFF R - 102 G - 255 B - 255	990000 R - 153 G - 000 B - 000	CC3333 R - 204 G - 051 B - 051	FF6666 R - 255 G - 102 B - 102
006666 R - 000 G - 102 B - 102	339999 R - 051 G - 153 B - 153	66CCCC R - 102 G - 204 B - 204	99FFFF R - 153 G - 255 B - 255	CC0000 R - 204 G - 000 B - 000	FF3333 R - 255 G - 051 B - 051

003366 R - 000 G - 051 B - 102	336699 R - 051 G - 102 B - 153	6699CC R - 102 G - 153 B - 204	99CCFF R - 153 G - 204 B - 255	CCFF00 R - 204 G - 255 B - 000	FF0033 R - 255 G - 000 B - 051
003399 R - 000 G - 051 B - 153	3366CC R - 051 G - 102 B - 204	6699FF R - 102 G - 153 B - 255	99CC00 R - 153 G - 204 B - 000	CCFF33 R - 204 G - 255 B - 051	FF0066 R - 255 G - 000 B - 102
0033CC R - 000 G - 051 B - 204	3366FF R - 051 G - 102 B - 255	669900 R - 102 G - 153 B - 000	99CC33 R - 153 G - 204 B - 051	CCFF66 R - 204 G - 255 B - 102	FF0099 R - 255 G - 000 B - 153
0033FF R - 000 G - 051 B - 255	336600 R - 051 G - 102 B - 000	669933 R - 102 G - 153 B - 051	99CC66 R - 153 G - 204 B - 102	CCFF99 R - 204 G - 255 B - 153	FF00CC R - 255 G - 000 B - 204
0066FF R - 000 G - 102 B - 255	339900 R - 051 G - 153 B - 000	66CC33 R - 102 G - 204 B - 051	99FF66 R - 153 G - 255 B - 102	CC0099 R - 204 G - 000 B - 153	FF33CC R - 255 G - 051 B - 204
0099FF R - 000 G - 153 B - 255	33CC00 R - 051 G - 204 B - 000	66FF33 R - 102 G - 255 B - 051	990066 R - 153 G - 000 B - 102	CC3399 R - 204 G - 051 B - 153	FF66CC R - 255 G - 102 B - 204
00CCFF R - 000 G - 204 B - 255	33FF00 R - 051 G - 255 B - 000	660033 R - 102 G - 000 B - 051	993366 R - 153 G - 051 B - 102	CC6699 R - 204 G - 102 B - 153	FF99CC R - 255 G - 153 B - 204
00CC33 R - 000 G - 204 B - 051	33FF66 R - 051 G - 255 B - 102	660099 R - 102 G - 000 B - 153	9933CC R - 153 G - 051 B - 204	CC66FF R - 204 G - 102 B - 255	FF9900 R - 255 G - 153 B - 000
00CC66 R - 000 G - 204 B - 102	33FF99 R - 051 G - 255 B - 153	6600CC R - 102 G - 000 B - 204	9933FF R - 153 G - 051 B - 255	CC6600 R - 204 G - 102 B - 000	FF9933 R - 255 G - 153 B - 051
00CC99 R - 255 G - 204 B - 153	33FFCC R - 051 G - 255 B - 204	6600FF R - 102 G - 000 B - 255	993300 R - 153 G - 051 B - 000	CC6633 R - 204 G - 102 B - 051	FF9966 R - 255 G - 153 B - 102
009933 R - 000 G - 153 B - 051	33CC66 R - 051 G - 204 B - 102	66FF99 R - 102 G - 255 B - 153	9900CC R - 153 G - 000 B - 204	CC33FF R - 204 G - 051 B - 255	FF6600 R - 255 G - 102 B - 000
006633 R - 000 G - 102 B - 051	339966 R - 051 G - 153 B - 102	66CC99 R - 102 G - 204 B - 153	99FFCC R - 153 G - 255 B - 204	CC00FF R - 204 G - 000 B - 255	FF3300 R - 255 G - 051 B - 000
009966 R - 000 G - 153 B - 102	33CC99 R - 051 G - 204 B - 153	66FFCC R - 102 G - 255 B - 204	9900FF R - 153 G - 000 B - 255	CC3300 R - 204 G - 051 B - 000	FF6633 R - 255 G - 102 B - 051
0099CC R - 000 G - 153 B - 204	33CCFF R - 051 G - 204 B - 255	66FF00 R - 102 G - 255 B - 000	990033 R - 153 G - 000 B - 051	CC3366 R - 204 G - 051 B - 102	FF6699 R - 255 G - 102 B - 153
0066CC R - 000 G - 102 B - 204	3399FF R - 051 G - 153 B - 255	66CC00 R - 102 G - 204 B - 000	99FF33 R - 153 G - 255 B - 051	CC0066 R - 204 G - 000 B - 102	FF3399 R - 255 G - 051 B - 153
006699 R - 000 G - 102 B - 153	3399CC R - 051 G - 153 B - 204	66CCFF R - 102 G - 204 B - 255	99FF00 R - 153 G - 255 B - 000	CC0033 R - 204 G - 000 B - 051	FF3366 R - 255 G - 051 B - 102

图 3-6　网页安全色

3.2 色彩的三要素

现实生活中的色彩可以分为彩色和非彩色。其中黑白灰属于非彩色系列，其他的色彩都属于彩色。色相、明度、纯度是色彩最基本的三要素，也是人正常视觉感知色彩的 3 个重要因素。

3.2.1 色相

色相是指色彩的名称。色相是色彩最基本的特征，是一种色彩区别于另一种色彩最主要的因素。如紫色、绿色、黄色等都代表了不同的色相。同一色相的色彩，调整亮度或者纯度，很容易搭配，如深绿、暗绿、草绿。

最初的基本色相为红、橙、黄、绿、蓝、紫，在各色中间加一两个中间色，其头尾色相按光谱排序为红、橙红、黄橙、黄、黄绿、绿、绿蓝、蓝绿、蓝、蓝紫、紫、红紫——十二基本色相，如图 3-7 所示。

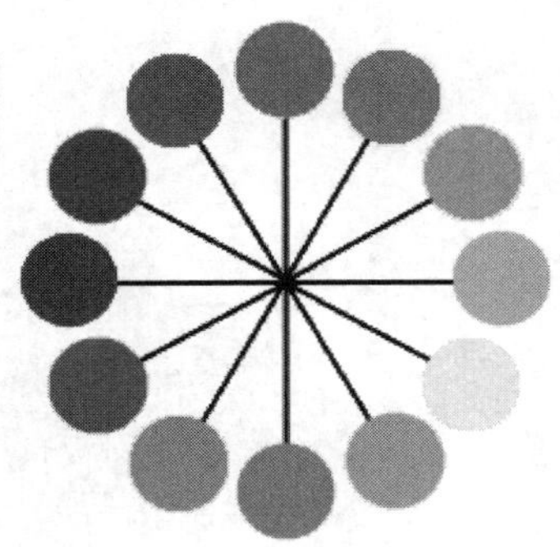

图 3-7　十二基本色相

3.2.2　明度

明度也称为亮度，指的是色彩的明暗程度，明度越大，色彩越亮。如一些购物、儿童类网站，用的是一些鲜亮的颜色，让人感觉绚丽多姿、生气勃勃。明度越低，颜色越暗，主要用于一些游戏类网站，充满神秘感；一些个人网站为了体现自身的个性，也会运用一些暗色调来表达个人的孤僻、忧郁等性格，如图 3-8 所示为色彩的明度变化。

图 3-8　色彩的明度变化

明度高是指色彩较明亮，而明度低则是指色彩较灰暗。没有明度关系的色彩，会显得苍白无力，只有加入明暗的变化，才可以展示色彩的视觉冲击力和丰富的层次感，如图 3-9 所示。

图 3-9　同一色彩的明暗变化

色彩的明度包括无彩色的明度和有彩色的明度。在无彩色中，白色明度最高，黑色明度最低，白色和黑色之间是一个从亮到暗的灰色系列；在有彩色中，任何一种纯度色彩都有着自己的明度特征，如黄色明度最高，紫色明度最低。

3.2.3　纯度

纯度表示色彩的鲜浊或纯净的程度，纯度用于表明一种颜色中是否含有白色或黑色的成分。假如某色不含有白色或黑色的成分，便是纯色，其纯度最高；含有越多白色或黑色的成分，其纯度越低，如图 3-10 所示。

图 3-10　色彩的纯度变化

3.3　色彩与心理

常年的生活实践，使人类对鲜血的红色、植物的绿色、稻麦的黄色、海洋的蓝色等各种自然色彩形成了一系列共同的印象，使人们为色彩赋予了特别的象征意义。

3.3.1 红色的心理与网页表现

红色的色感温暖，性格刚烈而外向，是一种对人刺激性很强的颜色。红色容易引起人们的注意，也容易使人兴奋、激动、紧张、冲动，红色还是一种容易造成人视觉疲劳的颜色。在众多的颜色中，红色是最鲜明、生动、热烈的颜色。因此，红色也是代表热情的情感之色。鲜明的红色极容易吸引人们的目光。

在网页颜色的应用中，根据网页主题内容的需求，纯粹使用红色为主色调的网站相对较少，多用于辅助色、点睛色，达到陪衬、醒目的效果。这类颜色的组合容易使人提升兴奋度。红色特性明显，这一醒目的特殊属性，被广泛应用于节日庆典、食品、时尚休闲、化妆品、服装等类型的网站上，容易营造出娇媚、诱惑、艳丽等气氛，如图 3-11 所示为以红色为主色的饭店网页。

图 3-11 以红色为主色的网页

3.3.2 黄色的心理与网页表现

黄色是阳光的色彩，具有活泼与轻快的特点，给人年轻的感觉。象征光明、希望、高贵、愉快。黄色的亮度最高，和其他颜色配合有温暖感，具有快乐、希望、智慧和轻快的个性，有希望与功名等象征意义。黄色也代表着土地和权力，还是具有神秘感的宗教色彩，如图 3-12 所示为以黄色为主色的网页。

图 3-12 以黄色为主色的网页

浅黄色系给人明朗、愉快、希望、发展的心理感受，它的雅致、清爽等属性，较适合用于女性及化妆品类的网站中；黄色给人崇高、尊贵、辉煌、注意、扩张的心理感受；深黄色给人高贵、温和、稳重的心理感受。

3.3.3 蓝色的心理与网页表现

由于蓝色给人以沉稳的感觉，且具有智慧、准确的意象，在商业设计中强调科技、效率的商品或企业形象，大多选用蓝色作为标准色、企业色，如计算机、汽车、工业、摄影器材等。另外，蓝色也代表忧郁和浪漫，这个意象也常运用于文学作品或感性诉求的商业设计中，如图 3-13 所示为以蓝色为主色的网页。

图 3-13 以蓝色为主色的网页

3.3.4 绿色的心理与网页表现

在商业设计中，绿色所传达的是清爽、理想、希望、生长的意象，符合服务业、卫生保健业、教育行业、农业的要求。在工厂中，为了避免操作时眼睛疲劳，许多机械也采用绿色，一般的医疗机构场所，也常采用绿色来做空间色彩规划，如图 3-14 所示为以绿色为主色的网页。

图 3-14　以绿色为主色的网页

3.3.5　紫色的心理与网页表现

由于紫色具有强烈的女性化性格，在商业设计用色中，受到相当多的限制，除了和女性有关的商品或企业形象，其他类型的设计不常采用紫色为主色，如图 3-15 所示为以紫色为主色的网页。

图 3-15　以紫色为主色的网页

3.3.6　橙色的心理与网页表现

橙色具有轻快、欢欣、收获、温馨、时尚的效果，是快乐、喜悦、能量的色彩。在整个色谱中，橙色具有兴奋度，是最耀眼的色彩。橙色给人以华贵而温暖、兴奋而热烈的感觉，也是令人振奋的颜色，具有健康、富有活力、勇敢自由等象征意义，能给人以庄严、尊贵、神秘等感觉。橙色在空气中的穿透力仅次于红色，也是容易造成视觉疲劳的颜色。

在用于网页的颜色中，橙色适用于视觉要求较高的时尚网站，属于注目、芳香的颜色，也经常被用于味觉较高的食品网站，是容易引起食欲的颜色，如图 3-16 所示为以橙色为主色的网页。

图 3-16　以橙色为主色的网页

3.3.7　白色的心理与网页表现

在商业设计中白色具有洁白、明快、纯真、清洁的意象，通常需要与其他色彩搭配使用。纯白色给人以寒冷、严峻的感觉，所以在使用纯白色时，都会掺一些其他的色彩，如象牙白、米白、乳白等。在生活用品和服饰用色上，白色是永远流行的颜色之一，可以与任何颜色搭配。

3.3.8　黑色的心理与网页表现

黑色拥有很强大的感染力，能够表现出特有的高贵，且黑色还经常用于表现死亡和神秘。

在商业设计中，黑色是许多科技产品的用色，如电视、汽车、摄影机、音响、仪器的色彩大多采用黑色。在其他方面，黑色庄严的意象也常用在一些特殊场合的空间设计中。生活用品和服饰设计大多利用黑色来塑造高贵的形象。黑色也是永远流行的颜色之一，适合与多种色彩搭配，如图 3-17 所示为以黑色与灰色为主色的网页。

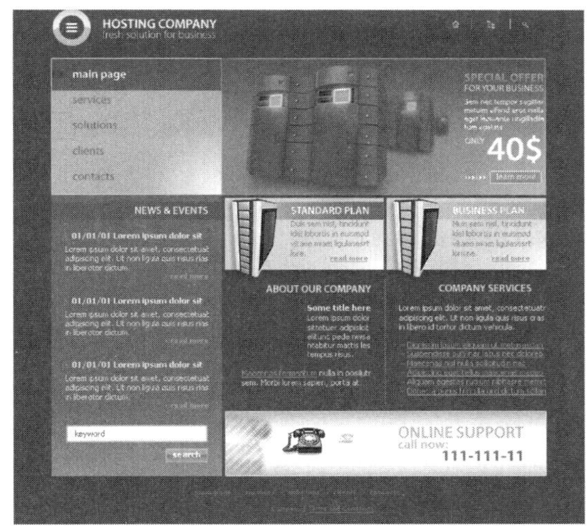

图 3-17　使用黑色与灰色为主色的网页

3.3.9　灰色的心理与网页表现

在商业设计中，灰色具有柔和、高雅的意象，而且属于中间性格，男女皆能接受，所以灰色也是永远流行的颜色之一。许多高科技产品，尤其是和金属材料相关的产品，几乎都采用灰色来传达高级、技术的形象。使用灰色时，大多利用不同层次的变化组合与其他色彩搭配，才不会过于平淡、沉闷、呆板、僵硬，如图 3-18 所示为以灰色为主色的网页。

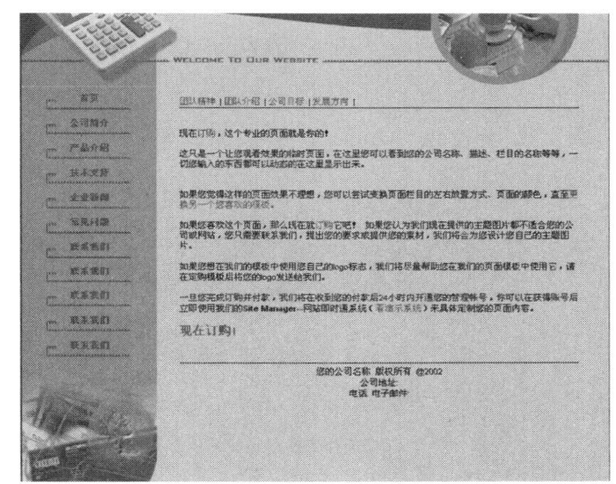

图 3-18　以灰色为主色的网页

3.4　页面色彩搭配

网页的色彩是树立网站形象的关键因素之一，但色彩搭配却是网页设计初学者最感到头疼的问题。网页色彩搭配有哪些原理和技巧呢？本节将具体说明。

3.4.1　网页色彩搭配原理

在选择网页色彩时，除了考虑网站本身的特点，还要遵循一定的艺术规律，从而设计出精美的网页。

- 色彩的鲜明性。网页的色彩要鲜艳，这样容易引人注目，如图 3-19 所示。
- 色彩的独特性。要有与众不同的色彩，使浏览者对你的设计印象强烈，如图 3-20 所示为色彩独特的网页设计。

图 3-19　色彩的鲜明性

图 3-20　网页色彩独特

- 色彩的适合性。即色彩和要表达的内容气氛相适合。如图 3-21 所示为用橙黄色体现食品丰富性的网页。

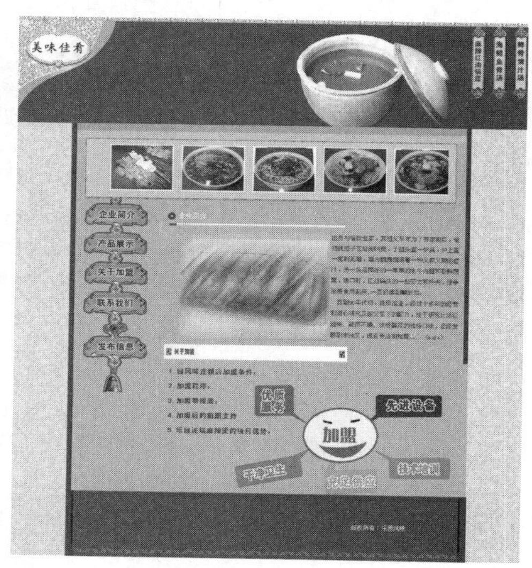

图 3-21　色彩的适合性

- 色彩的联想性。不同的色彩会让人产生不同的联想，蓝色会使人联想到天空，黑色会使人联想到黑夜，红色会使人联想到喜事等，选择色彩要与网页的内涵相关联。

3.4.2　网页设计中色彩搭配的技巧

1. 用一种色彩

用一种色彩是指，先选定一种色彩，然后调整其透明度或者饱和度（也就是将色彩变淡或者加深），产生新的色彩再用于网页。这样的网页看起来色彩统一，且有层次感，如图 3-22 所示为使用了同一种色彩搭配的网页。

图 3-22　使用同一种色彩搭配的网页

2. 原色对比

色相的差别虽然是因可见光的波长导致的，但不能完全根据波长的差别来确定色相及色相的对比程度。因此，在度量色相差时，不能只依靠测光器和可见光谱，而应借助色环，也称“色相环”，如图 3-23 所示。

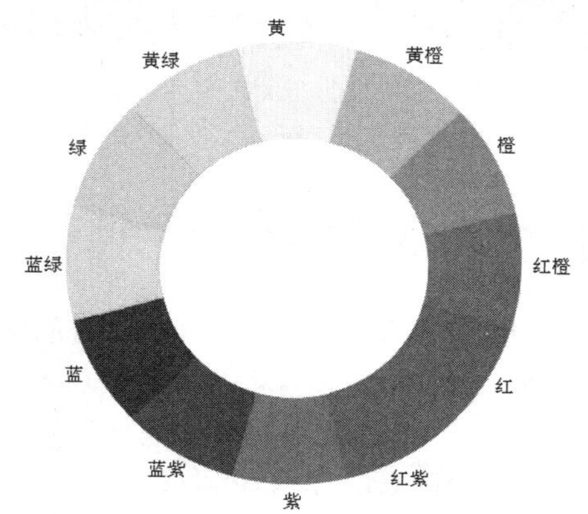

图 3-23　色环

一般来说，色彩的三原色（红、黄、蓝）最能体现色彩之间的差异。色彩的对比强，看起来就具有诱惑力，能够起到集中视线的作用，对比色可以突出重点，产生强烈的视觉效果，如图 3-24 所示。通过合理地使用对比色，能够使网站特色鲜明、重点突出。在设计时一般以一种颜色为主色调，对比色作为点缀，可以起到画龙点睛的作用。

图 3-24　原色对比搭配

3. 补色对比

在色环中，色相距离为 180° 的颜色对比为补色对比，即位于色环直径两端的颜色为补色。一对补色在一起，可以使对方的色彩显得更鲜明，如图 3-25 所示的橙色与蓝色、红色与绿色等的对比。如图 3-26 所示为应用补色对比的网页设计。

图 3-25　互补色

图 3-26　应用补色对比的网页设计

4. 间色对比

间色又称“二次色”，它是由三原色调配出来的颜色，如红与黄调配出橙色；黄与蓝调配出绿色；红与蓝调配出紫色。在调配时，由于原色在分量上有所不同，所以能产生丰富的间色变化，间色对比略显柔和，如图 3-27 所示。

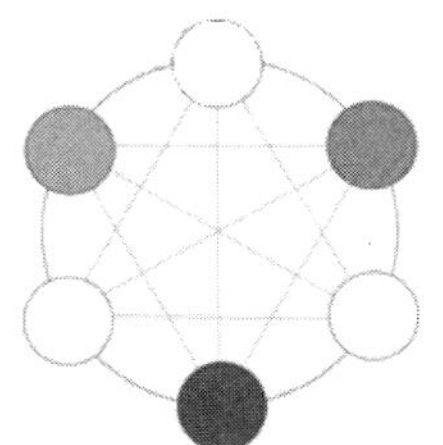

图 3-27　间色对比

在网页色彩搭配中，间色对比的应用案例很多，如图 3-28 所示的绿与橙对比就是活泼、鲜明具有天然美的配色。间色是由三原色中的两原色调配而成的，因此对视觉刺激的强度相对三原色来说缓和不少，属于较易搭配之色。但仍有很强的视觉冲击力，容易带来轻松、明快、愉悦的气氛。

图 3-28　绿与橙间色对比

5. 色彩的面积对比

色彩的面积对比是指，页面中各种色彩在面积的多与少、大与小的对比，影响页面的主次关系。在同一视觉范围内，色彩面积的不同，会产生不同的对比效果，如图 3-29 所示。

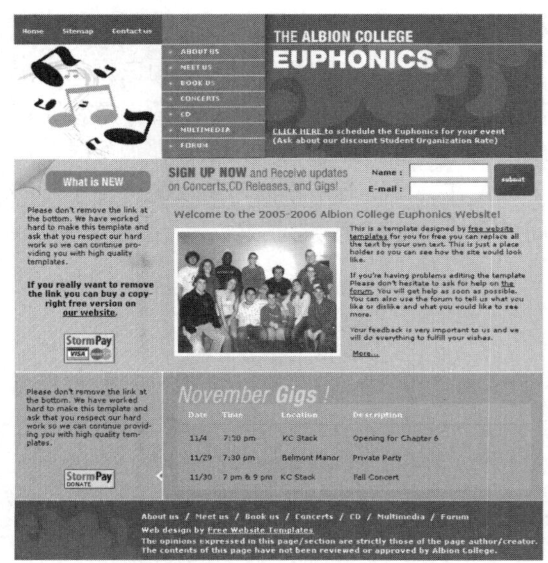

图 3-29　色彩的面积对比

当两种颜色以相等的面积出现时，这两种颜色就会产生强烈的冲突，色彩对比自然强烈。

如果将比例变换为3:1，一种颜色被削弱，整体的色彩对比也减弱了。当一种颜色在整个页面中占据主要位置时，则另一种颜色只能成为陪衬，此时色彩对比效果最弱。

同一种色彩，面积越大，明度、纯度感越强，面积越小，明度、纯度感越低。当面积大时，亮的颜色显得更轻，暗的颜色显得更重。

根据设计主题的需要，在页面的面积上以一种颜色为主色，其他颜色为次色，使页面的主次关系更突出，在统一的同时又富有变化。

3.4.3　使用配色软件

配色是网页设计的关键之一，精心挑选的颜色组合可以使设计更有吸引力；相反，糟糕的配色会伤害眼睛，妨碍浏览者对网页内容和图片的理解。然而，很多时候设计师不知道如何搭配颜色，可以借助配色软件挑选颜色。

ColorJack是一款在线配色工具，从球形的取色器中选择一种颜色，ColorJack会显示一个色表，将鼠标指针放在某个颜色上，会显示基于该颜色的配色主题，如图3-30所示。可以将生成的配色方案输出到Illustrator、Photoshop或ColorJack Studio中。

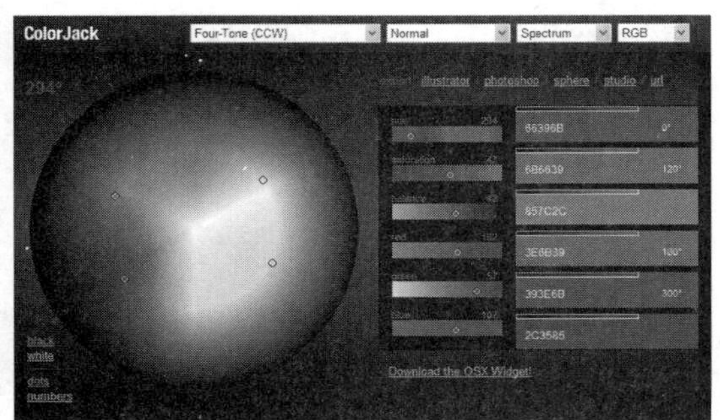

图 3-30　ColorJack 配色工具

3.4.4　使用辅助色

辅助色的功能在于，帮助主色建立更完整的形象，如果一种颜色和形式完美结合，辅助色就不是必须存在的。判断辅助色使用情况的标准是：去掉辅助色页面不完整；有了它主色更突出。在如图3-31所示的页面中，红色是主色，粉红色是辅助色，这样的搭配更加突出了生日喜庆的气氛。

图 3-31　辅助色应用效果

3.5 本章小结

怎样才能设计出与众不同的漂亮网页呢？一个优秀的网页除了有合理的版式、恰当的内容，精美的色彩搭配也是优秀网页必不可少的要素。在掌握了网页制作软件和相关技术的同时，还要多学习一些色彩的基础知识和网站的配色方法，通过借鉴大量的成功作品，体会不同的网页设计配色技巧。

第 4 章　在 Dreamweaver 中使用文本

本章导读

Dreamweaver 是业界领先的 Web 开发软件，使用它可以高效地设计、开发和维护网站。利用 Dreamweaver 中的可视化编辑功能，可以快速创建网页而无须编写任何代码，这对网页制作者来说，工作将变得轻松。文本是网页中最基本和最常用的元素，是网页信息传播的重要载体。学会在网页中使用文本和设置文本格式，对于网页设计人员来说是至关重要的。

技术要点

- Dreamweaver 界面
- 创建本地站点
- 输入文本
- 插入其他文本元素
- 创建列表的设置
- 创建超链接
- 创建文本网页实例

4.1 认识 Dreamweaver 界面

Dreamweaver 是集网页制作和网站管理于一身的“所见即所得”的网页编辑软件，它以强大的功能和友好的操作界面备受广大网页设计者的欢迎，已经成为网页制作的首选软件。Dreamweaver 的工作界面主要由菜单栏、文档窗口、“属性”面板和面板组等部分组成，如图 4-1 所示。

图 4-1　Dreamweaver 的工作界面

4.2 创建本地站点

站点是管理网页文档的场所，Dreamweaver 也是一个站点创建和管理工具，不仅可以创建单独的文档，还可以创建完整的站点。

知识要点

什么是站点？

- Web站点：一组位于服务器上的网页，使用Web浏览器访问该站点的浏览者，可以对其进行浏览。
- 远程站点：服务器上组成Web站点的文件，这是从创建者的角度，而不是浏览者的角度来说的。
- 本地站点：与远程站点的文件对应的本地磁盘上的文件，创建者在本地磁盘上编辑文件，然后上传到远程站点。

在开始制作网页之前，最好先定义一个站点，这是为了更好地利用站点对文件进行管理，也可以尽可能减少错误，如路径出错、链接出错等。新手制作网页需要加强条理性和结构性，不要这个文件放这里，另一个文件放那里，或者所有文件都放在同一文件夹中，这样显得很乱。建议一个文件夹用于存放网站的所有文件，再在文件内建立几个文件夹将文件分类，如图片文件放在 images 文件夹中，HTML 文件放在根目录下。如果站点比较大，文件比较多，可以先按栏目分类，在栏目中再分类。使用向导创建站点的具体操作步骤如下。

01 执行“站点”|“管理站点”命令，弹出“管理站点”对话框，在该对话框中单击“新建站点”按钮，如图 4-2 所示。

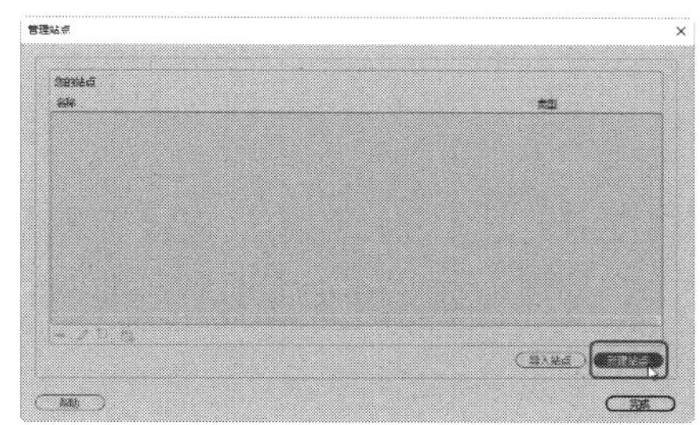

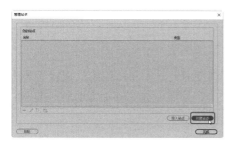

图 4-2　“管理站点”对话框

02 弹出“站点设置对象 未命名站点 2”对话框，在该对话框中的“站点名称”文本框中输入站点的名称，如图 4-3 所示。

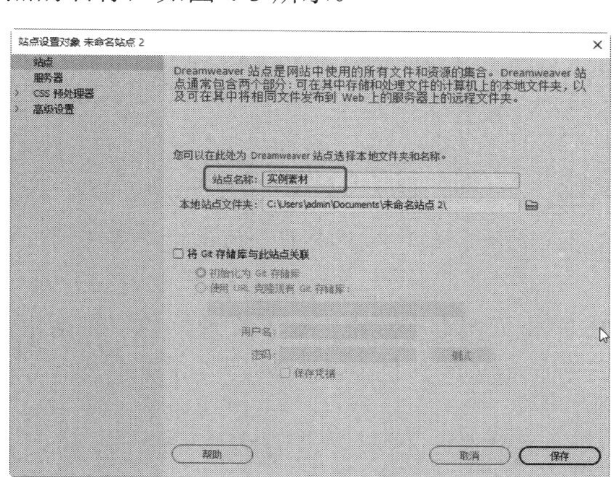

图 4-3　输入站点的名称

提示

执行“窗口”|“文件”命令，打开“文件”面板，在该面板中单击“管理站点”链接也可以弹出“管理站点”对话框。

03 单击“本地站点文件夹”文本框右侧的文件夹按钮，弹出“选择根文件夹”对话框，在该对话框中选择相应的文件夹，如图 4-4 所示。

图 4-4　“选择根文件夹”对话框

04 单击“选择文件夹”按钮，选择文件位置，如图 4-5 所示。

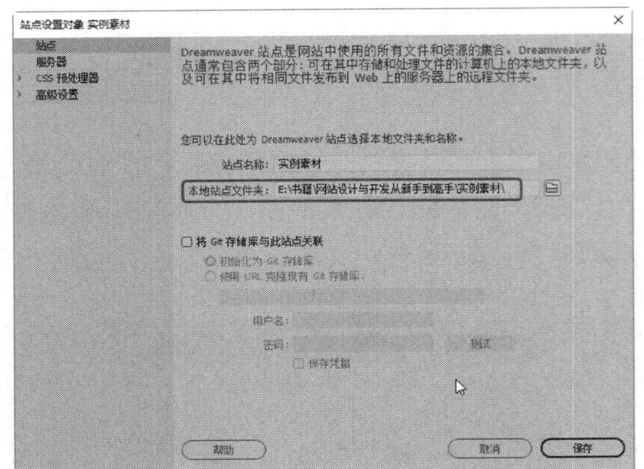

图 4-5　选择文件的位置

05 单击“保存”按钮返回“管理站点”对话框，其中显示了新建的站点，如图 4-6 所示。

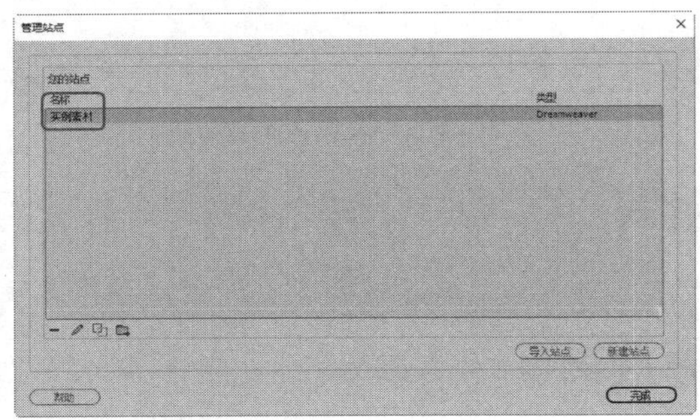

图 4-6　“管理站点”对话框

06 单击“完成”按钮，在“文件”面板中可以看到创建的站点中的文件，如图 4-7 所示。

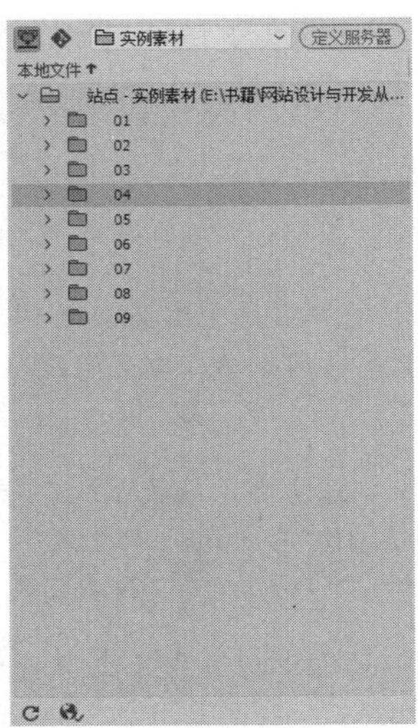

图 4-7　“文件”面板

指点迷津

在规划站点结构时，应该遵循以下规则。

1. 每个栏目建立一个文件夹，把站点划分为多个目录。
2. 不同类型的文件放在不同的文件夹中，以利于调用和管理。
3. 在本地站点和远程站点使用相同的目录结构，从而将在本地制作的站点文件原封不动地显示出来。

4.3 输入文本

一般来说，网页中显示最多的是文本，所以对文本的控制及布局在网页设计中占了很大的比例，能否对各种文本控制手段运用自如，是决定网页设计是否美观、是否富有创意以及能否提高工作效率的关键。

4.3.1 在网页中插入文本

文本是基本的信息载体，是网页中的基本元素，在浏览网页时，获取信息最直接、最直观的方式就是通过文本。在 Dreamweaver 中添加文本的方法非常简单，如图 4-8 所示为网页添加文本后的效果，具体的操作步骤如下。

图 4-8　添加文本的效果

提示

网页文本的编辑是网页制作最基本的操作，灵活设置各种文本属性可以排版出更加美观、条理清晰的网页。文本属性较多，各种设置比较详细，在学习时不要着急，逐步实践体会。

01 打开网页文档，如图 4-9 所示。

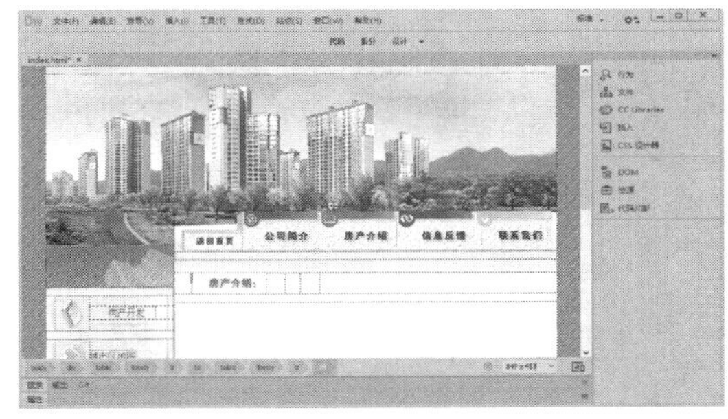

图 4-9　打开网页文档

02 将光标置于要输入文本的位置，输入文本，如图 4-10 所示。

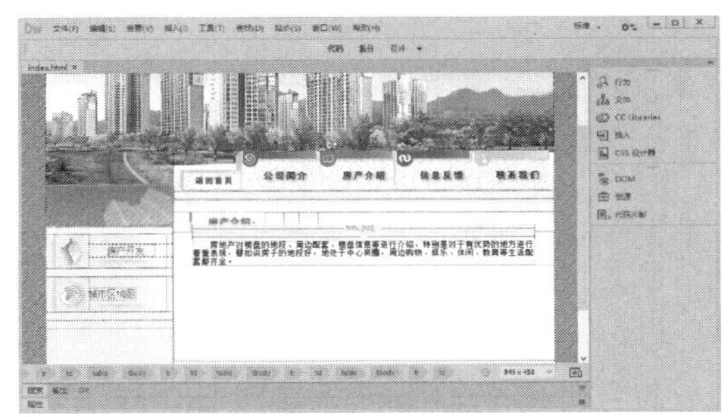

图 4-10　输入文本

03 保存文档，按 F12 键在浏览器中预览，效果如图 4-8 所示。

提示

插入普通文本还有一种方法，就是从其他应用程序中复制，然后粘贴到Dreamweaver文档中。在添加文本时还要注意根据用户语言的不同，选择不同的文本编码方式，错误的文本编码方式将使中文字符显示为乱码。

4.3.2　改变字体

字体对网页中的文本来说是非常重要的，Dreamweaver 中自带的字体比较少，可以在 Dreamweaver 的字体列表中添加更多的字体，添加新字体的具体的操作步骤如下。

01 使用 Dreamweaver 打开网页文档，在“属性”面板中单击 “字体”下拉列表右边的小三角图标，在弹出的列表中选择“管理字体”选项，如图 4-11 所示。

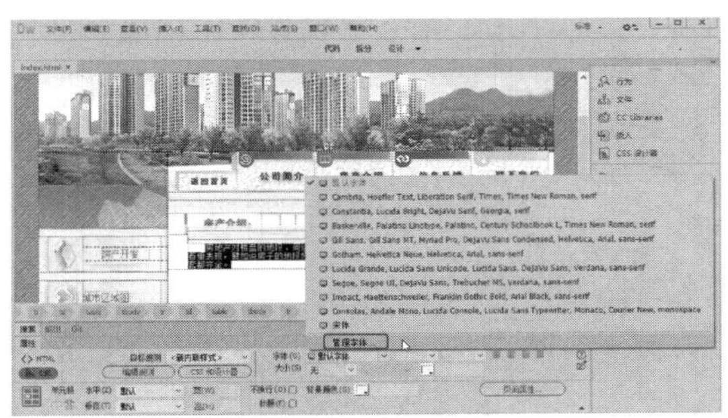

图 4-11　选择“管理字体”选项

02 弹出“管理字体”对话框，在该对话框中选择“自定义字体堆栈”选项卡，在“可用字体”列表中选择要添加的字体，单击 << 按钮添加到左侧的“选择的字体”列表中，在“字体列表”列表中也会显示新添加的字体，如图 4-12 所示。重复以上操作即可添加多种字体，若要取消已添加的字体，可以在选中该字体后单击 >> 按钮。

03 完成一个字体样式的编辑后，单击+按钮可进行下一个样式的编辑。若要删除某个已经编辑的字体样式，可以在选中该样式后单击-按钮。完成字体样式的编辑后，单击“完成”按钮关闭该对话框，在文档窗口中可以看到应用字体的效果，如图 4-13 所示。

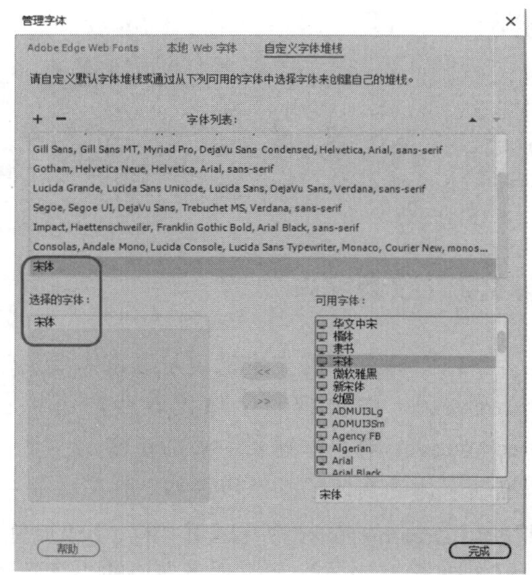

图 4-12 “管理字体”对话框

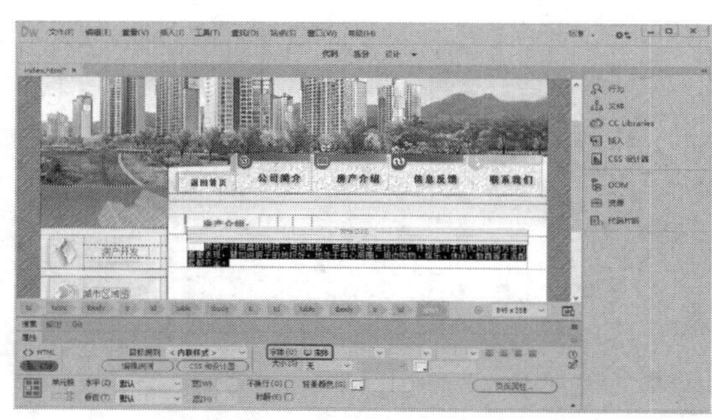
图 4-13 设置字体

4.3.3 设置字号

选择一种合适的字号，是网页美观、布局合理的关键。在设置网页时，应对文本设置相应的字号，具体的操作步骤如下。

01 选中文本，在“属性”面板的“大小”下拉列表中选择字号，或者直接输入相应的字号，如图 4-14 所示。

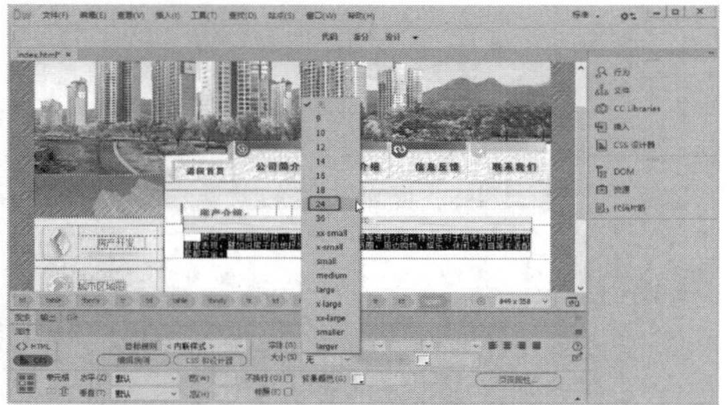
图 4-14 选择字号

02 选择字号后即可完成文字大小的设置，如图 4-15 所示。

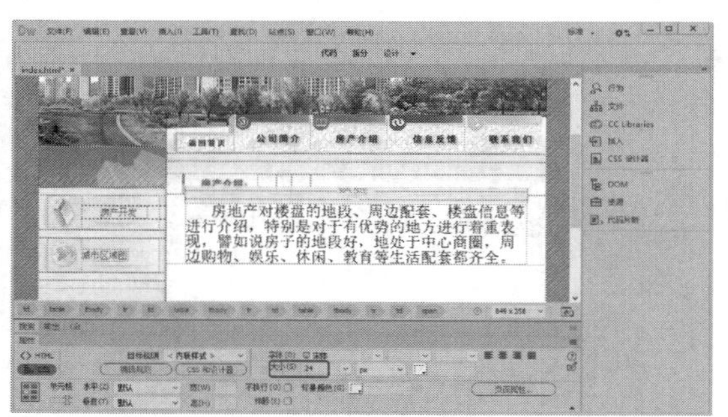

图 4-15 设置文字大小

4.4 插入其他文本元素

在网页中除了可以输入文本，还可以插入其他元素，如插入特殊字符、水平线、时间、注释等，下面分别介绍这些元素的插入方法。

4.4.1 插入特殊字符

制作网页时，有时要输入一些键盘上没有的特殊字符，如日元符号、注册商标等，这就要使用 Dreamweaver 的特殊字符功能。下面通过插入版权符号讲述特殊字符的添加方法，效果如图 4-16 所示，具体的操作步骤如下。

图 4-16 特殊字符的添加效果

提示

许多浏览器（尤其是旧版本的浏览器，以及除Netscape Netvigator和Internet Explorer外的其他浏览器）无法正常显示很多特殊字符，因此应尽量少使用特殊字符。

01 打开网页文档，将光标置于要插入版权符号的位置，如图 4-17 所示。

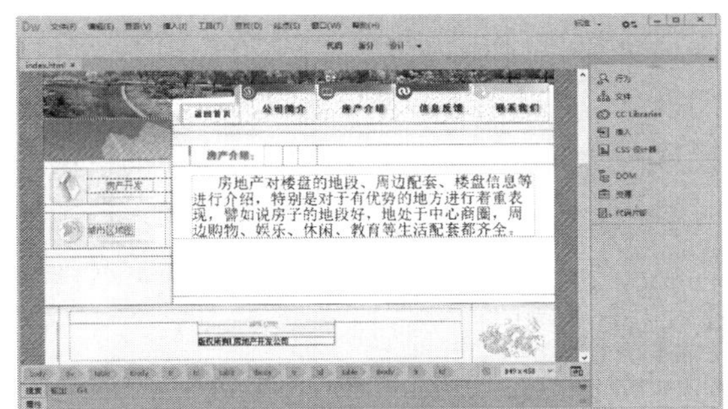

图 4-17 打开网页文档

02 执行“插入”|HTML|“字符”|“版权”命令，如图 4-18 所示。

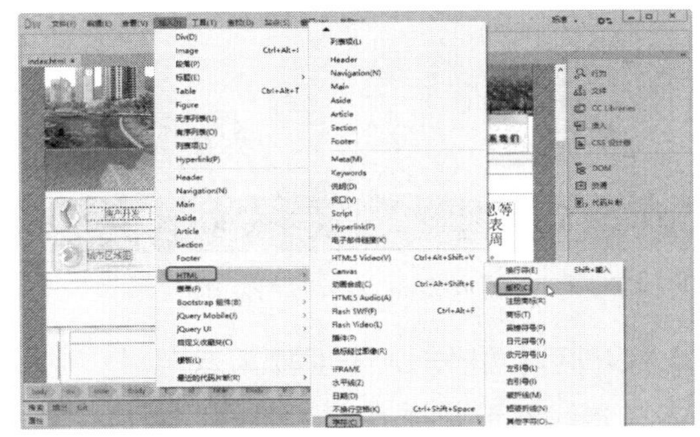

图 4-18 执行“版权”命令

03 选择命令后，即可插入版权字符，如图 4-19 所示。

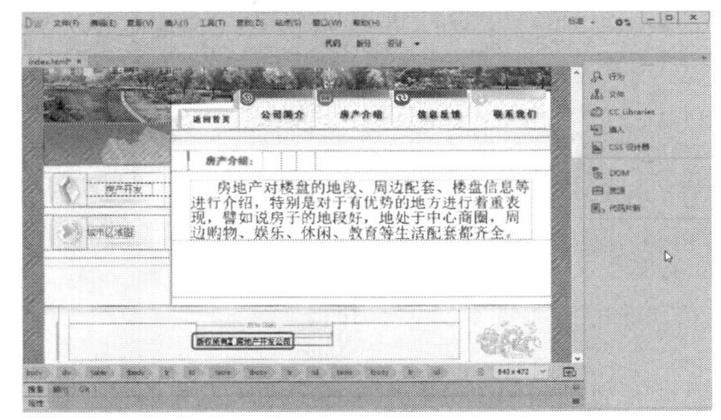

图 4-19 插入版权符号

04 保存文档，按 F12 键在浏览器中预览，效果如图 4-16 所示。

4.4.2 插入水平线

很多网页在其下方会显示一条水平线，以分隔网页主题内容和底部的版权声明等。根据设计需要，也可以在网页任意位置添加水平线，达到区分网页中不同内容的目的。下面通过实例讲述在网页中插入水平线的方法，效果如图 4-20 所示，具体的操作步骤如下。

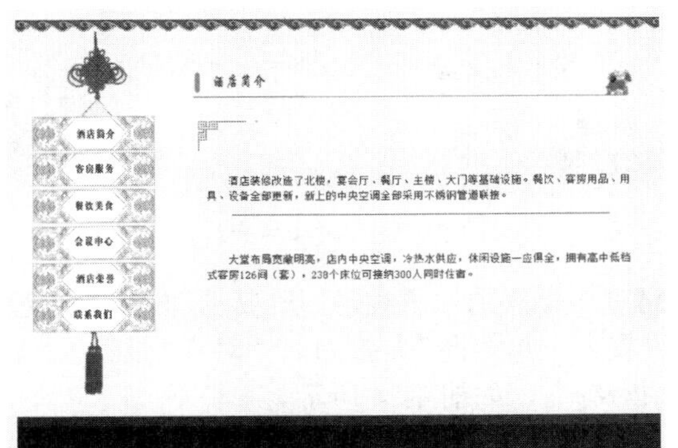

图 4-20 插入水平线的效果

01 打开网页文档，将光标置于要插入水平线的位置，如图 4-21 所示。

02 执行“插入”|HTML|“水平线”命令，如图 4-22 所示。

03 选择命令后，插入水平线，如图 4-23 所示。

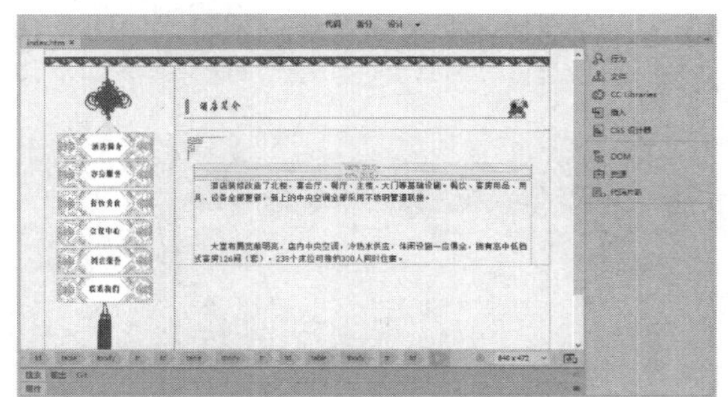

图 4-21　打开网页文档

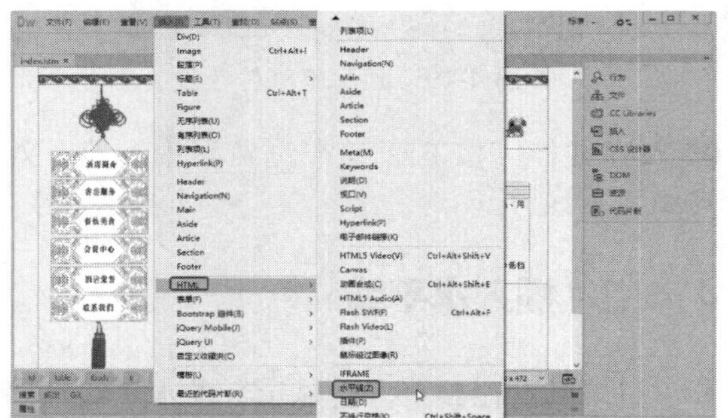

图 4-22　执行"水平线"命令

图 4-23　插入水平线

04 选中插入的水平线，打开"属性"面板，将"宽"设置为450，"高"设置为1，"对齐"设置为"居中对齐"，如图 4-24 所示。

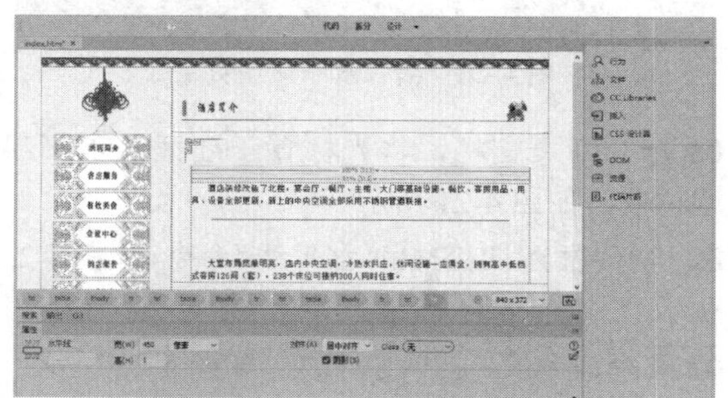

图 4-24　设置水平线

05 打开代码视图，在代码中输入颜色代码color="#660000"，将水平线的颜色设置为红色，如图 4-25 所示。

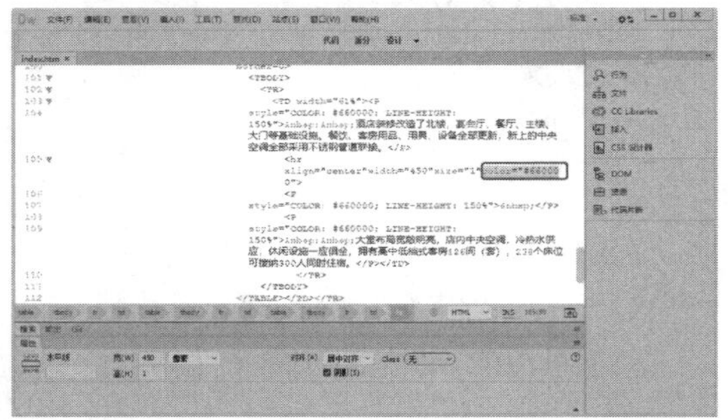

图 4-25　设置水平线的颜色

06 保存文档，按 F12 键在浏览器中预览，效果如图 4-20 所示。

4.4.3　插入时间

当需要在网页的指定位置插入准确的日期资料时，可以执行"插入"|HTML|"日期"命令。添加日期的好处是，既可以选用不同的日期格式，规范而准确地表达日期，同时还可以设置自动更新，让网页显示当前最新的日期和时间。下面通过实例讲述在网页中插入日期的方法，插入日期的效果如图 4-26 所示，具体的操作步骤如下。

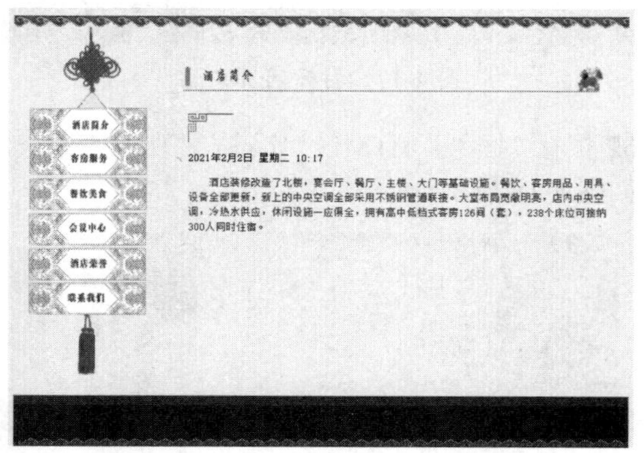

图 4-26　插入时间效果

01 打开网页文档，如图 4-27 所示。

02 将光标置于要插入日期的位置，执行"插入"|HTML|"日期"命令，如图 4-28 所示。

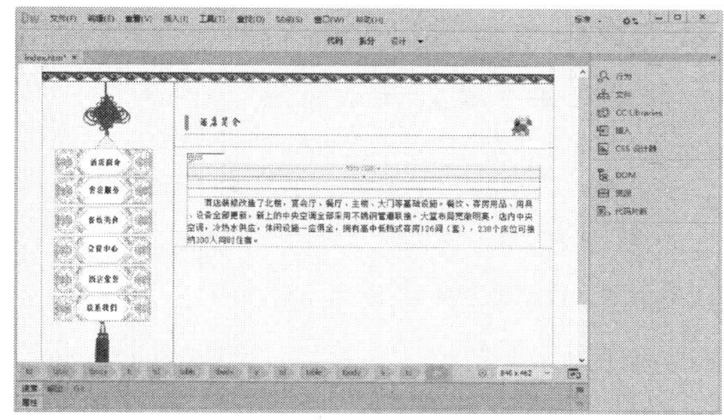

图 4-27 打开网页文档

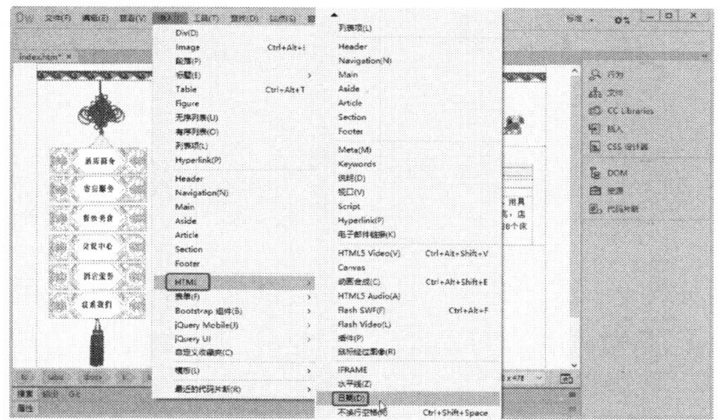

图 4-28 执行“日期”命令

03 选择命令后，弹出“插入日期”对话框，在该对话框中设置相应的格式，如图 4-29 所示。

图 4-29 “插入日期”对话框

04 单击“确定”按钮，即可插入日期，如图 4-30 所示。

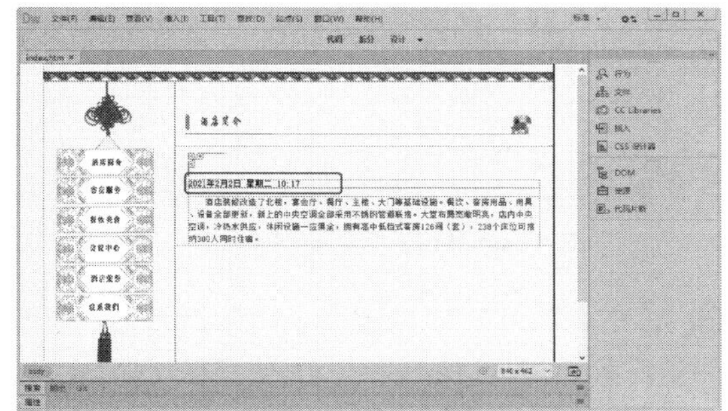

图 4-30 插入日期

05 保存文档，按 F12 键在浏览器中预览，效果如图 4-26 所示。

4.4.4 插入空格

在制作网页时，有时需要输入空格，但却无法输入。导致无法正确输入空格的原因可能是输入法的错误，只有正确使用输入法才能够解决这个问题。在字符之间添加空格的方法非常简单，效果如图 4-31 所示，具体的操作步骤如下。

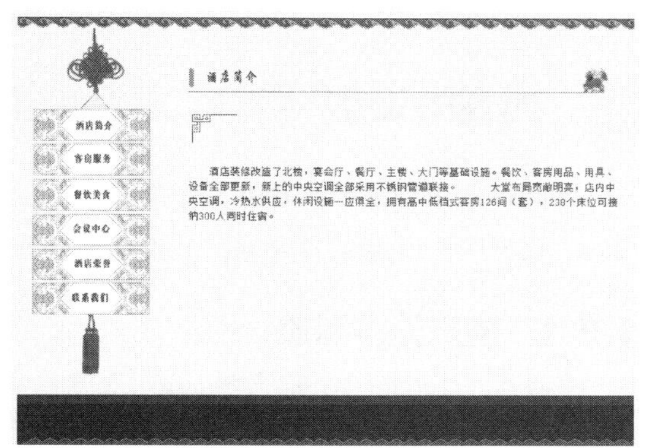

图 4-31 在字符之间添加空格的效果

01 打开网页文档，将光标置于要添加空格的位置，如图 4-32 所示。

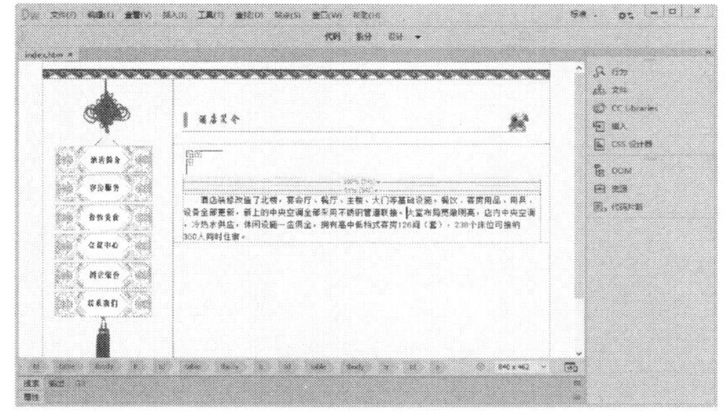

图 4-32 打开网页文档

02 切换到“拆分”视图，输入   代码，如图 4-33 所示。在“拆分”视图中输入几次代码，在“设计”视图中就会出现几个空格。

03 保存文档，按 F12 键在浏览器中预览，效果如图 4-31 所示。

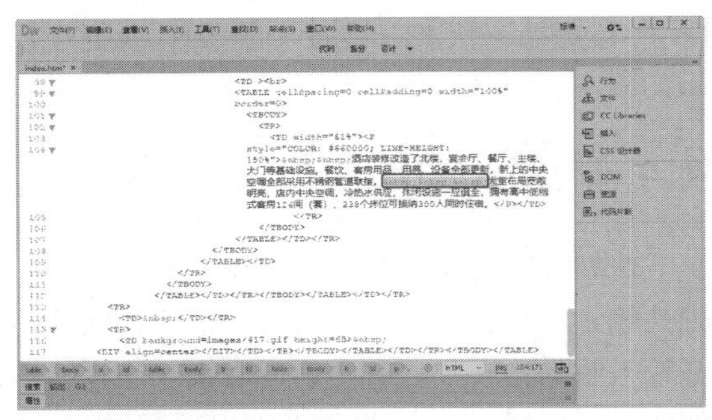

图 4-33　输入代码

高手支招

在字符之间要插入连续空格，可执行“插入”|HTML|“字符”|“不换行空格”命令，或者按快捷键Ctrl+Shift+空格键，实际是在代码中添加了 代码。

还可以使用以下两种方法插入空格。

- 如果使用智能ABC输入法，按Shift+空格键，此时输入法的属性栏上的半月形就变成了圆形，然后再按空格键，空格就出来了。
- 在“常用”插入栏的“字符”下拉列表中选择“不换行空格”选项，即可直接输入空格。

4.5 列表的设置

在网页编辑过程中，有时会使用到列表，包含层次关系、并列关系的标题都可以制作成列表形式，这样有利于浏览者理解网页内容。列表包括无序列表和有序列表，下面分别介绍。

4.5.1 使用无序列表

无序列表的项目之间没有先后顺序，列表前面一般用项目符号作为前导字符，如图 4-34 所示为创建的无序列表，具体的操作步骤如下。

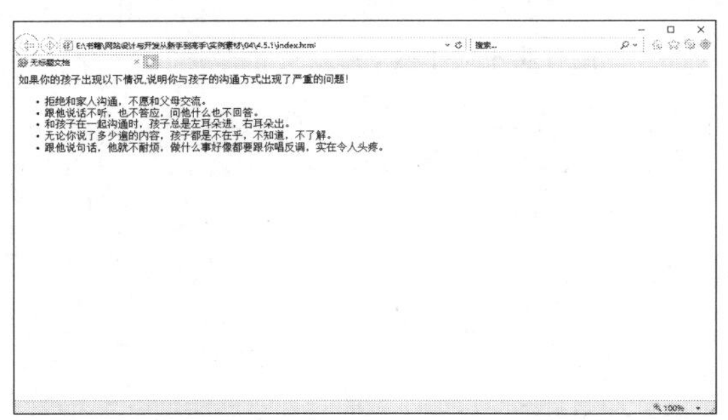

图 4-34　创建无序列表效果

01 打开网页文档，将光标置于要创建无序列表的位置，如图 4-35 所示。

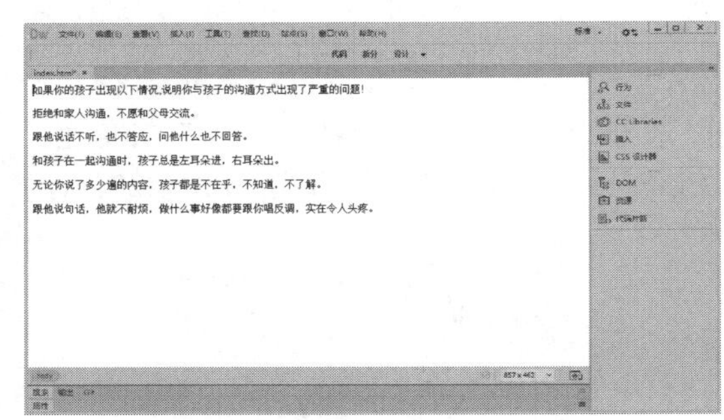

图 4-35　打开网页文档

02 执行“插入”|“无序列表”命令，如图 4-36 所示。

图 4-36　执行“无序列表”命令

03 选择命令后，即可创建无序列表，如图 4-37 所示。

04 重复步骤 02~03 的操作，插入其他的无序列表，如图 4-38 所示。

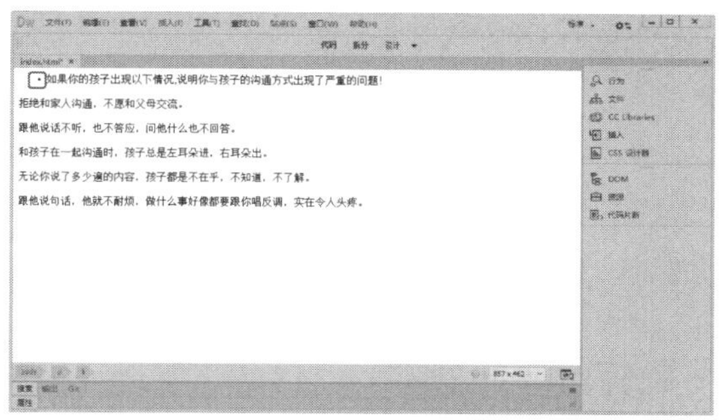

图 4-37　创建无序列表

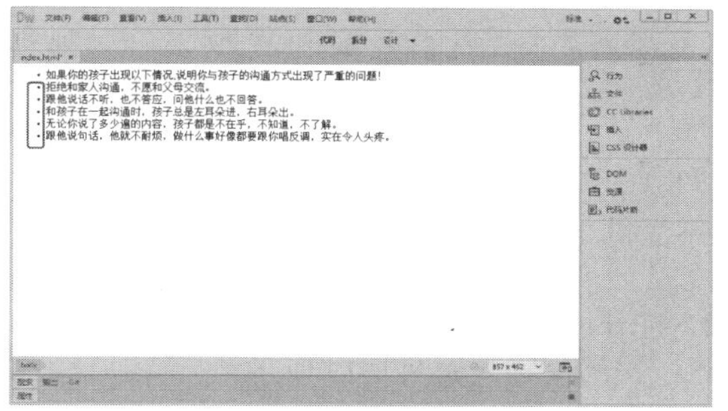

图 4-38　创建其他无序列表

05 保存文档，按 F12 键在浏览器中预览，效果如图 4-34 所示。

4.5.2　使用有序列表

当网页中的文本需要按序排列时，就应该使用有序列表。有序列表的项目符号可以是阿拉伯数字、罗马数字和英文字母。如图 4-39 所示为创建有序列表的效果，具体的操作步骤如下。

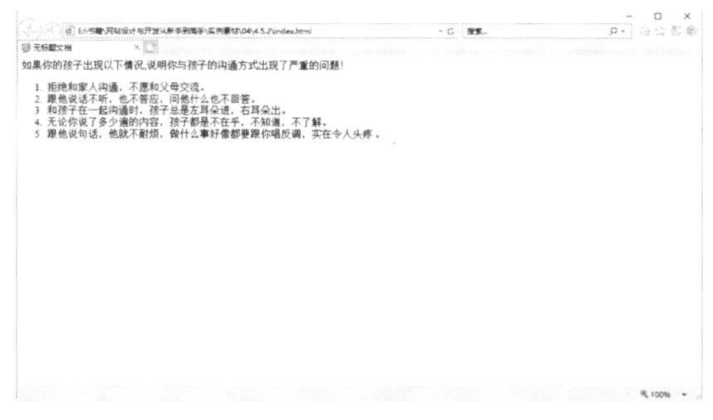

图 4-39　有序列表

01 打开网页文档，将光标置于要创建有序列表的位置，如图 4-40 所示。

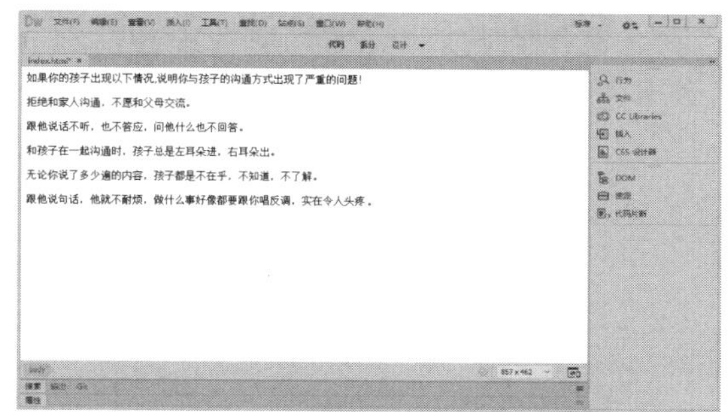

图 4-40　打开网页文档

02 执行"插入"|"有序列表"命令，如图 4-41 所示。

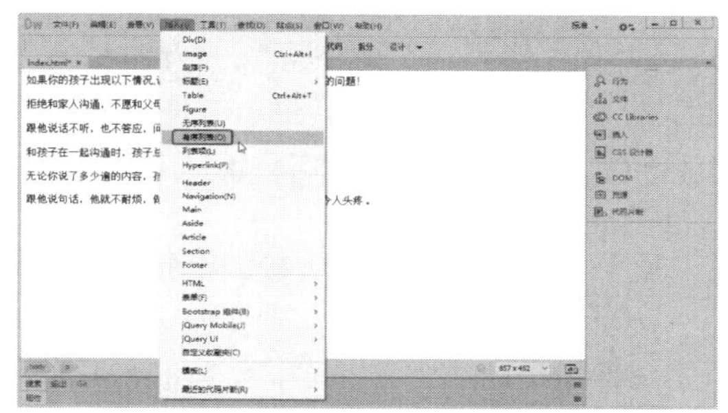

图 4-41　执行"有序列表"命令

03 选择命令后，即可创建有序列表，如图 4-42 所示。

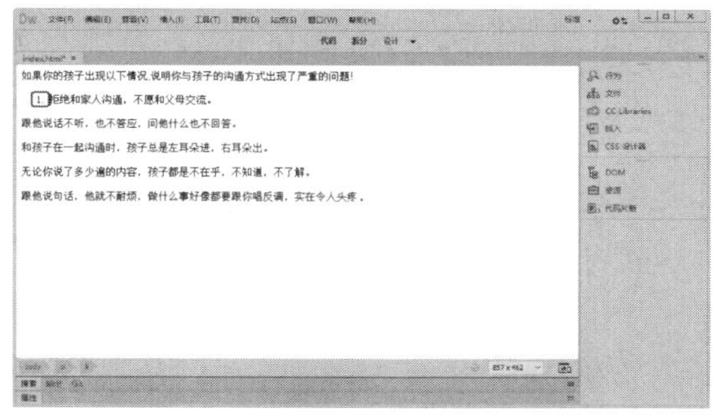

图 4-42　创建有序列表

04 重复步骤 02~03 的操作，插入其他的有序列表，如图 4-43 所示。

05 保存文档，按 F12 键在浏览器中预览，效果如图 4-39 所示。

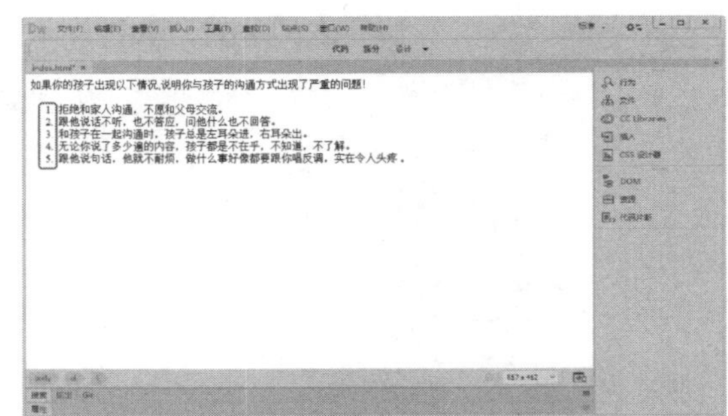

图 4-43　插入其他的有序列表

4.6 创建超链接

超链接是构成网站最为重要的部分之一，单击网页中的超链接，即可跳转到相应的网页，因此，可以非常方便地从一个网页到达另一个网页，下面讲述各种类型超链接的创建方法。

4.6.1 创建电子邮件链接

电子邮件地址作为超链接的链接目标与其他链接目标不同，当用户在浏览器上单击指向电子邮件地址的超链接时，将会打开默认的邮件管理器的新邮件窗口，其中会提示用户输入信息并将该信息传送给指定的E-mail地址。下面对“联系我们”文字创建电子邮件链接，当单击“联系我们”文字时的效果如图4-44所示，具体的操作步骤如下。

图 4-44　创建电子邮件链接的效果

提示

单击电子邮件链接后，系统将自动启动电子邮件管理软件，并在收件人地址中自动填写电子邮件链接指定的邮箱地址。

01 打开网页文档，将光标置于要创建电子邮件链接的位置，如图4-45所示。

图 4-45　打开网页文档

02 执行“插入”｜HTML｜“电子邮件链接”命令，如图4-46所示。

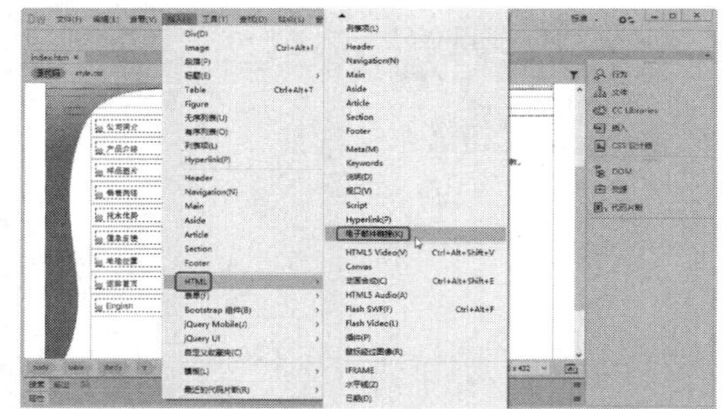

图 4-46　执行“电子邮件链接”命令

03 弹出“电子邮件链接”对话框，在“文本”文本框中输入“联系我们”，在E-mail文本框中输入 mailto：sdhzgw@163.com，如图 4-47 所示。

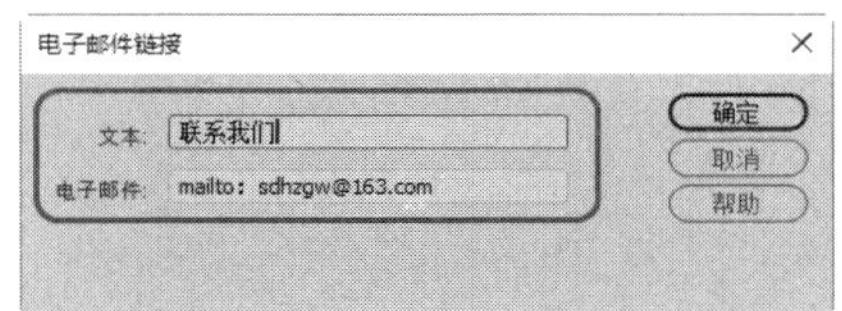

图 4-47　“电子邮件链接”对话框

04 单击“确定”按钮，创建电子邮件链接，如图 4-48 所示。

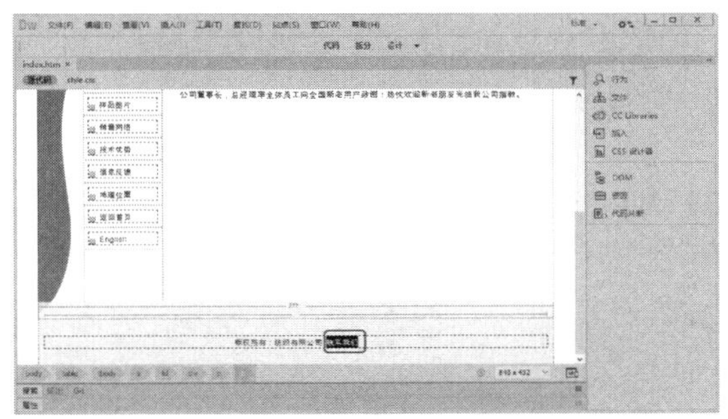

图 4-48　创建电子邮件链接

高手支招

单击HTML插入栏中的“电子邮件链接”按钮，也可以弹出“电子邮件链接”对话框。

05 保存文档，按 F12 键在浏览器中预览，单击“联系我们”电子邮件链接文字，效果如图 4-44 所示。

指点迷津

如何避免页面中的电子邮件地址被搜索到？如果拥有一个站点并发布了E-mail链接，那么其他人会利用特殊工具搜索到这个地址并加入到其数据库中，此时就会经常收到垃圾邮件。要想避免E-mail地址被搜索到，可以在页面上不按标准格式书写E-mail 链接，如yourname at mail.com，它等同于yourname@mail.com。

4.6.2 创建脚本超链接

脚本超链接可以执行 JavaScript 代码或调用 JavaScript 函数，它非常有用，能够在不离开当前网页文档的情况下为浏览者提供有关某项的附加信息。脚本超链接还可以用于在浏览者单击特定项时，执行计算、表单验证和其他处理任务，如图 4-49 所示为创建脚本关闭网页的效果，具体的操作步骤如下。

图 4-49　创建脚本关闭网页的效果

01 打开网页文档，选中“关闭窗口”文本，如图 4-50 所示。

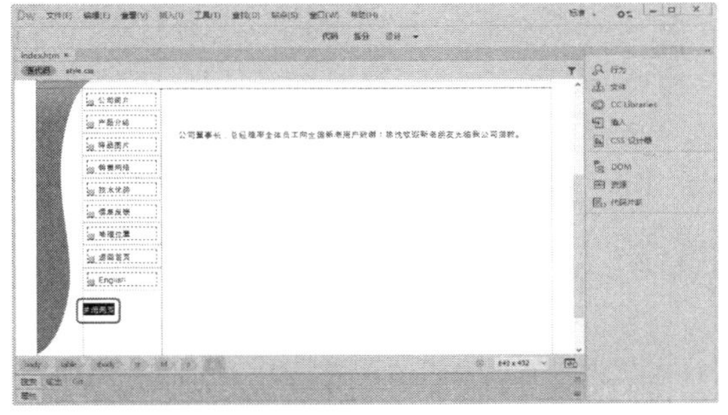

图 4-50　打开网页文档

02 在“属性”面板中的“链接”文本框中输入 Javascript:window.close()，如图 4-51 所示。

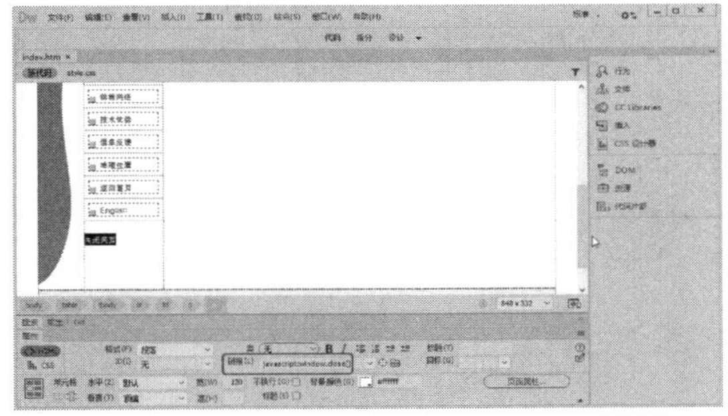

图 4-51　输入代码

03 保存文档，按 F12 键在浏览器中浏览，单击“关闭窗口”文本超链接会自动弹出一个提示对话框，提示是否关闭窗口，单击“是”按钮，即可关闭窗口，如图 4-49 所示。

4.6.3 创建下载文件超链接

如果要在网站中提供资料下载服务，就需要为文件提供下载超链接，如果超链接指向的不是一个网页文件，而是其他文件，例如 zip、mp3、exe 文件等，单击超链接的时候就会下载文件。创建下载文件的超链接效果如图 4-52 所示，具体的操作步骤如下。

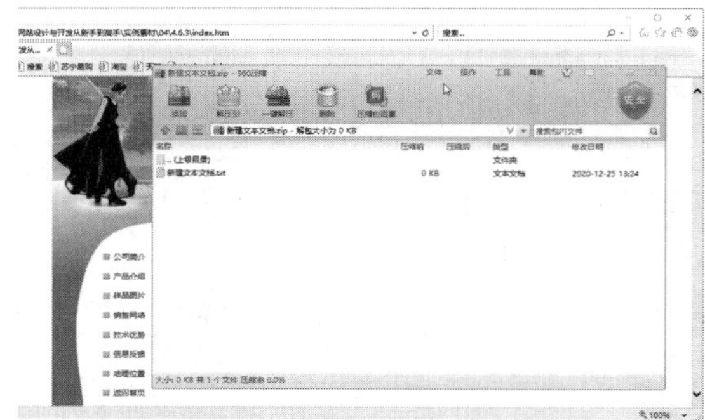

图 4-52　下载文件的超链接

提示

网站中每个下载文件必须对应一个下载超链接，而不能为多个文件或者一个文件夹建立下载超链接，如果需要对多个文件或文件夹提供下载，只能利用压缩软件将这些文件或文件夹压缩为一个文件。

01 打开网页文档，选中要创建超链接的文字，如图 4-53 所示。

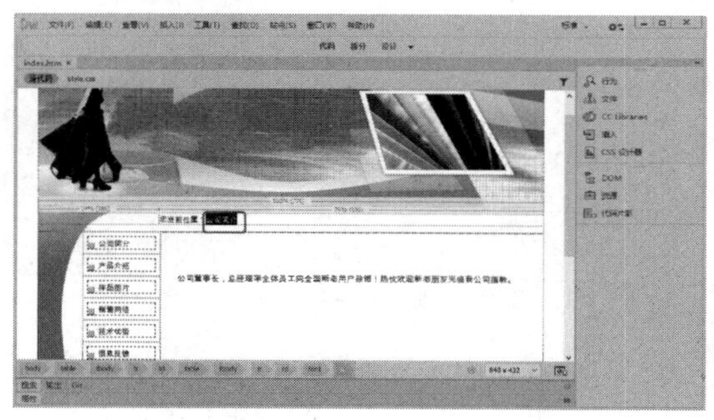

图 4-53　打开网页文档

02 执行“窗口”|“属性”命令，打开“属性”面板，单击“链接”文本框右侧的按钮，弹出“选择文件”对话框，在该对话框中选择要下载的文件，如图 4-54 所示。

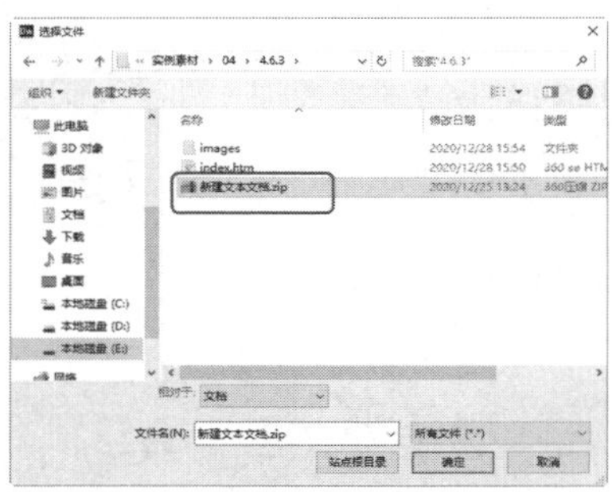

图 4-54　“选择文件”对话框

03 单击“确定”按钮，添加到“链接”文本框中，如图 4-55 所示。

图 4-55　添加到“链接”文本框中

04 保存文档，按 F12 键在浏览器中预览，单击“公司简介”文字下载文件，效果如图 4-52 所示。

4.6.4 创建图像热点超链接

在创建超链接的过程中，首先选中图像，然后在“属性”面板中选择热点工具并在图像上绘制热区，创建图像热点超链接后，当单击“首页”图像 时，效果如图 4-56 所示，会出现一个小手形状，具体的操作步骤如下。

提示

当预览网页时，热点超链接不会显示，当鼠标指针移至热点超链接上时会变为手形图标，以提示浏览者该处为超链接。

图 4-56 图像热点超链接效果

01 打开网页文档，选中创建热点超链接的图像，如图 4-57 所示。

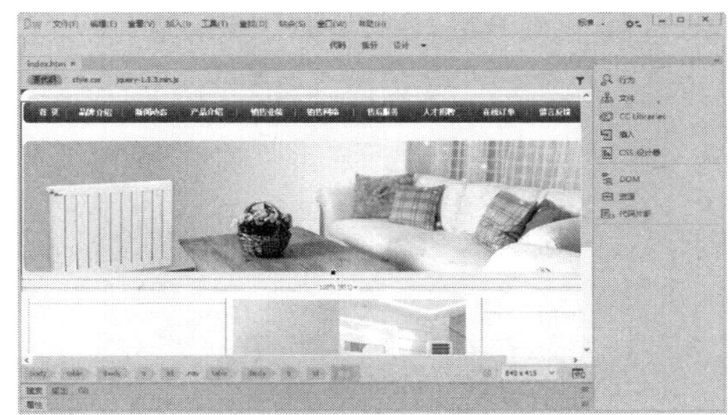

图 4-57 打开网页文档

02 执行“窗口”|“属性”命令，打开“属性”面板，在“属性”面板中单击“矩形热点工具”按钮，选择“矩形热点工具”，如图 4-58 所示。

图 4-58 “属性”面板

指点迷津

除了可以使用“矩形热点工具”，还可以使用“椭圆形热点工具”和“多边形热点工具”来绘制椭圆形热点区域和多边形热点区域，绘制方法与“矩形热点工具”相同。

03 将鼠标指针置于图像上要创建热点的位置，绘制一个矩形热点，如图 4-59 所示。

图 4-59 绘制一个矩形热点

04 按以上步骤的方法绘制其他的热点并设置热点超链接，如图 4-60 所示。

图 4-60 绘制其他的热点超链接

05 保存文档，按 F12 键在浏览器中预览，单击“首页”图像后的效果如图 4-56 所示。

指点迷津

图像热点超链接和图像超链接有很多相似之处，有些情况下在浏览器中甚至分辨不清。虽然它们的最终效果相同，但两者实现的原理还是有很大差异的。读者在为网页加入超链接之前，应根据具体的情况，选择和使用适合的链接方式。

4.7 实战应用——创建文本网页

下面利用本章所学的知识创建一个基本的文本网页，效果如图 4-61 所示，具体的操作步骤如下。

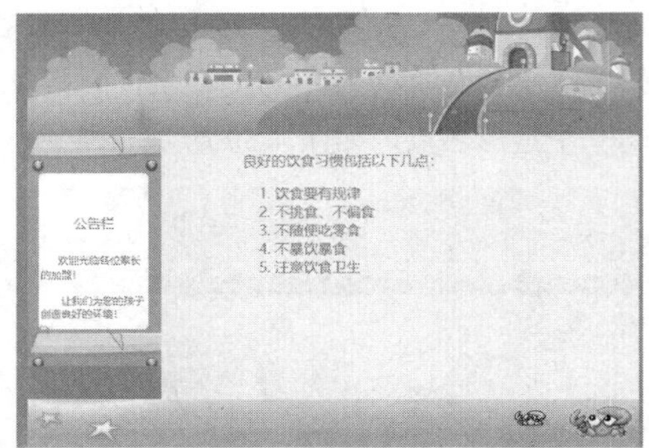

图 4-61　基本的文本网页效果

01 打开网页文档，如图 4-62 所示。

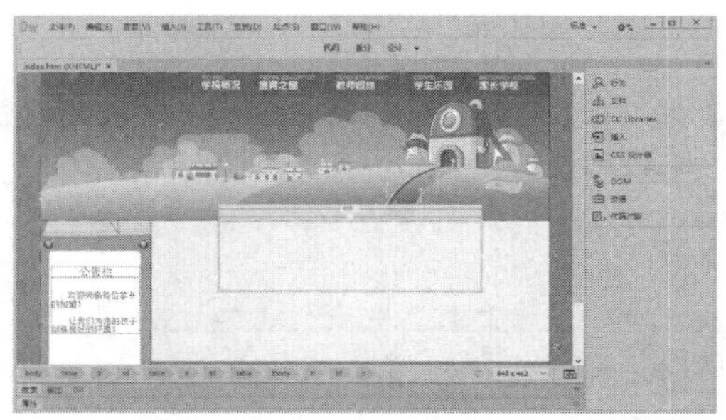

图 4-62　打开网页文档

02 将光标置于要输入文字的位置，输入文字，如图 4-63 所示。

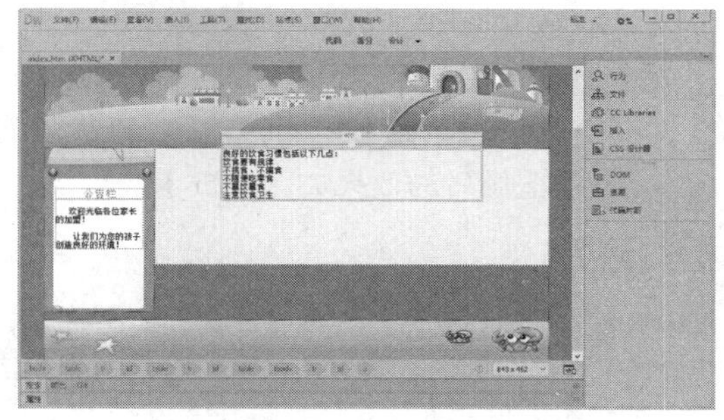

图 4-63　输入文字

03 将光标置于文字开头，按住鼠标左键并向下拖至文字结尾，选中所有的文字，在“属性”面板的“大小”下拉列表中选择字号，如图 4-64 所示。

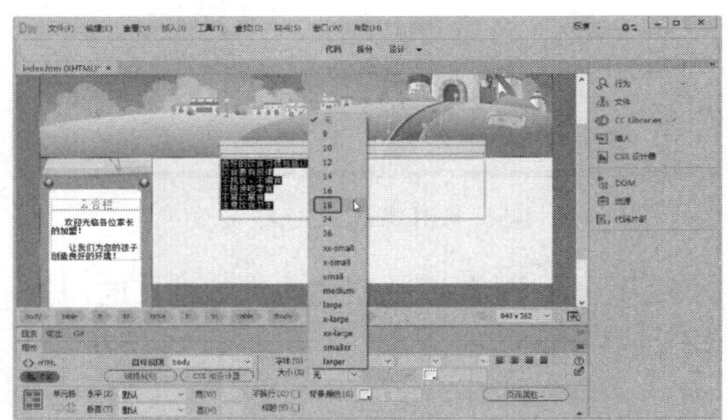

图 4-64　设置字号

04 设置文本的颜色。单击“文本颜色”按钮，在打开的调色板中设置文本的颜色为 #F40A0E，如图 4-65 所示。

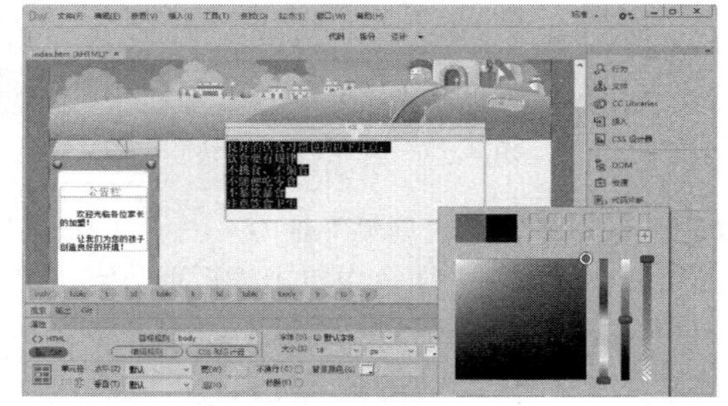

图 4-65　设置文本颜色

05 将光标置于要插入有序列表的位置，执行“插入”|“有序列表”命令，如图 4-66 所示。

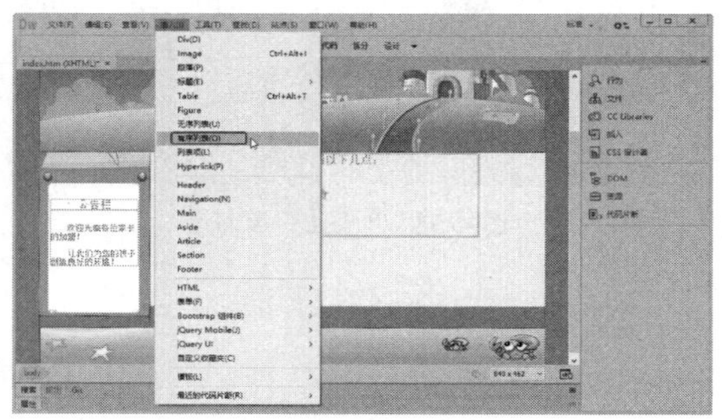

图 4-66　执行“有序列表”命令

06 选择命令后，即可插入有序列表，如图 4-67 所示。

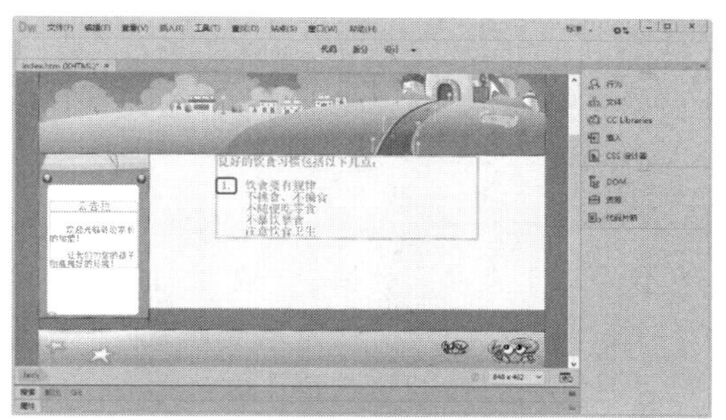

图 4-67　插入有序列表

07 采用步骤 05~06 的方法，插入其他有序列表，如图 4-68 所示。

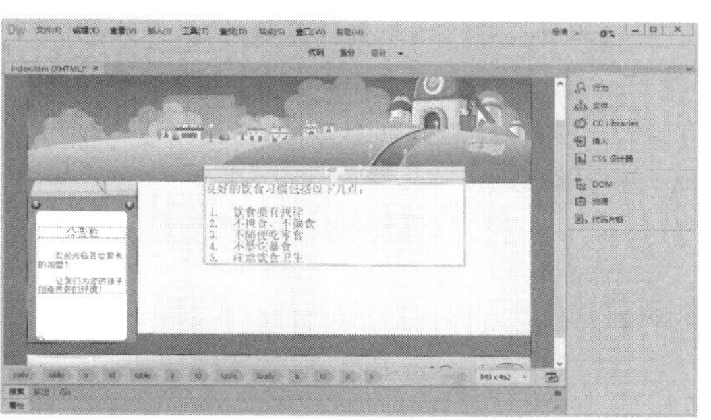

图 4-68　插入其他有序列表

08 保存文档，按 F12 键在浏览器中预览，效果如图 4-61 所示。

4.8　本章小结

本章主要介绍了 Dreamweaver 中输入文本、文本属性设置、其他文本元素的插入及列表的设置方法，以及各种超链接的创建方法，通过对以上知识的学习，读者可以更好地结合后面章节所学知识，创建出更切合实际需求，且更具有吸引力的网页。

第 5 章　用表格进行网页排版

本章导读

表格是网页布局设计的常用工具，表格在网页中不仅可以用来排列数据，还可以对页面中的图像、文本等元素精准定位，使页面在形式上既丰富多彩，又富有条理，从而也使页面显得更加整齐有序。使用表格排版的页面在不同平台、不同分辨率的浏览器中都能保持原有的布局，所以表格是网页布局中最常用的工具。本章主要讲述表格的创建、表格属性的设置、表格的基本操作、表格的排序和导入表格式数据等操作的方法。

技术要点

- 在网页中插入表格
- 设置表格属性
- 表格的基本操作
- 表格的其他功能

5.1 在网页中插入表格

表格由行、列和单元格 3 部分组成。行贯穿表格的左右，列则是上下方式排列的。单元格是行与列交会的部分，用来输入信息。单元格会自动扩展到与输入信息相适应的尺寸。

5.1.1 插入表格

在 Dreamweaver 中，表格可以用于制作简单的图表，也可以用于安排网页文档的整体布局。在网页中插入表格的方法非常简单，具体的操作步骤如下。

01 打开网页文档，如图 5-1 所示。

图 5-1　打开网页文档

02 执行“插入”|Table 命令，如图 5-2 所示。

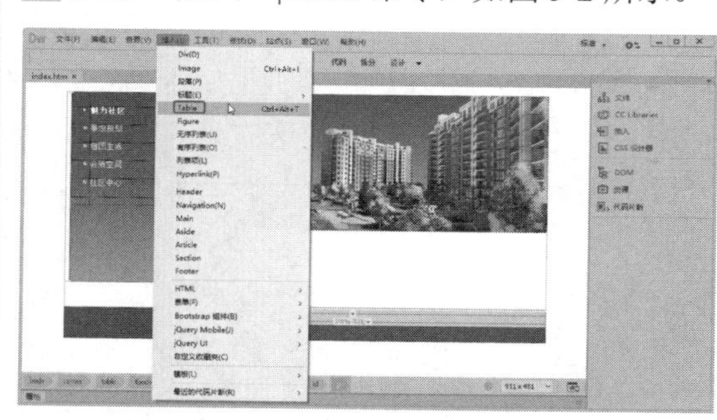

图 5-2　执行 Table 命令

03 弹出 Table 对话框，在该对话框中将“行数”设置为 3、“列”设置为 2、“表格宽度”设置为 70，如图 5-3 所示。

04 单击“确定”按钮，插入表格，如图 5-4 所示。

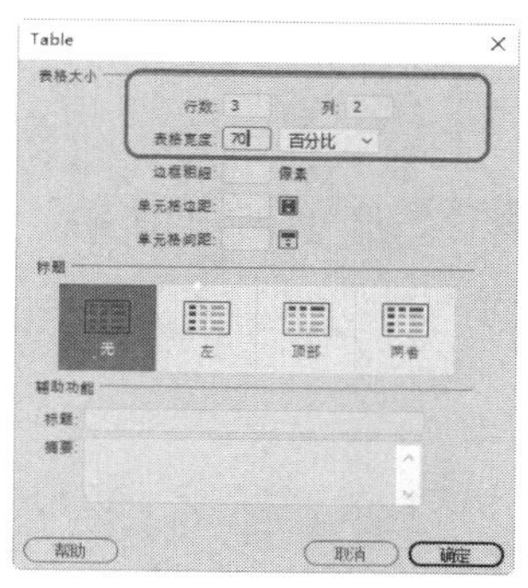

图 5-3　Table 对话框

图 5-4　插入表格

知识要点

在“表格”对话框中可以进行如下设置。

- 行数：在该文本框中输入新建表格的行数。
- 列：在该文本框中输入新建表格的列数。
- 表格宽度：用于设置表格的宽度，其右侧的下拉列表中包含“百分比”和“像素”两种单位。
- 边框粗细：用于设置表格边框的宽度，如果设置为0，在浏览时则看不到表格的边框。
- 单元格边距：设置单元格内容和单元格边界之间的距离。
- 单元格间距：设置单元格之间的距离。
- 标题：可以定义表头的样式，4种样式可以任选一种。
- 辅助功能：定义表格的标题。
- 标题：用来定义表格的标题。
- 摘要：用来对表格进行注释。

5.1.2　添加内容到单元格

在建立表格后，即可向表格中添加各种元素，如文本、图像、表格等。在表格中添加文本就同在文档中操作一样，除了直接输入文本，还可以先利用其他文本编辑器编辑文本，然后将文本复制粘贴到表格中，这也是在文档中添加文本的一种快捷的方法。

在单元格中插入图像时，如果单元格的尺寸小于插入图像的尺寸，则在插入图像后，单元格的尺寸自动增高或者增宽。

将光标置于单元格中，然后在每个单元格中分别输入相应的文字，如图 5-5 所示。

图 5-5　输入文字

提示

怎样才能将800×600分辨率下生成的网页在1024×768分辨率下居中显示？

将页面内容放在一个宽为778像素的大表格中，并设置大表格的对齐方式为居中对齐。宽度设置为778像素是为了在800×600分辨率下窗口不出现水平滚动条，也可以根据需要进行调整。如果要加快关键内容的显示，也可以把内容拆开并放在几个竖向相连的大表格中。

5.2　设置单元格和表格属性

在创建表格后，可以根据实际需要对表格的属性进行设置，如宽度、边框、对齐方式等，也可只对某些单元格进行设置。

5.2.1 设置单元格属性

将光标置于单元格中，该单元格就处于选中状态，此时“属性”面板中显示所有允许设置的单元格属性的选项，如图 5-6 所示。

图 5-6 设置单元格属性

知识要点

在单元格“属性”面板中可以设置以下参数。

- “水平”：设置单元格中对象的对齐方式，该下拉列表中包含“默认”“左对齐”“居中对齐”和“右对齐”4 个选项。
- “垂直”：也是设置单元格中对象的对齐方式，该下拉列表中包含“默认”“顶端”“居中”“底部”和“基线”5个选项。
- “宽”和“高”：用于设置单元格的宽度与高度。
- 不换行：表示单元格的宽度将随文字长度的不断增加而加长。
- 标题：将当前单元格设置为标题行。
- 背景颜色：用于设置单元格的颜色。
- 页面属性：设置单元格的页面属性。

5.2.2 设置表格属性

在设置表格属性之前，首先要选中表格，在“属性”面板中将显示表格的属性，可进行相应的设置，如图 5-7 所示。

图 5-7 设置表格属性

知识要点

表格“属性”面板参数如下。

- 表格：用于输入表格的名称。

“行”和“列”：输入表格的行数和列数。

- 宽：输入表格的宽度，其单位可以是“像素”，也可以是“百分比”。
  - 像素：选择该选项，表明该表格的宽度值是像素值，此时表格的宽度是绝对宽度，不随浏览器窗口的改变而改变。
  - 百分比：选择该选项，表明该表格的宽度值是表格宽度与浏览器窗口宽度的百分比数值，此时表格的宽度是相对宽度，会随着浏览器窗口大小的变化而变化。
- CellPad：设置单元格内容和单元格边界之间的距离。
- CellSpace：设置相邻的表格单元格间的距离。
- Align：设置表格的对齐方式，其中包括“默认”“左对齐”“居中对齐”和“右对齐”4 个选项。
- Border：用来设置表格边框的宽度。
- ：单击该按钮，清除列宽。
- ：单击该按钮，将表格宽度单位由百分比转为像素。
- ：单击该按钮，将表格宽度单位由像素转换为百分比。
- ：单击该按钮，清除行高。

5.3 表格的基本操作

在创建表格后，需要根据网页的情况对表格进行处理，例如选择表格、调整表格和单元格的大小、添加或删除行或列、拆分单元格及合并单元格等，熟练掌握表格的基本操作，可以提高制作网页的速度。

5.3.1　选定表格

要想对表格进行编辑，首先要选中它，可以采用以下 5 种方法选取整个表格。

- 将光标置于表格的左上角，按住鼠标的左键并拖至表格的右下角，将整个表格中的单元格全部选中。
- 将光标置于表格中，右击并在弹出的快捷菜单中选择“表格”|“选择表格”命令，如图 5-8 所示。

图 5-8　执行“选择表格”命令

- 单击表格边框线的任意位置，即可选中表格，如图 5-9 所示。

图 5-9　单击表格边框线

- 将光标置于表格内的任意位置，执行“编辑”|“表格”|“选择表格”命令，如图 5-10 所示。
- 将光标置于表格内的任意位置，单击文档窗口底部的 table 标签，如图 5-11 所示。

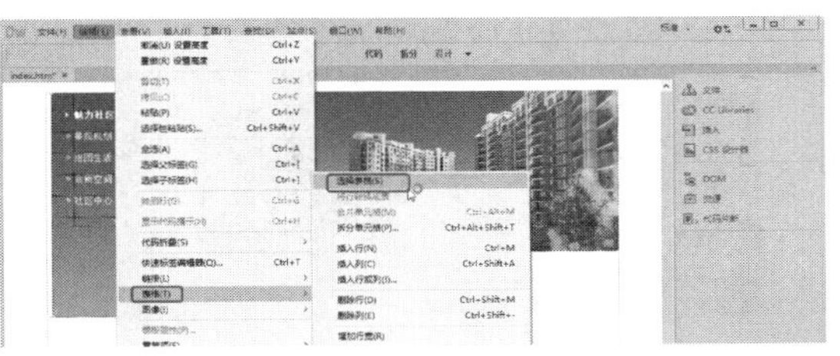

图 5-10　执行“选择表格”命令

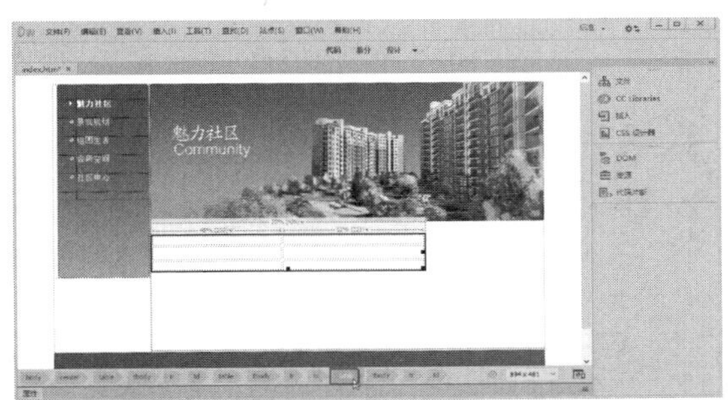

图 5-11　单击 table 标签

5.3.2　添加行或列

可以通过执行“编辑”|“表格”子菜单中的命令，增加或减少行与列。增加行与列可以采用以下方法。

- 将光标置于相应的单元格中，执行“编辑”|“表格”|“插入行”命令，即可插入一行。
- 将光标置于相应的位置，执行“编辑”|“表格”|“插入列”命令，即可在相应的位置插入一列。
- 将光标置于相应的位置，执行“编辑”|“表格”|“插入行或列”命令，弹出“插入行或列”对话框，在该对话框中进行相应的设置，如图 5-12 所示，单击“确定”按钮，即可在相应的位置插入行或列，如图 5-13 所示。

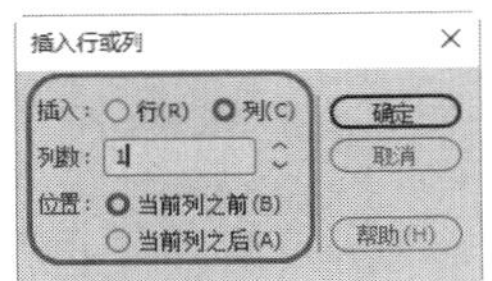

图 5-12　“插入行或列”对话框

图 5-13　插入行

提示

在“插入行或列”对话框中可以进行如下设置。

- 插入：包含“行”和“列”两个单选按钮，一次只能选择其中一个来插入行或者列。该选项组的初始状态是选择“行”单选按钮，所以下面的选项就是“行数”。如果选择的是“列”单选按钮，那么下面的选项就变成了“列数”，在“列数”文本框中可以直接输入要插入的列数。
- 位置：包含“所选之上”和“所选之下”两个单选按钮。如果“插入”选项选择的是“列”单选按钮，那么“位置”选项后面的两个单选按钮就会变成“当前列之前”和“当前列之后”。

5.3.3　删除行或列

删除行或列可以采用以下几种方法。

将光标置于要删除行或列的位置，执行“编辑”|“表格”|“删除行”命令，或执行“编辑”|“表格”|“删除列”命令，如图 5-14 所示，即可删除行或列。选中要删除的行或列，按 Delete 或 BackSpace 键也可以删除行或列。

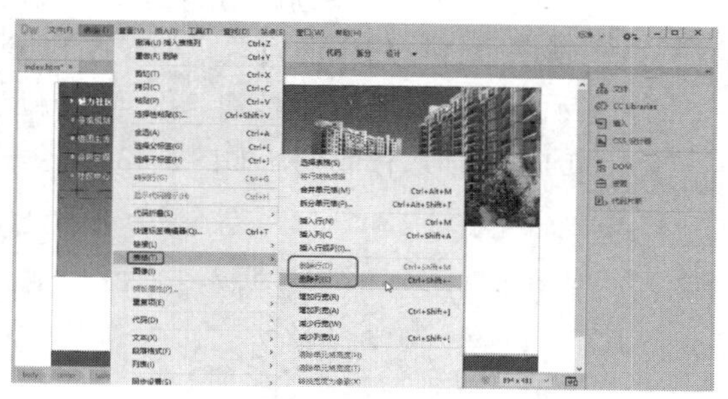

图 5-14　执行“删除列”命令

5.3.4　合并单元格

合并单元格就是将选中表格单元格中的内容合并到一个单元格。在合并单元格时，首先要将准备合并的单元格选中，然后执行“编辑”|“表格”|“合并单元格”命令，如图 5-15 所示，将多个单元格合并成一个单元格。或在选中所有单元格后右击，在弹出的快捷菜单中选择“表格”|“合并单元格”命令，将多个单元格合并成一个单元格，如图 5-16 所示。

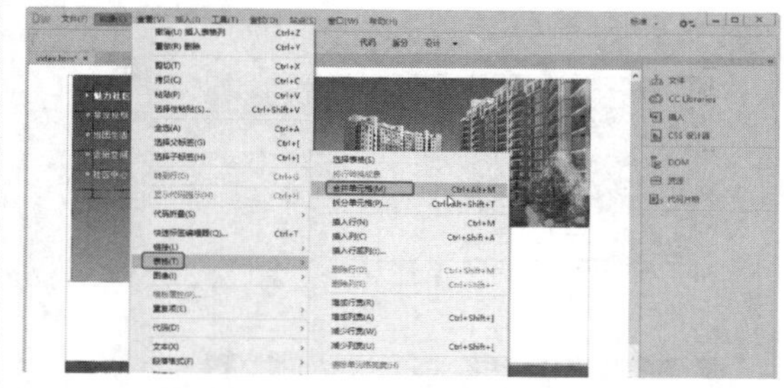

图 5-15　执行“合并单元格”命令

图 5-16　合并单元格

提示

也可以单击“属性”面板中的“合并所选单元格，使用跨度”按钮，这往往是创建复杂表格的重要步骤。

5.3.5　拆分单元格

在使用表格的过程中，有时需要拆分单元格以达到自己所需的效果。拆分单元格就是将选中的表格单元格拆分为多行或多列，具体的操作步骤如下。

01 将光标置于要拆分的单元格中，执行“编辑”|“表格”|“拆分单元格”命令，弹出“拆分单元格”对话框，如图 5-17 所示。

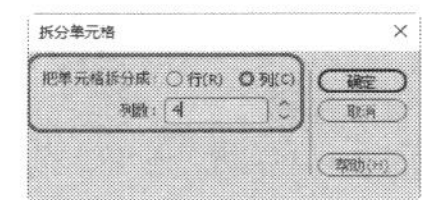

图 5-17　“拆分单元格”对话框

02 在“拆分单元格”对话框的“把单元格拆分成”选项组中选择“列”单选按钮，将“列数”设置为 4，单击“确定”按钮，即可将单元格拆分，如图 5-18 所示。

图 5-18　拆分单元格

5.3.6　调整表格大小

用“属性”面板中的“宽”和“高”数值能精确地调整表格的大小，而用鼠标拖动调整则显得更为方便、快捷，利用鼠标调整表格大小的方法有 3 种。

1. 调整表格的宽

选中整个表格，将鼠标指针置于表格右边框控制点上，当鼠标指针变成双箭头时，如图 5-19 所示， 拖动鼠标即可调整表格的整体宽度，调整后的效果如图 5-20 所示。

图 5-19　调整表格的宽度

图 5-20　调整宽度后的表格

2. 调整表格的高

选中整个表格，将鼠标指针置于表格底边框控制点上，当鼠标指针变成双箭头时，如图 5-21 所示，拖动鼠标即可调整表格的整体高度，调整后的效果如图 5-22 所示。

图 5-21　调整表格高度

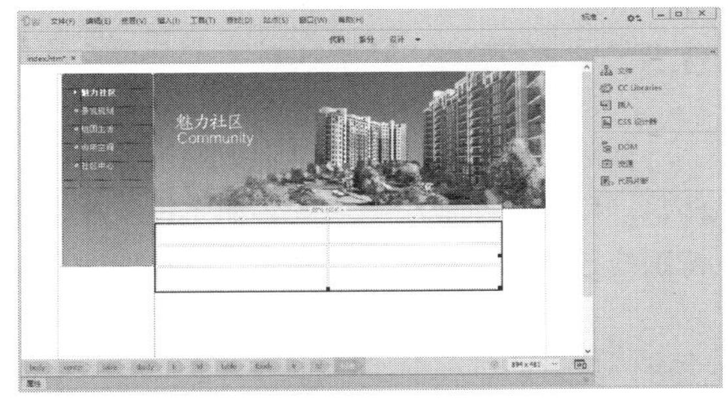

图 5-22　调整高后的表格

3. 同时调整表宽和高

选中整个表格，将鼠标指针置于表格右下角的控制点上，当鼠标指针变成双箭头时，如图 5-23 所示，拖动鼠标即可调整表格整体高度和宽度，各行、各列会被均匀调整， 调整后的效果如图 5-24 所示。

指点迷津

使用布局表格排版时应注意什么？

在Dreamweaver中有一个非常重要的功能，即利用布局模式来为网页排版。在布局模式下，可以在网页中直接拖出表格与单元格，还可以自由拖动。利用布局模式对网页定位非常方便，但生成的表格比较复杂，不适合大型网站使用，一般只应用于中小型网站。

图 5-23 调整表格的宽和高

图 5-24 调整后的表格

5.3.7 调整单元格大小

将鼠标指针置于要设置大小的单元格中，调整“属性”面板中的“宽”和“高”数值能精确地控制单元格的大小，而用鼠标拖动调整则显得更为方便、快捷，用鼠标调整单元格大小有两种方法。

1. 调整列宽

将鼠标指针置于表格右侧的边框上，当鼠标指针变为⇹时，拖动鼠标即可调整最后一列单元格的宽度，如图 5-25 所示，调整后的效果如图 5-26 所示。同时也可以调整某一列表格的宽度，但不影响其他列。将鼠标指针置于表格中间列边框上，当鼠标指针变成⇹时，拖动鼠标可以调整中间列边框两边的列单元格的宽度。

图 5-25 调整列宽

图 5-26 调整列宽后的效果

2. 调整行高

将鼠标指针置于表格底部边框或者中间行线上，当鼠标指针变成≑时，拖动鼠标即可调整此位置上面一行单元格的高度，如图 5-27 所示，但不影响其他行，调整行高后的效果如图 5-28 所示。

图 5-27 调整行高

图 5-28 调整行高后的效果

5.4 表格的其他功能

为了更快速、有效地处理网页中的表格和内容，Dreamweaver 提供了多种自动处理功能，包括导入表格数据和排序表格等。本节将介绍表格自动化处理技巧，以提升对网页表格的设计技能。

5.4.1 导入表格式数据

Dreamweaver 中的导入表格式数据功能，能够根据素材来源的结构，为网页自动建立相应的表格，并自动生成表格数据，因此，当遇到大篇幅的表格内容编排，而手头又拥有相关表格式数据时，即可使网页编排工作轻松得多。

下面通过实例讲述如何导入表格式数据，效果如图 5-29 所示，具体的操作步骤如下。

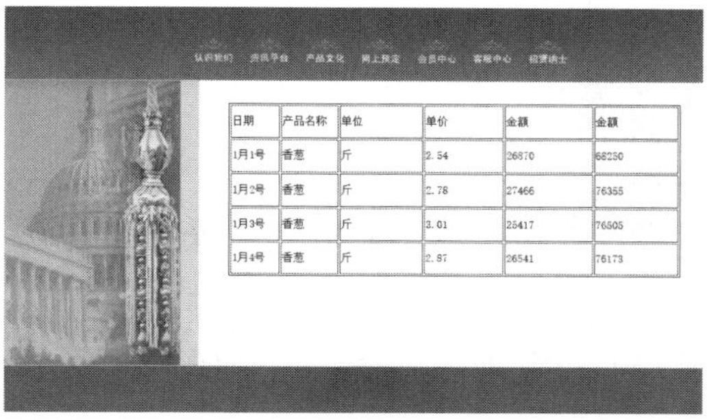

图 5-29　导入表格式数据效果

01 打开网页文档，将光标置于要导入表格式数据的位置，如图 5-30 所示。

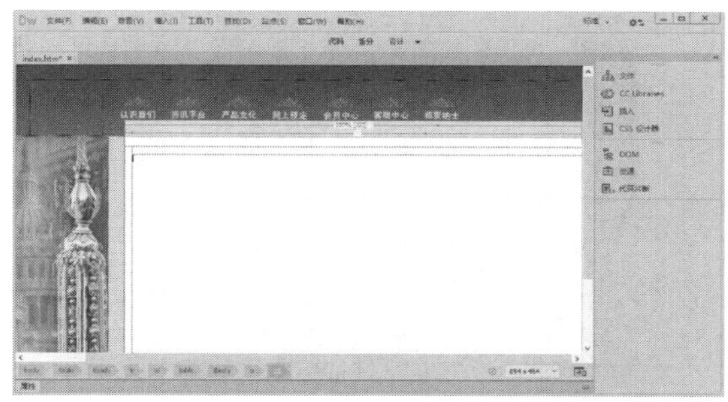

图 5-30　打开网页文档

02 执行“文件”|“导入”|“导入表格式数据”命令，弹出“导入表格式数据”对话框，在该对话框中单击“数据文件”文本框右侧的“浏览”按钮，如图 5-31 所示。

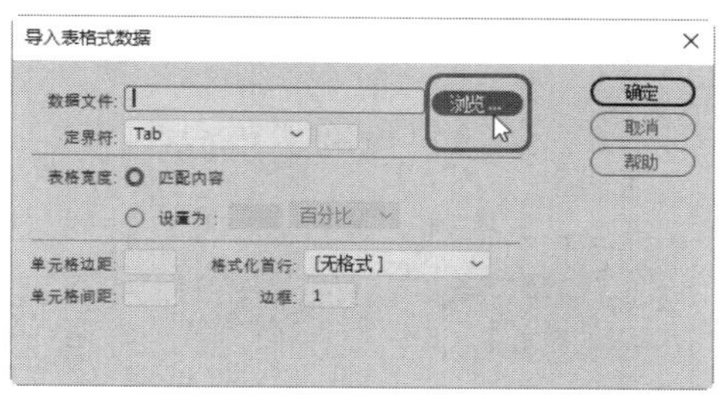

图 5-31　“导入表格式数据”对话框

提示

在“导入表格式数据”对话框中可以进行如下设置。

- 数据文件：输入要导入的数据文件的保存路径和文件名，或单击右侧的“浏览”按钮进行选择。
- 定界符：选择定界符，使之与导入的数据文件格式匹配，包括“Tab”“逗点”“分号”“引号”和“其他”5个选项。
- 表格宽度：设置导入表格的宽度。
  - » 匹配内容：选中此单选按钮，创建一个根据最长文件进行调整的表格。
  - » 设置为：选中此单选按钮，在后面的文本框中输入表格的宽度并设置其单位。
- 单元格边距：设置单元格内容和单元格边界之间的距离。
- 单元格间距：设置相邻的表格单元格之间的距离。
- 格式化首行：设置首行标题的格式。
- 边框：以像素为单位设置表格边框的宽度。

03 弹出“打开”对话框，在该对话框中选择数据文件，如图 5-32 所示。

04 单击“打开”按钮，将文件名和路径添加到文本框中。在“导入表格式数据”对话框中的“定界符”下拉列表中选择“逗点”选项，在“表格宽度”选项组中选中“匹配内容”单选按钮，如图 5-33 所示。

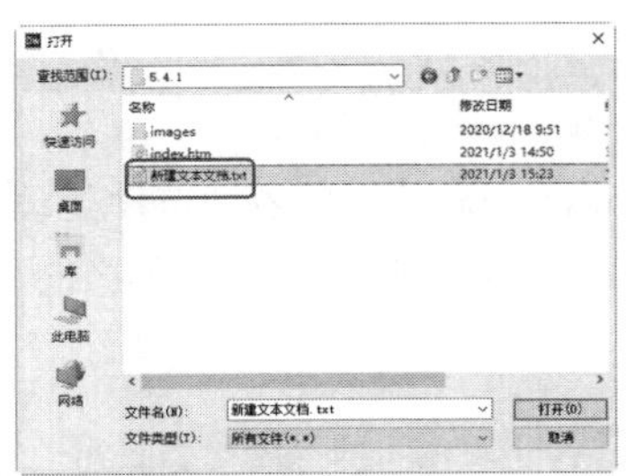

图 5-32 “打开”对话框

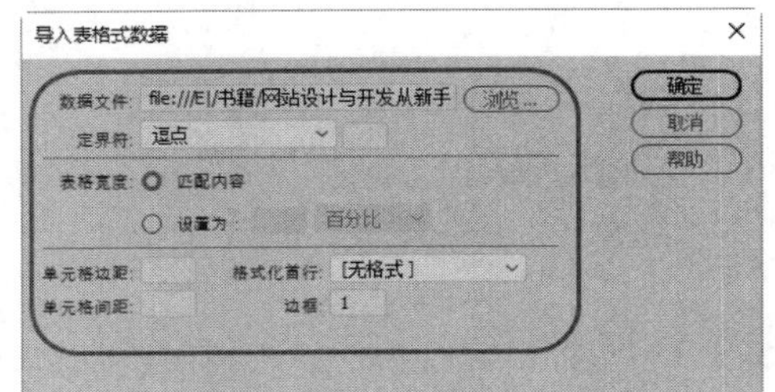

图 5-33 “导入表格式数据”对话框

05 单击“确定”按钮，导入表格式数据，如图 5-34 所示。

图 5-34 导入表格式数据

提示

在导入数据表格时注意定界符必须是逗号，否则可能会造成表格格式的混乱。

06 保存文档，按 F12 键在浏览器中预览，效果如图 5-29 所示。

5.4.2 排序表格

排序表格的主要功能是针对具有格式数据的表格而言的，也是根据表格列表中的数据来排序的。下面通过实例讲述排序表格的操作方法，效果如图 5-35 所示，具体的操作步骤如下。

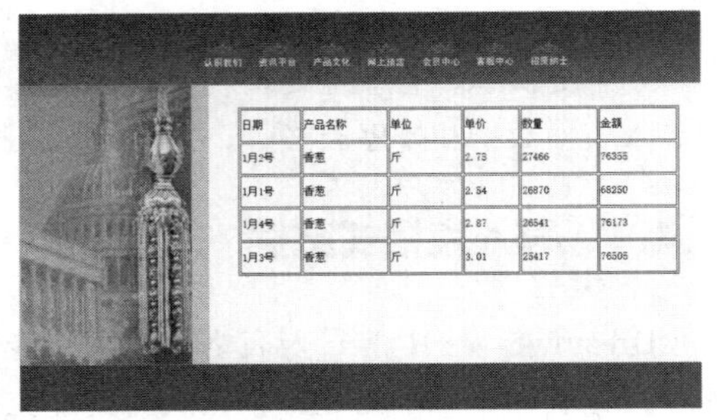

日期	产品名称	单位	单价	数量	金额
1月2号	香蕉	斤	2.78	27466	76355
1月1号	香蕉	斤	2.54	26870	68250
1月4号	香蕉	斤	2.87	26541	76173
1月3号	香蕉	斤	3.01	25417	76506

图 5-35 排序表格效果

01 打开网页文档，如图 5-36 所示。

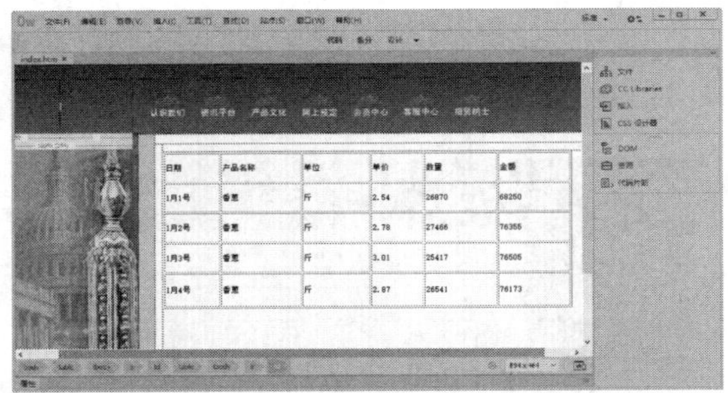

图 5-36 打开网页文档

02 执行“编辑”|“表格”|“排序表格”命令，弹出“排序表格”对话框，在该对话框中将“排序按”设置为“列 5”，“顺序”设置为“按数字顺序”，在右侧的下拉列表中选择“降序”选项，如图 5-37 所示。

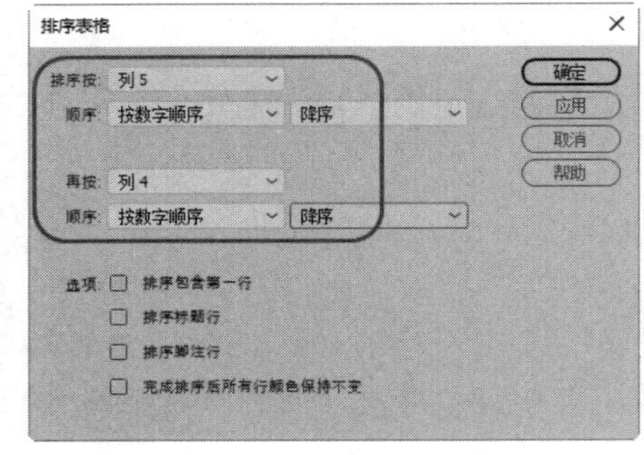

图 5-37 “排序表格”对话框

提示

在“排序表格”对话框中可以设置如下属性。

- 排序按：确定哪个列的值将用于表格排序。
- 顺序：确定是按字母还是按数字顺序，以及是以升序还是降序对列排序。

- 再按：确定在不同列上第二种排列方法的排列顺序。在其后面的下拉列表中指定应用第二种排列方法的列，在后面的下拉列表中指定第二种排序方法的排序顺序。
- 排序包含第一行：指定表格的第一行应该包括在排序中。
- 排序标题行：指定使用与body行相同的条件，对表格thead部分中的所有行排序。
- 排序脚注行：指定使用与body行相同的条件，对表格tfoot部分中的所有行排序。
- 完成排序后所有行颜色保持不变：指定排序之后表格行属性应该与同一内容保持关联。

03 单击“确定”按钮，对表格进行排序，如图5-38所示。

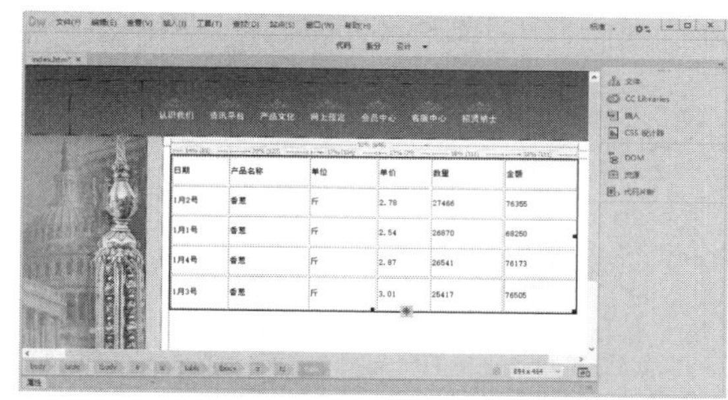

图 5-38 对表格进行排序

04 保存文档，按 F12 键在浏览器中预览，效果如图 5-35 所示。

5.5 综合案例

表格的最基本作用就是让复杂的数据变得更有条理，让人容易看懂，但在设计网页时，往往会利用表格来布局定位网页元素。下面通过实例讲解表格的使用方法，效果如图 5-39 所示，具体步骤如下。

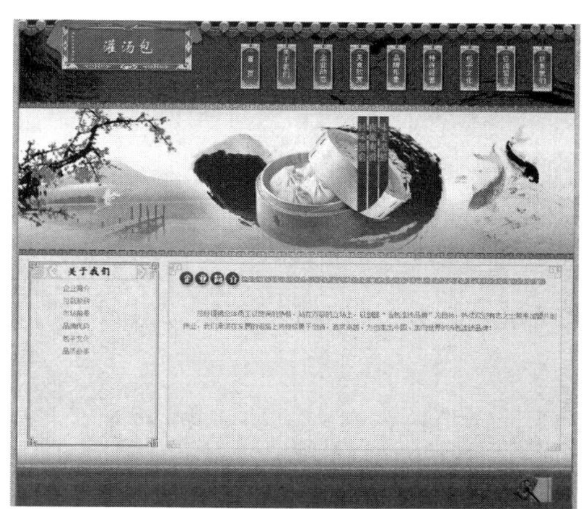

图 5-39 利用表格布局网页效果

01 执行“文件”|“新建”命令，弹出“新建文档”对话框，在该对话框中选择“新建文档”|</>HTML|“无”选项，如图 5-40 所示。

02 单击“创建”按钮创建文档，如图 5-41 所示。

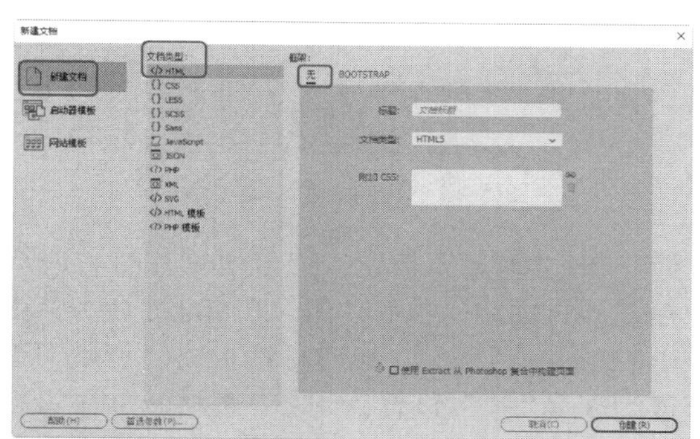

图 5-40 “新建文档”对话框

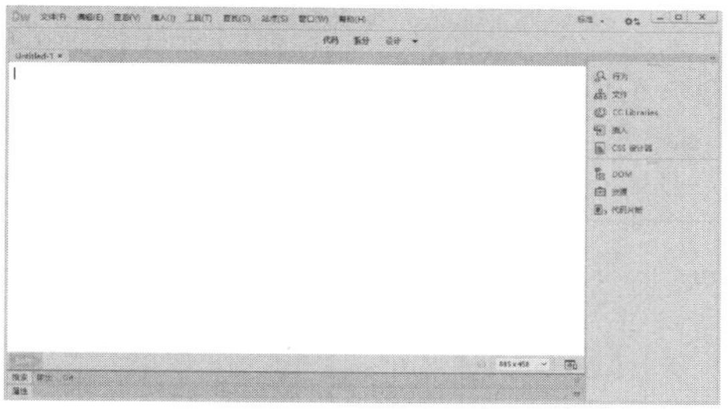

图 5-41 创建文档

03 执行“文件”|“另存为”对话框，弹出“另

存为”对话框，在该对话框的“文件名”文本框中输入名称，如图 5-42 所示。

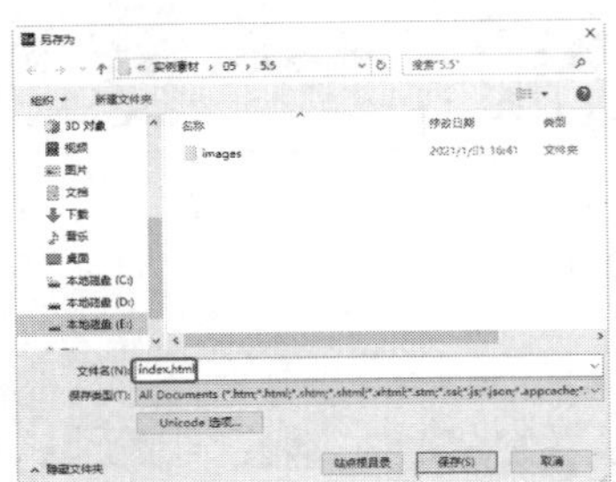

图 5-42 “另存为”对话框

04 单击“保存”按钮，保存文档，将光标置于页面中，执行“文件”|“页面属性”命令，弹出“页面属性”对话框，在该对话框中将“上边距”“下边距”“右边距”和“左边距”均设置为 0，如图 5-43 所示。

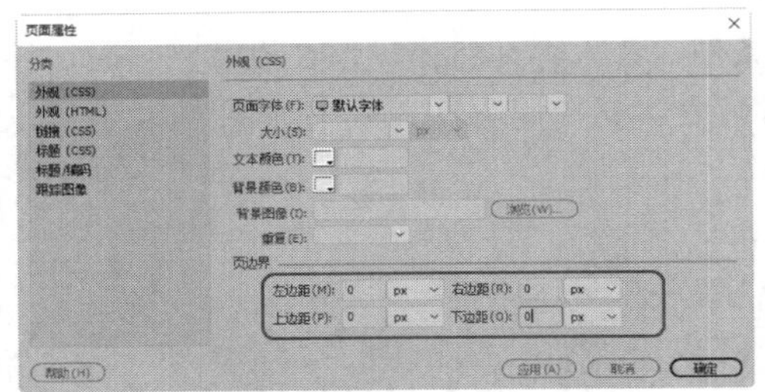

图 5-43 “页面属性”对话框

05 单击“确定”按钮，修改页面属性，将光标置于页面中，执行“插入”|Table 命令，弹出 Table 对话框，在该对话框中将“行数”设置为 3、“列”设置为 1、“表格宽度”设置为 1002 像素，如图 5-44 所示。

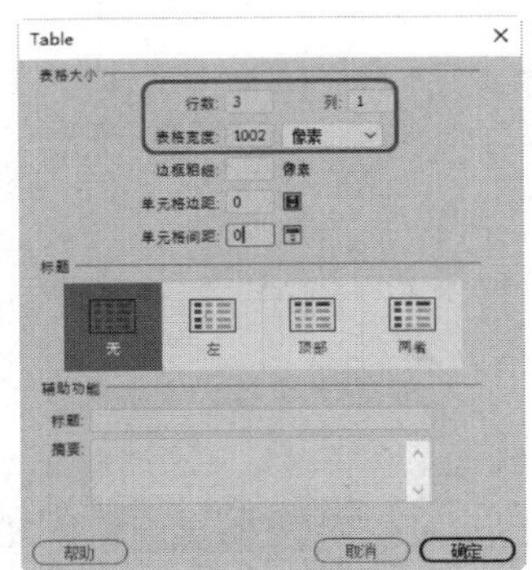

图 5-44 Table 对话框

06 单击“确定”按钮，插入表格，此表格记为“表格 1”，如图 5-45 所示。

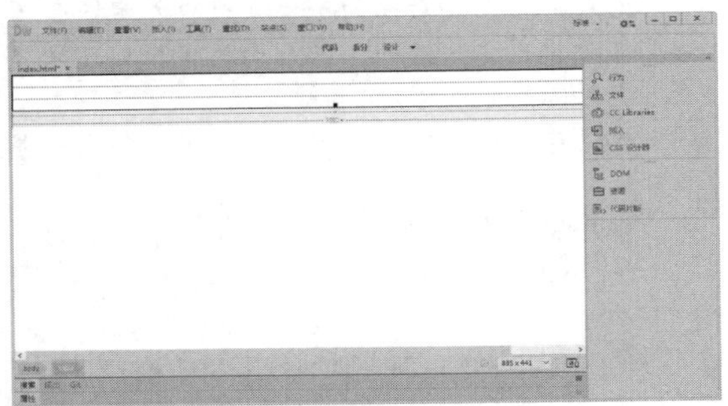

图 5-45 插入表格 1

07 将光标置于表格 1 的第 1 行单元格中，执行“插入”|Image 命令，弹出“选择图像源文件”对话框，在该对话框中选择图像文件 images/top.gif，如图 5-46 所示。

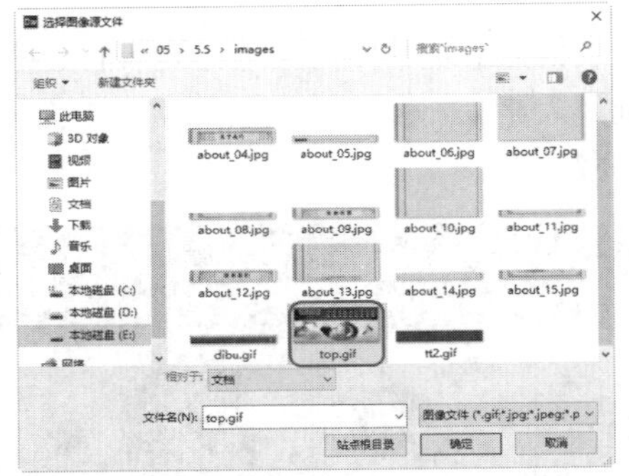

图 5-46 “选择图像源文件”对话框

08 单击“确定”按钮插入图像，如图 5-47 所示。

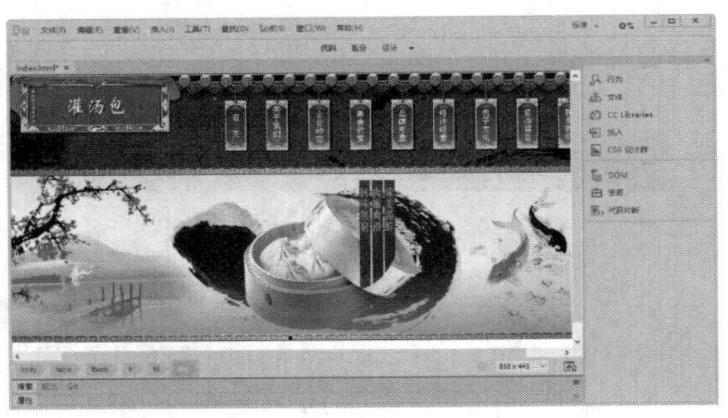

图 5-47 插入图像

09 将光标置于表格 1 的第 2 行单元格中，将单元格的“背景颜色”设置为 #EFDBA0，如图 5-48 所示。

图 5-48　设置单元格背景颜色

10 执行“插入”|Table 命令，插入 1 行 2 列的表格，此表格记为“表格 2”，如图 5-49 所示。

图 5-49　插入表格 2

11 将光标置于表格 2 的第 1 列单元格中，执行“插入”|Table 命令，插入 3 行 1 列的表格，此表格记为“表格 3”，如图 5-50 所示。

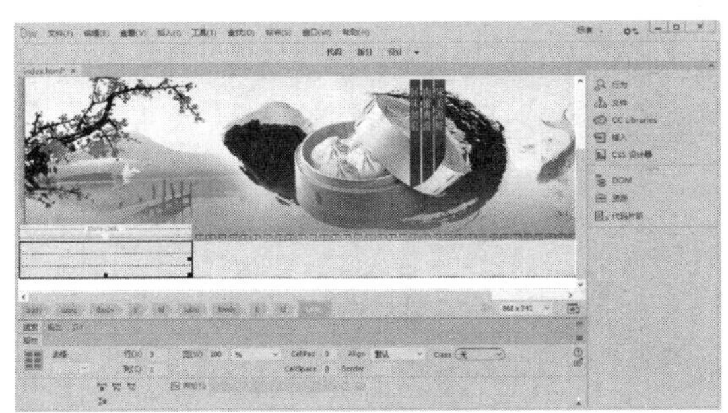

图 5-50　插入表格 3

12 将光标置于表格 3 的第 1 行单元格中，执行“插入”|Image 命令，插入图像 images/about_04.jpg，如图 5-51 所示。

13 将光标置于表格 3 的第 2 行单元格中，打开代码视图，在代码视图中输入背景图像代码 background=images/about_06.jpg，如图 5-52 所示。

图 5-51　插入图像

14 返回设计视图，可以看到插入的背景图像，如图 5-53 所示。

图 5-52　输入代码

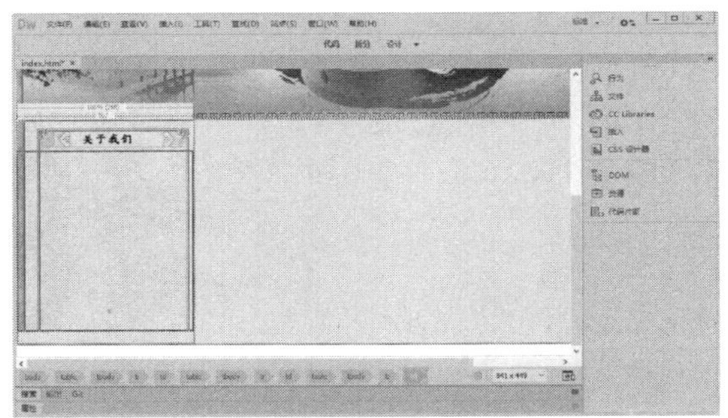

图 5-53　插入背景图像

15 将光标置于背景图像上，执行“插入”|Table 命令，插入 6 行 1 列的表格，此表格记为“表格 4”，如图 5-54 所示。

16 在表格的单元格中，分别输入相应的文字，并设置文字的大小和颜色，如图 5-55 所示。

17 将光标置于表格 3 的第 3 行单元格中，执行“插入”|Image 命令，插入图像 images/about_08.jpg，如图 5-56 所示。

18 将光标置于表格 2 的第 2 列单元格中，执

行“插入”|Table 命令，插入 3 行 1 列的表格，此表格记为“表格 5”，如图 5-57 所示。

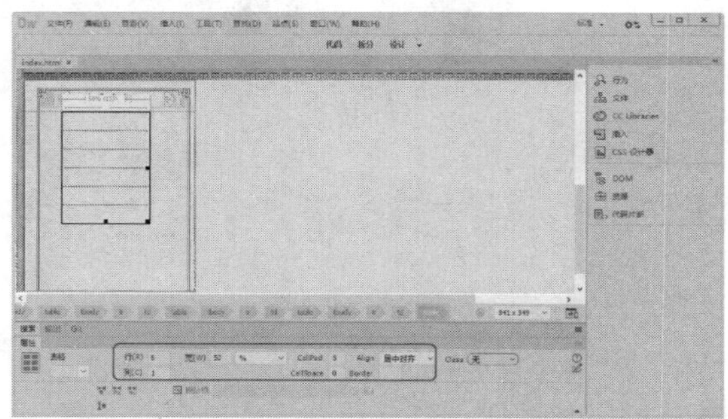

图 5-54　插入表格 4

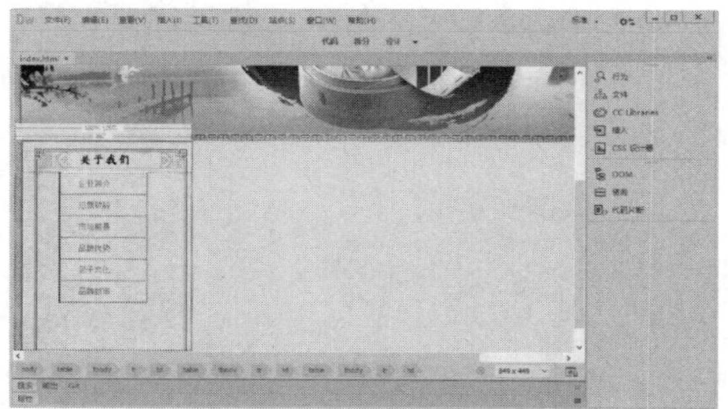

图 5-55　输入文字

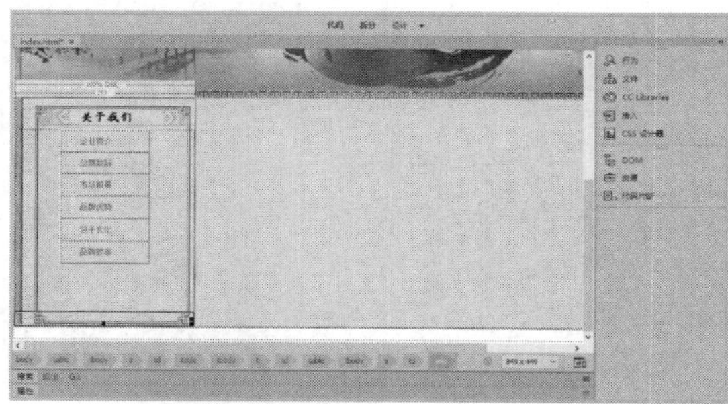

图 5-56　插入图像

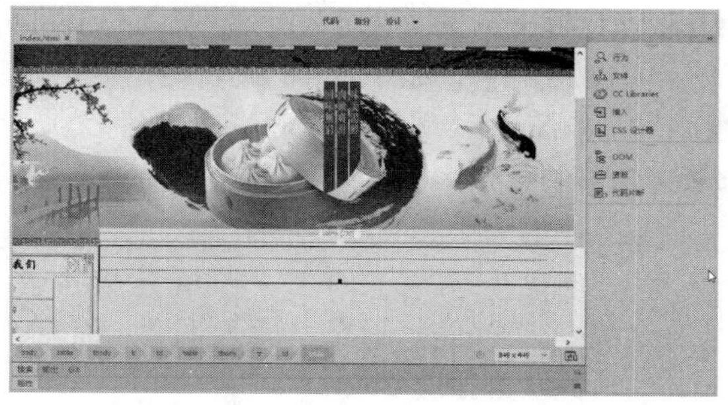

图 5-57　插入表格 5

19 将光标置于表格 5 的第 1 行单元格中，打开代码视图，在代码中输入背景图像代码 background=images/about_05.jpg，如图 5-58 所示。

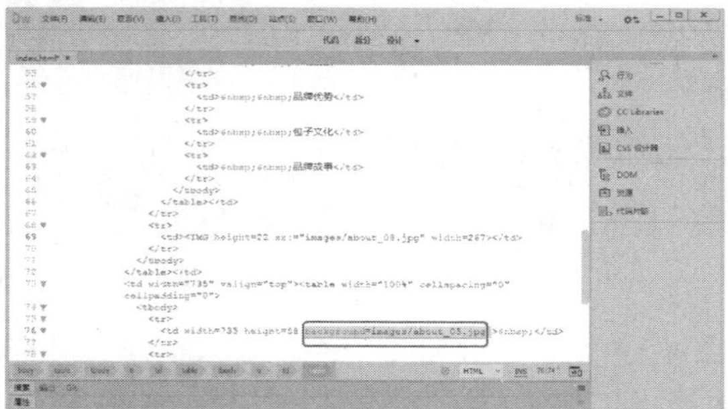

图 5-58　输入代码

20 返回设计视图，可以看到插入的背景图像，如图 5-59 所示。

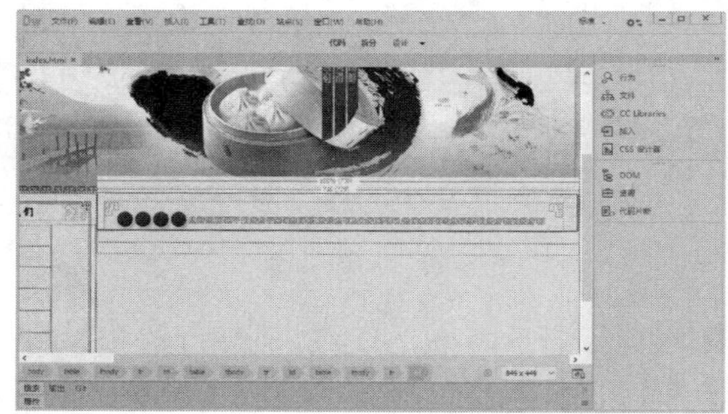

图 5-59　插入背景图像

21 将光标置于背景图像上，执行“插入”|Table 命令，插入 2 行 3 列的表格，此表格记为“表格 6”，如图 5-60 所示。

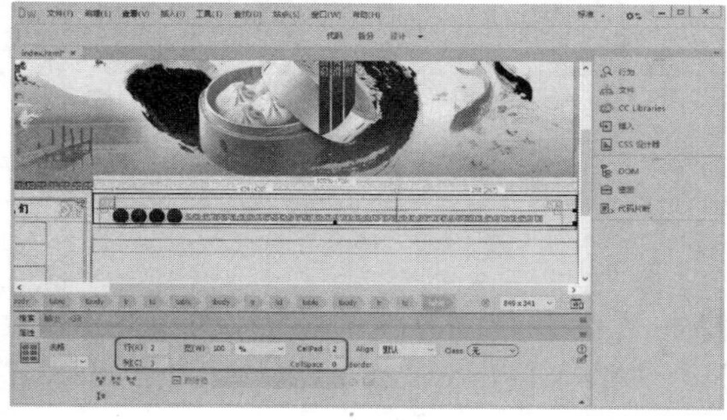

图 5-60　插入表格 6

22 将光标置于表格 6 的第 2 行第 2 列单元格中，输入文字“公司简介”，如图 5-61 所示。

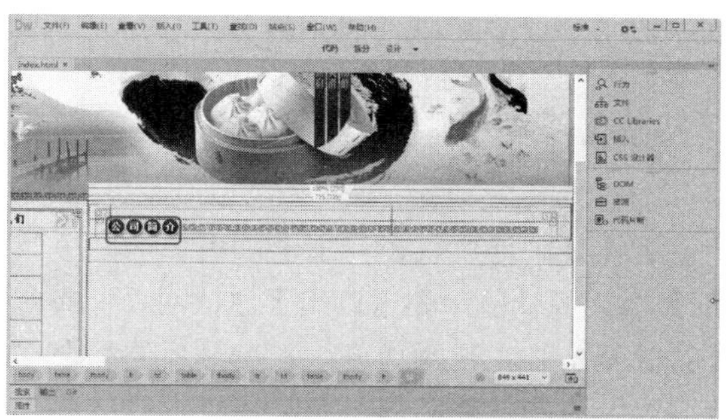

图 5-61　输入文字

23 将光标置于表格 5 的第 2 行单元格中，打开代码视图，输入背景图像代码 background=images/about_07.jpg，如图 5-62 所示。

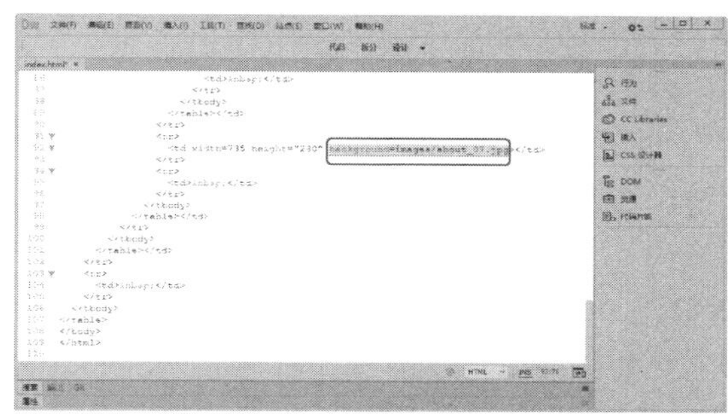

图 5-62　输入代码

24 返回设计视图，可以看到插入的背景图像，如图 5-63 所示。

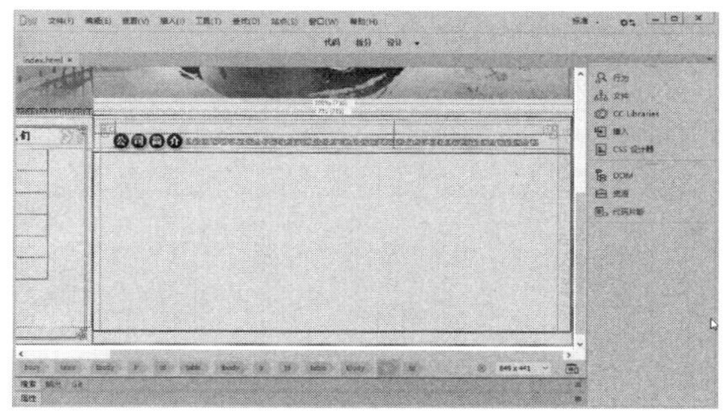

图 5-63　插入背景图像

25 将光标置于背景图像上，执行“插入”|Table 命令，插入 1 行 1 列的表格，此表格记为表格 7，如图 5-64 所示。

26 将光标置于表格 7 的单元格中，输入相应的文字，如图 5-65 所示。

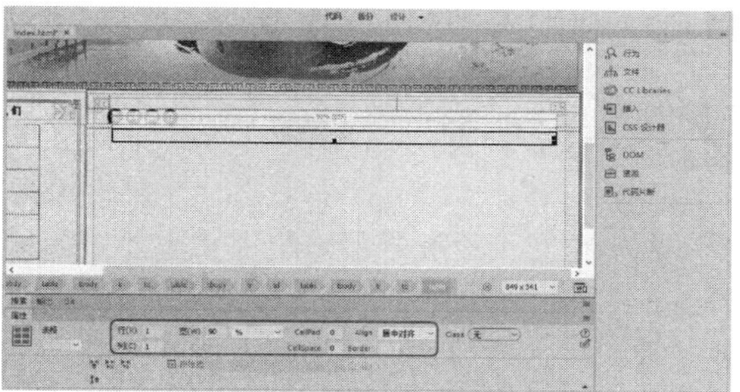

图 5-64　插入表格 7

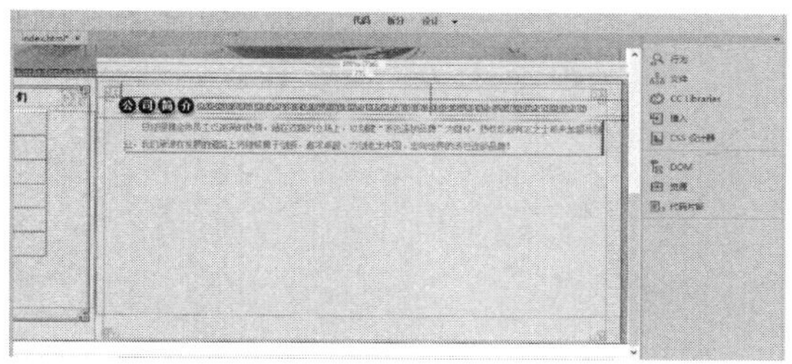

图 5-65　输入文字

27 将光标置于表格 5 的第 3 行单元格中，执行“插入”|Image 命令，插入图像 images/about_14.gif，如图 5-66 所示。

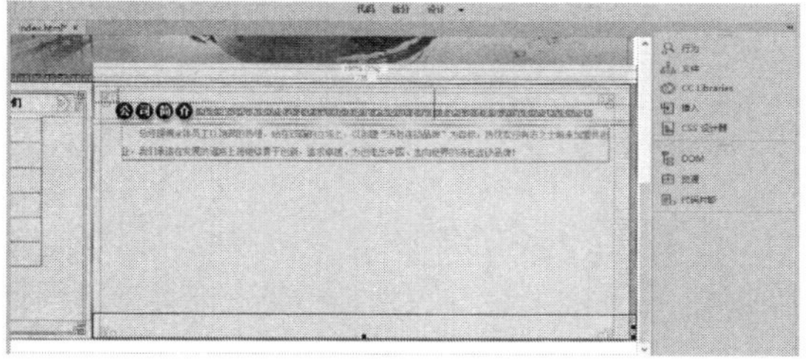

图 5-66　插入图像

28 将光标置于表格 1 的第 3 行单元格中，执行“插入”|Image 命令，插入图像 images/dibu.gif，如图 5-67 所示。

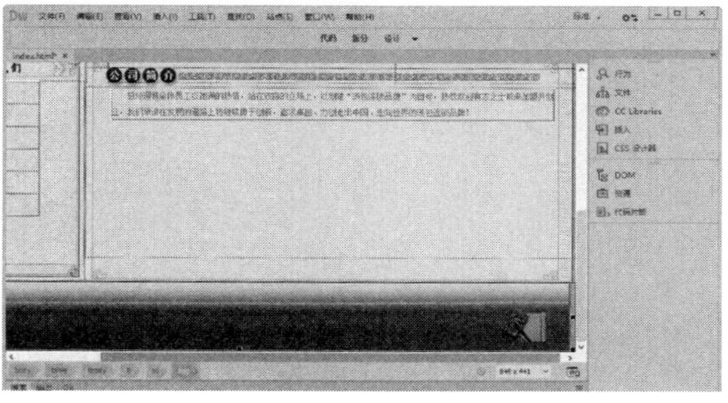

图 5-67　插入图像

29 保存文档，完成利用表格布局网页，如图 5-39 所示。

5.6 本章小结

表格在网页设计中的地位非常重要，如果表格使用得好，就可以设计出更加出色的网页。Dreamweaver 提供的表格工具，不但可以实现一般的数据组织功能，还可以用于定位网页中的各种元素和设计规划页面的布局。本章主要介绍了表格的基本知识和操作方法，在最后的综合实战中，通过详细的讲解，可以学习到如何利用表格进行网页的排版布局，并且还会学到一些表格的高级应用方法和制作时的注意事项等。

第 6 章　利用图像和多媒体美化网页

本章导读

本章将学习使用图像和多媒体制作华丽且动感十足的网页的方法。在网页中图像有着丰富的色彩和表现形式，恰当地利用图像可以加深浏览者对网站的印象。这些图像是文本的说明及解释，可以使文本清晰易读，也更加具有吸引力。随着网络技术的不断发展，人们已经不再满足于静态网页，而目前的网页也不再是单一的文本，图像、声音、视频和动画等多媒体技术更多地应用到了网页之中。

技术要点

- 网页中常用的图像格式
- 在网页中插入图像
- 简单地编辑图像
- 插入鼠标经过图像
- 插入声音
- 插入视频

6.1 网页中常用的图像格式

网页中图像的格式通常有 3 种，即 GIF、JPEG 和 PNG。目前 GIF 和 JPEG 文件格式的支持情况最好，大多数浏览器都可以查看它们。由于 PNG 文件具有较大的灵活性并且文件较小，所以它对于几乎任何类型的网页图像都是最适合的。但是 Microsoft Internet Explorer 和 Netscape Navigator 只能部分支持 PNG 图像的显示，建议使用 GIF 或 JPEG 格式以满足更多人的需求。

1. GIF 格式

GIF 是 Graphic Interchange Format 的缩写，即图像交换格式，文件最多使用 256 种颜色，最适合显示色调不连续或具有大面积单一颜色的图像，例如导航条、按钮、图标、徽标或其他具有统一色彩和色调的图像。

2. JPEG 格式

JPEG 是 Joint Photographic Experts Group（联合图像专家组）的缩写，专门用来处理照片图像。JPEG 的图像为每个像素提供了 24 位可用的颜色信息，从而提供了上百万种颜色。为了使 JPEG 文件便于应用，将删除那些运算法则认为是多余的信息。JPEG 格式通常被归类为有损压缩，图像的压缩是以降低图像质量为代价减小文件尺寸的。

3. PNG 格式

PNG 是 Portable Network Graphic 的缩写，即便携网络图像，是一种替代 GIF 格式的无专利权限制的格式，它包括对索引色、灰度、真彩色图像以及 alpha 通道透明的支持。PNG 是 Macromedia Fireworks 固有的文件格式，可保留所有原始层、矢量、颜色和效果信息，并且在任何时候所有元素都可以被完全编辑。文件必须具有 .png 文件扩展名，才能被 Dreamweaver 识别为 PNG 文件。

6.2 在网页中插入图像

在使用图像前，一定要有目的地选择图像，最好运用图像处理软件美化图像，否则插入的图像可能不美观，会显得非常死板。

6.2.1 插入图像

图像是网页构成中最重要的元素之一，美观的图像会为网页增添生命力，同时也可以使浏览者加深对网站风格的印象。下面通过如图 6-1 所示的实例，讲述在网页中插入图像的方法，具体的操作步骤如下。

图 6-1　插入网页图像效果

01 打开网页文档，如图 6-2 所示。

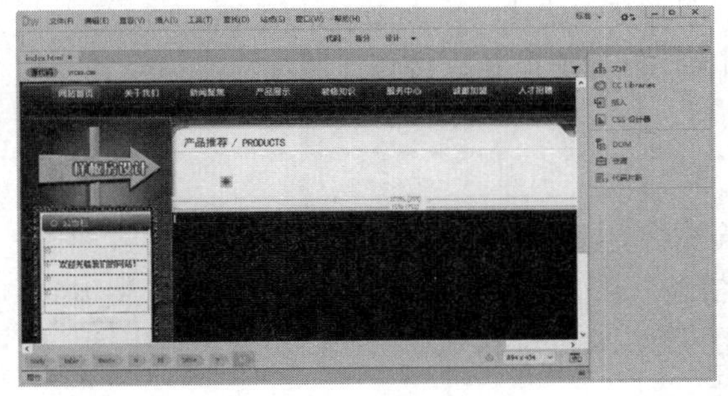

图 6-2　打开网页文档

02 将光标置于要插入图像的位置，执行“插入”|Images 命令，如图 6-3 所示。

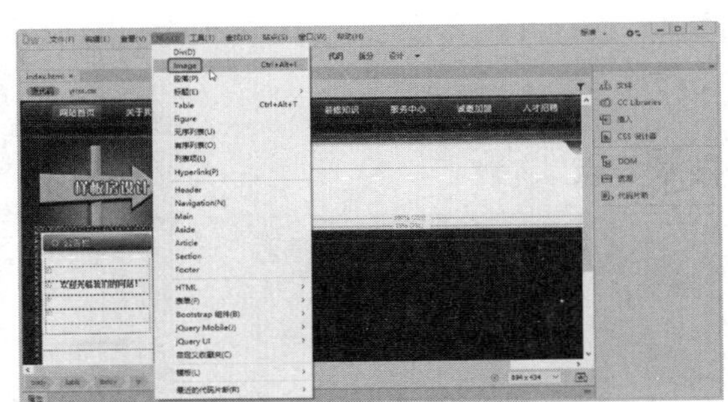

图 6-3　执行 Images 命令

03 弹出“选择图像源文件”对话框，在该对话框中选择图像 images/yizi1.jpg，如图 6-4 所示。

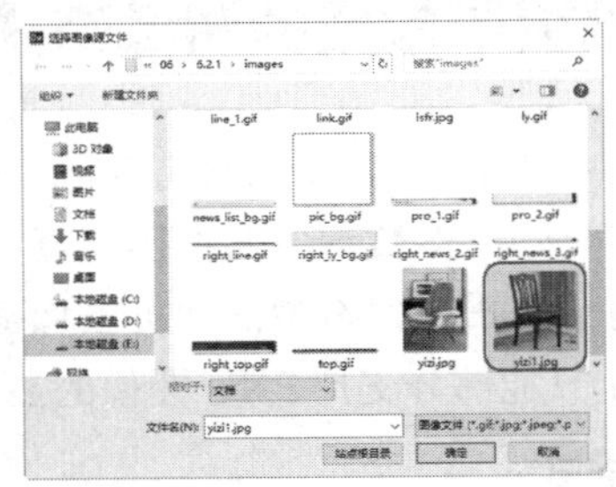

图 6-4　“选择图像源文件”对话框

04 单击“确定”按钮，插入图像，如图 6-5 所示。

> **提示**
>
> 如果选中的文件不在本地网站的根目录下，则会弹出如图6-6所示的提示对话框，系统要求复制图像文件到本地网站的根目录，单击“是”按钮，此时会弹出“拷贝文件为”对话框，让操作者选择文件的存放位置，可选择根目录或根目录下的任何文件夹，这里建议新建一个名称为images的文件夹，可以把网站中的所有图像都放入该文件夹中。

图 6-5　插入图像

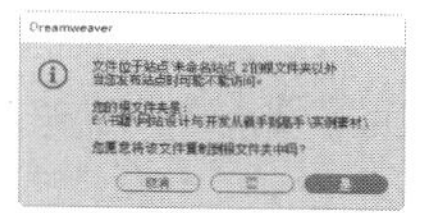

图 6-6　Dreamweaver 提示对话框

05 保存文档，按 F12 键在浏览器中预览，效果如图 6-1 所示。

6.2.2 设置图像属性

下面通过实例讲述图像属性的设置方法，如图 6-7 所示，具体的操作步骤如下。

图 6-7　设置图像属性后的效果

01 打开网页文档，选中插入的图像，如图 6-8 所示。

指点迷津

如何加快页面图片的下载速度?

常用的方法是，当首页图片过少，而其他页面的图片过多时，为了提高效率，在浏览者浏览首页时，后台进行其他页面的图片下载。方法是在首页加入<img src="1.jpg" width=0 height=0>，其中width和height要设置为0，1.jpg为提前下载的图片名。

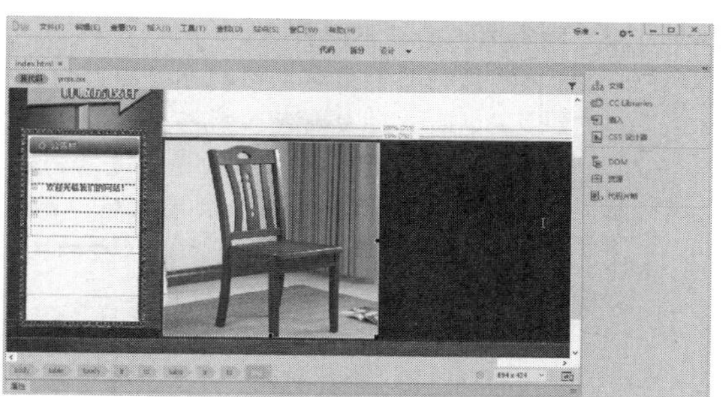

图 6-8　选中插入的图像

02 右击，在弹出的快捷菜单中选择“对齐”|“右对齐”命令，如图 6-9 所示。

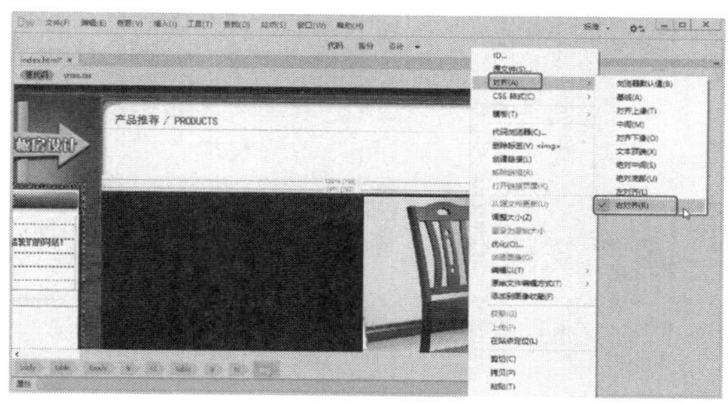

图 6-9　执行“右对齐”命令

03 选中插入的图像，打开“属性”面板，还可以在“属性”面板中设置图像的其他属性，如图 6-10 所示。

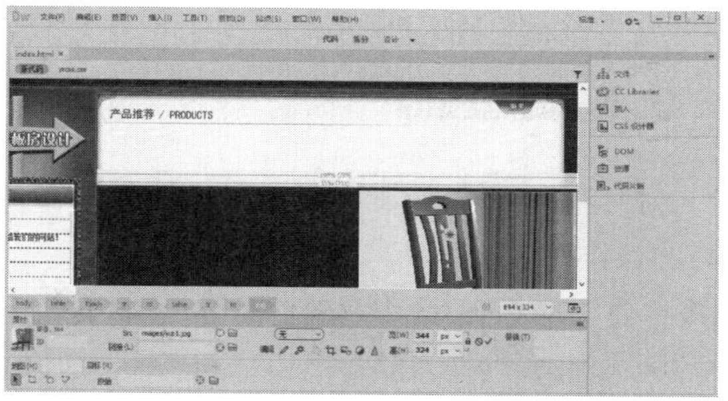

图 6-10　设置图像的其他属性

知识要点

图像“属性”面板中可以进行如下设置。

- 宽和高：以像素为单位设定图像的宽度和高度。当在网页中插入图像时，Dreamweaver自动使用图像的原始尺寸。可以使用点、英寸、毫米或厘米指定图像大小。在HTML源代码中，Dreamweaver将这些值转换为以像素为单位。

- Src：指定图像的具体路径。
- 链接：为图像设置超链接，可以单击按钮浏览选择要链接的文件，或直接输入URL路径。
- 目标：设置链接时的目标窗口或框架，在其下拉列表中包括4个选项。
  » _blank：将链接的对象在一个未命名的新浏览器窗口中打开。
  » _parent：将链接的对象在含有该链接的框架的父框架集或父窗口中打开。
  » _self：将链接的对象在该链接所在的同一框架或窗口中打开，_self是默认选项，通常不需要指定它。
  » _top：将链接的对象在整个浏览器窗口中打开，因而会替代所有框架。
- 替换：图片的注释。当浏览器不能正常显示图像时，便在图像的位置用这个注释代替图像。
- 编辑：启动"外部编辑器"首选参数中指定的图像编辑软件，并使用该软件打开选定的图像。
  » 编辑：启动外部图像编辑软件编辑选中的图像。
  » 编辑图像设置：弹出"图像预览"对话框，在该对话框中可以对图像进行设置。
  » 重新取样：将"宽"和"高"值重新设置为图像的原始大小。调整所选图像大小后，此按钮显示在"宽"和"高"文本框的右侧。如果没有调整过图像的大小，该按钮不会显示出来。
  » 裁剪：修剪图像的大小，从所选图像中删除不需要的区域。
  » 亮度和对比度：调整图像的亮度和对比度。
  » 锐化：调整图像的清晰度。
- 地图：创建客户端图像地图。
- 原始：指定在载入主图像之前应该载入的图像。

04 保存文档，按 F12 键在浏览器中预览，效果如图 6-7 所示。

6.3 在网页中简单地编辑图像

Dreamweaver 提供了基本的图像编辑功能，无须使用外部图像编辑软件，即可修改图像。插入图像后，如果图像的大小和位置并不合适，还需要对图像的属性进行具体的调整，如大小、位置和对齐方式等。

6.3.1 裁剪图像

使用 Dreamweaver 内置的基本图像编辑功能可以裁剪图像，删除图像中不需要的部分，具体的操作方法如下。

01 打开网页文档，选中要裁剪的图像，打开"属性"面板，在该面板中单击"裁剪"按钮，如图 6-11 所示。

02 弹出 Dreamweaver 提示对话框，如图 6-12 所示。

图 6-11　单击"裁剪"按钮

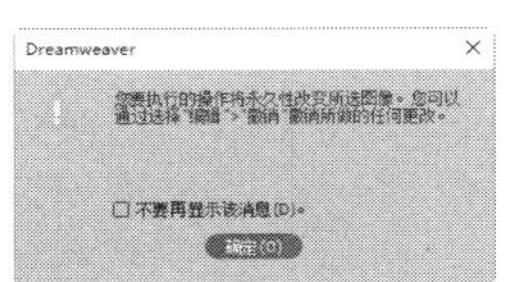
图 6-12　提示对话框

03 单击“确定”按钮，此时，图像的周围会出现裁剪控制点，如图 6-13 所示。

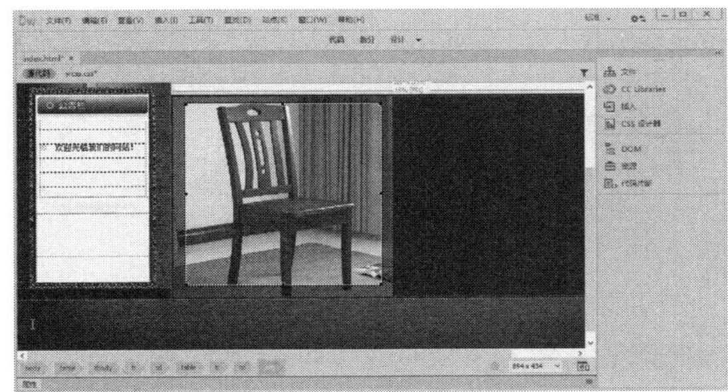
图 6-13　出现裁剪控制点

04 调整裁剪控制点至合适位置，在边界框内部双击或按 Enter 键确定裁剪所选区域，如图 6-14 所示。

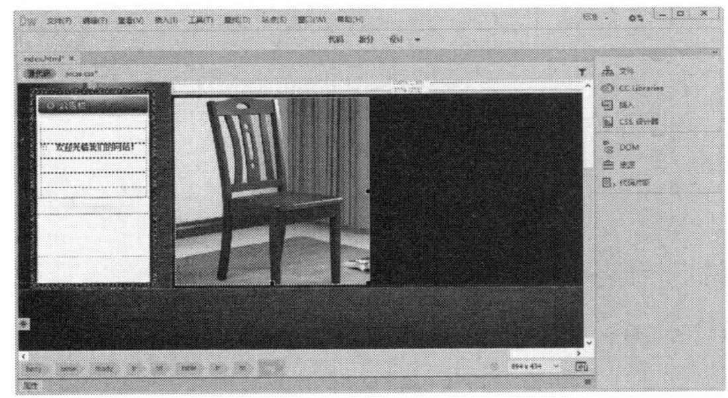
图 6-14　裁剪图像

> **提示**
>
> 执行“编辑”|“图像”|“裁剪”命令，也可以裁剪图像。

6.3.2　调整图像亮度和对比度

可以直接在 Dreamweaver 中调整图像的亮度和对比度，对图像的高亮显示、阴影和中间色调进行简单的调整，具体的操作方法如下。

01 打开网页文档，选中要调整亮度 / 对比度的图像。在“属性”面板中单击“亮度 / 对比度”按钮，如图 6-15 所示。

图 6-15　单击“亮度 / 对比度”按钮

02 弹出“亮度 / 对比度”对话框，如图 6-16 所示。

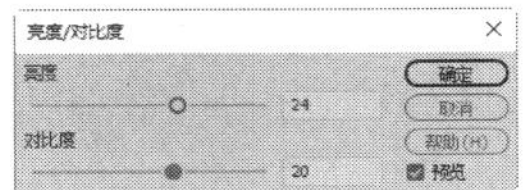
图 6-16　“亮度 / 对比度”对话框

03 在“亮度 / 对比度”对话框中拖动“亮度”和“对比度”滑块（向左为降低，向右为增加，取值范围为-100 ～ 100），选中“预览”复选框，可以在调整图像的同时，预览到对该图像所做的修改。

04 单击“确定”按钮，完成调整图像亮度和对比度的操作，如图 6-17 所示。

图 6-17　调整亮度和对比度的效果

> **提示**
>
> 执行“编辑”|“图像”|“亮度/对比度”命令，也可以弹出“亮度/对比度”对话框。

6.3.3　锐化图像

锐化图像可以通过增加图像中边缘的对比

度来调整图像的焦点。扫描图像或拍摄数码照片时，大多数图像捕获软件的默认操作是柔化图像中各对象的边缘，这可以防止特别精致的细节从组成数码图像的像素中丢失。不过，要显示数码图像文件中的细节，经常需要锐化图像，从而提高边缘的对比度，使图像更清晰，具体的操作方法如下。

01 打开网页文档，选中要锐化的图像。在“属性”面板中单击“锐化”按钮△，如图6-18所示。

图 6-18　单击“锐化”按钮

02 弹出“锐化”对话框，在该对话框中进行相应的设置，拖动“锐化”滑块至合适的位置，如图 6-19 所示。

图 6-19　“锐化”对话框

03 单击“确定”按钮，完成锐化图像的操作，如图 6-20 所示。

图 6-20　锐化图像

提示

执行“编辑”|“图像”|“锐化”命令，也可以弹出“锐化”对话框。

6.4 插入鼠标经过图像

在浏览器中查看网页时，当鼠标指针经过图像时，该图像就会变成另外一幅图像；当鼠标移开时，该图像又会变回原来的图像。这种效果在 Dreamweaver 中可以非常方便地做出来。鼠标未经过图像时的效果如图 6-21 所示，当鼠标经过图像时的效果如图 6-22 所示，具体的操作步骤如下。

图 6-21　鼠标未经过图像时的效果

图 6-22　鼠标经过图像时的效果

01 打开网页文档，将光标置于插入鼠标经过图像的位置，如图 6-23 所示。

图 6-23　打开网页文档

02 执行“插入”|HTML|“鼠标经过图像”命令，弹出“插入鼠标经过图像”对话框，如图 6-24 所示。

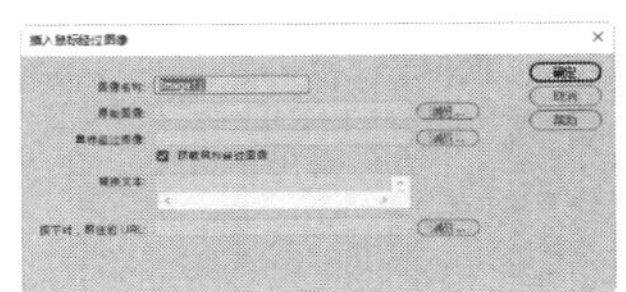

图 6-24　“插入鼠标经过图像”对话框

知识要点

在“插入鼠标经过图像”对话框中可以进行如下设置。

- 图像名称：设置这个滚动图像的名称。
- 原始图像：设置滚动图像的原始图像，在其后的文本框中输入此原始图像的路径，或单击“浏览”按钮，打开“原始图像”对话框，在该对话框中可选择图像。
- 鼠标经过图像：设置鼠标经过图像时，原始图像被替换成的图像。
- 预载鼠标经过图像：选中该复选框，在网页打开时就预下载替换图像到本地。当鼠标经过图像时，能迅速切换到替换图像；如果取消选中该复选框，当鼠标经过该图像时才下载替换图像，可能会出现不连贯的现象。
- 替换文本：用来设置图像的替换文本，当图像不显示时，显示这个替换文本。
- 按下时，前往的URL：用来设置滚动图像上应用的超链接。

03 单击“原始图像”文本框右侧的“浏览”按钮，在弹出的“原始图像：”对话框中选择相应的图像 images/yizi1.jpg，如图 6-25 所示，单击“确定”按钮。

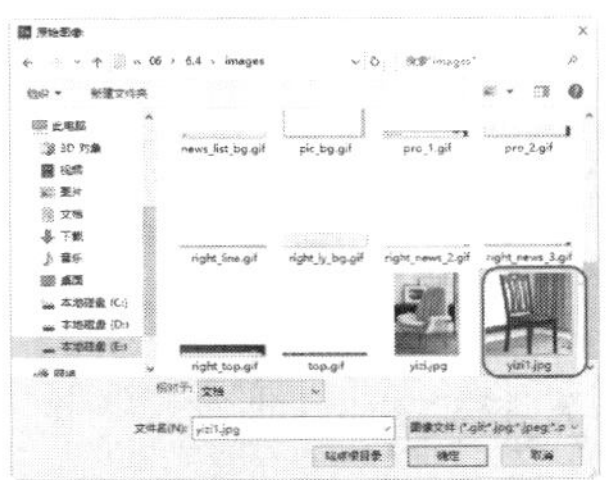

图 6-25　“原始图像：”对话框

04 单击“鼠标经过图像”文本框右侧的“浏览”按钮，在弹出的“鼠标经过图像对象：”对话框中选择相应的图像 images/yizi.jpg，如图 6-26 所示。

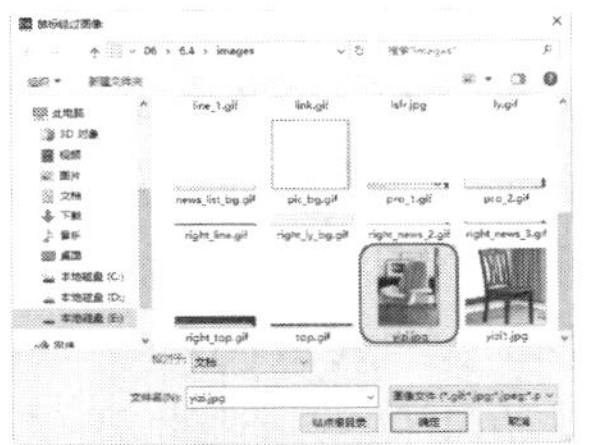

图 6-26　“鼠标经过图像：”对话框

05 单击“确定”按钮，将相应路径添加到对话框，如图 6-27 所示。

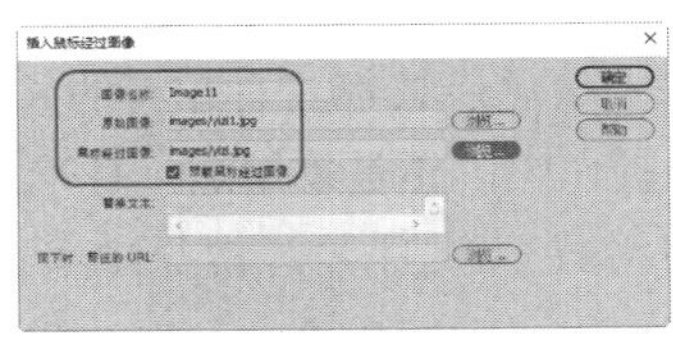

图 6-27　添加到对话框

06 单击“确定”按钮，插入鼠标经过图像，如图 6-28 所示。

图 6-28　插入鼠标经过图像

提示

在插入鼠标经过图像时，如果不为该图像设置超链接，Dreamweaver将在HTML源代码中插入一个空链接#，该空链接上将附加鼠标经过的图像行为，如果将该空链接删除，鼠标经过图像将不起作用。

07 保存文档，按 F12 键在浏览器中预览，鼠标未经过图像时的效果如图 6-21 所示，鼠标经过图像时的效果如图 6-22 所示。

6.5 插入声音

随着多媒体技术的发展，使网页设计者能够轻松在页面中加入声音、动画、影片等内容，给浏览者增添了几分欣喜，多媒体对象在网页上一直是一道亮丽的风景，正是因为有了多媒体，网页才丰富起来。

6.5.1 音频文件格式

在计算机中播放或者处理音频文件，就是对声音文件进行数模转换，这个过程同样由采样和量化构成。人耳所能听到的声音，从最低频率 20Hz 一直到最高频率 20kHz，20kHz 以上人耳是听不到的，因此音频文件格式的最大带宽是 20kHz，故而采样速率需要介于 40kHz~50kHz，而且对每个样本需要更多的量化比特数。音频数字化的标准是每个样本 16 位 -96dB 的信噪比，采用线性脉冲编码调制 PCM，每一量化步长都具有相等的长度。在音频文件的制作中，正是采用这一标准。

音频格式日新月异，常见的音频格式包括：CD 格式、WAVE（*.wav）、AIFF、AU、MP3、MIDI、WMA、RealAudio、VQF、OggVorbis、AAC、APE。

6.5.2 添加背景音乐

通过代码提示，可以在“代码”视图中插入代码。在输入某些字符时，将显示一个列表，列出完成条目所需要的选项。下面讲解通过代码提示插入背景音乐的方法，效果如图 6-29 所示，具体的操作步骤如下。

图 6-29　插入背景音乐

提示

浏览器可能需要某种附加的音频支持插件来播放声音，因此，具有不同插件的不同浏览器所播放声音的效果通常会有所差别。

01 打开网页文档，如图 6-30 所示。

图 6-30　打开网页文档

02 切换到“代码”视图，在该视图中找到 <body> 标签，并在其后面输入 < 以显示标签列表，输入 < 时会自动弹出一个列表，向下滚

动选中 bgsound 标签，如图 6-31 所示。

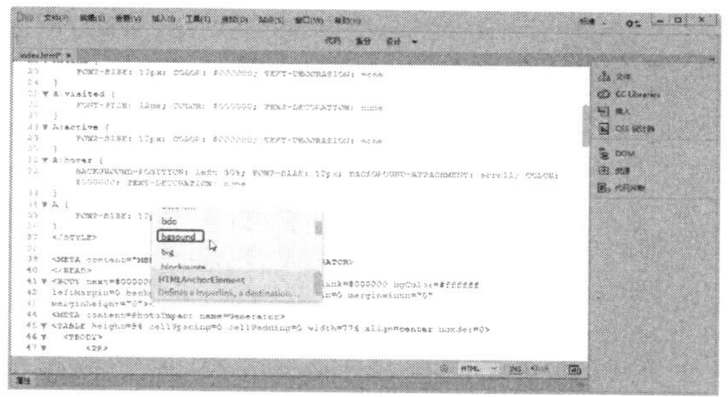

图 6-31　选中 bgsound 标签

指点迷津

bgsound标签共有5个属性，其中balance用于设置音乐的左右均衡，delay用于设置播放过程中的延时，loop用于控制循环次数，src用于设置存放音乐文件的路径，volume用于调节音量。

03 双击插入 bgsound 标签，如果该标签支持属性，则按空格键以显示该标签允许的属性列表，从中选择 src 属性，如图 6-32 所示，该属性用来设置背景音乐文件的路径。

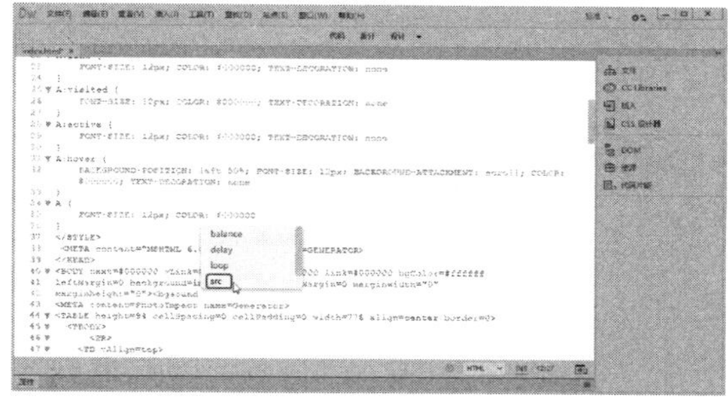

图 6-32　选择属性

04 按 Enter 键后，出现“浏览”字样，单击可弹出“选择文件”对话框，在该对话框中选择音乐文件，如图 6-33 所示。

指点迷津

播放背景音乐文件容量不要太大，否则很可能整个网页都浏览完了，声音却还没有下载完。在背景音乐格式方面，mid格式是最好的选择，它不仅拥有不错的音质，最关键的是它的容量非常小，一般只有几十千字节。

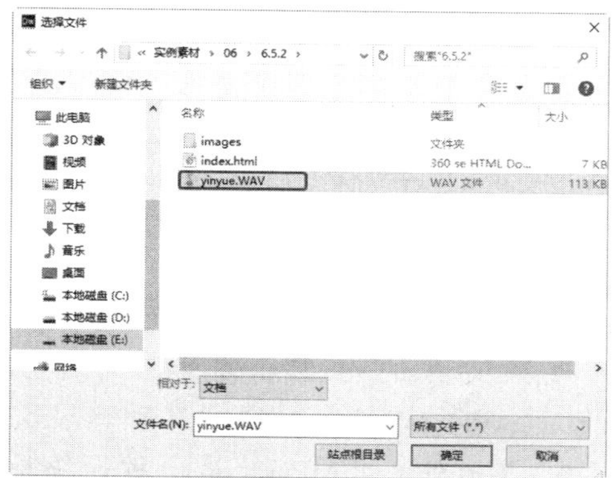

图 6-33　“选择文件”对话框

05 选择音乐文件后，单击“确定”按钮。在新插入的代码后按空格键，在属性列表中选择 loop 属性，如图 6-34 所示。

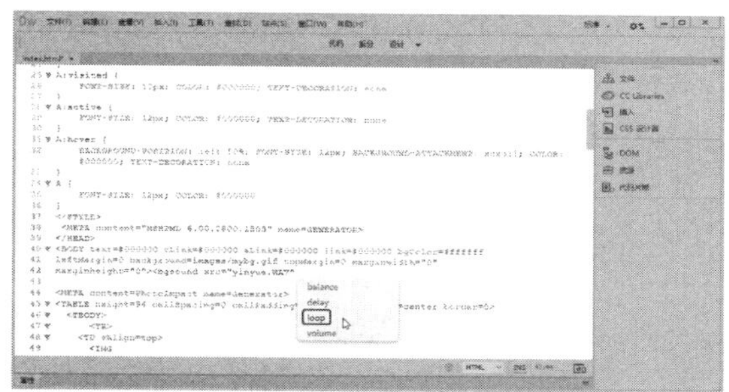

图 6-34　选择 loop 属性

06 出现 -1 并选中。在最后的属性值后，为该标签输入 >，如图 6-35 所示。

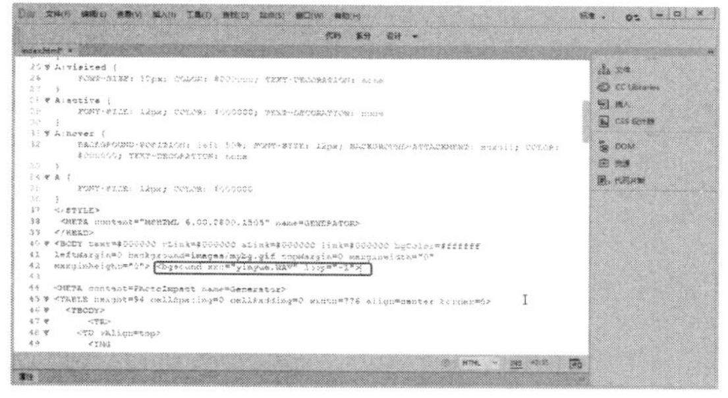

图 6-35　输入 >

07 保存文档，按 F12 键在浏览器中预览，效果如图 6-29 所示。

6.6 插入视频

随着宽带技术的发展与推广，出现了许多视频网站。越来越多的人选择观看在线视频，同时也有很多的网站提供在线视频服务。

6.6.1 视频文件格式

视频文件的格式非常多，常见的有MPEG、AVI、WMV、RM和MOV等。

- MPEG（或MPG）是一种压缩比率较大的活动图像和声音的视频压缩标准，常见的VCD、SVCD、DVD就是这种格式。MPEG文件格式是运动图像压缩算法的国际标准，它采用了有损压缩的方式减少运动图像中的冗余信息，把后续图像和前面图像中的冗余部分去除，从而达到压缩的目的。
- AVI是一种Microsoft Windows操作系统使用的多媒体文件格式，可以将视频和音频交织在一起，进行同步播放。这种视频格式的优点是图像质量好，可以跨多个平台使用，其缺点是体积过于庞大。
- WMV是一种Windows操作系统自带的媒体播放器Windows Media Player所使用的多媒体格式。它的英文全称为Windows Media Video，是微软公司开发的一种采用独立编码方式并且可以直接在网上实时观看视频节目的文件压缩格式。WMV格式的主要优点包括本地或网络回放、可扩充的媒体类型、部件下载、可伸缩的媒体类型、流的优先级化、多语言支持及环境独立性。
- RM是Real公司推广的一种多媒体文件格式，具有非常好的压缩比率，是网上应用最广泛的格式之一。可以使用RealPlayer对符合Real Media技术规范的网络音频/视频资源进行实况转播，并且Real Media可以根据不同的网络传输速率制定出不同的压缩比率，从而实现在低速率的网络上进行影像数据的实时传送和播放。
- MOV是苹果公司推广的一种多媒体文件格式。

6.6.2 在网页中插入视频文件

下面以如图6-36所示的效果为例，讲述如何在网页中插入Flash视频，具体的操作步骤如下。

图6-36　插入Flash视频的效果

01 打开网页文档，将光标置于要插入视频的位置，如图6-37所示。

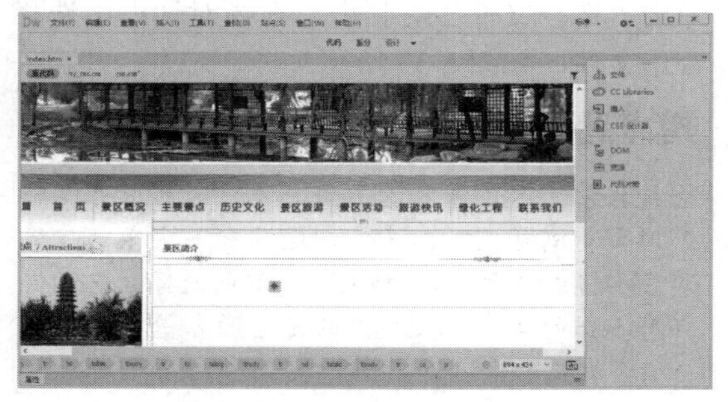

图6-37　打开网页文档

02 执行“插入”|HTML|“Flash Video”命令，弹出“插入 FLV”对话框，在该对话框中单击 URL 文本框后面的“浏览”按钮，如图 6-38 所示。

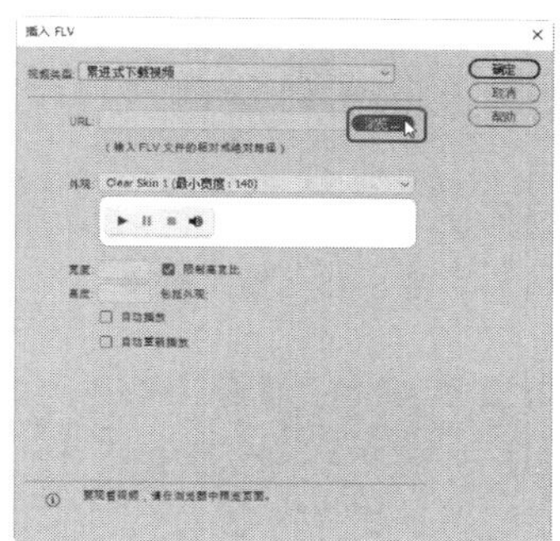

图 6-38　“插入 FLV”对话框

03 在弹出的“选择 FLV”对话框中选择视频文件 shipin.flv，如图 6-39 所示。

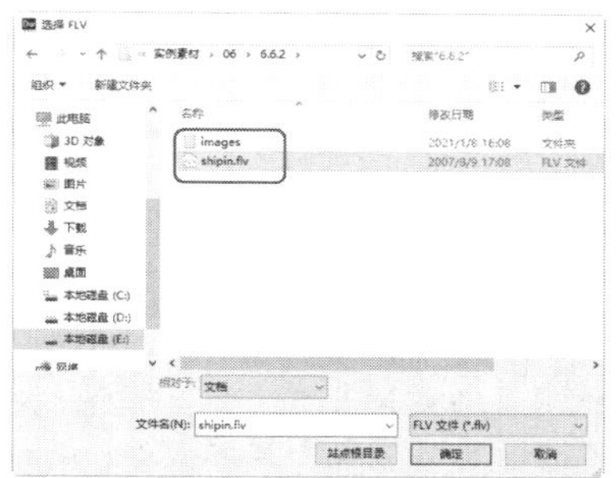

图 6-39　“选择 FLV”对话框

04 单击“确定”按钮，返回“插入 FLV”对话框，在该对话框中进行相应的设置，如图 6-40 所示。

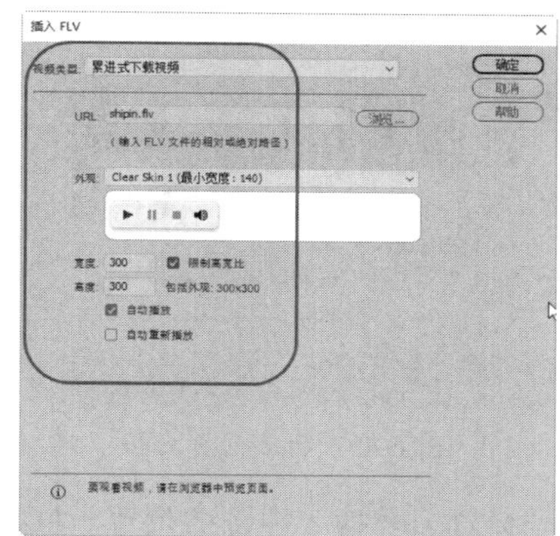

图 6-40　“插入 FLV”对话框

05 单击“确定”按钮，即可插入视频，如图 6-41 所示。

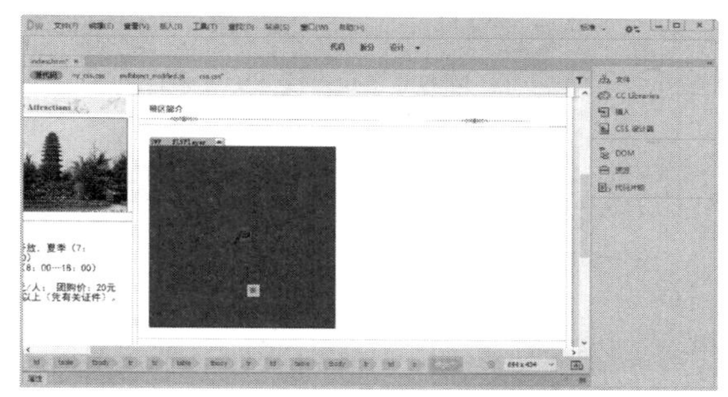

图 6-41　插入视频

06 保存文档，按 F12 键在浏览器中预览效果，如图 6-36 所示。

6.7　综合案例

可以使用 Dreamweaver 中的可视化工具向页面添加各种内容，包括文本、图像、影片、声音和其他媒体元素。在本章中学习了图像和多媒体的添加方法，本节将通过实例来讲述插入图像的应用方法。在网页中插入图像的效果如图 6-42 所示，具体的操作步骤如下。

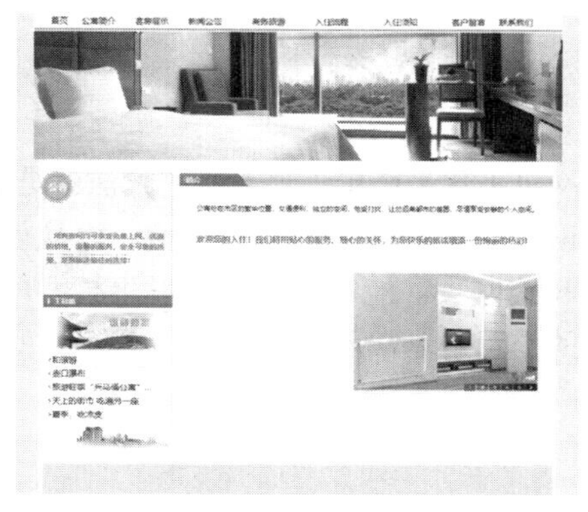

图 6-42　插入图像效果

01 打开网页文档，如图 6-43 所示。

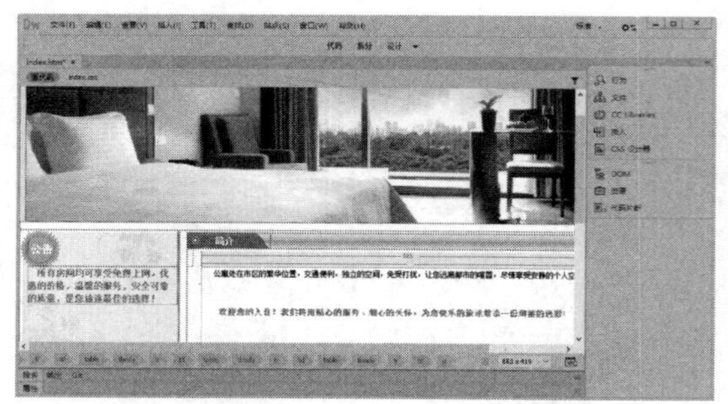

图 6-43　打开网页文档

02 将光标置于要插入图像的位置，执行“插入”|Image 命令，弹出“选择图像源文件”对话框，在该对话框中选择图像 images/tu.jpg，如图 6-44 所示。

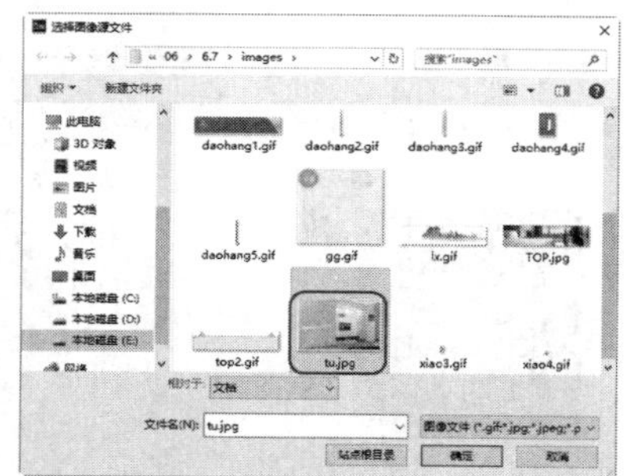

图 6-44　“选择图像源文件”对话框

03 单击“确定”按钮，插入图像，如图 6-45 所示。

04 选中插入的图像，右击并在弹出的快捷菜单中选择“对齐”|“右对齐”命令，如图 6-46 所示。

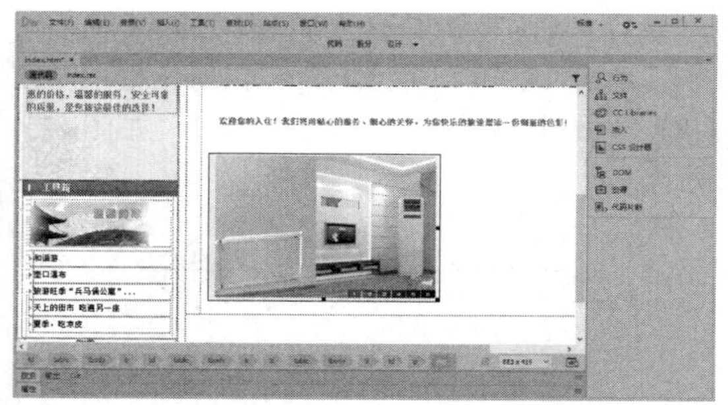

图 6-45　插入图像

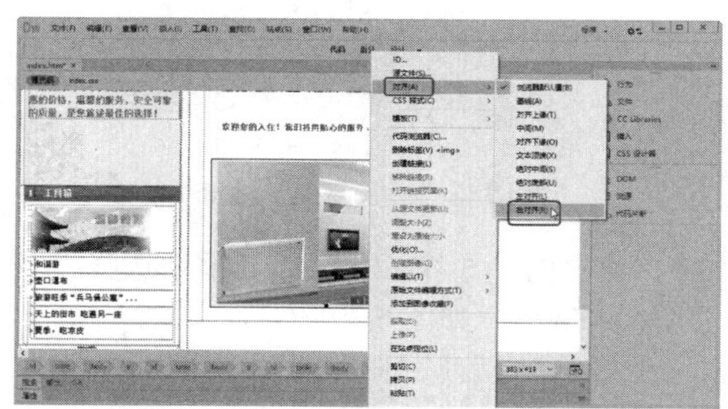

图 6-46　设置图像的对齐方式

高手支招

修改图像的高度和宽度值可以改变图像的显示尺寸，但是这并不能改变图像下载所用的时间，因为浏览器是先将图像数据下载，然后才改变图像尺寸的。要想减少图像下载所需要时间并使图像无论什么时候都显示相同的尺寸，建议在图像编辑软件中，重新处理该图像，这样得到的效果最好。

05 保存文档，按 F12 键在浏览器中预览，效果如图 6-42 所示。

6.8 本章小结

网页美化最简单、最直接的方法就是在网页上添加图像和多媒体元素，图像和多媒体元素不但使网页更加美观、形象和生动，而且使网页中的内容更加丰富多彩。利用图像和多媒体元素创建精美网页，能够给网页增加生机，从而吸引更多的浏览者。因此，图像和多媒体元素在网页中的作用是非常重要的，作为一名网页设计者必须掌握网页图像和多媒体元素的运用方法。

第 7 章　使用模板和库

本章导读

本章主要学习如何提高网页的制作效率，即使用“模板”和“库”。它们虽然不是网页设计师在设计网页时必须使用的技术，但是如果合理地使用它们，将会大幅提高工作效率，合理地使用模板和库也是创建一个网站的重中之重。

技术要点

- 认识模板
- 创建模板
- 创建基于模板的页面
- 库的创建、管理与应用
- 创建完整的企业网站模板
- 利用模板创建网页

7.1 认识模板

模板是一种特殊类型的文档，用于设计“固定的”页面布局。基于模板创建文档，创建的文档会继承模板的页面布局。在设计模板时，可以指定在基于模板的文档中哪些内容是可编辑的。模板创作者可以控制哪些页面元素由模板用户（如作家、图形艺术家或其他 Web 开发人员）进行编辑，也可以在文档中设置包括多种类型的模板区域。

使用模板可以控制大的设计区域，以及重复使用完整的布局。如果要重复使用个别设计元素，如站点的版权信息或徽标，可以创建库项目。

使用模板可以一次更新多个页面。从模板创建的文档会与该模板保持连接状态（除非以后分离该文档），可以修改模板并立即更新基于该模板的所有文档中的设计。

Dreamweaver 中的模板与某些 Adobe Creative Suite 软件中的模板的不同之处在于，在默认情况下，模板中的各部分是固定的（即不可编辑）。

7.2 创建模板

在网页制作中很多工作是重复的，如页面的顶部和底部在很多页面中都一样，而同一栏目中除某一块区域外，版式、内容完全一样。如果将这些工作简化，就能够大幅度提高工作效率，而 Dreamweaver 中的模板就可以解决这一问题，模板主要用于同一栏目中的页面制作。

7.2.1 在空白文档中创建模板

直接创建模板的具体的操作步骤如下。

01 执行“文件”|“新建”命令，弹出“新建文档”对话框，在该对话框中选择“新建文档”|“HTML 模板”|“< 无 >”选项，如图 7-1 所示。

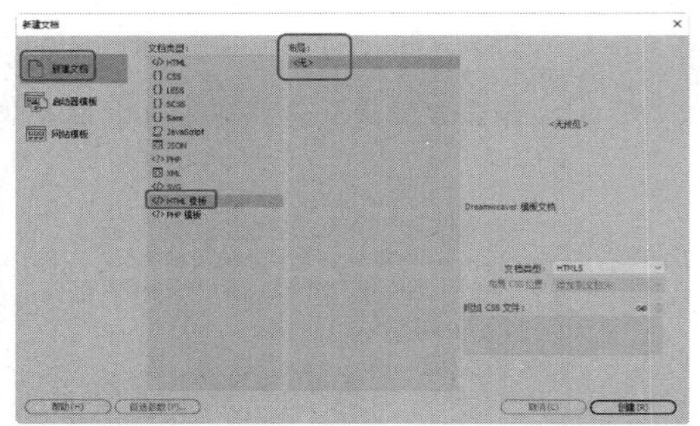

图 7-1 “新建文档”对话框

02 单击“创建”按钮，创建一个模板文档，如图 7-2 所示。

图 7-2 创建模板文档

03 执行“文件”|“保存”命令，弹出 Dreamweaver 提示对话框，如图 7-3 所示。

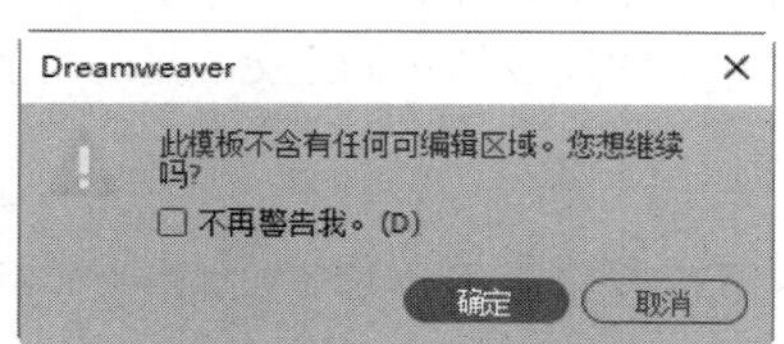

图 7-3 Dreamweaver 提示对话框

04 单击“确定”按钮，弹出“另存模板”对话框，在该对话框中的“另存为”文本框中输入名称，如图 7-4 所示。

05 单击“保存”按钮，保存模板文件，如图 7-5 所示。

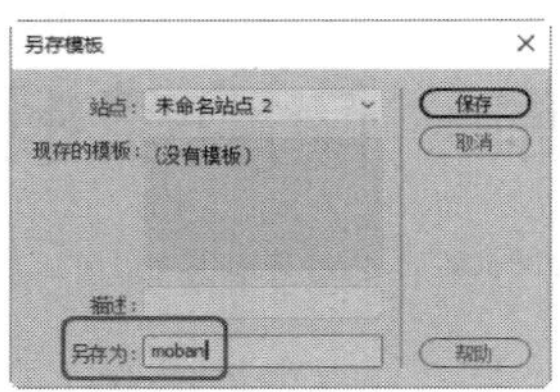

图 7-4 “另存模板”对话框

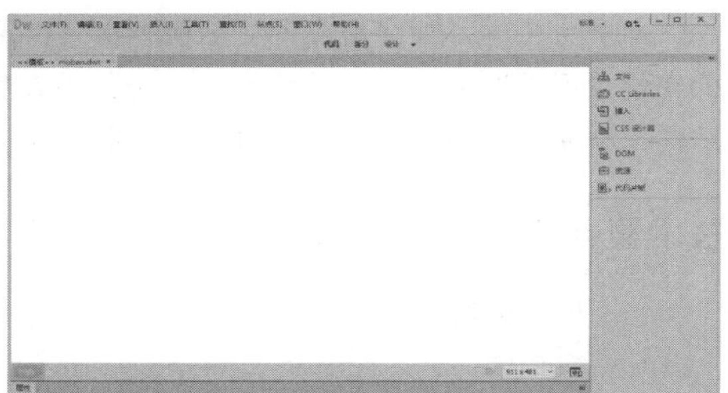

图 7-5 保存模板文件

7.2.2 从现有文档创建模板

在 Dreamweaver 中，有两种方法可以创建模板。一种是将现有的网页文件另存为模板，然后根据需要再进行修改；另外一种是直接新建一个空白模板，再在其中插入需要显示的文档内容。

从现有文档中创建模板的具体操作步骤如下。

01 打开网页文档，如图 7-6 所示。

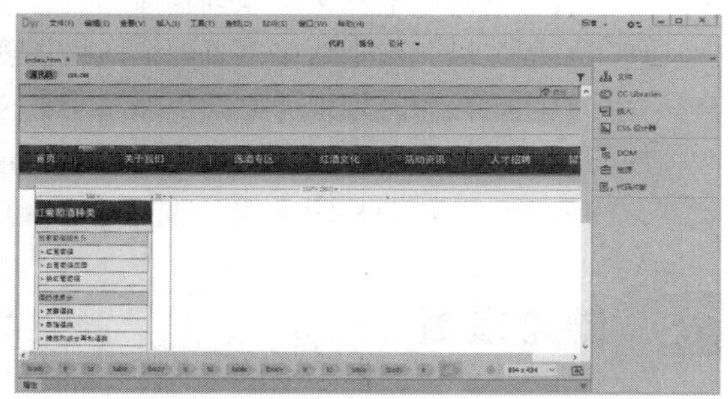

图 7-6 打开网页文档

02 执行“文件”|“另存为模板”命令，弹出“另存模板”对话框，在该对话框中的“站点”下拉列表中选择 7.2.2 选项，在“另存为”文本框中输入 moban，如图 7-7 所示。

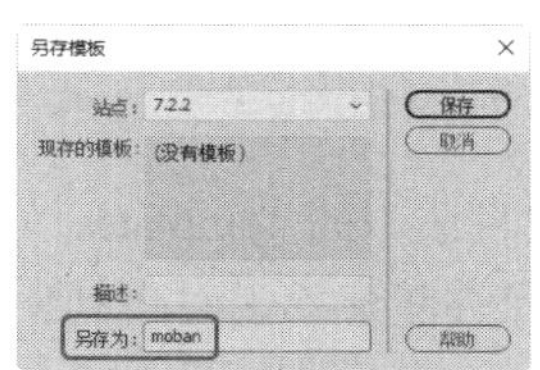

图 7-7　“另存模板”对话框

03 单击“保存”按钮，弹出 Dreamweaver 提示对话框，如图 7-8 所示。

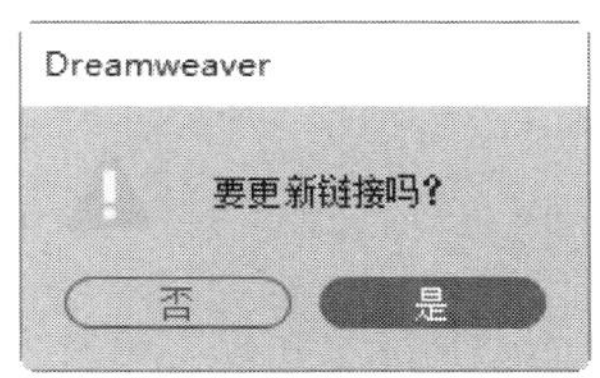

图 7-8　Dreamweaver 提示对话框

04 单击“是”按钮，即可将现有文档另存为模板，如图 7-9 所示。

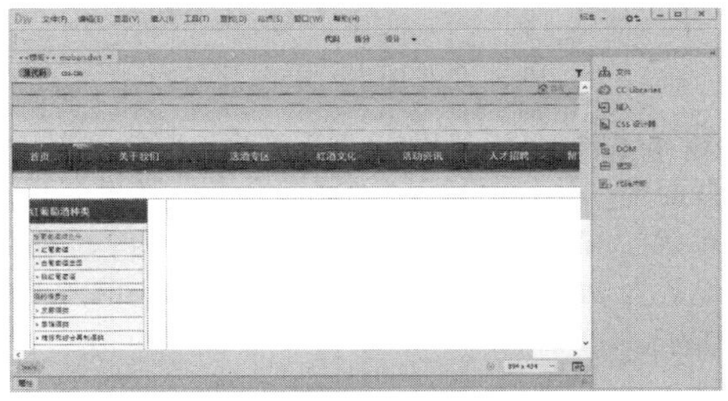

图 7-9　保存模板文件

> **提示**
>
> 不要随意移动模板到Templates文件夹之外或者将任何非模板文件放在Templates文件夹中。此外，不要将Templates文件夹移至本地根文件夹之外，以免引用模板时路径出错。

7.2.3　创建可编辑区域

可编辑区域就是基于模板文档的未锁定区域，是网页套用模板后可以编辑的区域。在创建模板后，模板的布局就固定了，如果要在模板中针对某些内容进行修改，即可为该内容创建可编辑区域。创建可编辑区域的具体的操作步骤如下。

01 打开模板文档，如图 7-10 所示。

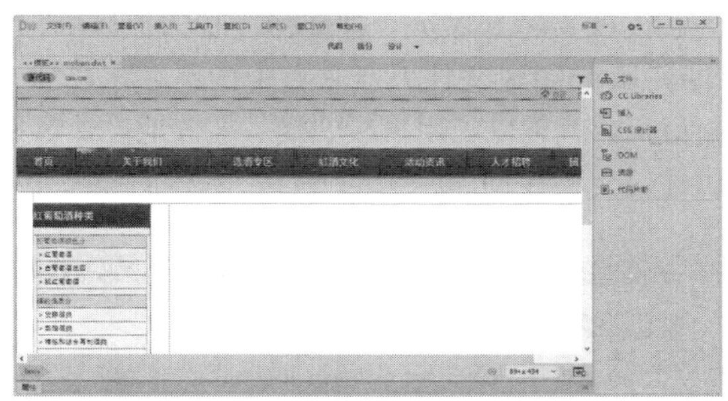

图 7-10　打开模板文档

02 将光标置于要创建可编辑区域的位置，执行“插入”|“模板”|“可编辑区域”命令，弹出“新建可编辑区域”对话框，如图 7-11 所示。

图 7-11　“新建可编辑区域”对话框

03 单击“确定”按钮，创建可编辑区域，如图 7-12 所示。

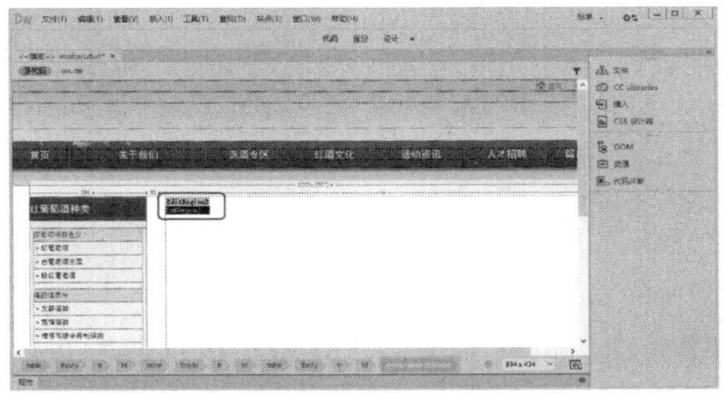

图 7-12　可编辑区域

> **提示**
>
> 作为一个模板，Dreamweaver会自动锁定文档中的大部分区域。模板设计者可以定义基于模板的文档中哪些区域是可编辑的。创建模板时，可编辑区域和锁定区域都可以更改。但是，在基于模板的文档中，模板用户只能在可编辑区域中进行修改，锁定区域则无法进行任何操作。

7.3 创建基于模板的页面

模板实际上也是一种文档，它的扩展名为 .dwt，存放在根目录下的 Templates 文件夹中，如果该 Templates 文件夹在站点中尚不存在，Dreamweaver 将在保存新建模板时自动创建。模板创建好后，就可以应用模板快速、高效地设计风格一致的网页了，下面通过如图 7-13 所示的效果，讲述应用模板创建网页的方法，具体的操作步骤如下。

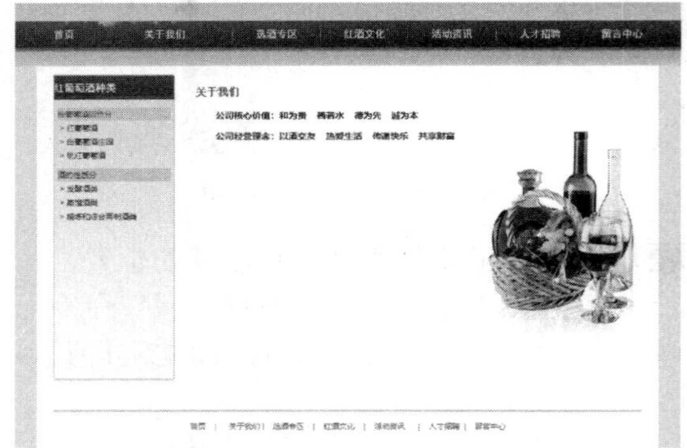

图 7-13　利用模板创建网页

01 执行“文件”|“新建”命令，弹出“新建文档”对话框，在该对话框中选择“网站模板”|“站点 7.3”|moban 选项，如图 7-14 所示。

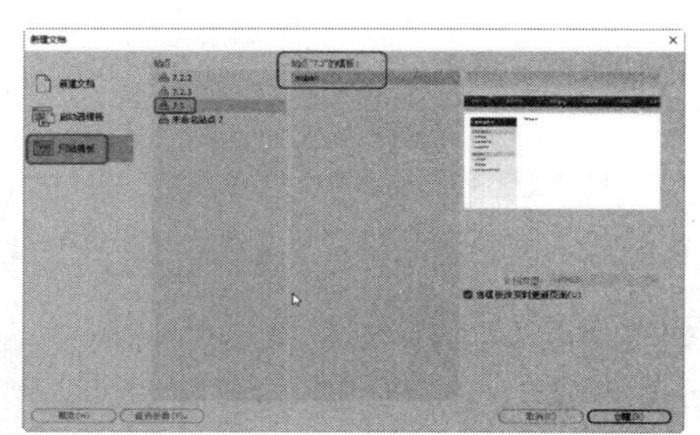

图 7-14　“新建文档”对话框

02 单击“创建”按钮，利用模板创建网页，如图 7-15 所示。

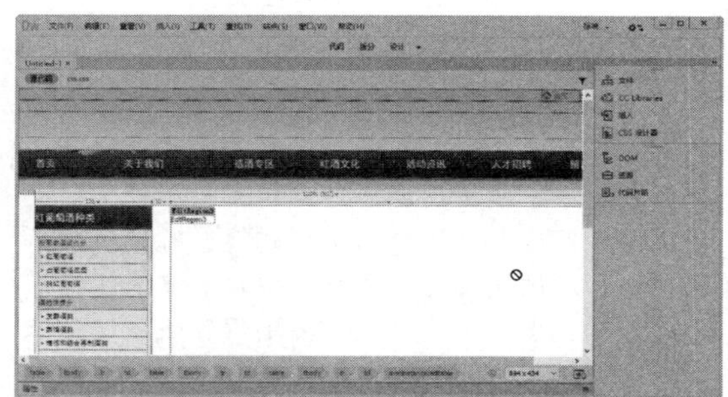

图 7-15　利用模板创建网页

03 执行“文件”|“保存”命令，弹出“另存为”对话框，在该对话框中的“文件名”文本框中输入名称，如图 7-16 所示。

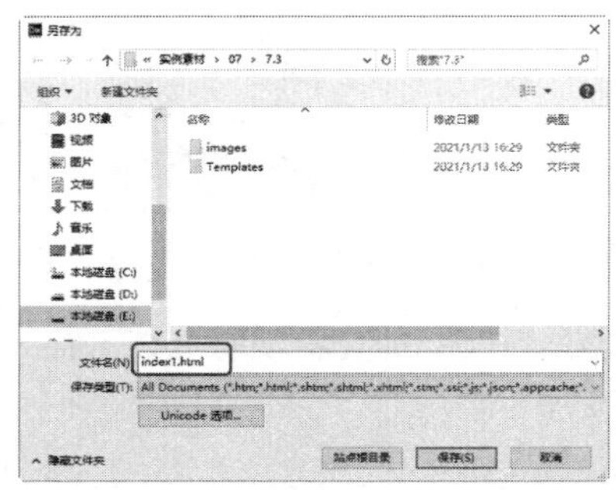

图 7-16　“另存为”对话框

04 单击“保存”按钮，保存文档，将光标置于页面中，执行“插入”|Table 命令，弹出 Table 对话框，在该对话框中将“行数”设置为 2、“列”设置为 1、“表格宽度”设置为 100，如图 7-17 所示。

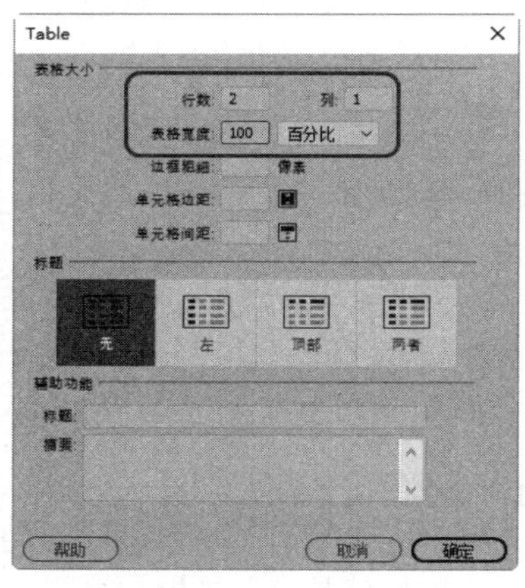

图 7-17　Table 对话框

05 单击“确定”按钮，插入表格，如图 7-18 所示。

06 将光标置于表格的第 1 行单元格中，输入文字“关于我们”，如图 7-19 所示。

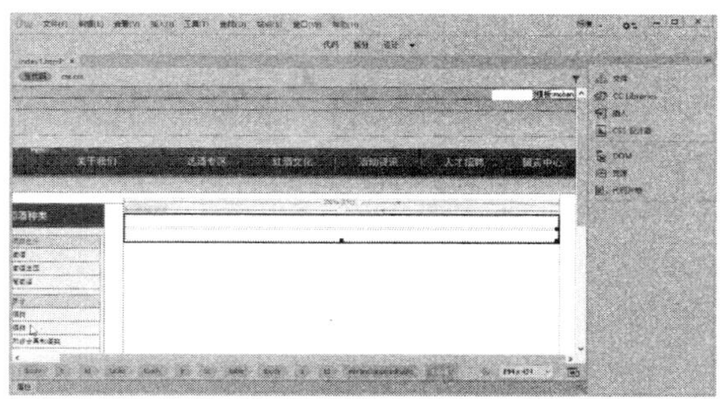

图 7-18 插入表格

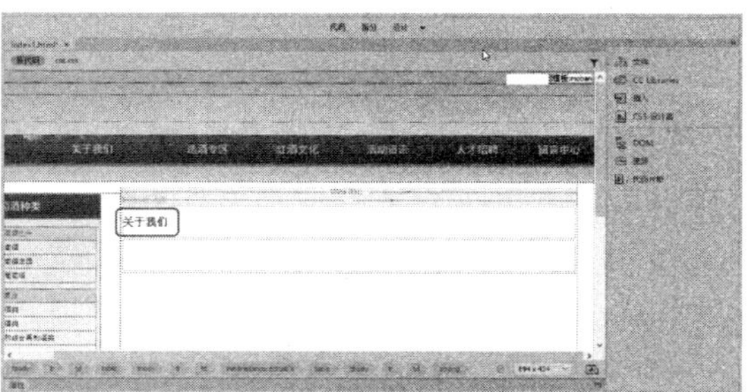

图 7-19 输入文字

07 将光标置于表格的第 2 行单元格中，输入相应的文字，如图 7-20 所示。

图 7-20 输入文字

08 将光标置于文字中，执行“插入”|Images 命令，弹出“选择图像源文件”对话框，在该对话框中选择图像文件 images/jiu.jpg，如图 7-21 所示。

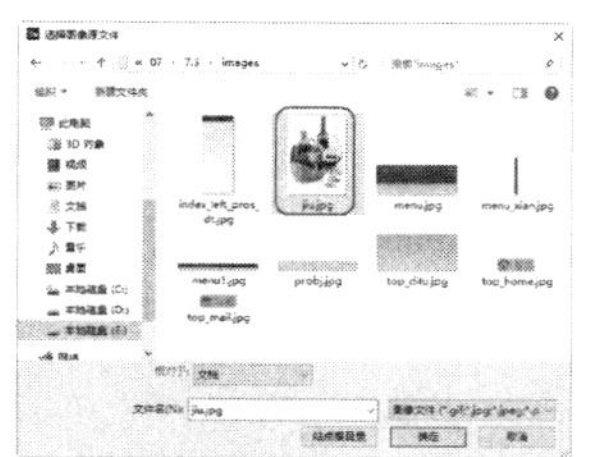

图 7-21 “选择图像源文件”对话框

09 单击“确定”按钮，插入图像 images/jiu.jpg，如图 7-22 所示。

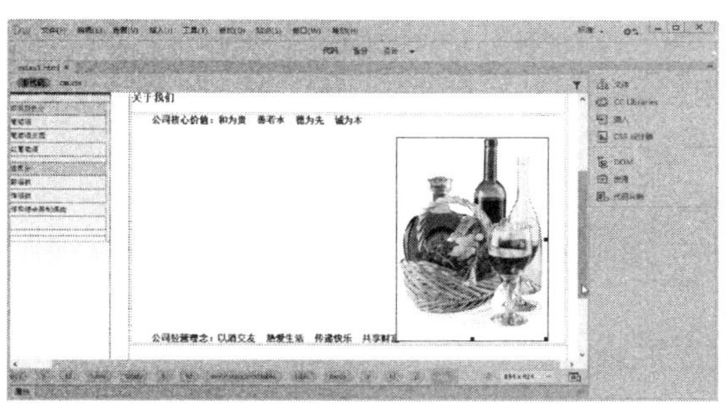

图 7-22 插入图像

10 选中插入的图像，右击并在弹出的快捷菜单中选择“对齐”|“右对齐”命令，如图 7-23 所示。

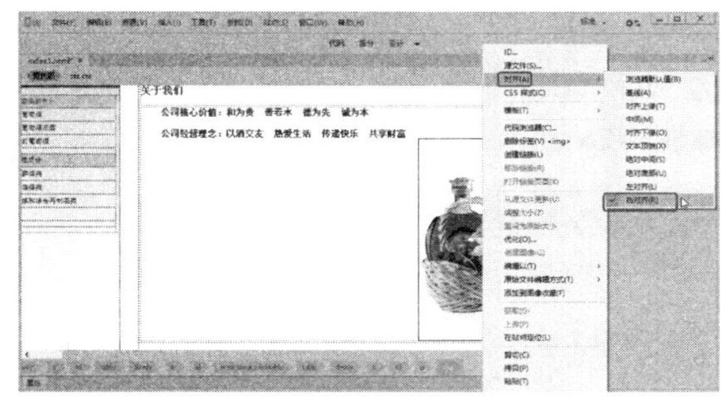

图 7-23 设置图像的对齐方式

11 保存文档，按 F12 键在浏览器中预览，效果如图 7-13 所示。

7.4 库的创建、管理与应用

库是一种特殊的 Dreamweaver 文件，其中包含已创建以便放在网页上的单独“资源”或“资源”副本的集合，库中的这些资源称为“库项目”。库项目是可以在多个页面中重复使用的存储页面的对象元素，每当更改某个库项目的内容时，都可以同时更新所有使用了该项目的页面。不难发现，在更新这一点上，模板和库都是为了提高工作效率而存在的。

7.4.1 创建库项目

创建库项目的效果如图 7-24 所示，具体的操作步骤如下。

图 7-24 库项目

01 执行“文件”|“新建”命令，弹出“新建文档”对话框，在该对话框中选择“新建文档”|</>HTML|“无”选项，如图 7-25 所示。

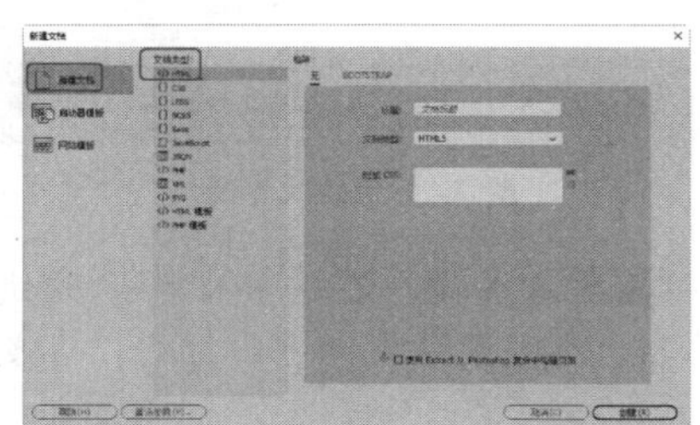

图 7-25 “新建文档”对话框

02 单击“创建”按钮，创建一个空白的文档，如图 7-26 所示。

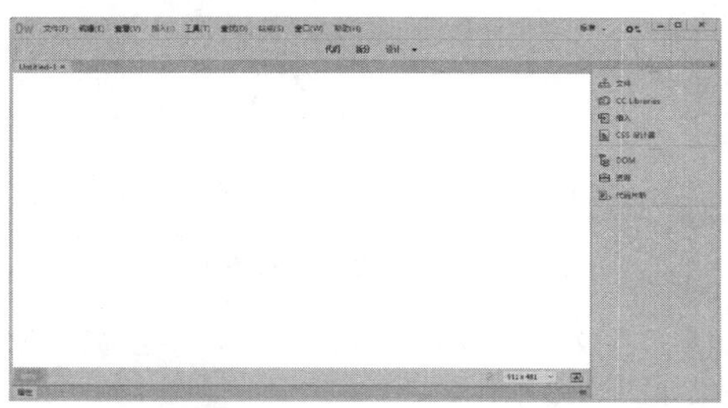

图 7-26 创建空白文档

03 将光标置于页面中，执行“插入”|Table 命令，弹出 Table 对话框，在该对话框中将“行数”设置为 1、“列”设置为 1、“表格宽度”设置为 1005 像素，如图 7-27 所示。

04 单击“确定”按钮，插入表格，如图 7-28 所示。

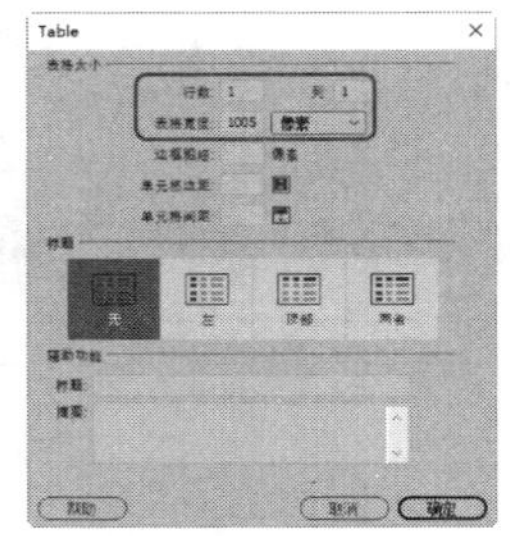

图 7-27 Table 对话框

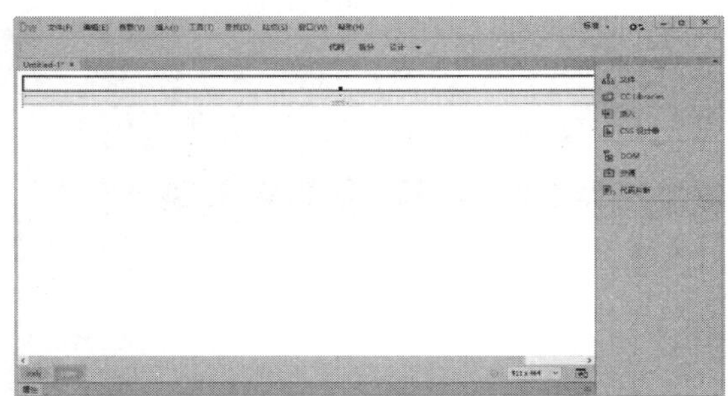

图 7-28 插入表格

05 将光标置于表格中，执行“插入”|Images 命令，弹出“选择图像源文件”对话框，在该对话框中选择图像文件，如图 7-29 所示。

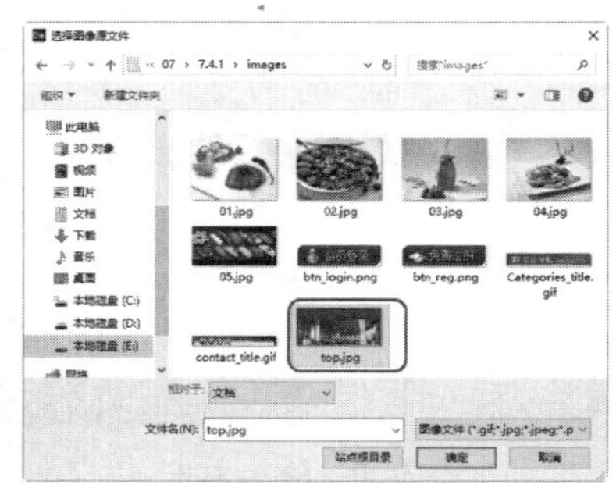

图 7-29 “选择图像源文件”对话框

06 单击“确定”按钮，插入图像，如图 7-30 所示。

图 7-30 插入图像

07 执行“文件”|“保存”命令，弹出“另存为”对话框，在该对话框中的“文件名”文本框中输入 top.lbi，如图 7-31 所示。

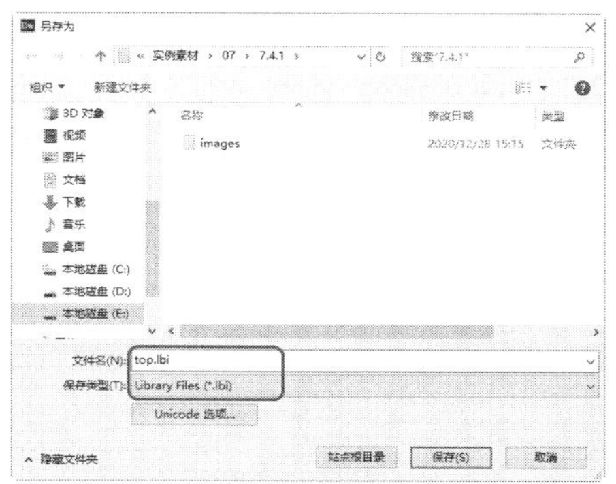

图 7-31 “另存为”对话框

08 单击“保存”按钮，保存库文件，如图 7-32 所示。按 F12 键在浏览器中预览，效果如图 7-24 所示。

图 7-32 保存库

7.4.2 库项目的应用

库是一种存放整个站点中重复使用或频繁更新的页面元素（如图像、文本和其他对象）的文件，这些元素称为“库项目”。如果使用了库，即可通过改动库项目更新所有采用库项目的网页，不用逐个修改网页元素或重新制作网页。下面在如图 7-33 所示的网页中应用库项目，具体的操作步骤如下。

01 打开网页文档，如图 7-34 所示。

02 执行“窗口”|“资源”命令，打开“资源”面板，在该面板中单击“库”按钮，显示库项目，如图 7-35 所示。

图 7-33 在网页中应用库项目

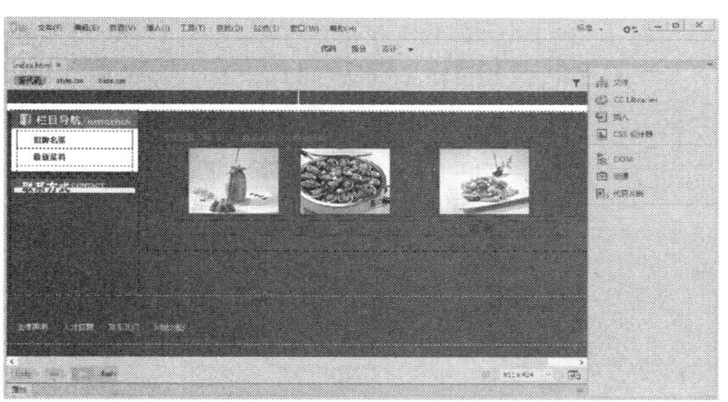

图 7-34 打开网页文档

图 7-35 显示库项目

03 将光标置于要插入库项目的位置，选中</>top，单击左下角的“插入”按钮，插入库项目，如图 7-36 所示。

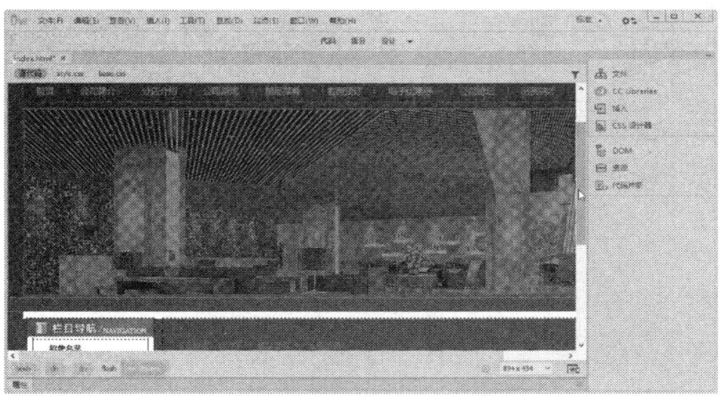

图 7-36 插入库项目

提示

如果希望仅添加库项目内容对应的代码，而不希望它作为库项目出现，则可以按住Ctrl键，再将相应的库项目从“资源”面板中拖至文档窗口中，这样插入的内容就会以普通文档的形式出现。

04 保存文档，按 F12 键在浏览器中预览，效果如图 7-33 所示。

7.4.3 编辑库项目

创建库项目后，根据自己的需要，还可以编辑或更改其中的内容，效果如图 7-37 所示。具体的操作步骤如下。

图 7-37 更新库项目效果

01 打开库项目，选中图像，如图 7-38 所示。

图 7-38 打开库文件

02 打开“属性”面板，在该面板中选择“矩形热点工具”，如图 7-39 所示。

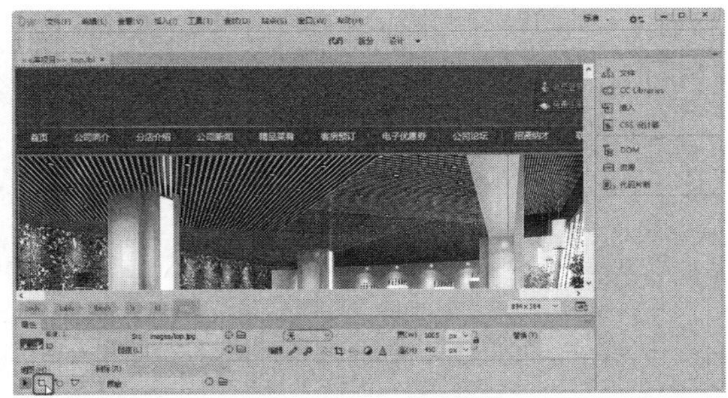

图 7-39 选择“矩形热点工具”

03 将鼠标指针置于图像上，绘制矩形热点区域，并输入相应的链接，如图 7-40 所示。

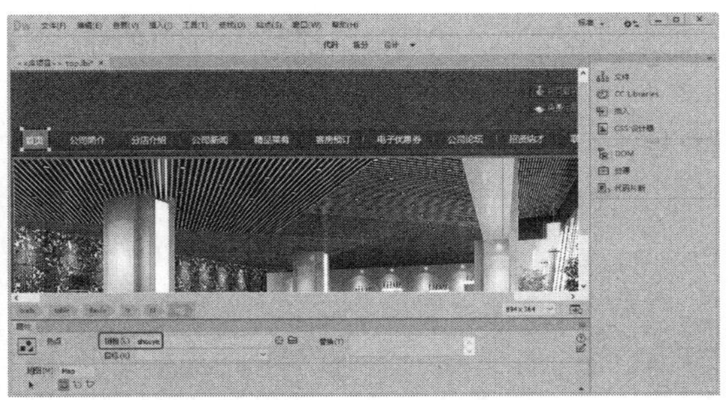

图 7-40 绘制热点超链接

04 按步骤 02~03 的方法在其他的图像上也绘制热点超链接，如图 7-41 所示。

图 7-41 绘制热点区域

05 执行“工具”|“库”|“更新页面”命令，打开“更新页面”对话框，如图 7-42 所示。

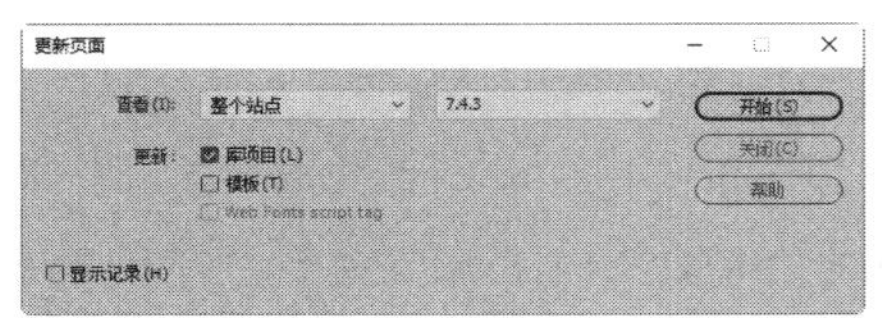

图 7-42 “更新页面”对话框

06 单击“开始”按钮，即可按照提示更新文件，如图 7-43 所示。

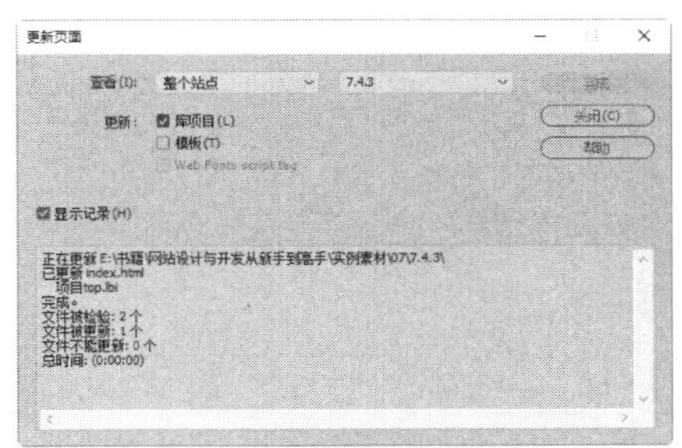

图 7-43 显示更新文件

07 打开应用库文件的文档，可以看到文档已经更新，如图 7-44 所示。

图 7-44 更新的文件

08 保存文件，按 F12 键在浏览器中预览，效果如图 7-37 所示。

7.5 综合案例——创建完整的企业网站模板

在网页中使用模板可以统一整个站点的页面风格，使用库项目可以对页面的局部统一风格，在制作网页时使用库和模板可以节省大量的工作时间，并且对日后的升级带来很大的方便。下面通过实例讲述模板的创建和应用，以及插件的应用方法。创建的企业网站模板的效果如图 7-45 所示，具体的操作步骤如下。

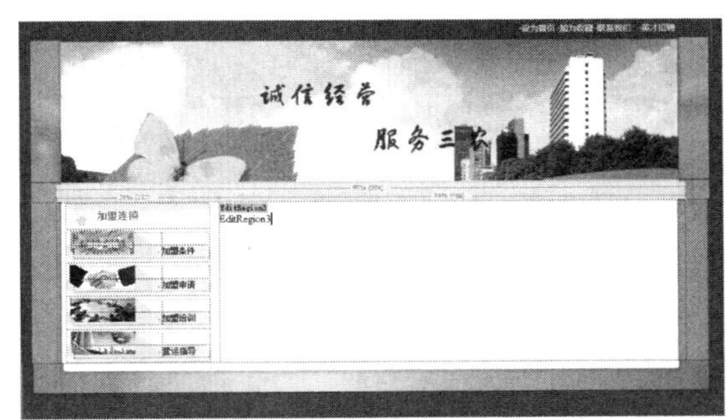

图 7-45 企业网站模板效果

01 执行“文件”|“新建”命令，弹出“新建文档”对话框，在该对话框中选择“新建文档”|“</>HTML 模板”|“无”选项，如图 7-46 所示。

02 单击“创建”按钮，创建一个空白文档网页，如图 7-47 所示。

03 执行“文件”|“保存”命令，弹出 Dreamweaver 提示对话框，如图 7-48 所示。

04 单击“确定”按钮，弹出“另存模板”对话框，在该对话框的“另存为”文本框中输入名称，如图 7-49 所示。

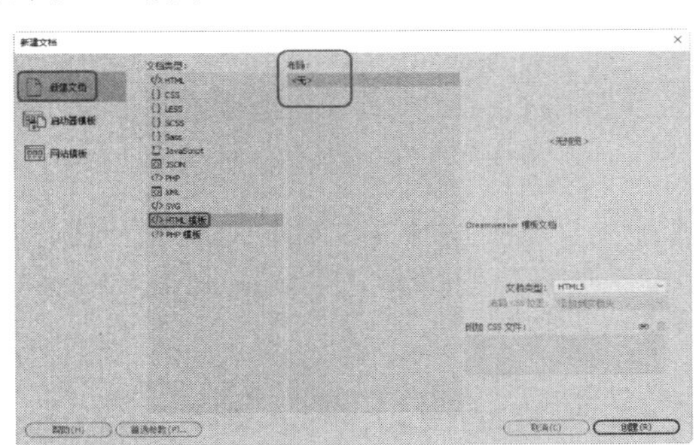

图 7-46 “新建文档”对话框

图 7-47 新建文档

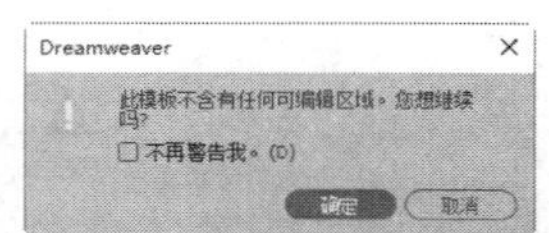

图 7-48 提示对话框

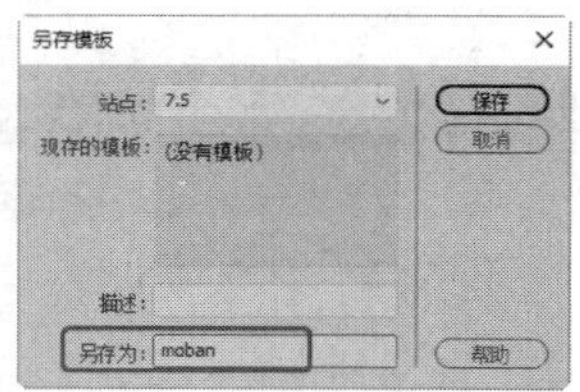

图 7-49 “另存模板”对话框

05 单击“保存”按钮，保存文档，将光标置于页面中，执行“文件”|“页面属性”命令，弹出“页面属性”对话框，在该对话框中单击“背景图像”文本框右侧的“浏览”按钮，如图 7-50 所示。

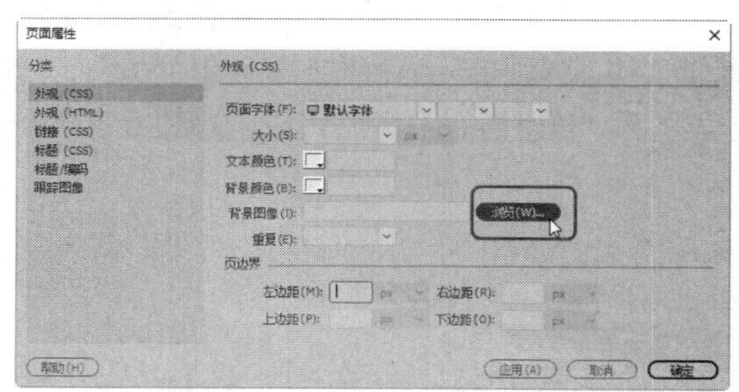

图 7-50 “页面属性”对话框

06 弹出“选择图像源文件”对话框，在该对话框中选择背景图像文件 ../images/ny_bg.gif，如图 7-51 所示。

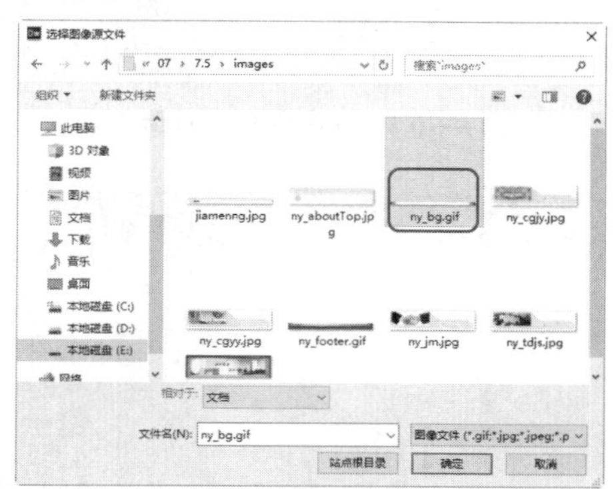

图 7-51 “选择图像源文件”对话框

07 单击“确定”按钮，添加背景图像文件，在弹出的“页面属性”对话框中进行相应的设置，如图 7-52 所示。

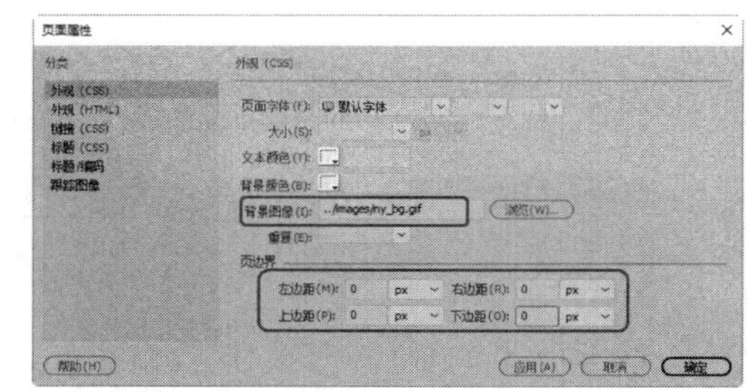

图 7-52 “页面属性”对话框

08 单击“确定”按钮，修改页面属性，如图 7-53 所示。

图 7-53 修改页面属性

09 将光标置于页面中，执行“插入”|Table 命令，弹出 Table 对话框，在该对话框中将“行数”设置为 3、“列”设置为 1、“表格宽度”设置为 1006 像素，如图 7-54 所示。

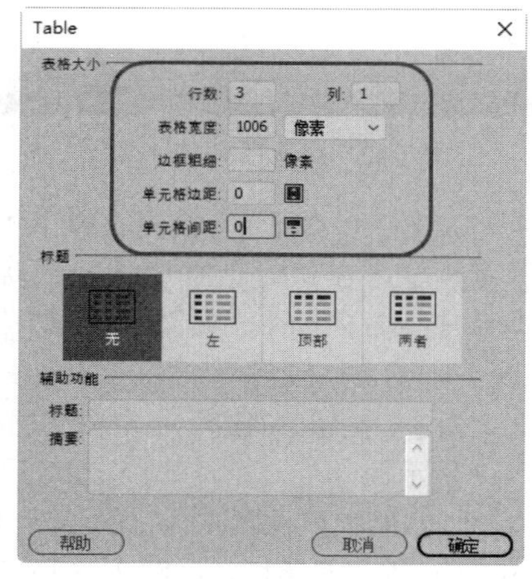

图 7-54 Table 对话框

10 单击“确定”按钮，插入表格，此表格记为“表格 1”，如图 7-55 所示。

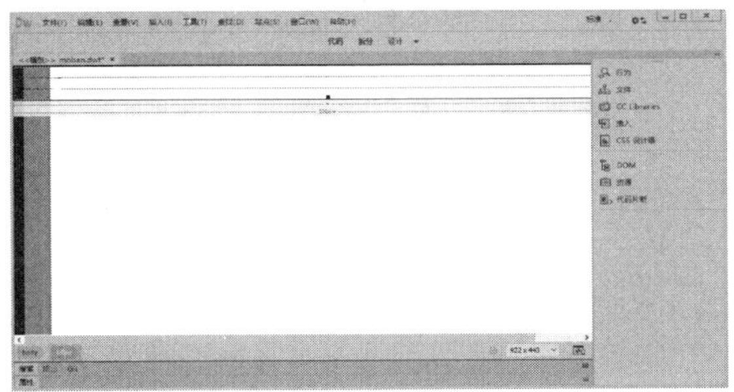

图 7-55　插入表格 1

11 将光标置于表格 1 的第 1 行单元格中，执行“插入”|Image 命令，弹出“选择图像源文件”对话框，在该对话框中选择图像文件 top1.gif，如图 7-56 所示。

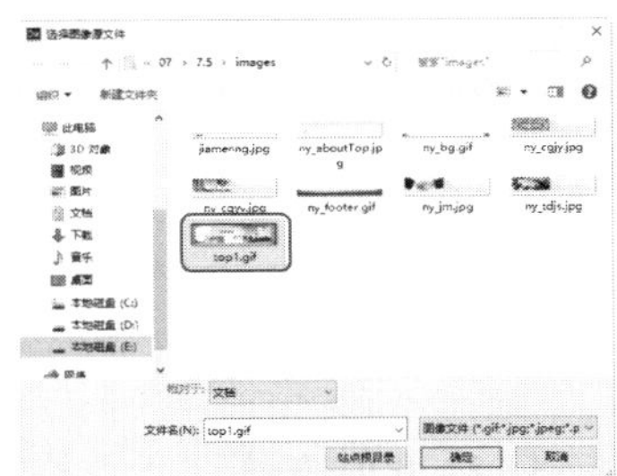

图 7-56　“选择图像源文件”对话框

12 单击“确定”按钮，插入图像，如图 7-57 所示。

图 7-57　插入图像

13 将光标置于表格 1 的第 2 行单元格中，执行“插入”|Table 命令，插入 1 行 2 列的表格，此表格记为“表格 2”，如图 7-58 所示。

14 将光标置于表格 2 的第 1 列单元格中，执行“插入”|Table 命令，插入 5 行 1 列的表格，此表格记为“表格 3”，如图 7-59 所示。

15 将光标置于表格 3 的第 1 行单元格中，打开“代码”视图，在“代码”视图中输入背景图像代码 background=../images/ny_aboutTop.jpg，如图 7-60 所示。

图 7-58　插入表格 2

图 7-59　插入表格 3

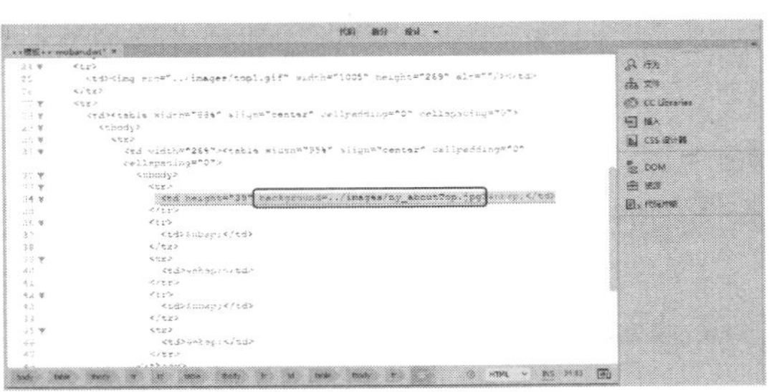

图 7-60　输入代码

16 返回设计视图，可以看到插入的背景图像，如图 7-61 所示。

图 7-61　插入背景图像

17 将光标置于背景图像上，输入相应的文字，如图 7-62 所示。

图 7-62　输入文字

18 将光标置于表格 3 的第 2 行单元格中，在“代码”视图中输入背景图像代码 background=../images/ny_cgjy.jpg，如图 7-63 所示。

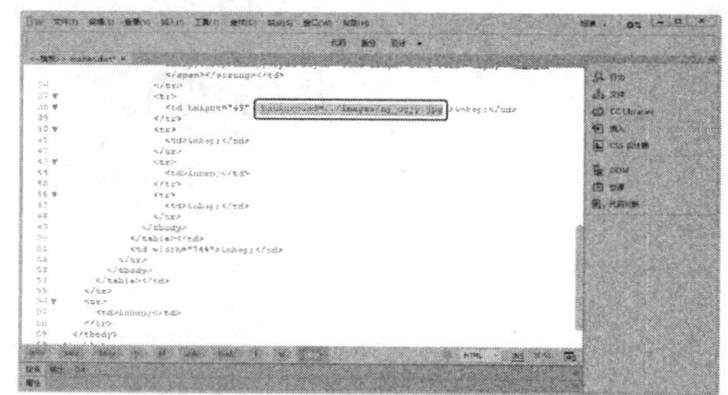

图 7-63　输入代码

19 返回设计视图，可以看到插入的背景图像，如图 7-64 所示。

图 7-64　插入背景图像

20 将光标置于背景图像上，执行“插入”|Table 命令，插入 2 行 2 列的表格，此表格记为“表格 4”，如图 7-65 所示。

图 7-65　插入表格 4

21 将光标置于表格 4 的第 2 行第 2 列单元格中，输入相应的文字，如图 7-66 所示。

图 7-66　输入文字

22 采用步骤 17~20 的方法，在表格 3 的其他单元格中输入相应的内容，如图 7-67 所示。

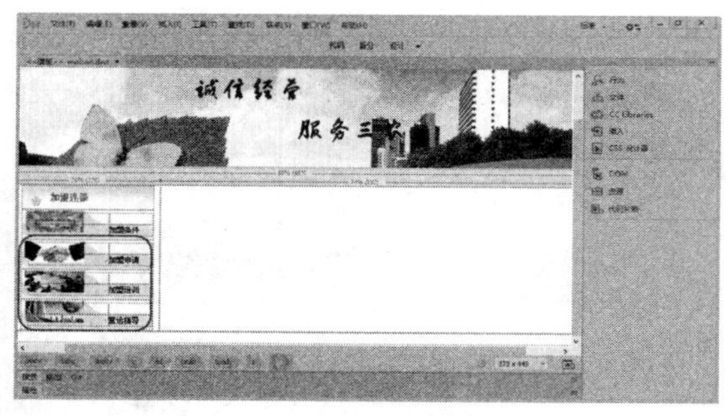

图 7-67　输入相应的内容

23 将光标置于表格 2 的第 2 列单元格中，执行“插入”|“模板”|“可编辑区域”命令，如图 7-68 所示。

24 弹出“新建可编辑区域”对话框，在该对话框的“名称”文本框中输入名称，如图 7-69 所示。

图 7-68　执行“可编辑区域”命令

图 7-69　“新建可编辑区域”对话框

25 单击“确定”按钮，创建可编辑区域，如图 7-70 所示。

26 将光标置于表格 1 的第 3 行单元格中，行“插入”|Image 命令，插入图像 ../images/ny_footer.gif，如图 7-71 所示。

图 7-70　创建可编辑区域

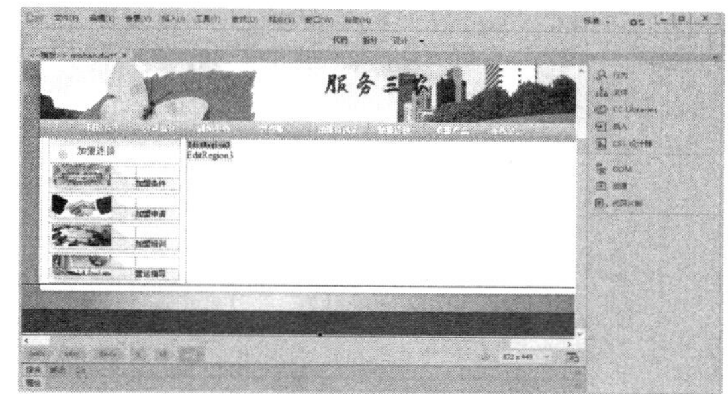

图 7-71　插入图像

27 保存文档，完成模板的创建，效果如图 7-45 所示。

7.6　综合案例——利用模板创建网页

利用模板创建的网页效果如图 7-72 所示，具体的操作步骤如下。

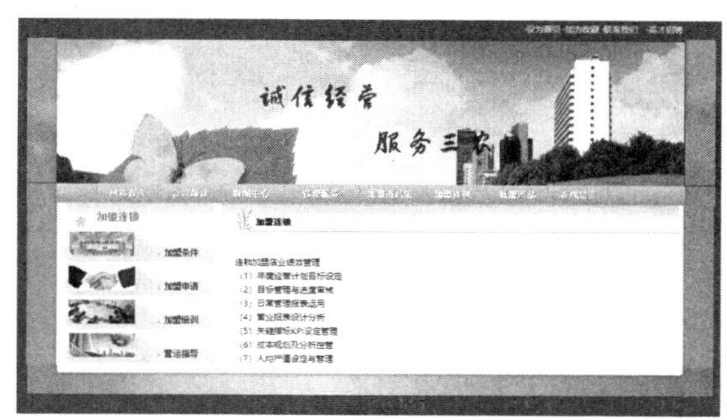

图 7-72　利用模板创建的网页效果

01 执行“文件”|“新建”命令，弹出“新建文档”对话框，在该对话框中选择“网站模板”|7.6|moban 选项，如图 7-73 所示。

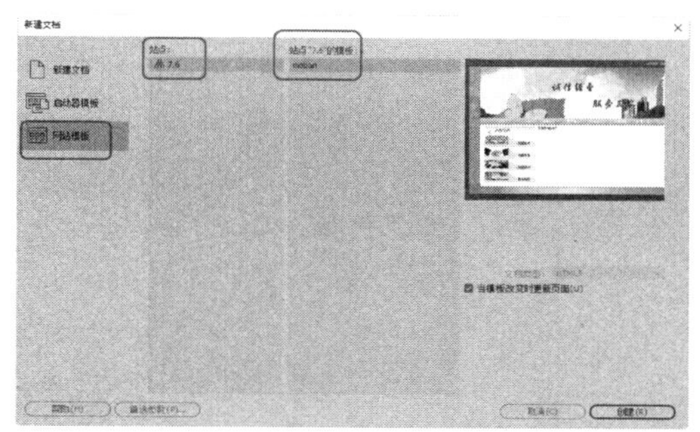

图 7-73　“新建文档”对话框

02 单击“创建”按钮，利用模板创建文档，如图 7-74 所示。

图 7-74　利用模板创建文档

03 执行“文件”|“保存”命令，弹出“另存为”对话框，在该对话框的“文件名”文本框中输入名称，如图 7-75 所示。单击“保存”按钮，保存文档。

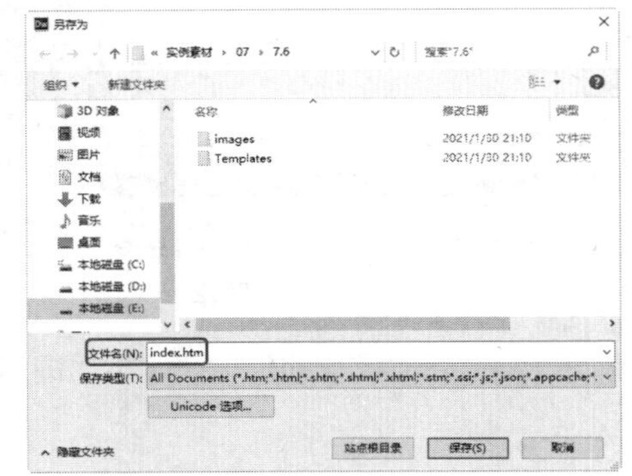

图 7-75　“另存为”对话框

04 将光标置于可编辑区域，执行“插入”|Table 命令，弹出 Table 对话框，将“行数”设置为 2、“列”设置为 1，“表格宽度”设置为 100，如图 7-76 所示。

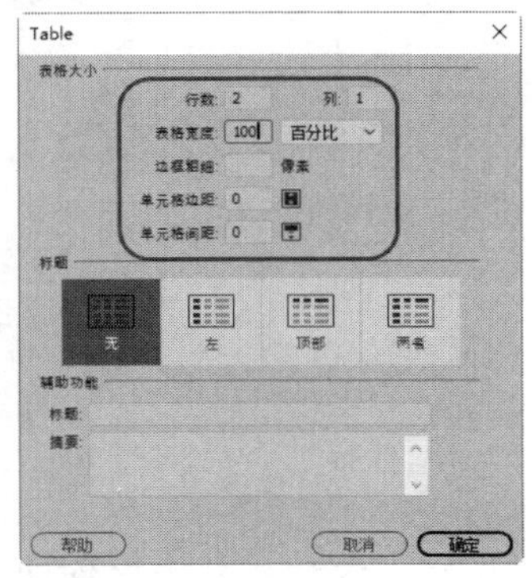

图 7-76　Table 对话框

05 单击“确定”按钮，插入表格，如图 7-77 所示。

06 将光标置于表格的第 1 行单元格中，执行“插入”|Image 命令，弹出“选择图像源文件”对话框，在该对话框选择图像文件，如图 7-78 所示。

图 7-77　插入表格

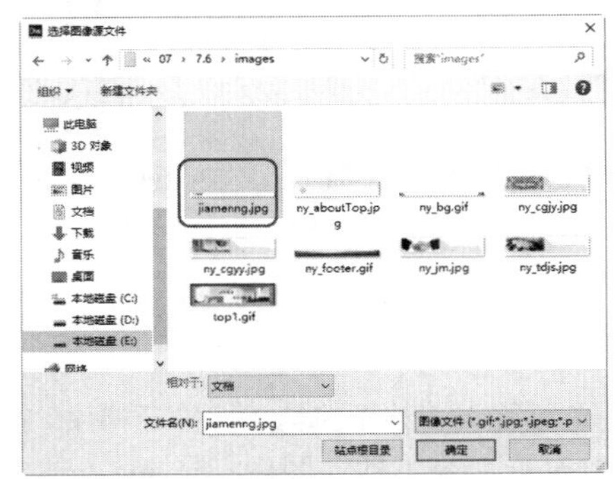

图 7-78　“选择图像源文件”对话框

07 单击“确定”按钮，插入图像，如图 7-79 所示。

图 7-79　插入图像

08 将光标置于表格的第 2 行单元格中，输入相应的文字，如图 7-80 所示。

图 7-80　输入文字

09 保存文档，完成利用模板创建网页文档的操作，效果如图 7-72 所示。

7.7　本章小结

利用模板和库可以使站点中的网页具有相同的风格。本章的重点是介绍如何创建一个新的模板并利用模板创建网页，以及如何使用库项目创建具有相同特征的网页。通过对本章的学习，读者应该掌握如何基于模板创建文档，以及如何利用库处理重复使用的内容。

第 8 章　使用行为添加网页特效

本章导读

Dreamweaver 提供了快速制作网页特效的行为功能，通过行为功能，即使不会编程的设计者也能制作出漂亮的网页特效，本章将学习行为的使用方法。行为是 Dreamweaver 内置的 JavaScript 程序库，在页面中使用行为可以将 JavaScript 程序添加到页面中，从而制作出具有动态与交互效果的网页。

技术要点

- 特效中的动作和事件
- 使用 Dreamweaver 内置行为

8.1 特效中的动作和事件

在 Dreamweaver 中，行为是事件和动作的组合。事件是在特定的时间或是用户在某时所发出的指令后紧接着发生的，而动作是事件发生后，网页所要做出的反应。

8.1.1 网页动作

所谓的“动作”就是设定更换图片、弹出警告信息框等特殊的 JavaScript 效果，在设定的事件发生时运行动作。表 8-1 为 Dreamweaver 提供的常见动作。

表 8-1 Dreamweaver 提供的常见动作

动　作	说　明
调用 JavaScript	调用 JavaScript 函数
改变属性	改变选择对象的属性
检查插件	确认是否设有运行网页的插件
拖动 AP 元素	允许在浏览器中自由拖动 AP Div
转到 URL	可以转到特定的站点或网页文档中
跳转菜单	可以创建若干个链接的跳转菜单
跳转菜单开始	在跳转菜单中选定要移动的站点后，只有单击 GO 按钮才可以移至链接的站点中
打开浏览器窗口	在新窗口中打开 URL
弹出消息	设定的事件发生后，弹出警告信息
预先载入图像	为了在浏览器中快速显示图片，事先下载图片随后显示出来
设置框架文本	在选定的帧上显示指定的内容
设置状态栏文本	在状态栏中显示指定的内容
设置文本域文字	在文本字段区域显示指定的内容

续表

动 作	说 明
显示 / 隐藏元素	显示或隐藏特定的 AP Div
交换图像	在发生设定的事件后，用其他图片来取代选定的图片
恢复交换图像	在运用交换图像动作后，显示原始的图片
检查表单	在检查表单文档有效性时使用

8.1.2 网页事件

事件用于指定选定的行为动作在何种情况下发生。如果想在应用单击图像时跳转到指定网站的行为，则需要把事件指定为单击瞬间 onClick。表 8-2 为 Dreamweaver 中常见的事件。

表 8-2 Dreamweaver 中常见的事件

内 容	事 件
onAbort	在浏览器窗口中停止加载网页文档的操作时发生的事件
onMove	在移动窗口或框架时发生的事件
onLoad	在选定的对象出现在浏览器上时发生的事件
onResize	在浏览者改变窗口或帧的大小时发生的事件
onUnLoad	在浏览者退出网页文档时发生的事件
onClick	在用鼠标单击选定元素的一瞬间发生的事件
onBlur	鼠标指针移动到窗口或帧外部，即在这种非激活状态下发生的事件
onDragDrop	拖动并放置选定元素的那一瞬间发生的事件
onDragStart	拖动选定元素的那一瞬间发生的事件
onFocus	鼠标指针移动到窗口或帧上，激活之后发生的事件
onMouseDown	右击一瞬间发生的事件
onMouseMove	鼠标指针指向字段并在字段内移动时发生的事件
onMouseOut	在鼠标指针经过选定元素之外时发生的事件
onMouseOver	在鼠标指针经过选定元素上方时发生的事件
onMouseUp	右击，然后释放时发生的事件
onScroll	浏览者在浏览器上移动滚动条时发生的事件
onKeyDown	当浏览者按下任意键时发生的事件
onKeyPress	当浏览者按下和释放任意键时发生事件
onKeyUp	在键盘上按下特定键并释放时发生的事件
onAfterUpdate	在更新表单文档内容时发生的事件
onBeforeUpdate	在改变表单文档项目时发生的事件
onChange	在浏览者修改表单文档的初始值时发生的事件
onReset	在将表单文档重设置为初始值时发生的事件
onSubmit	在浏览者传送表单文档时发生的事件
onSelect	在浏览者选定文本字段中的内容时发生的事件
onError	在加载文档的过程中发生错误时发生的事件
onFilterChange	在运用于选定元素的字段发生变化时发生的事件
Onfinish Marquee	在用功能来显示的内容结束时发生的事件
Onstart Marquee	在开始应用功能时发生的事件

8.2 使用 Dreamweaver 内置行为

使用行为可以提高网站的交互性。在 Dreamweaver 中插入行为，实际上是给网页添加了一些 JavaScript 代码，这些代码能实现动态的网页效果。

8.2.1 交换图像

“交换图像”行为是将一幅图像替换成另外一幅图像，一个交换图像行为其实是由两幅图像组成的。下面通过实例讲述创建交换图像的方法，鼠标未经过图像时的效果如图 8-1 所示，当鼠标经过图像时的效果如图 8-2 所示，具体的操作步骤如下。

图 8-1　鼠标未经过图像时的效果

图 8-2　鼠标经过图像时的效果

01 打开网页文档，选中要添加行为的图像，如图 8-3 所示。

图 8-3　打开网页文档

02 执行“窗口”|“行为”命令，打开“行为”面板，在该面板中单击“添加行为”按钮 +，在弹出的菜单中选择“交换图像”命令，如图 8-4 所示。

图 8-4　选择“交换图像”命令

03 弹出“交换图像”对话框，在“图像”列表中选择要交换的图像，单击“设定原始档为”文本框右侧的“浏览”按钮，如图 8-5 所示。

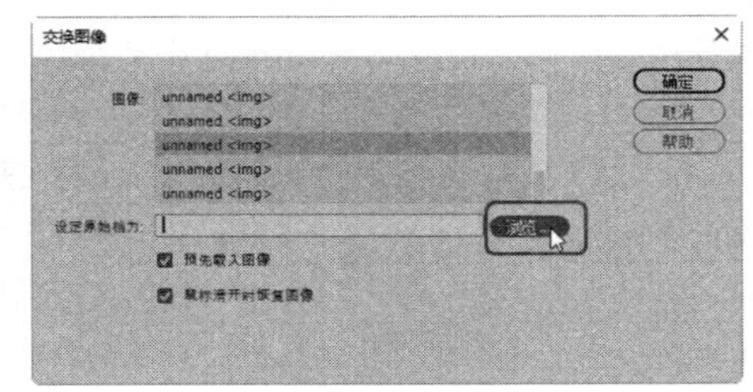

图 8-5　“交换图像”对话框

04 在弹出的“选择图像源文件”对话框中选择预载入的图像 images/tu1.jpg，如图 8-6 所示。

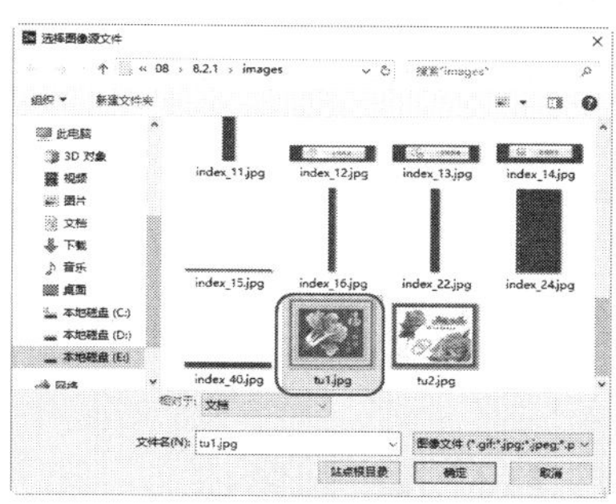

图 8-6 “选择图像源文件”对话框

知识要点

“交换图像”对话框中可以进行如下设置。

- 图像：在列表中选择要更改的源图像。
- 设定原始档为：单击“浏览”按钮选择新图像文件，文本框中显示新图像的路径和文件名。
- 预先载入图像：选中该复选框，这样在载入网页时，新图像将载入到浏览器的缓冲区中，防止当图像该出现时由于下载而导致的延迟。
- 鼠标滑开时恢复图像：选中该复选框表示当鼠标离开图片时，图片会自动恢复为原始图像。

05 单击“确定”按钮，添加到文本框中，如图 8-7 所示。

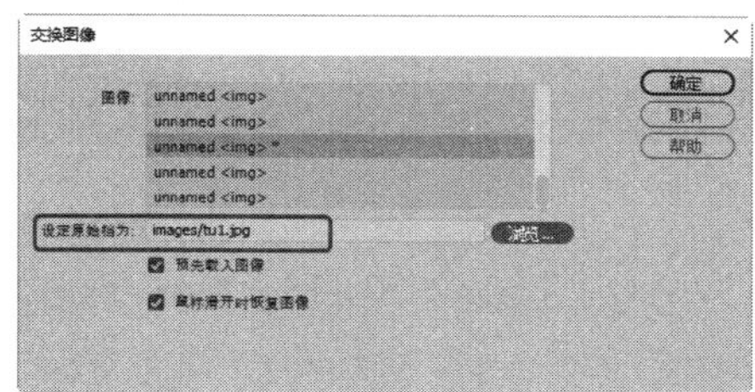

图 8-7 “交换图像”对话框

06 单击“确定”按钮，添加行为到“行为”面板中，如图 8-8 所示。

图 8-8 添加行为到面板

提示

“交换图像”动作自动预先载入在“交换图像”对话框中选中“预先载入图像”复选框时所有高亮显示的图像，因此当使用“交换图像”时不需要手动添加预先载入图像。

07 保存文档，按 F12 键在浏览器中预览，鼠标指针未经过图像时的效果如图 8-1 所示，鼠标指针经过图像时的效果如图 8-2 所示。

指点迷津

如果没有为图像命名，“交换图像”动作仍将起作用；当将该行为附加到某个对象时，它将为未命名的图像自动命名。但是，如果所有图像都预先命名，则在“交换图像”对话框中更容易区分它们。

8.2.2 弹出信息

“弹出信息”行为显示一个带有指定信息的警告对话框，因为该警告对话框只有一个“确定”按钮，所以使用此动作可以提供信息，而不能为用户提供选择。创建的弹出提示信息效果如图 8-9 所示，具体的操作步骤如下。

图 8-9 弹出提示信息效果

01 打开网页文档，单击文档窗口中左下角的 <body> 标签，如图 8-10 所示。

02 执行“窗口”|“行为”命令，打开“行为”面板，在该面板中单击“添加行为”按钮 +，在弹出的菜单中选择“弹出信息”命令，如图 8-11 所示。

提示

按Shift+F4组合键也可以打开“行为”面板。

图 8-10　打开网页文档

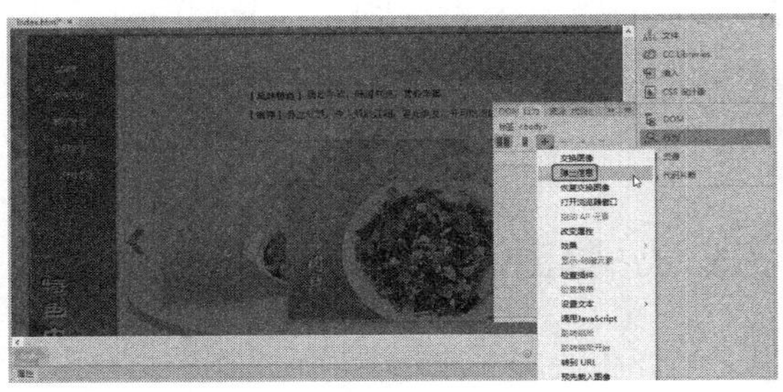

图 8-11　选择“弹出信息”命令

03 弹出“弹出信息”对话框，在该对话框中输入文本“您好，欢迎光临我们的网站！”，如图 8-12 所示。

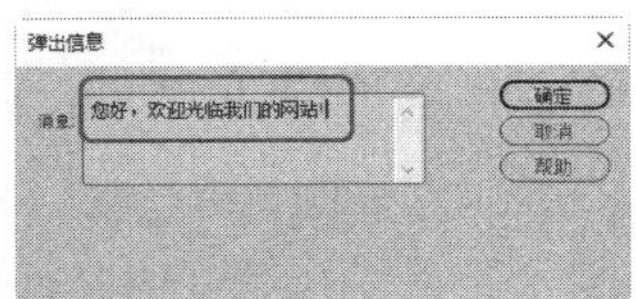

图 8-12　“弹出信息”对话框

04 单击“确定”按钮，添加行为，如图 8-13 所示。

图 8-13　添加行为

05 保存文档，按 F12 键即可在浏览器中看到弹出的提示信息，网页效果如图 8-9 所示。

提示

信息一定要简短，如果超出状态栏的大小，浏览器将自动截短该信息。

8.2.3　打开浏览器窗口

使用“打开浏览器窗口”行为，在打开当前网页的同时，还可以再打开一个新的窗口。应用“打开浏览器窗口”行为的网页效果如图 8-14 所示，具体的操作步骤如下。

图 8-14　“打开浏览器窗口”行为的效果

01 打开网页文档，如图 8-15 所示。

图 8-15　打开网页文档

02 单击文档窗口中左下角的 <body> 标签，执行“窗口”|“行为”命令，打开“行为”面板，在该面板中单击“添加行为”按钮 +，在弹出的菜单中选择“打开浏览器窗口”选项，如图 8-16 所示。

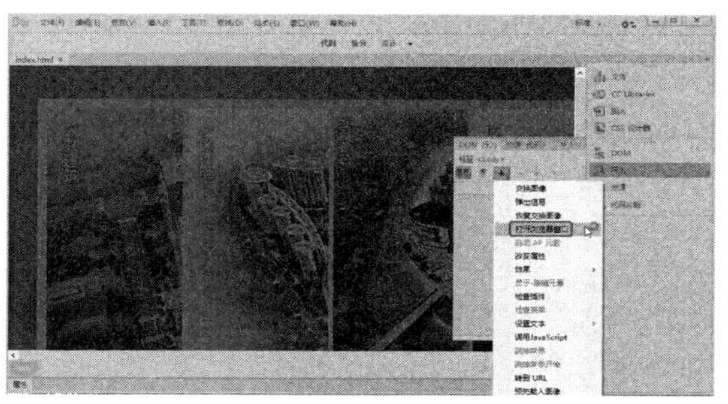

图 8-16　选择“打开浏览器窗口”命令

03 弹出“打开浏览器窗口”对话框，如图 8-17 所示。

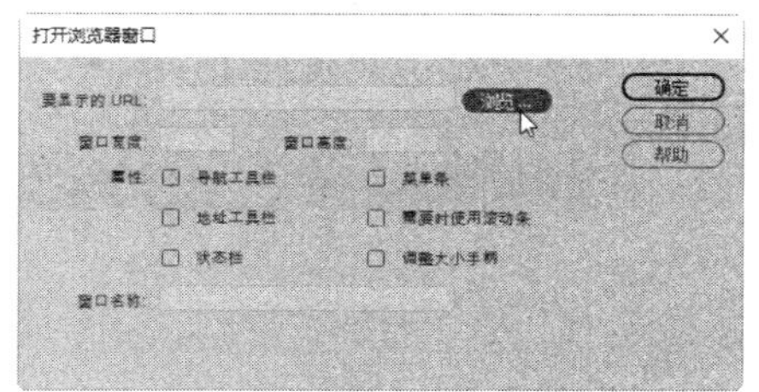

图 8-17　“打开浏览器窗口”对话框

04 在“打开浏览器窗口”对话框中单击“要显示的 URL”文本框右侧的“浏览”按钮，弹出“选择文件”对话框，在该对话框中选择 chuangkou.html 文件，如图 8-18 所示。

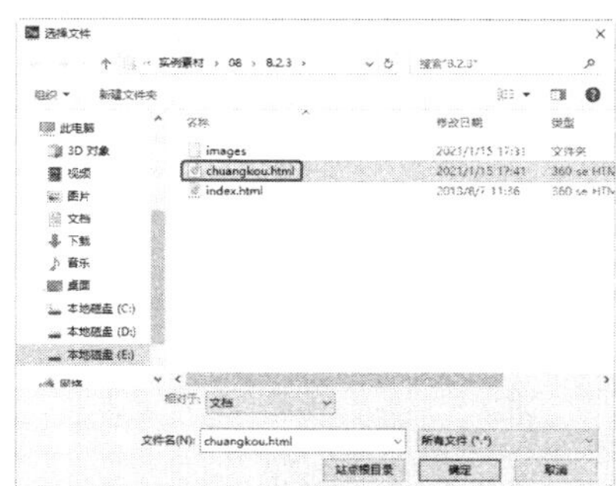

图 8-18　“选择文件”对话框

指点迷津

“打开浏览器窗口”对话框中可以进行如下设置。

- 要显示的URL：输入浏览器窗口中要打开链接的路径，可以单击“浏览”按钮找到要在浏览器窗口打开的文件。
- 窗口宽度：设置窗口的宽度。
- 窗口高度：设置窗口的高度。
- 属性：设置打开浏览器窗口的一些参数。选中“导航工具栏”复选框将包含导航条；选中“菜单条”复选框将包含菜单条；选中“地址工具栏”复选框后在打开浏览器窗口中显示地址栏；选中“需要时使用滚动条”复选框，如果窗口中内容超出窗口大小，则显示滚动条；选中“状态栏”复选框后可以在弹出窗口中显示滚动条；选中“调整大小手柄”复选框，浏览者可以调整窗口大小。
- 窗口名称：为当前窗口命名。

05 单击“确定”按钮，将文件添加到文本框中，将“窗口宽度”设置为 230、“窗口高度”设置为 350，选中“需要时使用滚动条”复选框，在“窗口名称”文本框中输入名称，如图 8-19 所示。

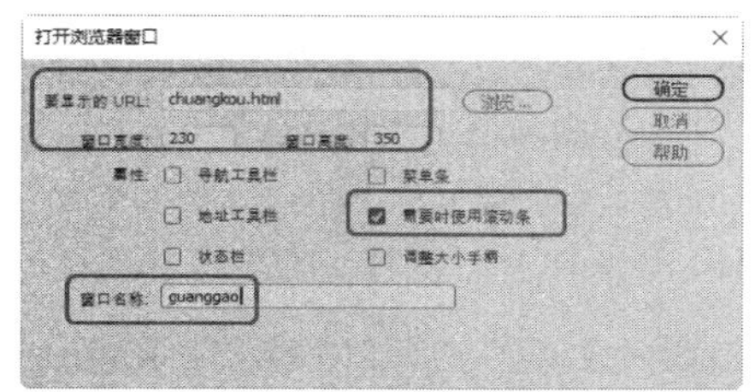

图 8-19　“打开浏览器窗口”对话框

06 单击“确定”按钮，将行为添加到“行为”面板中，如图 8-20 所示。

图 8-20　添加行为

07 保存文档，按 F12 键在浏览器中可以预览效果，如图 8-14 所示。

8.2.4　转到 URL

“转到 URL”行为是设置超链接时使用的动作。通常的超链接是在单击后跳转到相应的网页中，但是“转到 URL”动作在把鼠标放上后或者双击时，都可以设置不同的事件。跳转前后的效果分别如图 8-21 和图 8-22 所示，具体的操作步骤如下。

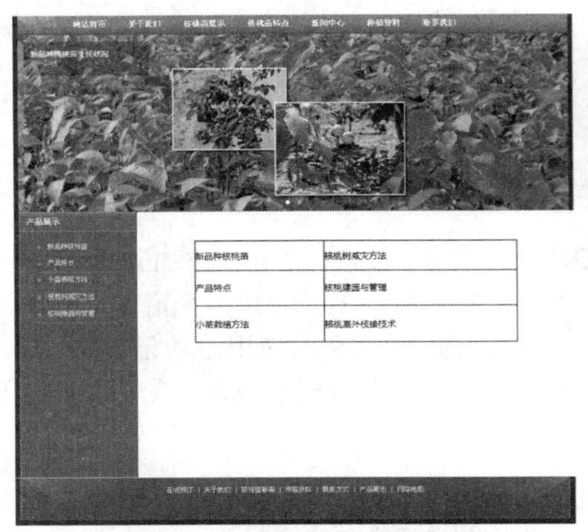

图 8-21　跳转前的效果

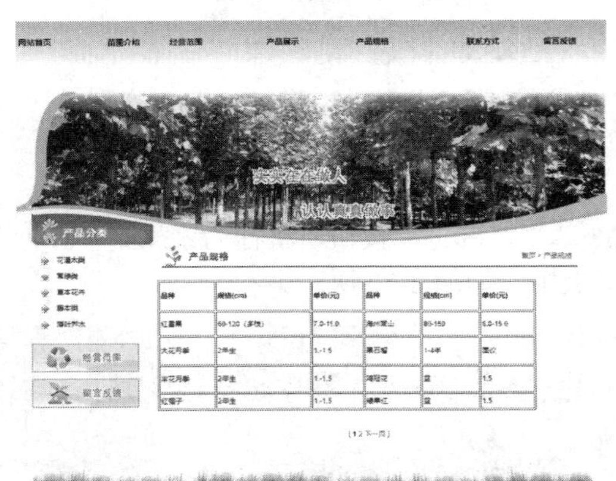

图 8-22　跳转后的效果

01 打开网页文档，如图 8-23 所示。

图 8-23　打开网页文档

02 单击文档窗口中的 body 标签，执行“窗口”|“行为”命令，打开“行为”面板，在该面板中单击“添加行为”按钮 +，在弹出的菜单中选择“转到 URL”命令，如图 8-24 所示。

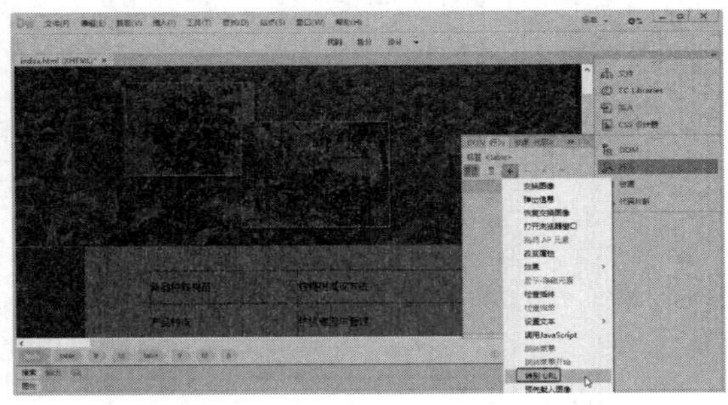

图 8-24　选择“转到 URL”命令

03 弹出“转到 URL”对话框，在该对话框中单击 URL 文本框右侧的“浏览”按钮，如图 8-25 所示。

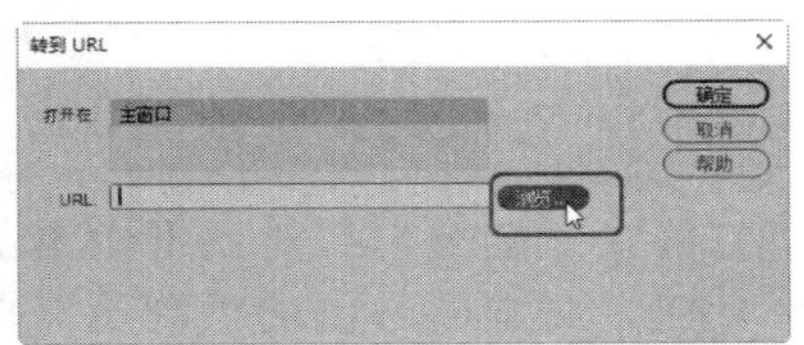

图 8-25　“转到 URL”对话框

04 弹出“选择文件”对话框，在该对话框中选择 index1.htm 文件，如图 8-26 所示。

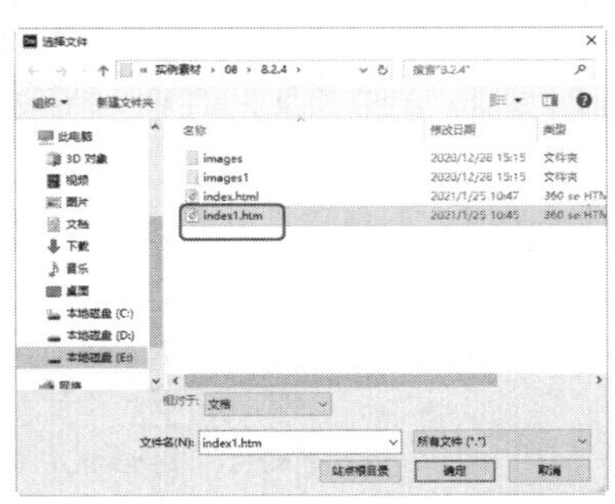

图 8-26　“选择文件”对话框

知识要点

“转到URL” 对话框中可以进行如下设置。

- 打开在：选择打开链接的窗口。如果是框架网页，选择打开链接的框架。
- URL：输入链接的地址，也可以单击“浏览”按钮在本地硬盘中查找链接的文件。

05 单击“确定”按钮，将文件添加到文本框中，如图 8-27 所示。

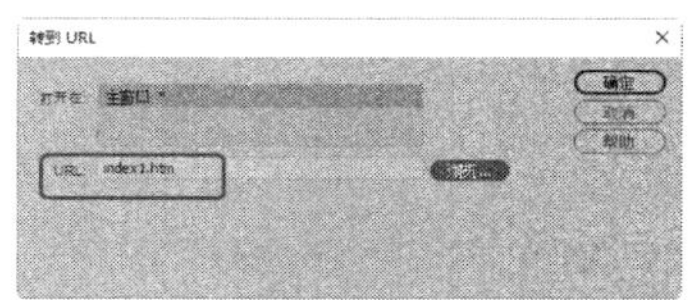

图 8-27　设置“转到 URL”对话框

06 单击“确定”按钮，将行为添加到“行为”面板中，如图 8-28 所示。

图 8-28　添加到“行为”面板

07 保存文档，按 F12 键在浏览器中预览，跳转前后的效果分别如图 8-21 和图 8-22 所示。

8.2.5　预先载入图像

“预先载入图像”动作将不会使网页中选中的图像（如那些通过行为或 JavaScript 调入的图像）立即出现，而是先将它们载入到浏览器的缓存区中。这样做可以防止当图像应该出现时由于下载而导致延迟。预先载入图片的效果如图 8-29 所示，具体的操作步骤如下。

图 8-29　预先载入图片的效果

01 打开网页文档并选中图像，如图 8-30 所示。

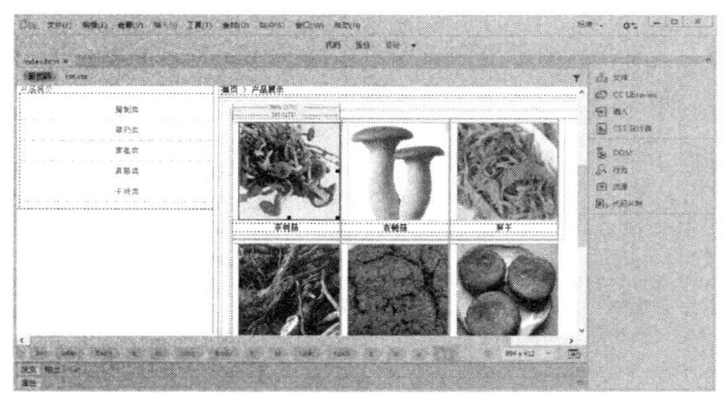

图 8-30　打开网页文档

02 执行“窗口”|“行为”命令，打开“行为”面板，在该面板中单击“添加行为”按钮 +，在弹出的菜单中选择“预先载入图像”命令，如图 8-31 所示。

图 8-31　选择“预先载入图像”命令

03 弹出“预先载入图像”对话框，在该对话框中单击“图像源文件”文本框右侧的“浏览”按钮，如图 8-32 所示。

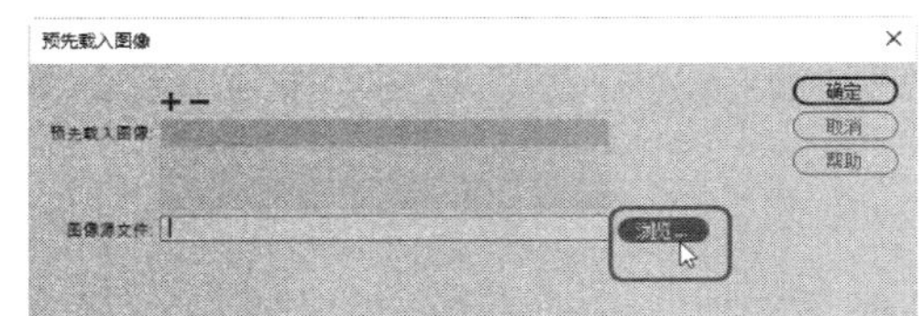

图 8-32　“预先载入图像”对话框

04 在弹出的“选择图像源文件”对话框中选择预载入的图像，如图 8-33 所示。

05 单击“确定”按钮，添加到文本框中，如图 8-34 所示。

提示

如果在输入下一个图像之前没有单击“确定”按钮，则列表中刚选中的图像将被所选择的下一个图像替换。

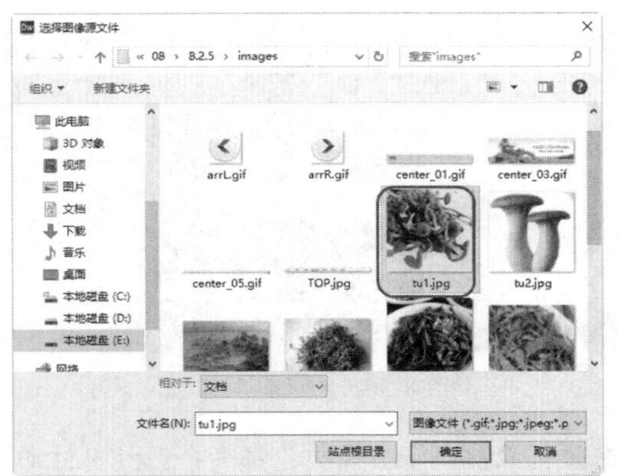

图 8-33 “选择图像源文件”对话框

图 8-34 “预先载入图像”对话框

06 单击“确定”按钮，添加行为到“行为”面板中，如图 8-35 所示。

图 8-35 添加行为到“行为”面板

07 保存文档，按 F12 键在浏览器中预览，效果如图 8-29 所示。

8.2.6 调用 JavaScript

下面创建一个调用 JavaScript 自动关闭网页的效果，如图 8-36 所示，具体的操作步骤如下。

01 打开网页文档，如图 8-37 所示。

图 8-36 利用 JavaScript 自动关闭网页的效果

图 8-37 打开网页文档

02 单击文档窗口中左下角的 body 标签，执行“窗口”|“行为”命令，打开“行为”面板，在该面板中单击“添加行为”按钮 +，在弹出的菜单中选择“调用 JavaScript”选项，如图 8-38 所示。

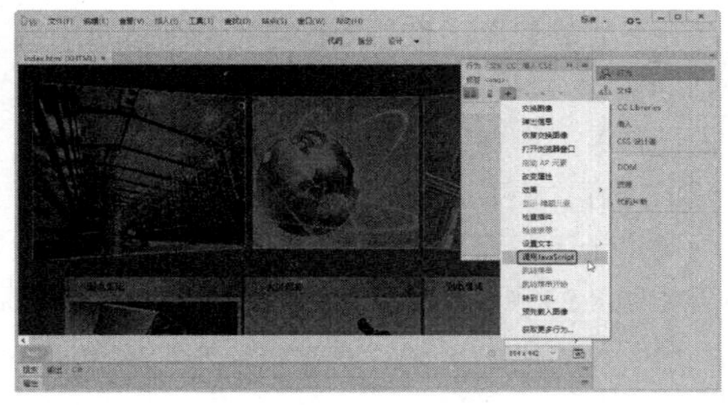

图 8-38 选择“调用 JavaScript”选项

03 弹出“调用 JavaScript”对话框，在该对话框中的 JavaScript 文本框中输入 window.close()，如图 8-39 所示。

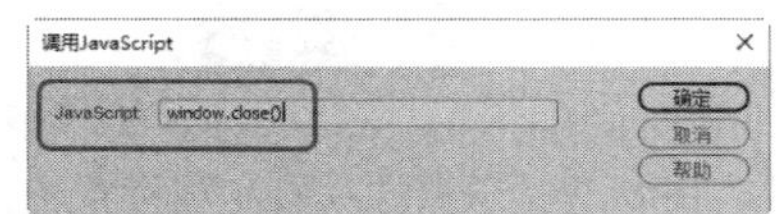

图 8-39 输入代码

04 单击“确定”按钮，添加到“行为”面板中，如图 8-40 所示。

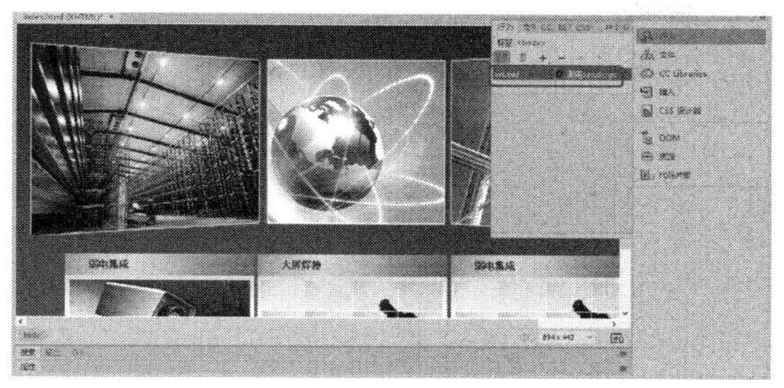

图 8-40 添加到“行为”面板

05 保存文档，按 F12 键在浏览器中预览，效果如图 8-36 所示。

8.2.7 设置状态栏文本

“设置状态栏文本”行为用于设置状态栏中显示的信息，在适当的触发事件被触发后，在状态栏中显示信息。下面通过实例讲述状态栏文本的设置方法，效果如图 8-41 所示，具体的操作步骤如下。

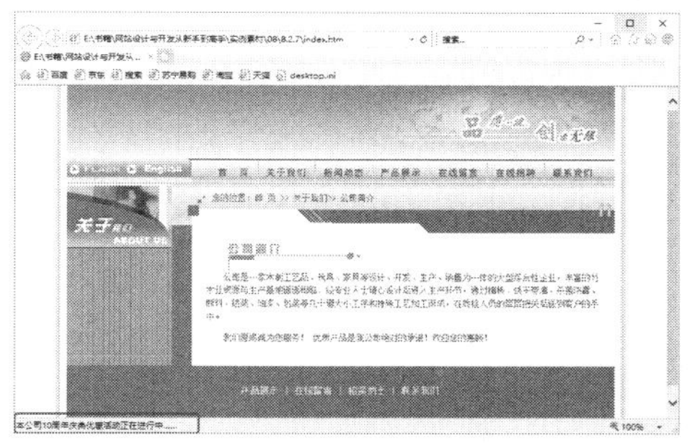

图 8-41 设置状态栏文本的效果

提示

“设置状态栏文本”行为的作用与弹出信息行为相似，不同的是，如果使用消息框来显示文本，浏览者必须单击“确定”按钮才可以继续浏览网页中的内容。而在状态栏中显示的文本信息不会影响浏览者的浏览速度。浏览者会经常忽略状态栏中的消息，如果消息非常重要，则考虑将其显示为弹出式消息或层文本。

01 打开网页文档，单击文档窗口中左下角的 body 标签，执行“窗口”|“行为”命令，如图 8-42 所示。

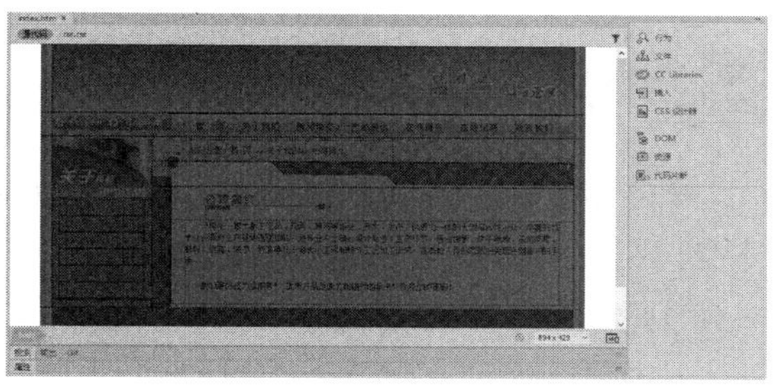

图 8-42 打开网页文档

02 打开“行为”面板，单击“添加行为”按钮 +，在弹出的菜单中选择“设置文本”|“设置状态栏文本”选项，如图 8-43 所示。

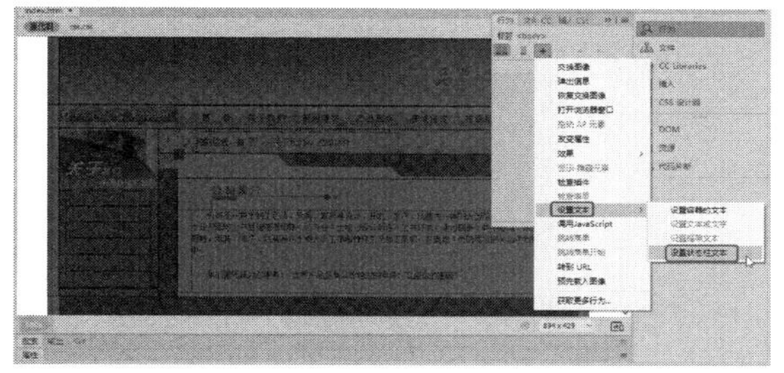

图 8-43 选择“设置状态栏文本”选项

03 弹出“设置状态栏文本”对话框，在“消息”文本框中输入文本“本公司 10 周年庆典优惠活动正在进行中……”如图 8-44 所示。

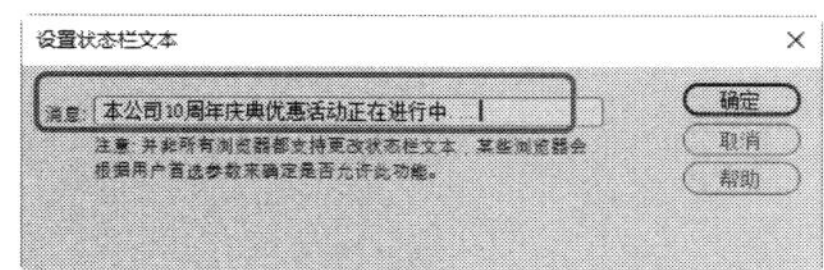

图 8-44 “设置状态栏文本”对话框

04 单击“确定”按钮，将行为添加到“行为”面板中，如图 8-45 所示。

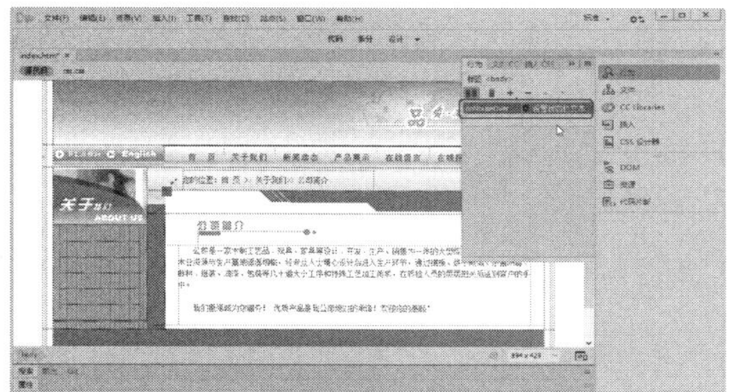

图 8-45 添加行为

05 保存文档，按 F12 键在浏览器中预览，效果如图 8-41 所示。

8.3 本章小结

本章主要讲解了“行为”的基本概念，以及 Dreamweaver 内置行为的操作方法。对于“行为”本身，在使用时一定要注意确保合理和恰当，并且一个网页中不要使用过多的“行为”，只有这样才能够得到事半功倍的效果。

第 9 章　利用表单对象创建表单文件

本章导读

在网站中，表单是实现网页上数据传输的基础，其作用就是实现浏览者与网站之间的交互。利用表单，可以根据浏览者输入的信息，自动生成页面反馈给浏览者，还可以为网站收集浏览者输入的信息。表单可以包含允许进行交互的各种对象，包括文本域、输入框、复选框、单选按钮、图像域、按钮及其他表单对象。本章将讲述表单对象的使用方法和制作表单网页的常用技巧。

技术要点

- 表单概述
- 插入输入类表单对象
- 制作网站注册页面

9.1 表单概述

表单网页是一个网站和浏览者开展互动的窗口，表单可以用来在网页中发送数据，特别是经常被用在联系表单上，浏览者输入信息后发送到 E-mail 中。

9.1.1 关于表单

表单是由窗体和控件组成的，一个表单一般应该包含浏览者填写信息的输入框和提交按钮等，这些输入框和按钮称为“控件”，表单很像容器，它能够容纳各种各样的控件。

一个完整的表单设计应该很明确地分为两部分——表单对象和应用程序，它们分别由网页设计师和程序设计师来设计完成。其过程是这样的，首先由网页设计师制作一个可以让浏览者输入各项资料的表单页面，这部分属于在显示器上可以看到的内容，此时的表单只是一个外壳而已，不具有真正的工作能力，需要后台程序的支持。接着由程序设计师通过 ASP 或者 CGI 程序，编写处理各项表单资料和反馈信息等操作所需的程序，这部分内容浏览者虽然看不见，但却是表单处理的核心。

9.1.2 表单元素

Dreamweaver 作为一种可视化的网页设计软件，表单是不可缺少的一部分，本章介绍表单在页面中的界面设计。

表单用 <form></form> 标记来创建，在 <form></form> 标记之间的部分都属于表单的内容。<form> 标记具有 action、method 和 target 属性。

- action 的值是处理程序的程序名，如 <form action="URL">，如果这个属性是空值（" "），则当前文档的 URL 将被使用，当浏览者提交表单时，服务器将执行这个程序。

- method 属性用来定义处理程序从表单中获得信息的方式，可取 GET 或 POST 中的一个。GET 方式是处理程序从当前 HTML 文档中获取数据，这种方式传送的数据量是有所限制的，一般限制在 1KB 以下。POST 方式传送的数据比较大，它是用当前的 HTML 文档把数据传送给处理程序，传送的数据量要比 GET 方式大得多。
- target 属性用来指定目标窗口或目标帧。

9.2 插入输入类表单对象

可以使用 Dreamweaver 创建带有文本域、密码域、单选按钮、复选框、选项、按钮及其他输入类型的表单，这些输入类型又称为“表单对象”。

9.2.1 插入表单域

使用表单必须具备的条件有两个：一个是含有表单元素的网页文档，另一个是具备服务器端的表单处理应用程序或客户端脚本程序，它能够处理用户输入到表单的信息。下面创建一个基本的表单，具体的操作步骤如下。

01 启动 Dreamweaver，打开网页文档，如图 9-1 所示。将光标置于文档中要插入表单的位置。

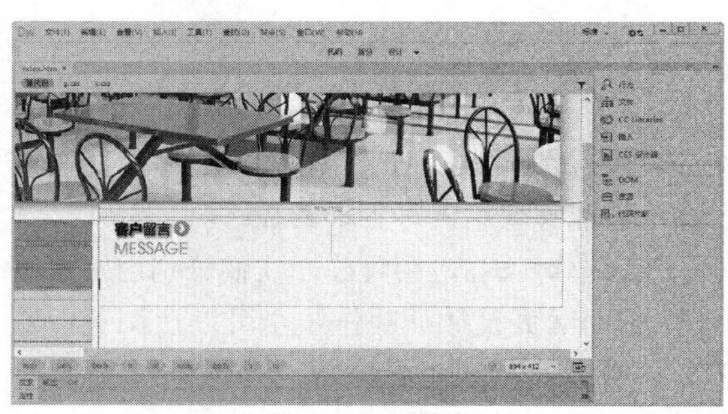

图 9-1 打开网页文档

提示

在“表单”插入栏中单击“表单”按钮，可以插入表单。

02 执行“插入”|“表单”|“表单”命令，如图 9-2 所示。

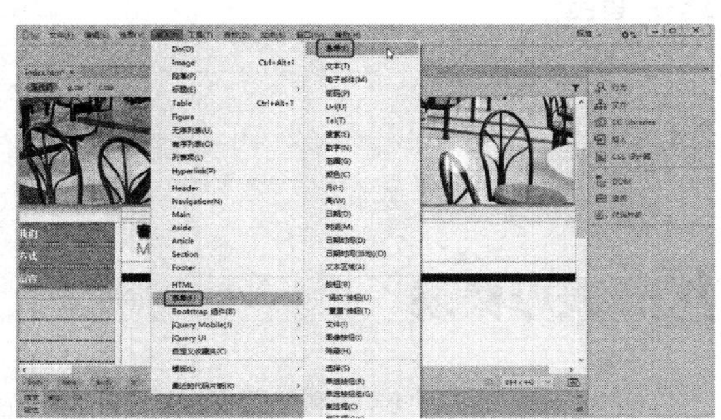

图 9-2 执行“表单”命令

03 执行命令后，页面中就会出现红色的虚线，这个虚线就是表单，如图 9-3 所示。

提示

执行“表单”命令后，如果看不到红色虚线表单，可以执行“查看”|“可视化助理”|“不可见元素”命令，即可看到插入的表单。

图 9-3 插入表单

04 选中表单，在“属性”面板中设置表单的属性，如图 9-4 所示。

图 9-4　设置表单的属性

9.2.2　插入文本域

文本域接受任何类型的字母及数字输入内容。文本域主要用于单行信息的输入，创建文本域的具体的操作步骤如下。

01 将光标置于表单中，执行“插入”|Table 命令，弹出 Table 对话框，在该对话框中将“行数”设置为 9、“列”设置为 2，“表格宽度”设置为 90，如图 9-5 所示。

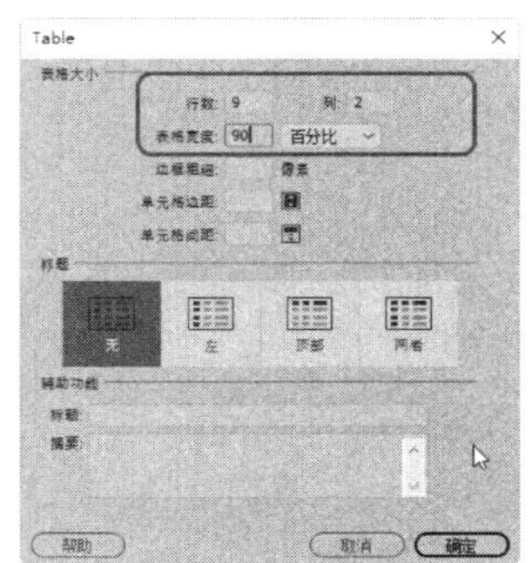

图 9-5　Table 对话框

02 单击“确定”按钮，插入表格，并将表格设置为居中对齐，如图 9-6 所示。

图 9-6　插入表格

03 将光标置于表格的第 1 行第 1 列单元格中，输入相应的文字，如图 9-7 所示。

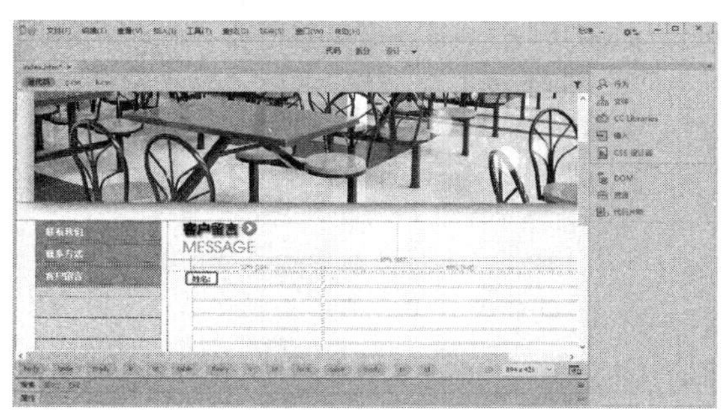

图 9-7　输入文字

04 将光标置于表格的第 1 行第 2 列单元格中，执行“插入”|“表单”|“文本”命令，插入文本域，如图 9-8 所示。

图 9-8　插入文本域

提示

在“表单”插入栏中单击“文本”按钮□，也可以插入文本域。

05 选中插入的文本域，打开“属性”面板，在该面板中设置文本域的相关属性，如图 9-9 所示。

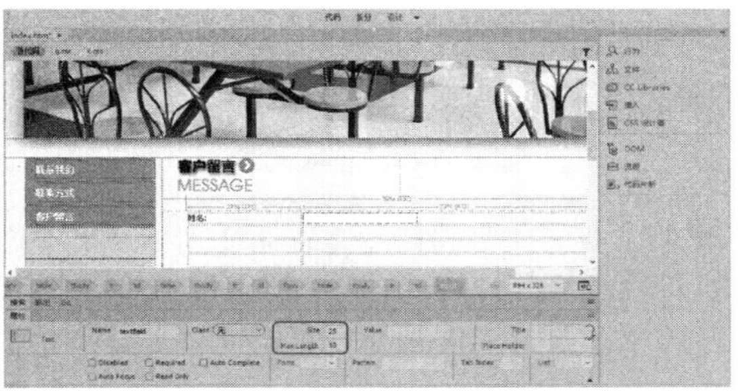

图 9-9　设置文本域的属性

知识要点

在文本域“属性”面板中主要有以下参数。

- Name：在文本框中为该文本域指定一个名称，每个文本域都必须有一个唯一的名称。文本域名称不能包含空格或特殊字符，可以使用字母、数字、字符和下画线的任意组合，所选名称最好与输入的信息有关。
- Size：设置文本域可显示的字符宽度。
- Max Length：设置单行文本域中最多可输入的字符数，可以将邮政编码限制为6位数，将密码限制为10个字符等。如果将该文本框保留为空白，则可以输入任意数量的文本，如果文本超过字符宽度，文本将滚动显示。如果输入超过最大字符数，则表单发出警告声。
- Pattern：可用于指定 JavaScript 正则表达式模式以验证输入，省略前导斜杠和结尾斜杠。
- List:可用于编辑属性检查器中未列出的属性。

9.2.3 插入密码域

使用密码域输入的密码及其他信息在发送到服务器时并不会进行加密处理，所传输的数据可能会以字母、数字、文本的形式被截获并被读取。因此，始终应对要确保安全的数据进行加密。创建密码域的具体的操作步骤如下。

01 将光标置于表格的第 2 行第 1 列单元格中，输入相应的文字，如图 9-10 所示。

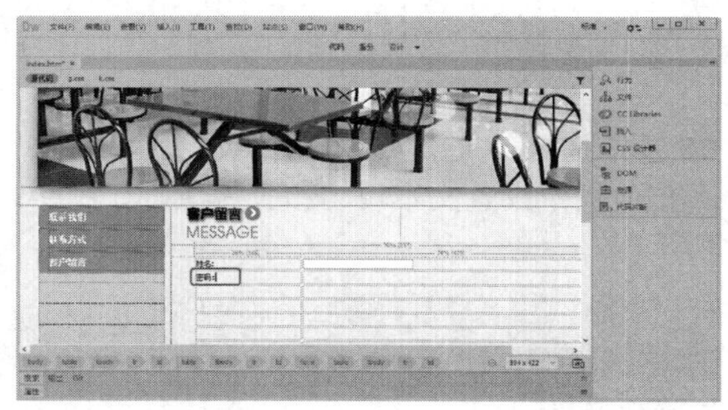

图 9-10 输入文字

02 将光标置于表格的第 2 行第 2 列单元格中，执行“插入”|“表单”|“密码”命令，插入密码域，如图 9-11 所示。

图 9-11 插入密码域

高手支招

最好对不同内容的文本域进行不同数量的限制，防止个别浏览者恶意输入大量数据，以维护系统的稳定性。如用户名可以设置为最多30个字符，密码可以设置为最多20个字符，邮政编码可以设置为6个字符等。

9.2.4 插入多行文本域

如果希望创建多行文本域，则需要使用文本区域，插入文本区域的具体的操作步骤如下。

01 将光标置于第 3 行第 1 列单元格中，输入相应的文字，如图 9-12 所示。

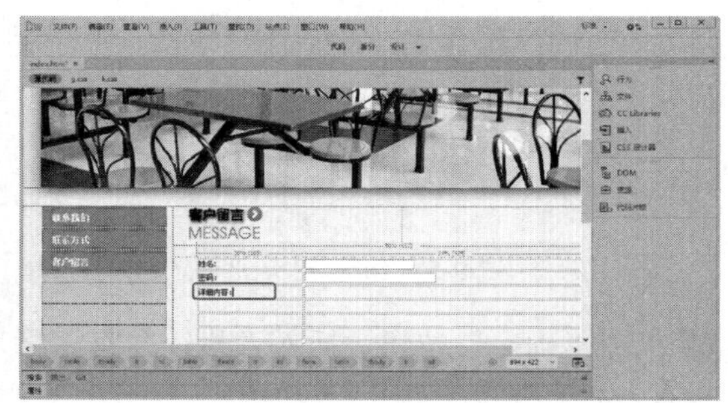

图 9-12 输入相应的文字

02 将光标置于第 3 行第 2 列单元格中，执行“插入”|“表单”|“文本区域”命令，插入文本区域，如图 9-13 所示。

提示

在“表单”插入栏中单击“文本区域”按钮，也可插入多行文本域。

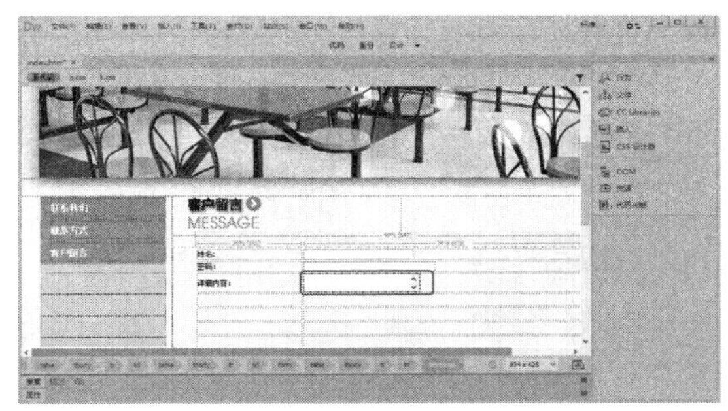

图 9-13　插入文本区域

03 选中插入的文本区域，打开“属性”面板，在该面板中设置其属性，如图 9-14 所示。

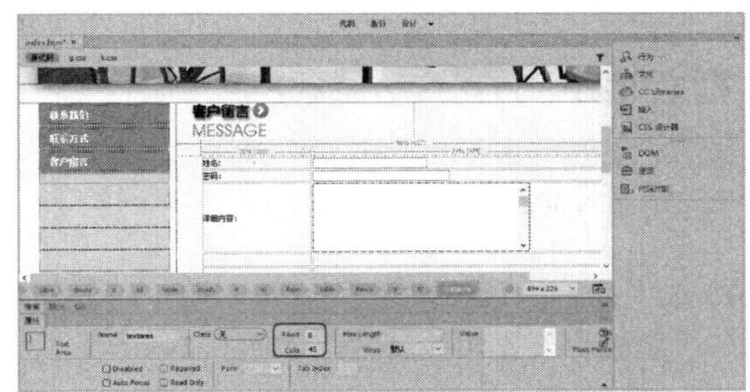

图 9-14　设置文本区域的属性

9.2.5　插入隐藏域

可以使用隐藏域存储并提交非浏览者输入的信息，该信息对浏览者而言是隐藏的。将光标置于要插入隐藏域的位置，执行“插入”|“表单”|“隐藏域”命令，插入隐藏域，如图 9-15 所示。

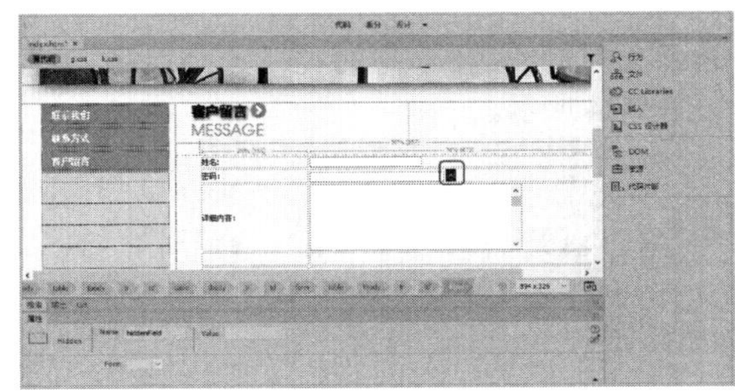

图 9-15　插入隐藏域

指点迷津

单击“表单”插入栏中的“隐藏域” 按钮，也可以插入隐藏域。

9.2.6　插入复选框

复选框允许浏览者在一组选项中选中多个复选框，每个复选框都是独立的，所以必须有一个唯一的名称。插入复选框的具体操作步骤如下。

01 将光标置于表格的第 4 行第 1 列单元格中，输入文字“产品类别：”，如图 9-16 所示。

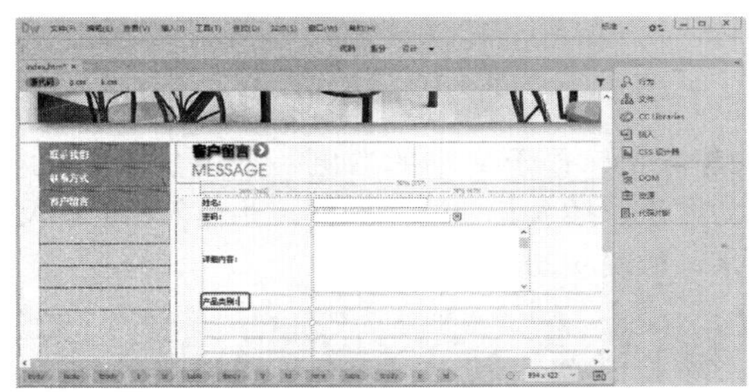

图 9-16　输入文字

02 将光标置于表格的第 4 行第 2 列单元格中，执行“插入”|“表单”|“复选框”命令，插入复选框，如图 9-17 所示。

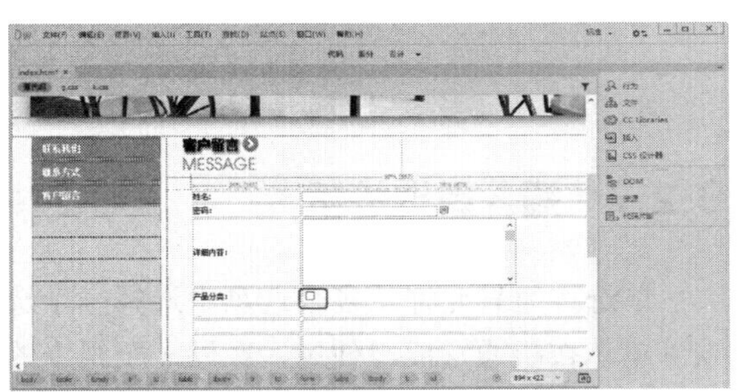

图 9-17　插入复选框

03 选中该复选框，在“属性”面板中设置复选框的属性，如图 9-18 所示。

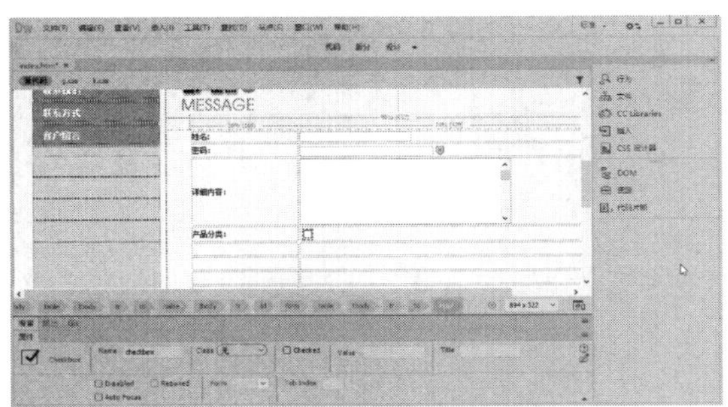

图 9-18　设置复选框的属性

04 将光标置于复选框的右侧，输入文字“实木的”，如图 9-19 所示。

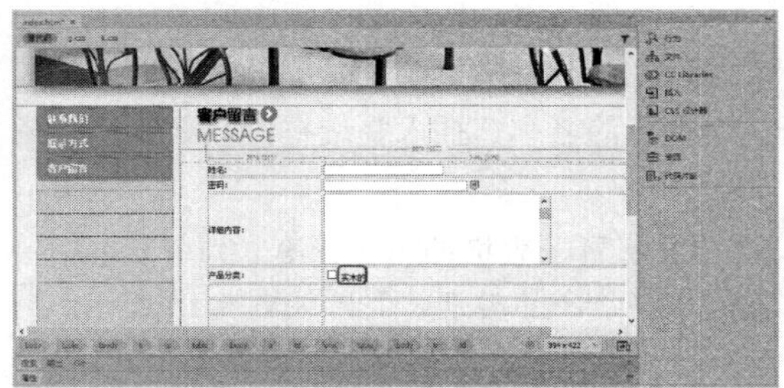

图 9-19　输入文字

05 将光标置于文字的右侧，采用步骤 02~04 的方法，插入其他的复选框，并输入相应的文字，如图 9-20 所示。

图 9-20　插入其他复选框

9.2.7　插入单选按钮

单选按钮只允许从多个选项中选择一个选项。单选按钮通常成组使用，在同一个组中的所有单选按钮必须具有相同的名称。插入单选按钮的具体操作步骤如下。

01 将光标置于表格的第 5 行第 1 列单元格中，输入文字“性别：”，如图 9-21 所示。

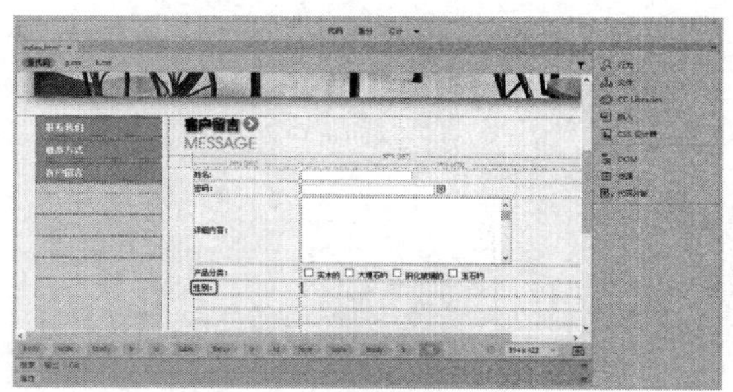

图 9-21　输入文字

02 将光标置于第 5 行第 2 列单元格中，执行“插入”|“表单”|“单选按钮”命令，插入单选按钮，如图 9-22 所示。

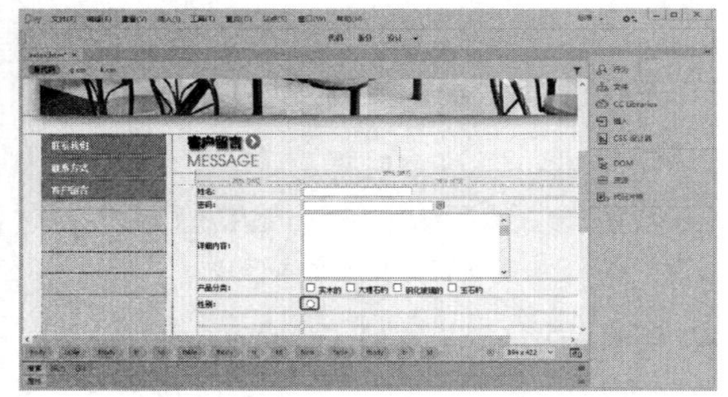

图 9-22　插入“单选按钮”

指点迷津

单击“表单”插入栏中的“单选按钮”按钮◉，也可以插入单选按钮。

03 选中插入的单选按钮，打开“属性”面板，在该面板中设置相关属性，如图 9-23 所示。

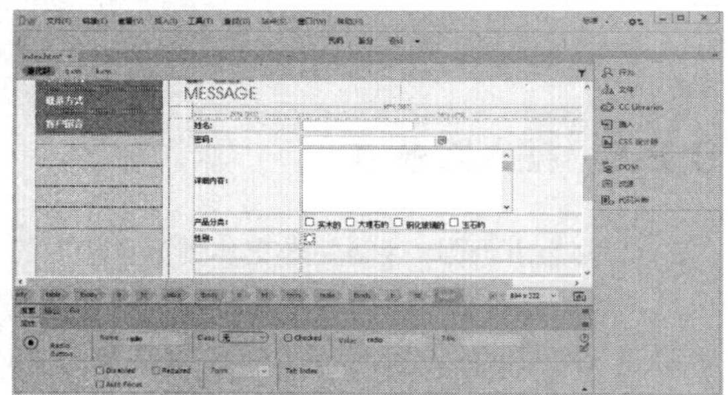

图 9-23　设置“单选按钮”的属性

04 将光标置于单选按钮的右侧，输入文字“男”，如图 9-24 所示。

图 9-24　输入文字

05 按照步骤 02 ～ 04 的方法，插入第 2 个单选按钮，并输入文字，如图 9-25 所示。

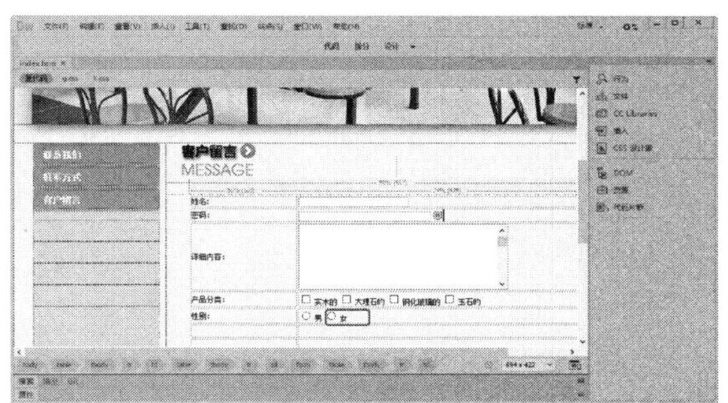

图 9-25　插入其他单选按钮

9.2.8　插入选择框

选择框使浏览者可以从列表中选择一个或多个项目。当空间有限，但需要显示许多项目时，选择框非常有用。如果想对返回给服务器的值予以控制，也可以使用选择框。选择框与文本域不同，在文本域中浏览者可以随心所欲地输入任何信息，甚至包括无效的数据，而使用选择框则可以设置某个菜单返回的确切值。具体的操作步骤如下。

01 将光标置于表格的第 6 行第 1 列单元格中，输入文字“参考价格：”，如图 9-26 所示。

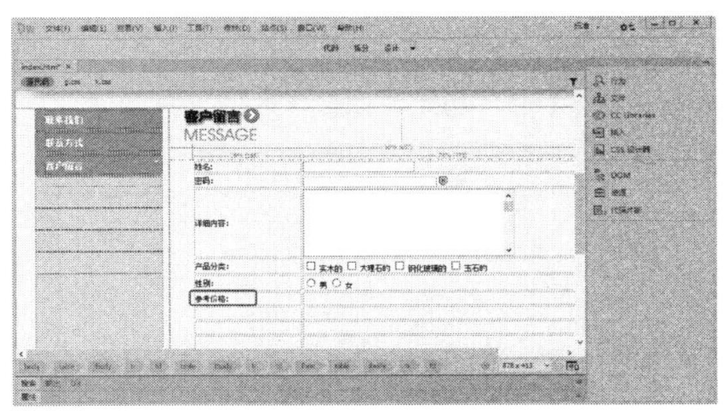

图 9-26　输入文字

02 将光标置于表格的第 6 行第 2 列单元格中，执行“插入”|“表单”|“选择”命令，插入选择框，如图 9-27 所示。

提示

单击“表单”插入栏中的“选择”按钮，也可以插入选择框。

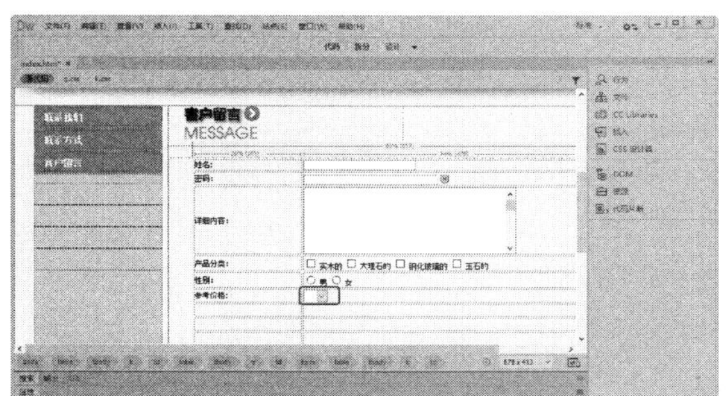

图 9-27　插入选择框

03 选中选择框，在“属性”面板中单击“列表值”按钮，如图 9-28 所示。

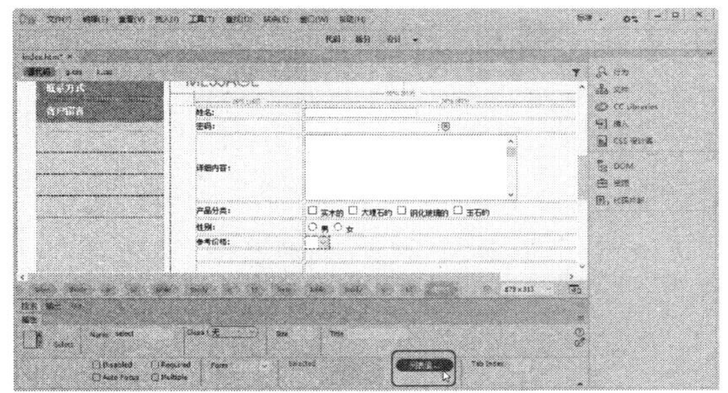

图 9-28　单击“列表值”按钮

04 弹出“列表值”对话框，在该对话框中单击按钮添加相应的内容，如图 9-29 所示。

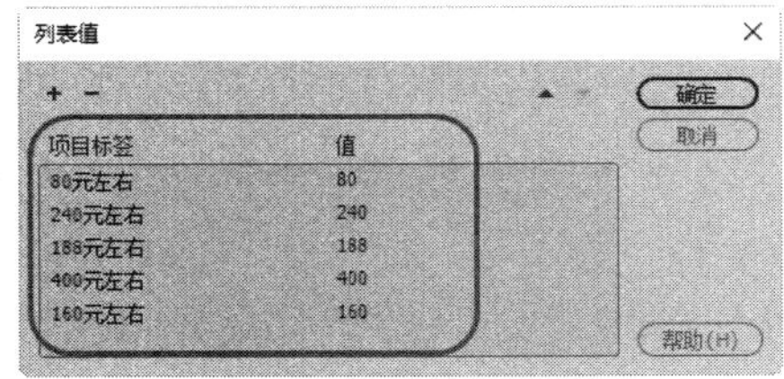

图 9-29　“列表值”对话框

指点迷津

列表/菜单的“属性”面板中主要有以下参数。

- Name：在其文本框中输入列表/菜单的名称。
- Size：可用于指定要在列表菜单中显示的行数，仅当选择列表类型时才可用。
- Selected：可用于指定浏览者是否可以从列表中一次选择多个选项，仅当选择列表类型时才可用。
- 列表值：单击该按钮，弹出“列表值”对话框，在该对话框中向菜单中添加菜单项。

05 单击“确定”按钮，添加列表值，如图 9-30 所示。

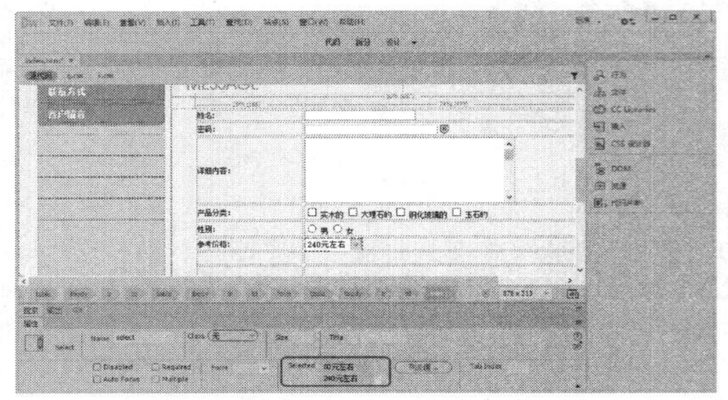

图 9-30　添加列表值

9.2.9　插入 URL

创建 URL 的具体的操作步骤如下。

01 将光标置于表格的第 7 行第 1 列单元格中，输入文字“相关页面：”，如图 9-31 所示。

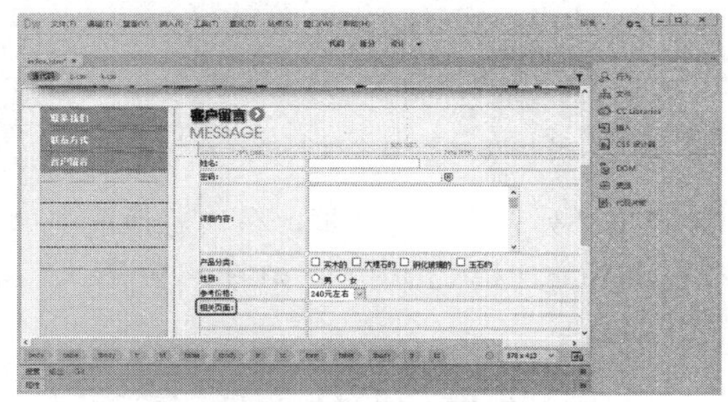

图 9-31　输入文字

02 将光标置于第 7 行第 2 列单元格中，执行“插入”|“表单”|URL 命令，如图 9-32 所示。

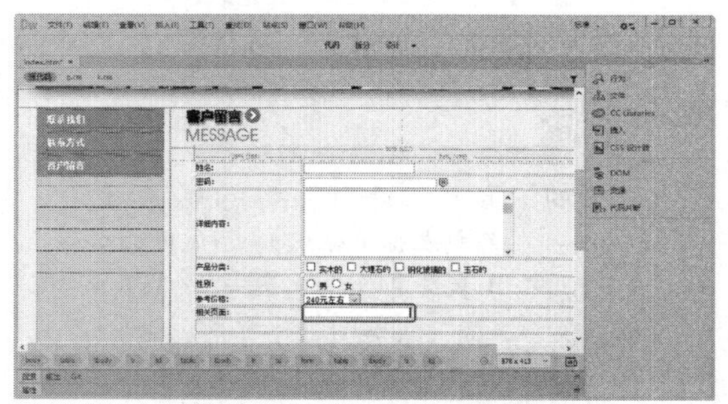

图 9-32　插入 URL

03 选中插入的 URL, 打开“属性”面板，在该面板中进行相应的设置，如图 9-33 所示。

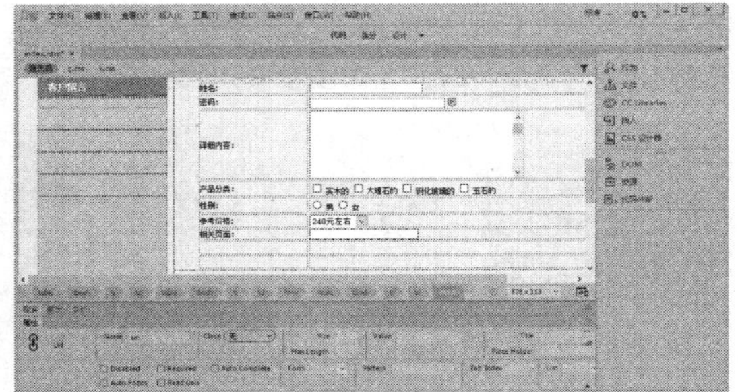

图 9-33　设置 URL 的属性

提示

单击“表单”插入栏中的URL按钮，也可以插入URL。

9.2.10　插入图像按钮

在 Dreamweaver 中，可以使用指定的图像作为按钮。如果使用图像来执行任务而不是提交数据，则需要将某种行为附加到表单对象上。插入图像按钮的具体的操作步骤如下。

01 将光标置于要插入图像按钮的位置，执行“插入”|“表单”|“图像按钮”命令，弹出“选择图像源文件”对话框，选择图像源文件 images/ss.jpg，如图 9-34 所示。

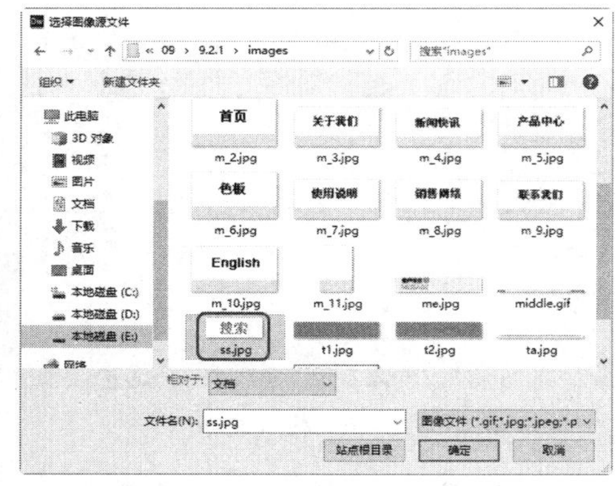

图 9-34　“选择图像源文件”对话框

02 单击“确定”按钮，插入图像按钮，如图 9-35 所示。

03 选中插入的图像按钮，打开“属性”面板，在该面板中设置相关属性，如图 9-36 所示。

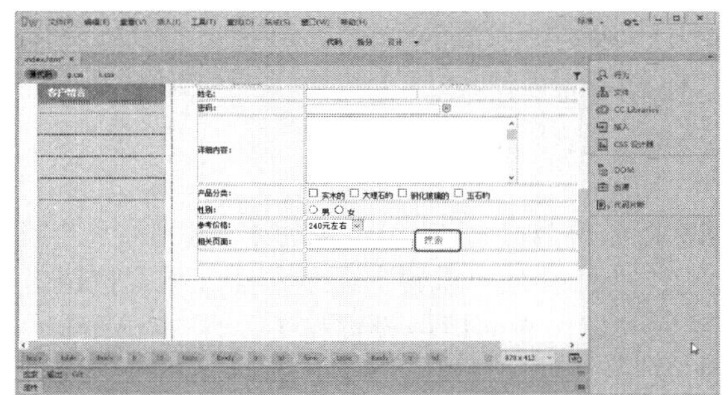

图 9-35　插入图像按钮

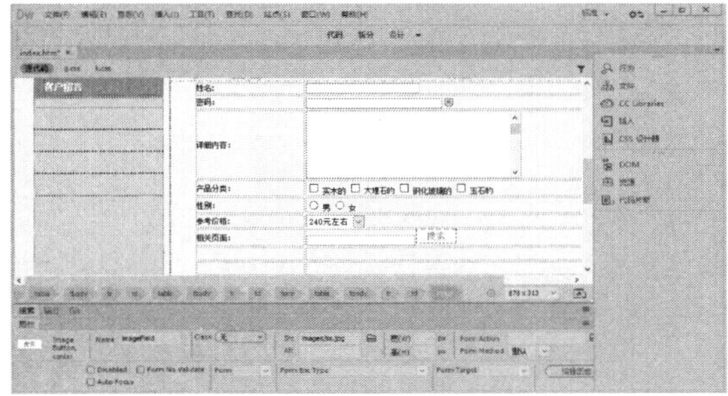

图 9-36　设置图像按钮的属性

9.2.11　插入文件域

利用 Dreamweaver 可以创建文件域，文件域使浏览者可以选择其计算机上的文件，如处理文档或图像文件，并将该文件上传到服务器。文件域的外观与文本域类似，只是文件域还包含一个“浏览”按钮。浏览者可以手动输入要上传文件的路径，也可以使用“浏览”按钮定位并选择该文件。插入文件域的具体操作步骤如下。

01 将光标置于表格的第 8 行第 1 列单元格中，输入文字“上传文件：”，如图 9-37 所示。

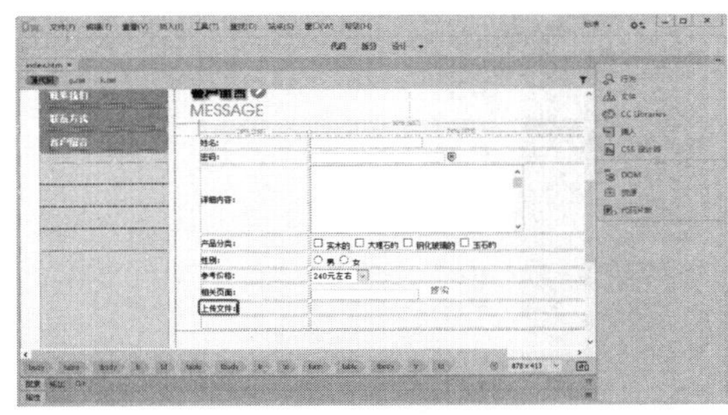

图 9-37　输入文字

02 将光标置于第 8 行第 2 列单元格中，执行“插入”|“表单”|“文件”命令，插入文件域，如图 9-38 所示。

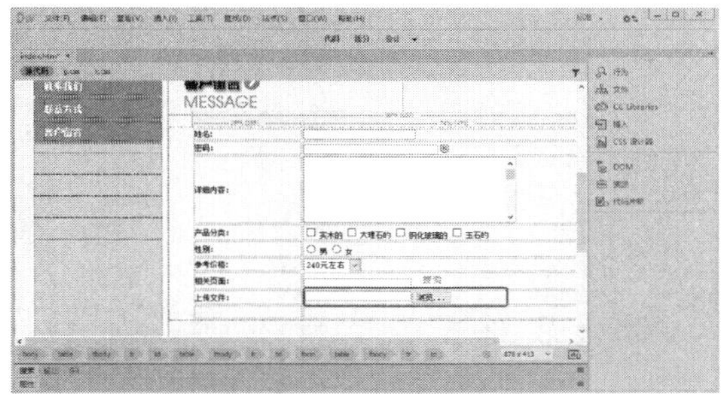

图 9-38　插入文件域

提示

单击“表单”插入栏中的“文件”按钮，也可以插入文件域。

03 选中插入的文件域，打开“属性”面板，在该面板中进行相应的设置，如图 9-39 所示。

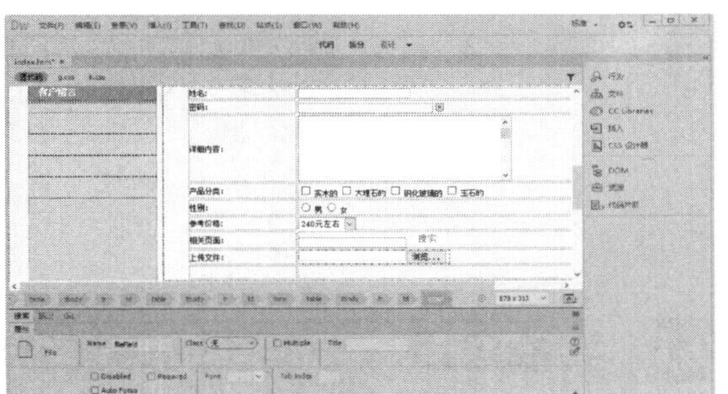

图 9-39　文件域的“属性”面板

9.2.12　插入按钮

按钮控制表单操作，使用表单按钮可以将输入表单的数据提交到服务器，或者重置该表单。

对表单而言，按钮是非常重要的，它能够对表单内容进行控制，如“提交”和“重置”按钮。要将表单内容发送到远端服务器上，使用“提交”按钮；要清除现有的表单内容，使用“重置”按钮。插入按钮的具体的操作步骤如下。

01 将光标置于表格的第 9 行第 2 列单元格中，

执行“插入”|“表单”|“提交”命令，插入提交按钮，如图9-40所示。

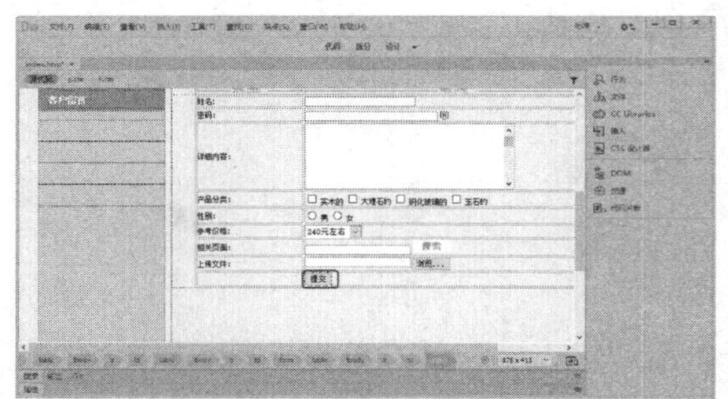

图 9-40　插入“提交”按钮

02 选中插入的“提交”按钮，打开“属性”面板，在面板中可以设置相关属性，如图9-41所示。

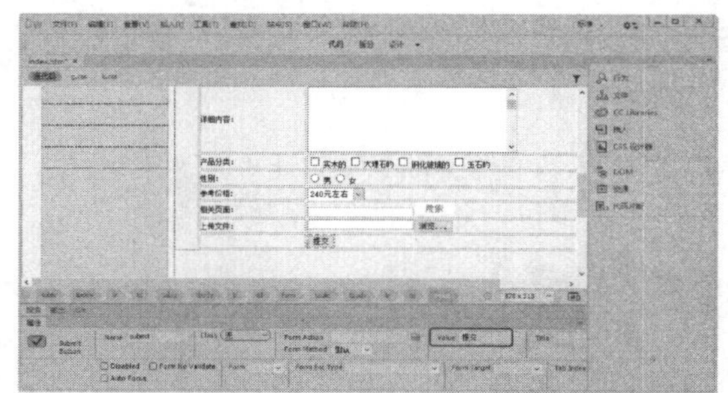

图 9-41　“提交”按钮的“属性”面板

指点迷津

单击“表单”插入栏中的“提交”按钮，也可以插入提交按钮。

03 将光标置于“提交”按钮右侧，执行“插入”|“表单”|“重置”命令，插入重置按钮，并在“属性”面板中设置相关属性，如图9-42所示。

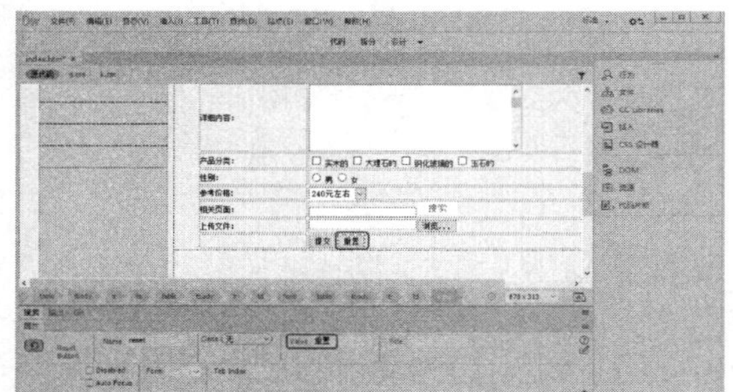

图 9-42　插入“重置”按钮

04 保存文档，完成表单的制作。

指点迷津

单击“表单”插入栏中的“重置”按钮，也可以插入重置按钮。

9.3 实战应用——制作网站注册页面

表单是网站的管理者与浏览者进行交互的重要工具，一个没有表单的页面传递信息的能力是有限的，所以表单经常用来制作用户登录、会员注册及信息调查等页面。

在实际应用中，这些表单对象很少单独使用，一般一个表单中会有各种类型的表单对象，以便浏览者对不同类型的问题做出最方便、快捷的回答。因此，在本节中，将会带着读者，一步一步亲手制作一个完整的电子邮件表单，效果如图9-43所示，具体的操作步骤如下。

图 9-43　电子邮件表单效果

01 打开网页文档，将光标置于页面中，如图9-44所示。

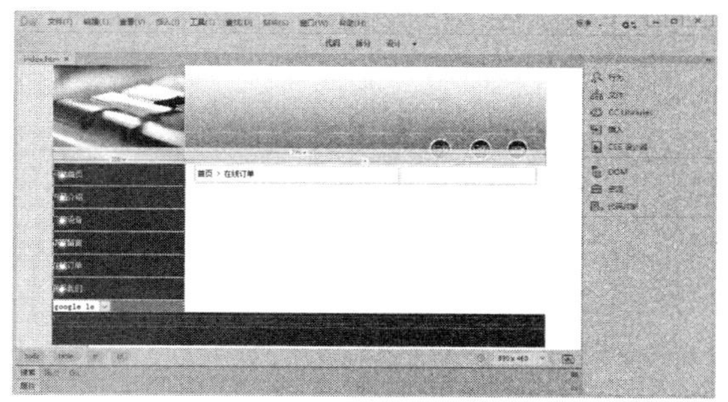

图 9-44　打开网页文档

02 执行“插入”|“表单”|“表单”命令，插入表单，如图 9-45 所示。

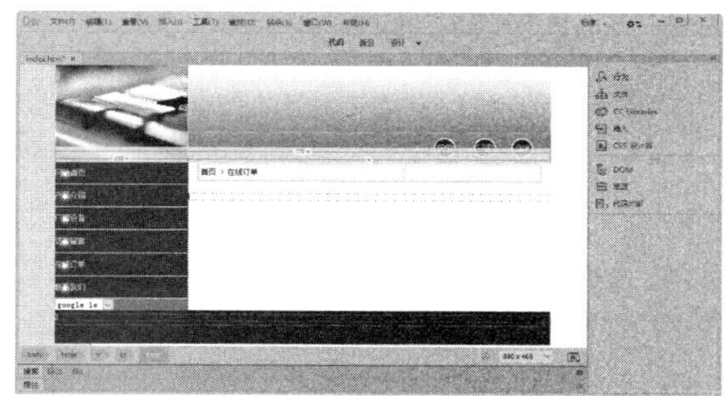

图 9-45　插入表单

03 将光标置于表单中，执行“插入”|Table 命令，插入一个 7 行 2 列的表格，如图 9-46 所示。

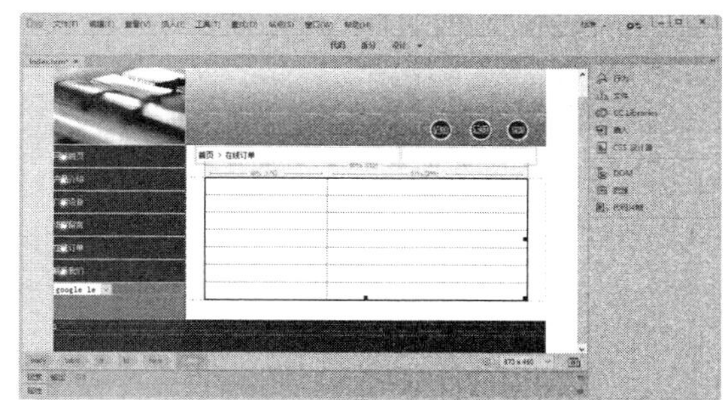

图 9-46　插入表格

04 将光标置于表格的第 1 行第 1 列单元格中，输入相应的文字，如图 9-47 所示。

05 将光标置于表格的第 1 行第 2 列单元格中，执行“插入”|“表单”|“文本”命令，插入文本域，如图 9-48 所示。

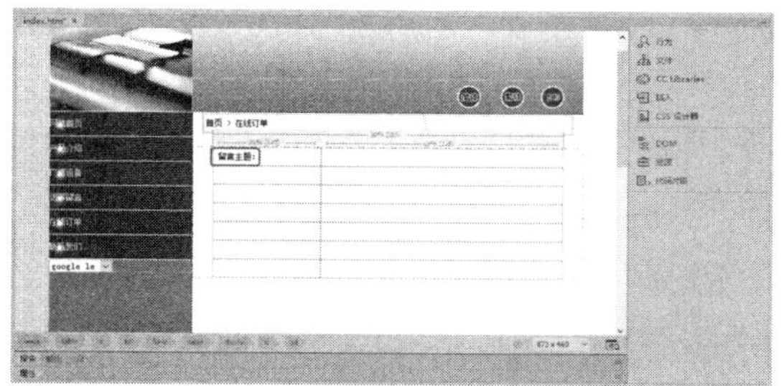

图 9-47　输入文字

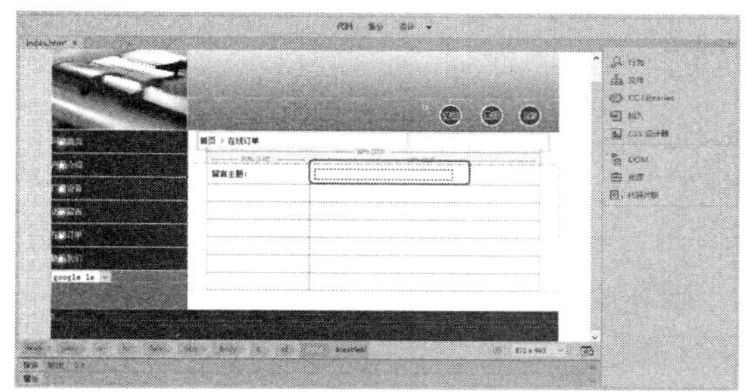

图 9-48　插入文本域

06 将光标置于表格的第 2 行第 1 列单元格中，输入相应的文字，如图 9-49 所示。

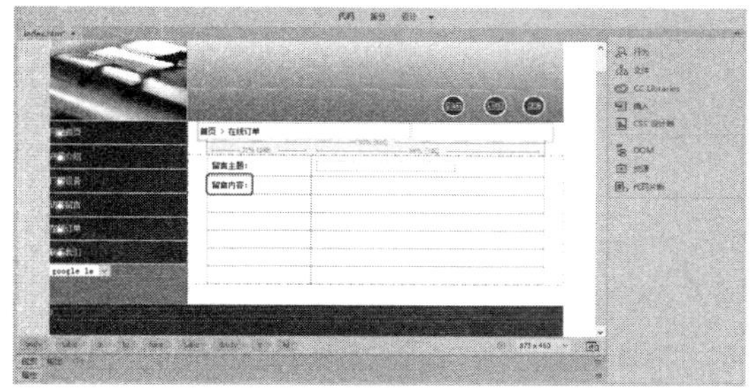

图 9-49　输入文字

07 将光标置于表格的第 2 行第 2 列单元格中，执行“插入”|“表单”|“文本区域”命令，插入文本区域，如图 9-50 所示。

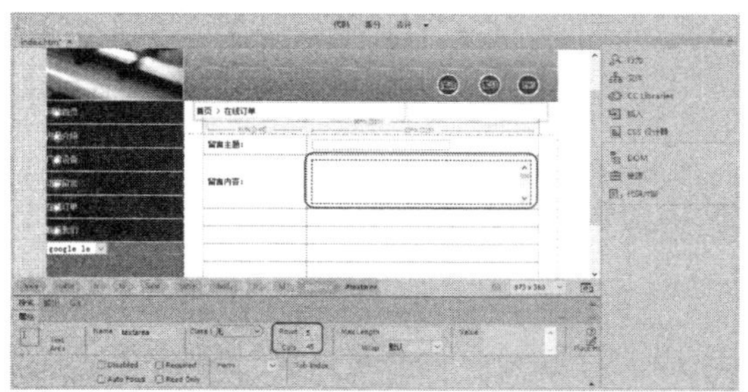

图 9-50　插入文本区域

08 将光标置于表格的第 3 行第 1 列单元格中，输入相应的文字，如图 9-51 所示。

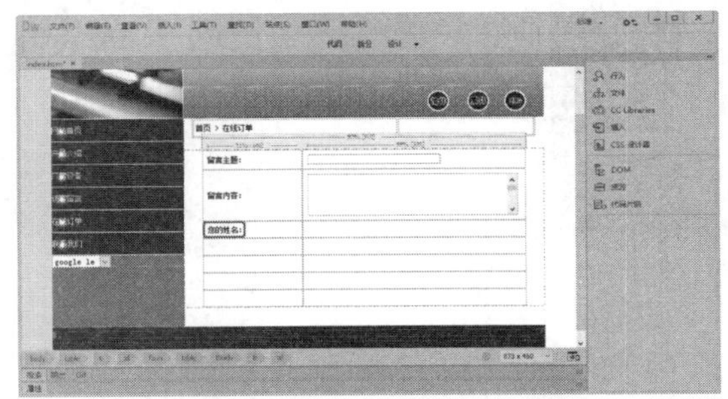

图 9-51 输入文字

09 将光标置于表格的第 3 行第 2 列单元格中，执行“插入”|“表单”|“文本”命令，插入文本域，如图 9-52 所示。

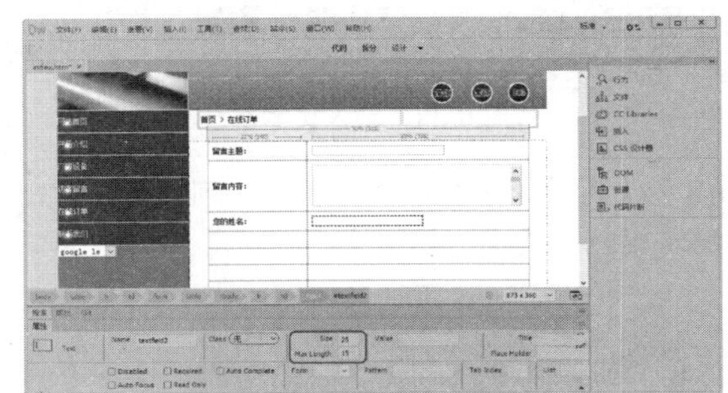

图 9-52 插入文本域

10 将光标置于表格的第 4 行第 1 列单元格中，输入相应的文字，如图 9-53 所示。

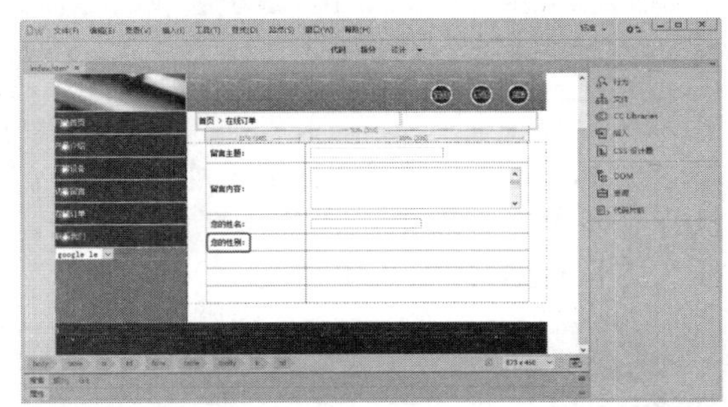

图 9-53 输入文字

11 将光标置于表格的第 4 行第 2 列单元格中，执行“插入”|“表单”|“单选按钮”命令，插入单选按钮，如图 9-54 所示。

12 将光标置于单选按钮的右侧，输入相应的文字，如图 9-55 所示。

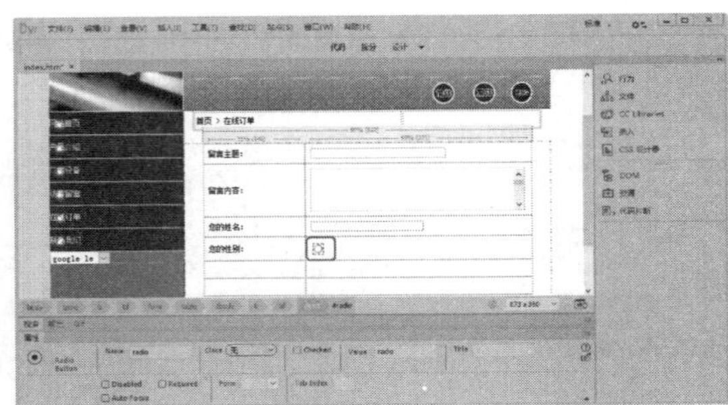

图 9-54 插入单选按钮

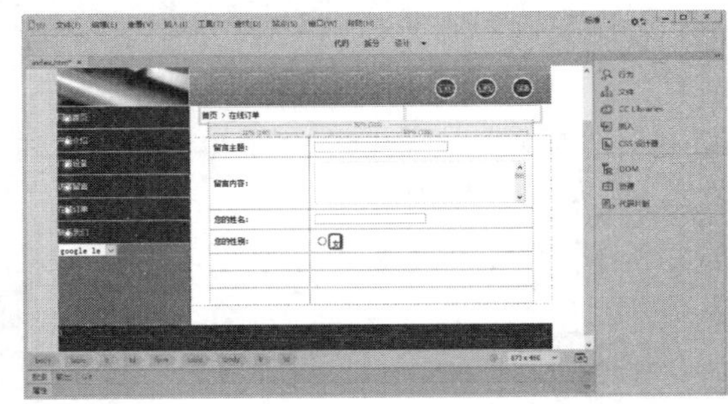

图 9-55 输入文字

13 将光标置于文字的右侧，插入其他单选按钮，并输入相应的文字，如图 9-56 所示。

图 9-56 插入其他单选按钮

14 将光标置于表格的第 5 行第 1 列单元格中，输入相应的文字，如图 9-57 所示。

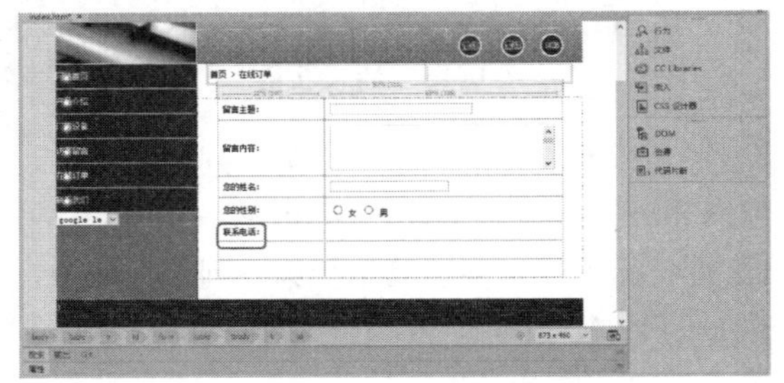

图 9-57 输入文字

15 将光标置于表格的第 5 行第 2 列单元格中，执行“插入”|“表单”|“Tel”命令，插入 Tel 域，如图 9-58 所示。

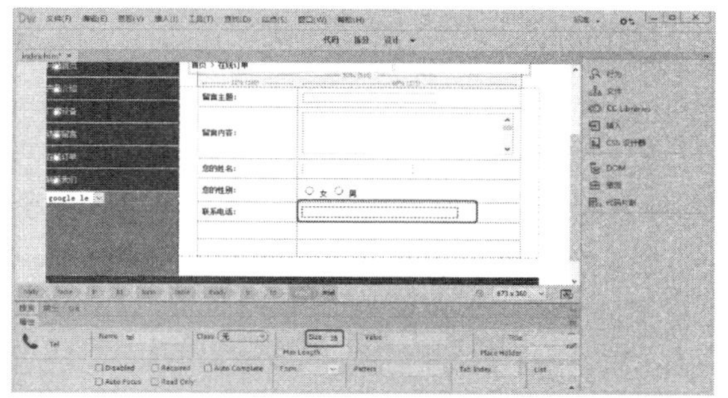

图 9-58　插入 Tel 域

16 将光标置于表格的第 6 行第 1 列单元格中，输入相应文字，如图 9-59 所示。

图 9-59　输入文字

17 将光标置于表格的第 6 行第 2 列单元格中，执行“插入”|“表单”|“电子邮件”命令，插入电子邮件域，如图 9-60 所示。

18 将光标置于表格的第 7 行第 2 列单元格中，执行“插入”|“表单”|“提交按钮”命令，插入提交按钮，如图 9-61 所示。

19 将光标置于提交按钮的右侧，执行“插入”|“表单”|“重置按钮”命令，插入重置按钮，并在“属性”面板中设置相关属性，如图 9-62 所示。

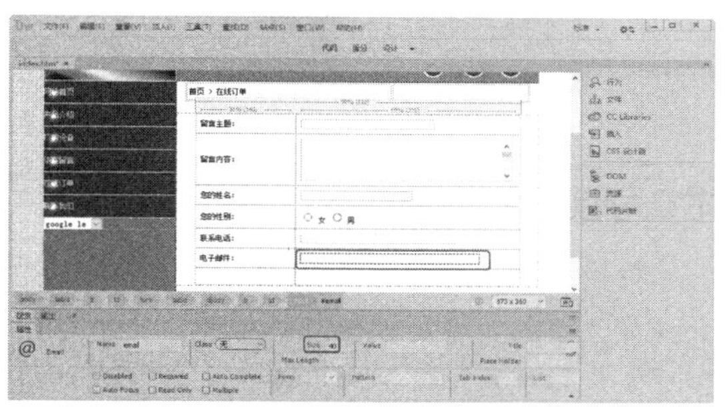

图 9-60　插入电子邮件域

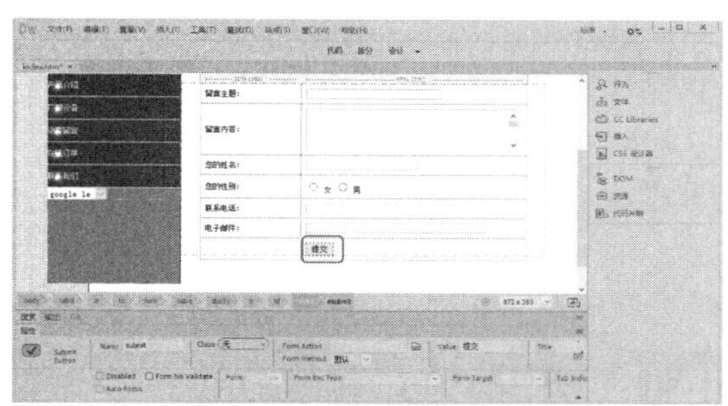

图 9-61　插入提交按钮

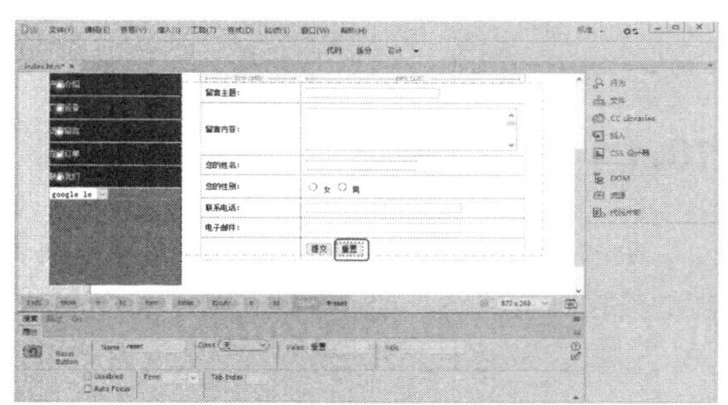

图 9-62　插入重置按钮

20 保存文档，完成表单对象的制作，效果如图 9-43 所示。

9.4　本章小结

可以使用 Dreamweaver 创建文本域、密码域、单选按钮、复选框、按钮以及其他表单对象。表单主要用来得到浏览者的反馈信息，如进行会员注册、网上调查、信息反馈等。当浏览者在表单中输入信息，单击“提交”按钮时，这些信息将被发送到服务器，服务器端脚本或应用程序再对这些信息进行处理。如浏览者在线填写反馈信息并提交后，该浏览者反馈信息的内容将通过服务器反馈给开发者，这就是一个表单提交和反馈的过程。

第 10 章　使用 CSS 样式美化网页

本章导读

精美的网页离不开 CSS 技术，利用 CSS 技术，可以有效地对网页的布局、字体、颜色、背景和其他效果实现更加精确的控制。使用 CSS 样式可以制作出更加复杂和精巧的网页，网页维护和更新起来也更加容易和方便。本章主要介绍 CSS 样式的基本概念和语法、CSS 样式表的创建、CSS 样式的设置和 CSS 样式的应用实例。

技术要点

- 初识 CSS
- 设置字体属性
- 设置段落属性
- 图片样式设置

10.1 初识 CSS

CSS 是 Cascading Style Sheet 的缩写，也称为“层叠样式表”或“级联样式表”，是一种网页制作技术，现在已经被大多数的浏览器所支持，成为网页设计必不可少的工具之一。

10.1.1 CSS 概述

所谓 CSS 就是层叠样式表，用来控制网页中某一文本区域外观的一组格式属性。使用 CSS 能够简化网页代码，加快下载与显示速度，也减少了需要上传的代码数量，大幅减少了重复劳动的工作量，是对 HTML 语法的一次重大革新。如今网页的排版格式越来越复杂，很多效果需要通过 CSS 来实现，同 HTML 相比，使用 CSS 的好处除了在于它可以同时链接多个文档，当 CSS 更新或修改后，所有应用了该样式表的文档都会被自动更新。

CSS 的功能一般可以归纳为以下几点。

- 可以更加灵活地控制网页中文字的字体、颜色、大小、间距、风格及位置。
- 可以灵活地设置一段文本的行高、缩进，并可以为其加入三维效果的边框。
- 可以方便地为网页中的任何元素设置不同的背景颜色和背景图像。
- 可以精确地控制网页中各元素的位置。
- 可以为网页中的元素设置阴影、模糊、透明等效果。
- 可以与脚本语言结合，从而产生各种动态效果。
- 加快打开速度。

10.1.2 CSS 的作用

CSS 作为一种制作网页必不可少的技术之一，现在已经被大多数浏览器所支持。实际上，CSS 是一系列格式规格或样式的集合，主要用于控制页面的外观，是目前网页设计中常用的技术与手段。

CSS 具有强大的页面美化功能。通过 CSS，可以控制许多仅使用 HTML 标记无法控制的属性，并能轻而易举地实现各种特效。

CSS 的每一个样式表都是由相对应的样式规则组成的，使用 HTML 中的 <style> 标签可以将样式规则加入到 HTML 中。<style> 标签位于 HTML 的 head 部分，其中也包含网页的样式规则。可以看出，CSS 的语句是可以内嵌在 HTML 文档内的，所以，编写 CSS 的方法和编写 HTML 的方法相同。

下面是一段在 HTML 网页中嵌入的 CSS 代码。

```
<!doctype html>
<html>
<head>
<meta charset="utf-8">
<title></title>
<style type="text/css">
<!--
.y {
    font-size: 12px;
    font-style: normal;
    line-height: 20px;
    color: #FF0000;
    text-decoration: none;
}
-->
</style>
</head>
<body>
</body>
</html>
```

CSS 还具有便利的自动更新功能。在更新 CSS 时，所有使用该样式的页面元素的格式都会自动地更新为当前所设定的新样式。

10.1.3 CSS 基本语法

样式表的基本语法如下。

HTML 标志 { 标志属性：属性值；标志属性：属性值；标志属性：属性值；…… }

现在首先讨论在 HTML 页面中直接引用样式表的方法。这个方法必须把样式表信息包含在 <style> 和 </style> 标记中，为了使样式表在整个页面中产生作用，应把该组标记及其内容放到 <head> 和 </head> 中去。

例如，要设置 HTML 页面中所有 H1 标题字显示为蓝色，其代码如下。

```
<!doctype html>
<html>
<head>
<meta charset="utf-8">
<style type="text/css">
<!--
H1 {color: blue}
-->
</style>
</head>
<body>
... 页面内容 ...
</body>
</html>
```

在使用样式表的过程中，经常会有几个标志用到同一个属性，例如，规定 HTML 页面中凡是粗体字、斜体字、1 号标题字均显示为红色，按照上面介绍的方法应书写为：

```
B{ color: red}
I{ color: red}
H1{ color: red}
```

显然这样的书写十分麻烦，引进分组的概念会使其变得简洁明了，可以写成：

```
B,I,H1{color: red}
```

用逗号分隔各个 HTML 标志，把 3 行代码合并成 1 行。

此外，同一个 HTML 标志可以定义多种属性，例如，规定把 H1 ～ H6 各级标题定义为红色黑体字，带下画线，则应写为：

```
H1, H2, H3, H4, H5, H6 {
color: red;
text-decoration: underline;
font-family: "黑体"}
```

10.2 字体属性

使用 CSS 样式表可以定义丰富多彩的文字格式。文字的属性主要包括字体、字号、加粗与斜体等。

10.2.1 字体 font-family

font-family 属性用来定义相关元素使用的字体。

基本语法：

```
font-family: "字体1", "字体2", …
```

语法说明：

font-family 属性中指定的字体要受到浏览者环境的影响。打开网页时，浏览器会先从浏览者计算机中寻找 font-family 中的第一个字体，如果计算机中没有这个字体，会向右继续寻找第二个字体，以此类推。如果浏览页面的浏览者的浏览环境中没有设置相关的字体，则定义的字体将失去作用。

下面通过实例讲述 font-family 属性的使用方法，其代码如下所示。

案例代码：

```
<!doctype html>
<html>
<head>
<meta charset="utf-8">
<title>设置字体</title>
<style type="text/css">
<!--
.font1 {font-family: 宋体;
  font-size: 36px;}
.font2 {font-family: 黑体;
  font-size: 36px;}
.font3 {font-family: 楷体;
  font-size: 36px;}
-->
</style>
</head>
<body>
<div class="font1">宋体<br></div>
<div class="font2">黑体<br></div>
<div class="font3">楷体</div>
</body>
</html>
```

这里使用 font-family 分别设置了宋体、黑体和楷体，在浏览器中浏览的效果如图 10-1 所示。但是在实际应用中，由于大部分中文操作系统的计算机中并没有安装很多字体，因此建议在设置中文字体属性时，不要选择特殊字体，应选择宋体或黑体。否则当浏览者的计算机中没有安装该字体时，显示会不正常。

图 10-1　font-family 设置字体

10.2.2 字号 font-size

字号属性 font-size 用来定义文字的大小。

基本语法：

```
font-size: 大小的取值
```

语法说明：

font-size 属性值可以有多种指定方式，绝对尺寸、相对尺寸、长度、百分比值都可以用来定义。

案例代码：

```
<!doctype html>
<html>
<head>
<meta charset="utf-8">
<title>设置字号</title>
<style type="text/css">
<!--
.font1 {font-family: 宋体;
  font-size: 16px;}
.font2 {font-family: 宋体;
  font-size: 30px;}
.font3 {font-family: 宋体;
  font-size: 40px;}
-->
</style>
</head>
<body>
<div class="font1">设置字号<br></div>
<div class="font2">设置字号<br></div>
<div class="font3"> 设置字号</div>
</body>
</html>
```

案例中使用font-size:分别设置字号为16px、30px、40px，在浏览器中浏览文字效果如图10-2所示。

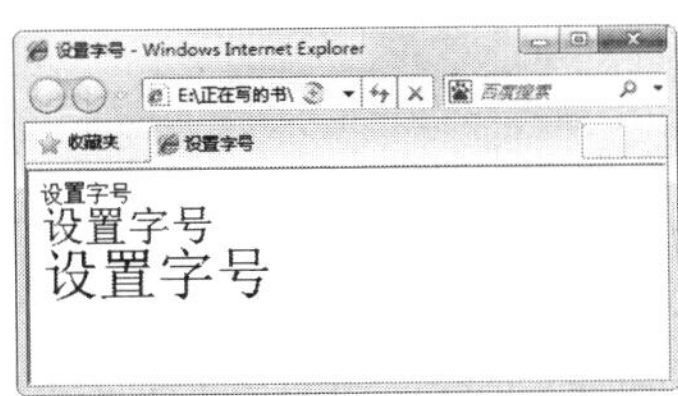

图10-2　设置字号

10.2.3　字体加粗font-weight

在CSS中利用font-weight属性来设置文字的粗细。

基本语法：

```
font-weight: 文字粗度值
```

语法说明：

font-weight的取值范围包括normal、bold、bolder、lighter、number。其中normal表示正常粗细；bold表示粗体；bolder表示特粗体；lighter表示特细体；number不是真正的取值，其范围是110～1100，一般情况下都是整百的数字，如200、300等。

案例代码：

```
<!doctype html>
<html>
<head>
<meta charset="utf-8">
<title>字体加粗</title>
<style type="text/css">
p.lighter {font-weight:lighter}
p.normal {font-weight: normal}
p.bolder {font-weight: bolder}
</style>
</head>
<body>
<p class="lighter">设置字体粗细</p>
<p class="normal">设置字体粗细</p>
<p class="bolder">设置字体粗细</p>
</body>
</html>
```

这里使用font-weight设置了文字的不同粗细效果，如图10-3所示。

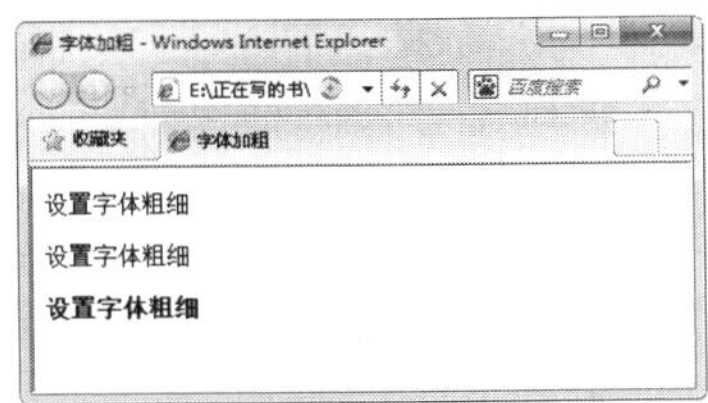

图10-3　设置文字粗细

10.2.4　字体风格font-style

font-style属性用来设置字体的风格。

基本语法：

```
font-style:样式的取值
```

语法说明：

该属性设置使用斜体、倾斜或正常字体。斜体字通常定义为字体系列中的一个单独的字体。

normal：默认值。浏览器显示一个标准的字体样式。

italic：浏览器会显示一个斜体的字体样式。

oblique：浏览器会显示一个倾斜的字体样式。

案例代码：

```
<!doctype html>
<html>
<head>
<meta charset="utf-8">
<title> 字体风格 </title>
<style type="text/css">
p.normal {font-style:normal;font-
size:30px;}
p.italic {font-style:italic;font-
size:30px;}
p.oblique {font-
style:oblique;font-size:30px;}
</style>
</head>
<body>
<p class="normal"> 正常字体风格 </p>
<p class="italic"> 斜体字体风格 </p>
<p class="oblique"> 倾斜字体风格 </
p>
</body>
</html>
```

这里使用 font-style 分别设置字体为正常、斜体、倾斜字体风格，在浏览器中浏览的效果如图 10-4 所示。

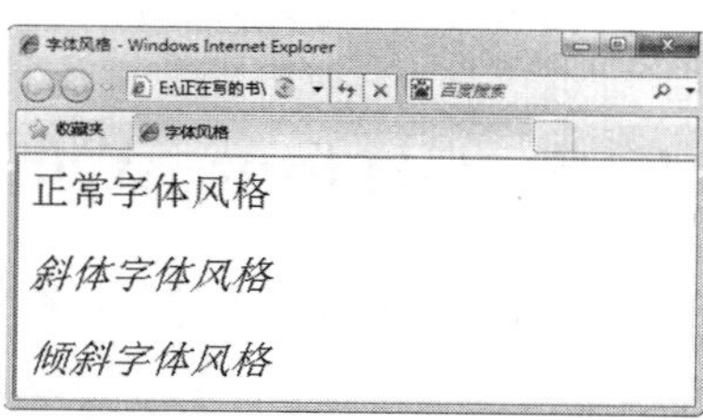

图 10-4　设置字体风格

10.2.5　字体变形 font-variant

font-variant 属性设置小型大写字母的字体显示文本，所有的小写字母均会被转换为大写，但是所有使用小型大写字体的字母与其他文本相比，其文字尺寸更小。

基本语法：

```
font-variant: 属性值
```

语法说明：

normal：正常值。

small-caps：将小写英文字体转换为大写英文字体。

inherit：规定应该从父元素继承 font-variant 属性的值。

案例代码：

```
<!doctype html>
<html>
<head>
<meta charset="utf-8">
<title> 字体变形 </title>
<style type="text/css">
p.normal {font-variant: normal}
p.small {font-variant: small-
caps}
</style>
</head>
<body>
<p class="normal">dreamweaver</p>
<p class="small">dreamweaver</p>
</body>
</html>
```

使用 font-variant: small-caps 设置英文字母全部大写，而且在大写的同时，能够让字母大小保持与小写时一样的尺寸高度。在浏览器中浏览的效果如图 10-5 所示。

图 10-5　设置字体变形

10.3 段落属性

文本的段落样式定义整段的文本特性。在 CSS 中，主要包括单词间隔、字符间隔、对齐方式、文本对齐、文本缩进和文本行高等。

10.3.1 单词间隔 word-spacing

word-spacing 可以设置英文单词之间的间隔。

基本语法：

```
word-spacing: 取值
```

语法说明：

取值可以使用 normal，也可以使用长度值。normal 指正常的间隔，是默认选项；长度是设置单词间隔的数值及单位，可以使用负值。

案例代码：

```
<!doctype html>
<html>
<head>
<meta charset="utf-8">
<title>设置 word-spacing</title>
<style type="text/css">
p.spread {word-spacing: 25px;}
p.tight {word-spacing: 0.3em;}
</style>
</head>
<body>
<p class="spread">Welcome to our school!</p>
<p class="tight">Welcome to our school!</p>
</body>
</html>
```

本实例运用代码 word-spacing 设置单词的间隔，第 1 行间距设置为 25px，第 2 行间距设置为 0.3em，在浏览器中浏览的效果如图 10-6 所示。

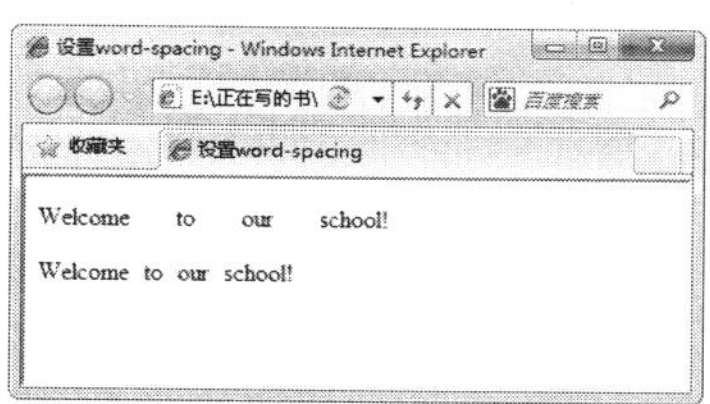

图 10-6　设置单词的间隔

10.3.2 文本行高 line-height

line-height 属性可以设置行高，行高值可以为长度、倍数和百分比。

基本语法：

```
line-height: 行高值
```

语法说明：

该属性会影响行框的布局。在应用到一个块级元素时，它定义了该元素中基线之间的最小距离而不是最大距离。取值范围有如下几种。

normal：默认。设置合理的行间距。

number：设置数字，该数值会与当前的字体尺寸相乘来设置行间距。

length：设置固定的行间距。

%：基于当前文字尺寸的百分比设置行间距。

inherit：规定应该从父元素继承 line-height 属性的值。

案例代码：

```
<!doctype html>
<html>
<head>
<meta charset="utf-8">
<title>设置行高</title>
<style type="text/css">
p.small {line-height:100%}
p.big {line-height:200%}
```

```
</style>
</head>
<body>
<p class="small">
正常的行高。正常的行高。正常的行高。正常的行高。
正常的行高。正常的行高。正常的行高。</p>
<p class="big">
  2 倍行高。2 倍行高。 2 倍行高。
  2 倍行高。2 倍行高。 2 倍行高。2 倍行高。
</p>
</body>
</html>
```

本实例前几行使用 line-height:100% 设置行高为正常行高，后几行使用 line-height:200% 设置行高为正常行高的 2 倍，在浏览器中浏览的效果如图 10-7 所示。

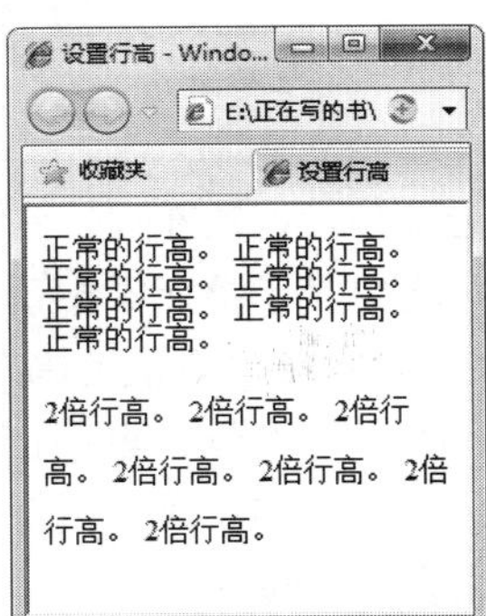

图 10-7　设置行高

10.3.3　文字修饰 text-decoration

使用文字修饰 text-decoration 属性可以对文本进行修饰，如设置下画线、删除线等。

基本语法：

```
text-decoration:取值
```

语法说明：

text-decoration 属性取值如下。

none：默认值。

underline：对文本添加下画线。

overline：对文本添加上画线。

line-through：对文本添加删除线。

blink：闪烁文本效果。

案例代码：

```
<!doctype html>
<html>
<head>
<meta charset="utf-8">
<style type="text/css">
h1 {text-decoration:overline}
h2 {text-decoration:line-through}
h3 {text-decoration:underline}
h4 {text-decoration:blink}
</style>
<title> 文字修饰 </title>
</head>
<body class="font">
<h1> 添加上画线 </h1>
<h2> 添加删除线 </h2>
<h3> 添加下画线 </h3>
<h4> 添加闪烁 </h4>
</body>
</html>
```

使用 text-decoration: overline、line-through 、underline、blink 分别设置文本上画线、删除线、下画线、闪烁效果，在浏览器中浏览的效果如图 10-8 所示。

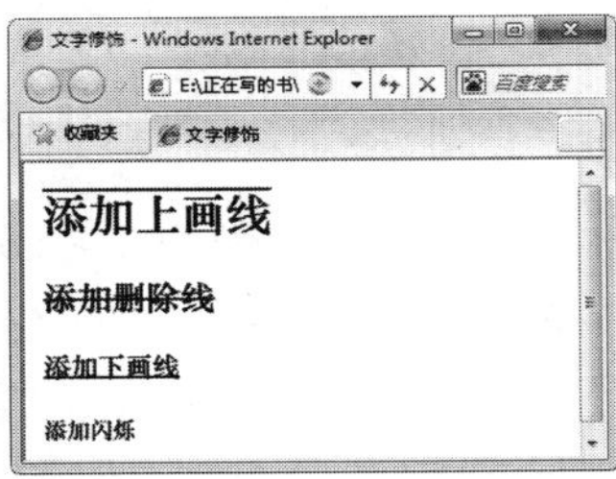

图 10-8　添加文字修饰

10.3.4　文本对齐方式 text-align

text-align 用于设置文本的水平对齐方式。

基本语法：

```
text-align:排列值
```

语法说明：

水平对齐方式取值范围包括 left、right、center 和 justify 这 4 种对齐方式。

left：左对齐。

right：右对齐。

center：居中对齐。

justify：两端对齐。

案例代码：

```
<!doctype html>
<html>
<head>
<meta charset="utf-8">
<title> 文本对齐 </title>
<style type="text/css">
h1 {text-align:center}
h2 {text-align:left}
h3 {text-align:right}
</style>
</head>
<body>
<h1> 居中对齐 </h1>
<h2> 左对齐 </h2>
<h3> 右对齐 </h3>
</body>
</html>
```

本实例运用代码 text-align 设置文本居中对齐、左对齐和右对齐，在浏览器中浏览的效果如图 10-9 所示。

图 10-9　设置文本对齐

10.3.5　文本转换 text-transform

text-transform 用来转换英文字母的大小写。

基本语法：

```
text-transform: 转换值
```

语法说明：

text-transform 包括以下取值范围。

none：表示使用原始值。

uppercase：表示使每个单词的所有字母大写。

lowercase：表示使每个单词的所有字母小写。

capitalize：表示使每个单词的第一个字母大写。

案例代码：

```
<!doctype html>
<html>
<head>
<meta charset="utf-8">
<title> 文本转换 </title>
<style type="text/css">
   p.uppercase {text-transform:
uppercase}
   p.lowercase {text-transform:
lowercase}
   p.capitalize {text-transform:
capitalize}
</style>
</head>
<body>
<p class="uppercase">dreamweaver
html  css.</p>
<p class="lowercase">dreamweaver
html  css.</p>
<p class="capitalize">dreamweaver
html  css.</p>
</body>
</html>
```

本实例运用代码 text-transform 设置 uppercase、lowercase 和 capitalize 分别表示每个单词的所有字母大写、每个单词的所有字母小写、每个单词的第一个字母大写，在浏览器中浏览的效果如图 10-10 所示。

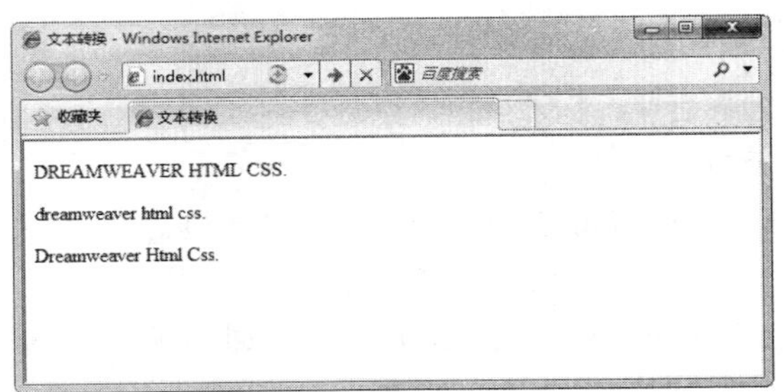

图 10-10　设置文本转换

10.3.6　文本缩进 text-indent

文本缩进在网页中比较常见，一般用在网页中段落的开头，在网页中只能控制段落的整体向右缩进，如果不进行设置，浏览器则默认为不缩进，而在CSS中可以控制段落的首行缩进以及缩进的距离。

基本语法：

```
text-indent：缩进值
```

语法说明：

文本的缩进值可以是长度值，也可以是百分比。

案例代码：

```
<!doctype html>
<html>
<head>
<meta charset="utf-8">
<title>文本缩进</title>
<style type="text/css">
p {text-indent: 1cm}
</style>
</head>
<body>
<p>
明月几时有？把酒问青天。不知天上宫阙，今夕是何年。我欲乘风归去，又恐琼楼玉宇，高处不胜寒。起舞弄清影，何似在人间。<br>
<br>
</p>
<p>
转朱阁，低绮户，照无眠。不应有恨，何事长向别时圆？人有悲欢离合，月有阴晴圆缺，此事古难全。但愿人长久，千里共婵娟。<br>
</p>
</body>
</html>
```

本实例运用代码text-indent设置文本首行缩进，在浏览器中浏览的效果如图10-11所示。

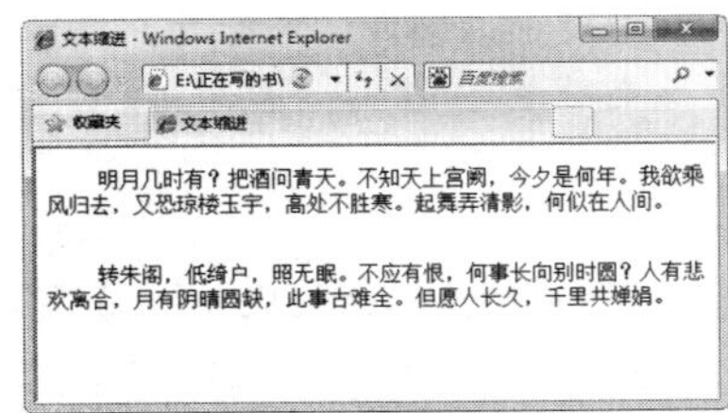

图 10-11　文本首行缩进

10.4　图片样式设置

在网页中恰当地使用图像，能够充分展现网页的主题并增强网页的美感，同时能够极大地吸引浏览者的目光。CSS提供了强大的图像样式控制能力，以帮助用户设计专业、美观的网页。

10.4.1　定义图片边框

border是CSS的一个属性，用它可以给HTML标记（如td、Div等）添加边框，它可以定义边框的样式（style）、宽度（width）和颜色（color），利用这3个属性相互配合，能设计出很好的效果。

基本语法：

```
border-width
border-style
border-color
```

语法说明：

border-width：规定边框的宽度。

border-style：规定边框的样式。

border-color：规定边框的颜色。

在默认情况下，图像是没有边框的，通过“边框”属性可以为图像添加边框线。定义图像的边框属性后，在图像四周出现了5px宽的实线边框，效果如图10-12所示。

图10-12　图像边框效果

其CSS代码如下。

```
.wu {
  border: 5px solid #F00;
}
```

可以设置边框的样式外观，可以分别设置每条边框的颜色。例如设置5px的虚线边框，效果如图10-13所示。

图10-13　虚线效果图

其CSS代码如下。

```
.wu {
  border: 5px dashed #F00;
}
```

通过改变边框样式、宽度和颜色，可以得到下列不同的效果。

（1）设置border: 5px dotted #F00，效果如图10-14所示。

图10-14　点线效果

（2）设置border: 5px double #F00，效果如图10-15所示。

图10-15　双线效果

（3）设置border: 30px groove #F00，效果如图10-16所示。

图 10-16　槽状效果

（4）设置 border: 30px ridge #F00，效果如图 10-17 所示。

图 10-17　脊状效果

10.4.2　设置文字环绕图片

float 浮动属性是元素定位中非常重要的属性，经常通过对 Div 元素应用 float 浮动来进行定位，不但对整个版式进行规划，也可以对一些基本元素如导航等进行排列。

基本语法：

```
float:none|left|right
```

语法说明：

none 是默认值，表示对象不浮动；left 表示对象浮在左侧；right 表示对象浮在右侧。

CSS 允许任何元素浮动 float，无论是图像，段落还是列表。无论先前元素是什么状态，浮动后都成为块级元素。浮动元素的宽度默认为 auto。

在网页中只有文字是非常单调的，因此在段落中经常会插入图片。在网页构成的诸多要素中，图片是形成设计风格和吸引视觉的重要因素之一。为了使文字和图像之间保留一定的内边距，要定义 .pic 的填充属性，预览效果如图 10-18 所示，其 CSS 代码如下。

图 10-18　图像居右效果

```
.yang {   padding: 12px;
  float: right;}
```

如果要使图像居左，用同样的方法设置 float: left，其代码如下。

```
.yang {   padding: 12px;
  float: left;}
```

预览效果如图 10-19 所示。

图 10-19　图像居左效果

10.5 综合案例——为图片添加边框

在网页中插入图片时，经常要给图片加上一些修饰，例如边框、阴影等，下面介绍一个用CSS为图片加边框的实例，具体代码如下。

```
<!doctype html>
<html>
<head>
<meta charset="utf-8">
<title>无标题文档</title>
<style>
.ti {border: 5px dashed #F00;
  font-size: 36px;}
</style>
</head>
<body>
<p class="ti">添加边框</p>
<p><img src="pic.jpg"
alt="" width="550" height="413"
class="ti"/></p>
</body>
</html>
```

本实例运用代码border为文本和图片添加边框，在浏览器中浏览的效果如图10-20所示。

图10-20　为文本和图片添加边框

10.6 本章小结

精美的网页离不开CSS技术，采用CSS技术，可以有效地对页面的布局、字体、颜色、背景和其他效果实现更加精确的控制。通过使用CSS样式可以使页面中的文字快速格式化。通过对本章的学习，可以掌握使用CSS美化网页的方法。

第 11 章 使用 CSS+Div 灵活布局页面

本章导读

设计网页的第一步是设计布局，好的网页布局会令浏览者耳目一新，同样也可以使浏览者比较容易在站点上找到他们所需要的信息。无论是使用表格还是使用 CSS，网页布局都是把大块的内容放进网页的不同区域。有了 CSS，最常用来布局内容的元素就是 Div 标签。CSS+Div 布局的最终目的是搭建完善的页面架构，通过新的符合 Web 标准的布局来提高网站设计的效率。

技术要点

- 初识 Div
- CSS 定位与 Div 布局
- CSS+Div 布局的常用方法

11.1 初识 Div

在 CSS 布局的网页中，<Div> 与 <Span> 都是常用的标记，利用这两个标记，加上 CSS 对其样式的控制，可以很方便地实现网页的布局。

11.1.1 Div 概述

Div 是 CSS 中的定位技术，在 Dreamweaver 中将其进行了可视化操作。文本、图像和表格等元素只能固定其位置，不能互相叠加在一起，但使用 Div 功能，可以将其放置在网页中的任何位置，还可以按顺序排放网页文档中的其他构成元素，层体现了网页技术从二维空间向三维空间的一种延伸。将 Div 和行为综合使用，即可不使用任何 JavaScript 或 HTML 编码创作出动画效果。

Div 的功能主要包括以下 3 个方面。

- 重叠排放网页中的元素。利用 Div 可以实现不同的图像重叠排列，而且可以随意改变排放的顺序。
- 精确的定位。单击 Div 上方的四边形控制手柄，将其拖至指定位置，即可改变层的位置。如果要精确定位 AP Div 在页面中的位置，可以在 Div 的“属性”面板中输入精确的坐标数值。如果将 Div 的坐标值设置为负值，Div 会在页面中消失。
- 显示和隐藏 AP Div。AP Div 的显示和隐藏可以在 AP Div 面板中设置。当 AP Div 面板中的 AP Div 名称前显示的是“闭合眼睛”的图标时，表示 AP Div 被隐藏；当 AP Div 面板中的 AP Div 名称前显示的是“睁开眼睛”的图标时，表示 AP Div 被显示。

11.1.2　创建 Div

可以将 Div 理解为一个文档窗口内的又一个小窗口，像在普通窗口中操作一样，在 Div 中可以输入文字，也可以插入图像、动画影像、声音、表格等，对其进行编辑。创建 Div 的具体的操作步骤如下。

01 打开网页文档，如图 11-1 所示。

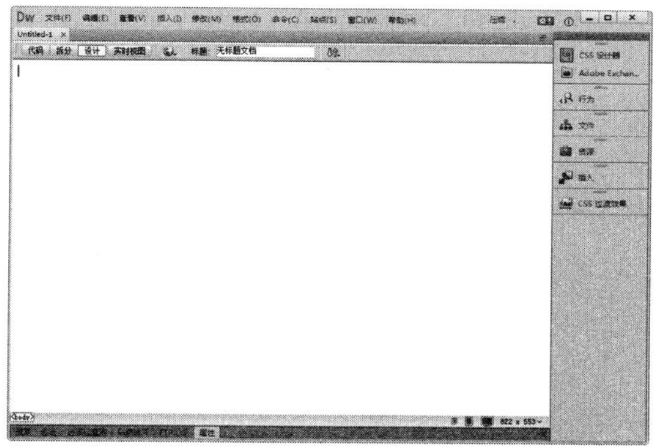

图 11-1　打开网页文档

02 执行“插入”|Div 命令，如图 11-2 所示。

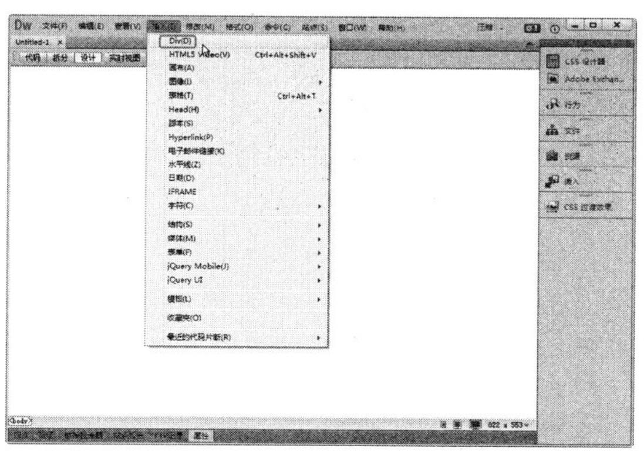

图 11-2　执行 Div 命令

03 选择命令后，弹出“插入 Div”对话框，如图 11-3 所示。

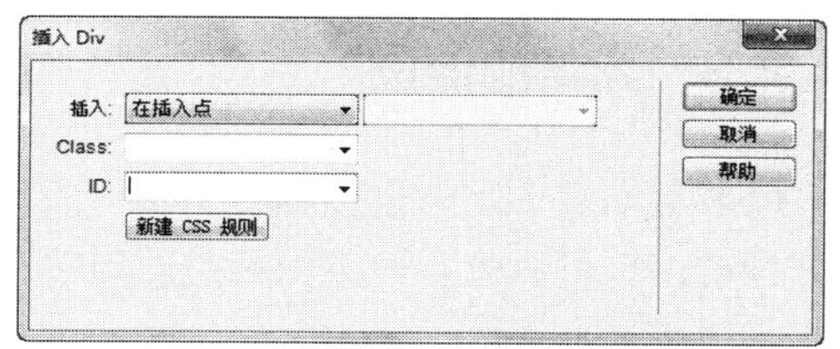

图 11-3　“插入 Div”对话框

04 单击“确定”按钮，即可创建 Div，如图 11-4 所示。

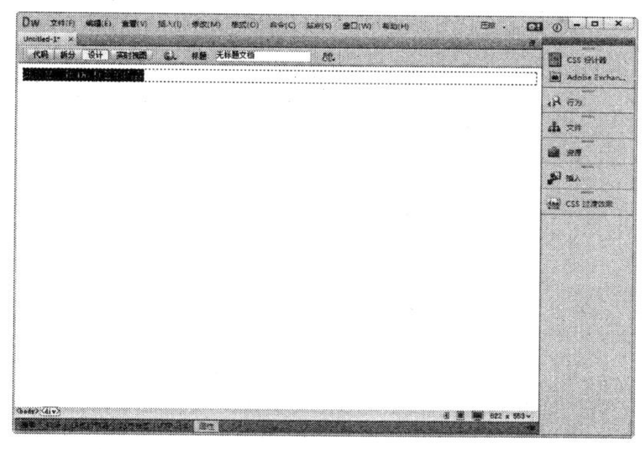

图 11-4　创建 Div

11.1.3　CSS+Div 布局的优势

掌握基于 CSS 的网页布局方式，是实现 Web 标准的基础。在主页制作时采用 CSS 技术，可以有效地对页面的布局、字体、颜色、背景和其他效果实现更加精确的控制。只要对相应的代码做一些简单的修改，即可改变网页的外观和格式。采用 CSS+Div 布局有以下优势。

- 大幅缩减页面代码，提高页面浏览速度，降低带宽成本。
- 结构清晰，容易被搜索引擎搜索到。
- 缩短改版时间，只要简单地修改几个 CSS 文件，即可重新设计一个有成百上千页面的站点。
- 强大的字体控制和排版能力。
- CSS 非常容易编写，可以像写 HTML 代码一样轻松地编写 CSS 代码。
- 提高易用性，使用 CSS 可以结构化 HTML，如 <p> 标记只用来控制段落，<heading> 标记只用来控制标题，<table> 标记只用来表现格式化的数据等。
- 表现和内容相分离，将设计部分分离出来，放在一个独立样式文件中。

- 更方便搜索引擎的搜索，用只包含结构化内容的 HTML 代替嵌套的标记，搜索引擎将更有效地搜索到内容。
- 在 Table 的布局中，垃圾代码会很多，一些修饰的样式及布局的代码混合一起，很不直观。而 Div 更能体现样式和结构相分离，结构的重构性强。
- 可以将许多网页的风格格式同时更新，再也不用逐页地更新了。可以将站点上所有的网页风格都使用一个 CSS 文件进行控制，只要修改这个 CSS 文件中相应的代码，那么整个站点的所有页面都会随之发生改动。

11.2 CSS 定位与 Div 布局

许多 Web 站点都使用基于表格的布局显示页面信息。表格对于显示表格数据很有用，并且很容易在页面上创建。但表格还会生成大量难以阅读和维护的代码。许多设计者首选基于 CSS 的布局，正是因为基于 CSS 的布局所包含的代码数量要比具有相同特性的基于表格的布局使用的代码少得多。

11.2.1 盒子模型

如果想熟练掌握 Div 和 CSS 的布局方法，首先要对盒子模型有足够的了解。盒子模型是 CSS 布局网页时非常重要的概念，只有很好地掌握了盒子模型，以及其中每个元素的使用方法，才能真正地布局网页中各个元素的位置。

所有页面中的元素都可以看作一个装了东西的盒子，盒子中的内容到盒子的边框之间的距离即填充（padding），盒子本身有边框（border），而盒子边框外和其他盒子之间，还有边界（margin）。

一个盒子由 4 个独立部分组成，如图 11-5 所示。

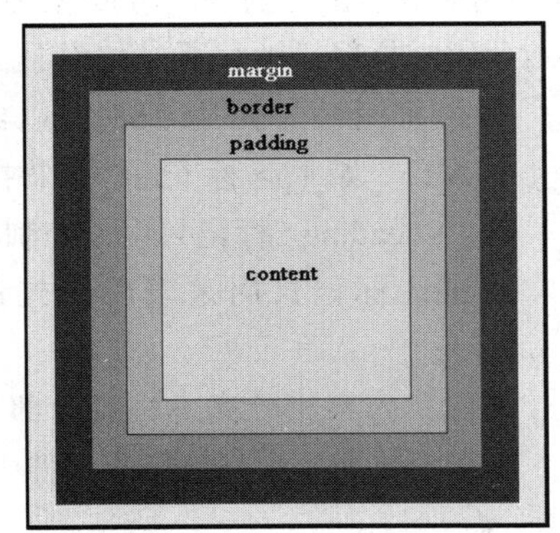

图 11-5　盒子模型

最外面的是边界（margin）。

第 2 部分是边框（border），边框可以有不同的样式。

第 3 部分是填充（padding），填充用来定义内容区域与边框（border）之间的空白。

第 4 部分是内容区域（content）。

填充、边框和边界都分为上、右、下、左 4 个方向，既可以分别定义，也可以统一定义。当使用 CSS 定义盒子的 width 和 height 时，定义的并不是内容区域、填充、边框和边界所占的总区域，实际上定义的是内容区域 content 的 width 和 height。为了计算盒子所占的实际区域必须加上 padding、border 和 margin。

实际宽度 = 左边界 + 左边框 + 左填充 + 内容宽度（width）+ 右填充 + 右边框 + 右边界

实际高度 = 上边界 + 上边框 + 上填充 + 内容高度（height）+ 下填充 + 下边框 + 下边界

11.2.2 元素的定位

CSS 对元素的定位包括相对定位和绝对定位，同时，还可以把相对定位和绝对定位结合起来，形成混合定位。

1. position 属性

position 的原意为位置、状态、安置。在 CSS 布局中，position 属性非常重要，很多特殊容器的定位必须用 position 来完成。position 属性有 4 个值，分别是：static、absolute、fixed 和 relative。

position 定位允许用户精确定义元素框出现的相对位置，可以相对于它通常出现的位置，相对于其上级元素，相对于另一个元素，或者相对于浏览器视窗本身。每个显示元素都可以用定位的方法来描述，而其位置由此元素的包含块来决定。语法如下。

```
Position: static | absolute | fixed | relative
```

static 表示默认值，无特殊定位，对象遵循 HTML 定位规则。absolute 表示采用绝对定位，需要同时使用 left、right、top 和 bottom 等属性进行绝对定位；而其层叠通过 z-index 属性定义，此时对象不具有边框，但仍有填充和边框。fixed 表示当页面滚动时，元素保持在浏览器视区内，其行为类似 absolute。relative 表示采用相对定位，对象不可层叠，但将依据 left、right、top 和 bottom 等属性，设置在页面中的偏移位置。

当容器的 position 属性值为 fixed 时，这个容器即被固定定位了。固定定位和绝对定位非常类似，不过被定位的容器不会随着滚动条的拖动而变化位置。在视野中，固定定位的容器的位置是不会改变的。下面举例说明固定定位的使用方法，其代码如下所示。

```
<!doctype html>
<html>
<head>
<meta charset="utf-8">
<title>CSS 固定定位 </title>
<style type="text/css">
*{margin: 0px;
  padding:0px;}
#all{
width:500px;
     height:550px;
     background-color:#ccc0cc;}
#fixed{
width:150px;
     height:80px;
     border:15px outset #f0ff00;
     background-color:#9c9000;
     position:fixed;
     top:20px;
     left:10px;}
#a{
width:250px;
   height:300px;
   margin-left:20px;
   background-color:#ee00ee;
   border:2px outset #000000;}
</style>
</head>
<body>
<div id="all">
   <div id="fixed"> 固定的容器 </div>
   <div id="a"> 无定位的 div 容器 </div>
</div>
</body>
</html>
```

在本例中为外部 Div 设置了 # ccc0cc 背景色，为内部无定位的 Div 设置了 #ee00ee 背景色，而为固定定位的 Div 容器设置了 #9c9000 背景色，并设置了 outset 类型的边框。在浏览器中浏览的效果如图 11-6 和图 11-7 所示。

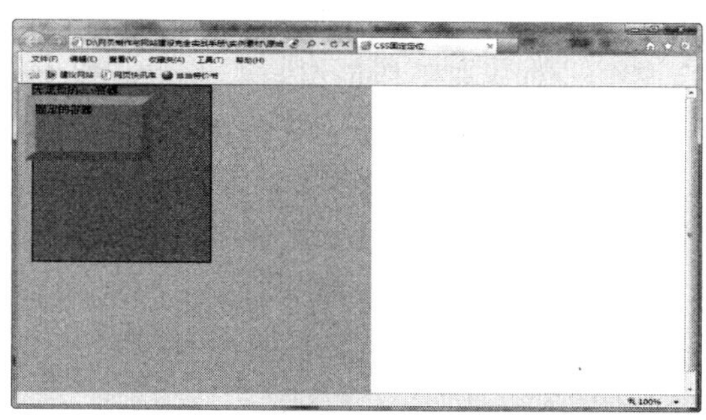

图 11-6　固定定位效果

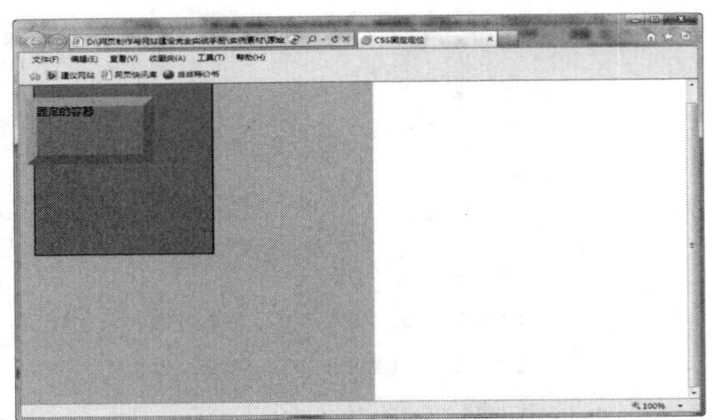

图 11-7 拖动浏览器后的效果

2. float 属性

在应用 Web 标准创建网页后，float 浮动属性是元素定位中非常重要的属性，经常通过对 Div 元素应用 float 浮动来进行定位，不但可以对整个版式进行规划，还可以对一些基本元素如导航等进行排列，语法如下。

```
float:none|left|right
```

none 是默认值，表示对象不浮动；left 表示对象浮在左侧；right 表示对象浮在右边。CSS 允许任何元素浮动 float，无论是图像、段落还是列表。无论先前元素是什么状态，浮动后都成为块级元素。浮动元素的宽度默认为 auto。

指点迷津

浮动有一系列控制它的规则，具体如下。

- 浮动元素的外边缘不会超过其父元素的内边缘。
- 浮动元素不会互相重叠。
- 浮动元素不会上下浮动。

float 属性的工作原理并不简单，需要在实践中不断地总结经验。下面通过几个小实例，来说明它的基本工作情况。如果 float 取值为 none 或没有设置 float 时，不会发生任何浮动，块元素独占一行，紧随其后的块元素将在新行中显示。其代码如下所示，在浏览器中浏览的效果如图 11-8 所示。可以看到由于没有设置 Div 的 float 属性，因此每个 Div 都单独占一行，两个 Div 分两行显示。

```
<!doctype html>
<html>
<head>
<meta charset="utf-8">
 <title>没有设置 float 时</title>
 <style type="text/css">
   #content_a {width:200px;
height:80px; border:2px solid
#000000;
margin:15px; background:#0ccccc;}
   #content_b {width:200px;
height:80px; border:2px solid
#000000;
margin:15px; background:#ff00ff;}
</style>
</head>
<body>
  <div id="content_a">这是第一个
div</div>
  <div id="content_b">这是第二个
div</div>
</body>
</html>
```

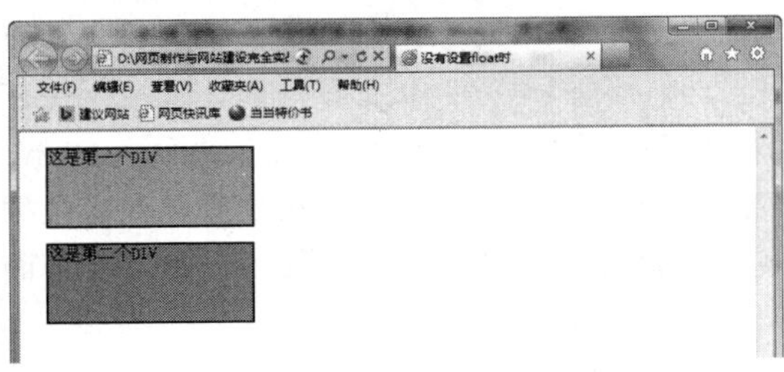

图 11-8 没有设置 float

下面修改一下代码，使用 float:left 对 content_a 应用向左的浮动，而 content_b 不应用任何浮动。其代码如下所示，在浏览器中浏览的效果如图 11-9 所示。可以看到对 content_a 应用向左的浮动后，content_a 向左浮动，content_b 在水平方向紧跟着在它的后面，两个 Div 占一行，在一行上并列显示。

```
<!doctype html>
<html>
<head>
<meta charset="utf-8">
 <title>一个设置为左浮动，一个不设置浮
动</title>
```

```
    <style type="text/css">
     #content_a {width:200px;
height:80px; float:left;
    border:2px solid #000000;
margin:15px; background:#0ccccc;}
     #content_b {width:200px;
height:80px; border:2px solid
#000000;
     margin:15px; background:#ff00ff;}
    </style>
    </head>
    <body>
     <div id="content_a">这是第一个
div 向左浮动 </div>
    <div id="content_b">这是第二个 div
不应用浮动 </div>
    </body>
    </html>
```

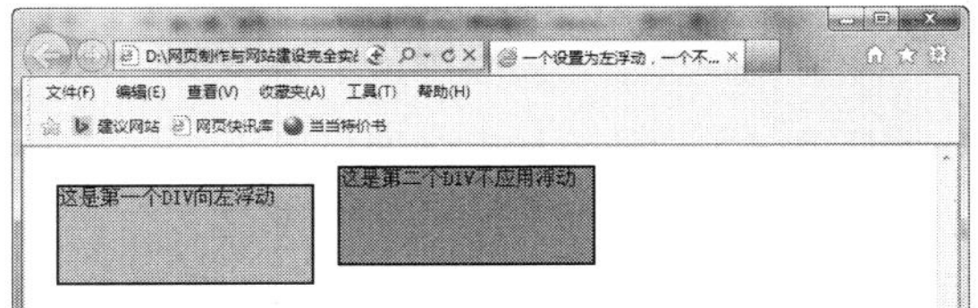

图 11-9　一个设置为左浮动，一个不设置浮动

下面修改一下代码，同时对这两个容器应用向左的浮动，其 CSS 代码如下所示，在浏览器中浏览的效果如图 11-10 所示，两个 Div 占一行，在一行上并列显示。

```
    <style type="text/css">
     #content_a {width:200px;
height:80px; float:left; border:2px
solid #000000;
    margin:15px; background:#0ccccc;}
     #content_b {width:200px;
height:80px; float:left; border:2px
solid #000000;
    margin:15px; background:#ff00ff;}
     </style>
```

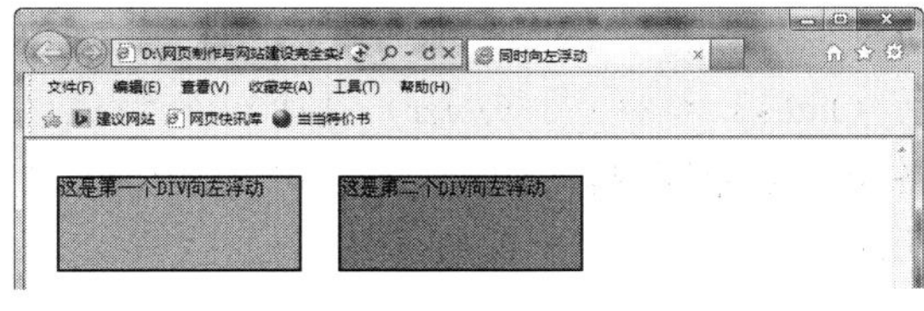

图 11-10　同时向左浮动

下面修改上面代码中的两个元素，同时应用向右浮动，其 CSS 代码如下所示，在浏览器中浏览的效果如图 11-11 所示。可以看到同时对两个元素应用向右的浮动基本保持了一致，但要注意方向性，第二个在左侧，第一个在右侧。

```
    <style type="text/css">
     #content_a {width:200px;
height:80px; float:right; border:2px
solid #000000; margin:15px;
background:#0ccccc;}
     #content_b {width:200px;
height:80px; float:right; border:2px
solid #000000; margin:15px;
background:#ff00ff;}
     </style>
```

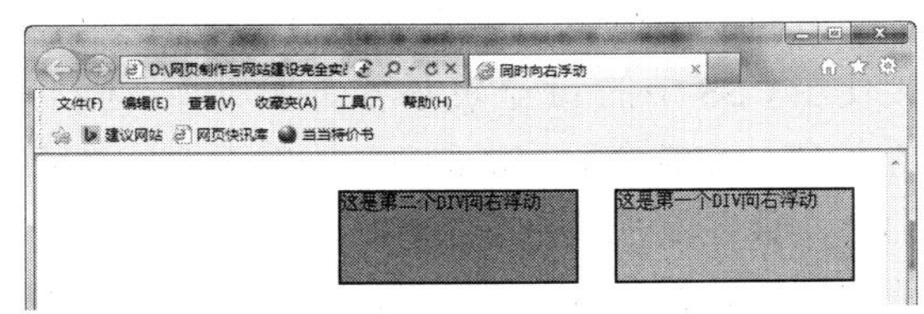

图 11-11　同时向右浮动

11.3　CSS+Div 布局的常用方法

无论是使用表格还是使用 CSS，网页布局都是把大块的内容放进网页的不同区域。有了 CSS，最常用来组织内容的元素就是 <Div> 标签。CSS 排版是一种排版理念，首先要将页面使用 <Div> 整体划分几个板块，然后对各个板块进行 CSS 定位，最后在各个板块中添加相应的内容。

11.3.1 使用 Div 对页面整体规划

在利用 CSS 布局页面时，首先要有一个整体的规划，包括整个页面分成哪些板块，各个板块之间的父子关系等。以最简单的框架为例，页面由 banner、主体内容（content）、菜单导航（links）和脚注（footer）几个部分组成，各个部分分别用自己的 id 来标识，如图 11-12 所示。

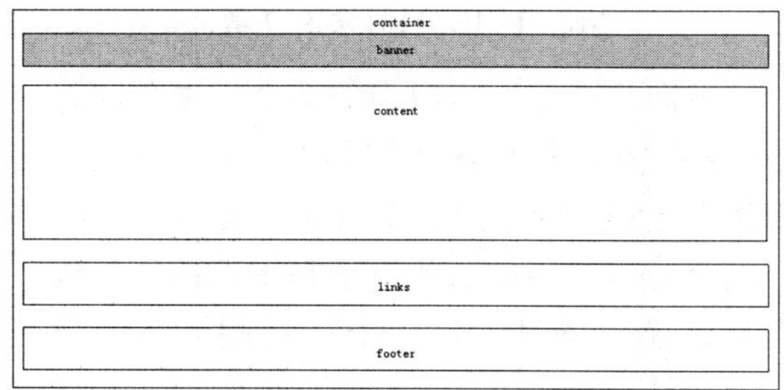

图 11-12　页面内容框架

其页面中的 HTML 框架代码如下所示。

```
<div id="container">container
  <div id="banner">banner</div>
    <div id="content">content</
div>
    <div id="links">links</div>
    <div id="footer">footer</div>
</div>
```

实例中每个板块都是一个 <Div>，这里直接使用 CSS 中的 id 来表示各个板块，页面的所有 Div 块都属于 container，一般的 Div 排版都会在最外面加上这个父 Div，便于对页面的整体进行调整。对于每个 Div 块，还可以再加入各种元素或行内元素。

11.3.2 设计各块的位置

当页面的内容已经确定后，则需要根据内容本身考虑整体的页面布局类型，例如单栏、双栏或三栏等，这里采用的布局如图 11-13 所示。由图 11-13 可以看出，在页面外部有一个整体的框架 container，banner 位于页面整体框架中的最上方，content 与 links 位于页面的中部，其中 content 占据着页面的绝大部分。最下面是页面的脚注 footer。

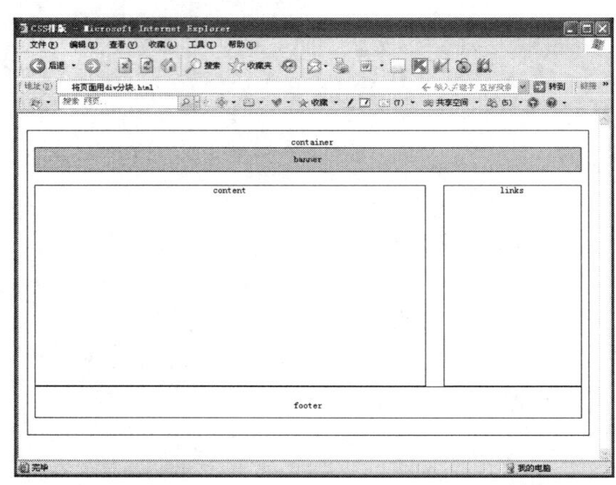

图 11-13　简单的页面框架

11.3.3 使用 CSS 定位

整理好页面的框架后，即可利用 CSS 对各个板块进行定位，实现对页面的整体规划，然后再往各个板块中添加内容。下面首先对 body 标记与 container 父块进行设置，CSS 代码如下。

```
body {
    margin:15px;
    text-align:center;
}
#container{
    width:1000px;
    border:1px solid #000000;
    padding:10px;
}
```

上面代码设置了页面的边界和页面文本的对齐方式，以及父块的宽度为 1000px。下面设置 banner 板块，其 CSS 代码如下。

```
#banner{
    margin-bottom:5px;
    padding:20px;
    background-color:#aaaa0f;
    border:1px solid #000000;
    text-align:center;
```

```
    }
```

这里设置了 banner 板块的边界、填充和背景颜色等。

下面利用 float 方法将 content 移至左侧，links 移至页面右侧，这里分别设置了这两个板块的宽度和高度，可以根据需要调整，代码如下。

```
    #content{
        float:left;
        width:670px;
        height:300px;
        background-color:#ca0a0f;
        border:1px solid #000000;
        text-align:center;
    }
    #links{
        float:right;
        width:300px;
        height:300px;
        background-color:yellow;
        border:1px solid #000000;
        text-align:center;
    }
```

由于 content 和 links 对象都设置了浮动属性，因此 footer 需要设置 clear 属性，使其不受浮动的影响，代码如下。

```
    #footer{
        clear:both;     /* 不受float影响
*/
        padding:10px;
        border:1px solid #000000;
        background-color:green;
        text-align:center;
    }
```

这样页面的整体框架便搭建好了，如图 11-14 所示。这里需要指出的是 content 块中不能放宽度太长的元素，如很长的图片或不折行的英文等，否则 links 将再次被挤到 content 下方。

后期维护时如果希望 content 的位置与 links 对调，只需要将 content 和 links 属性中的 left 和 right 改变即可。这是传统的排版方式所不可能实现的，也是 CSS 排版的魅力之一。

另外，如果 links 的内容比 content 的内容长，在 IE 浏览器上 footer 就会贴在 content 下方而与 links 出现重合。

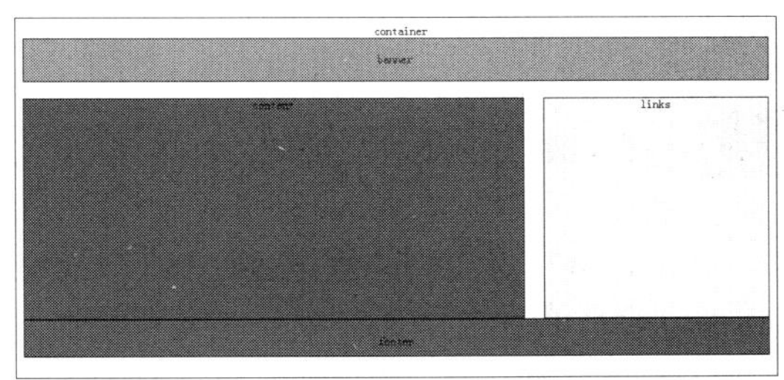

图 11-14　搭建好的页面布局

11.4 本章小结

CSS+Div 的优点众所周知，简单来说，就是将网页的表现和内容分离。从设计分工的角度来看，便于分工合作，美工就管切图和制作 CSS，程序员则专心代码就可以了。从另外一个角度来说，除网站外，现在的应用程序也多以网页形式输出，无论你是网页设计师还是程序员，掌握 CSS 总是一件非常重要的事。

第 12 章　使用 jQuery UI 和 jQuery 特效

本章导读

有时你仅是为了实现一个渐变的动画效果而不得不把JavaScript学习一遍，然后编写大量代码。直到 jQuery 的出现，让开发人员从一大堆烦琐的 JavaScript 代码中解脱出来，取而代之的是几行 jQuery 代码。而 jQuery UI 则是在 jQuery 基础上开发的一套界面工具，几乎包括了网页上你所能想到和用到的插件以及动画特效，让一个毫无艺术感的编程人员不费吹灰之力即可做出令人炫目的界面。

技术要点

- Tabs 选项卡设计
- Accordion 设计折叠面板
- Dialog 设计对话框
- Shake 设计振动特效
- Highlight 设计高亮特效
- 设计页视图

12.1 Tabs 选项卡设计

在制作网页时我们经常会制作选项卡效果，但如果 JavaScript 技术不好就很难做出来，其实，Dreamweaver 提供了一个不错的选项卡制作功能，使用 spry 制作选项卡效果。本节将在页面中插入一个 Tab 选项卡，设计一个登录表单的切换版面，当鼠标经过时，会自动切换表单面板，具体的操作步骤如下。

01 启动 Dreamweaver，打开网页文件，然后选择“插入”|jQuery UI|Tabs 命令，如图 12-1 所示。在页面中插入 Tab 面板，如图 12-2 所示。

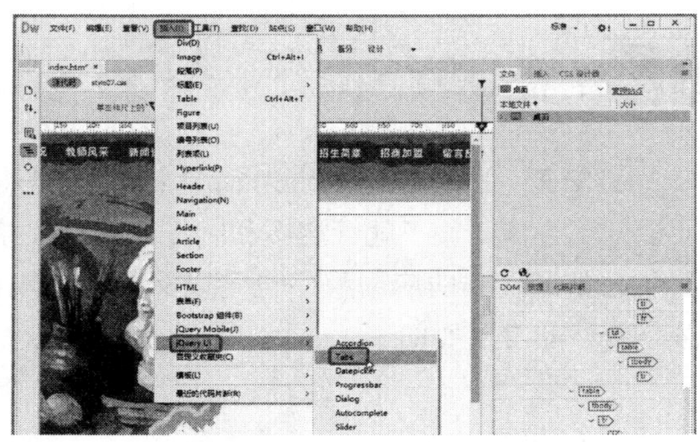

图 12-1　选择 Tabs 命令

02 单击选中 Tab 面板，可以在“属性”面板中设置选项卡的相关属性，同时可以在编辑窗口中修改标题名称，并填写面板内容，如图 12-3 所示。

03 设置完成后，保存文档，Dreamweaver 会弹出“复制相关文件”对话框，要求保存相关的技术支持文件，如图 12-4 所示，单击“确定”按钮关闭该对话框即可。

图 12-2　在页面中插入 Tab 面板

图 12-3　设置选项卡属性并修改标题名称

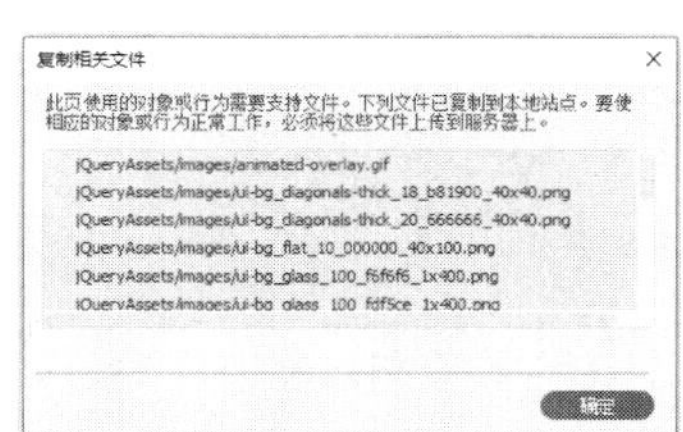

图 12-4　保存相关的技术支持文件

04 在内容框中分别输入内容，这里插入表单，如图 12-5 所示。

图 12-5　插入表单

05 选择“窗口”|“CSS 设计器”命令，打开“CSS 设计器”面板，在该面板中清除 padding 默认值，如图 12-6 所示。

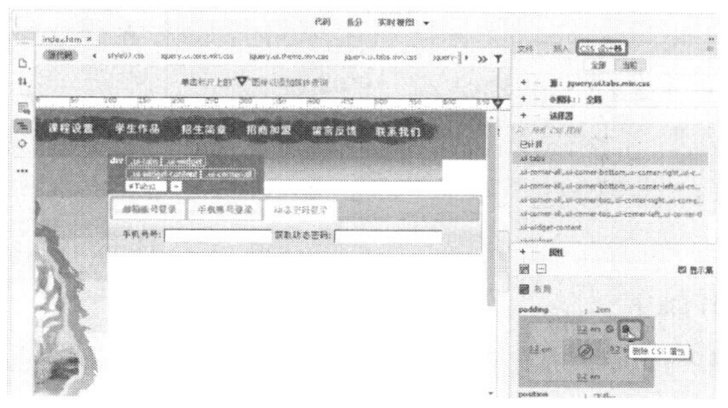

图 12-6　清除 padding 默认值

06 最终的实例效果如图 12-7 和图 12-8 所示。

图 12-7　选项卡 1

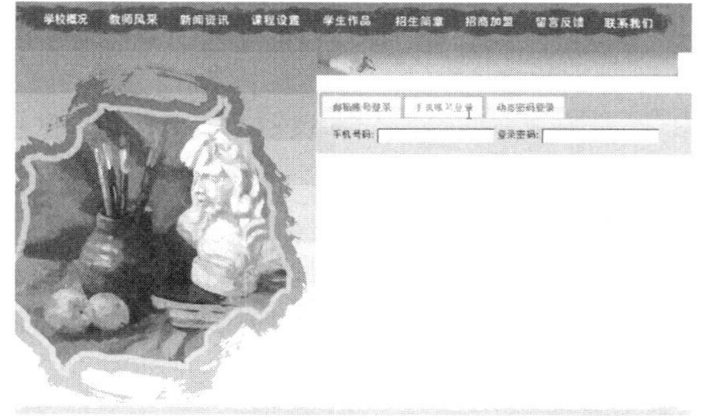

图 12-8　选项卡 2

12.2 Accordion 设计折叠面板

jQuery Accordion 用于创建折叠菜单，在同一时刻只能有一个内容框被打开，每个内容框有一个与之关联的标题，用来打开该内容框，同时会隐藏其他内容框。在默认情况下，折叠面板总是保持一部分是打开的。

本节将在页面中插入一个可折叠面板，当鼠标经过时，会自动切换折叠面板，在 Dreamweaver 中插入 Accordion 的具体操作步骤如下。

01 打开网页文件，将光标置于页面中要插入 Accordion 的位置，选择“插入”|jQuery UI|Accordion 命令，如图 12-9 所示。在页面中插入折叠面板，如图 12-10 所示。

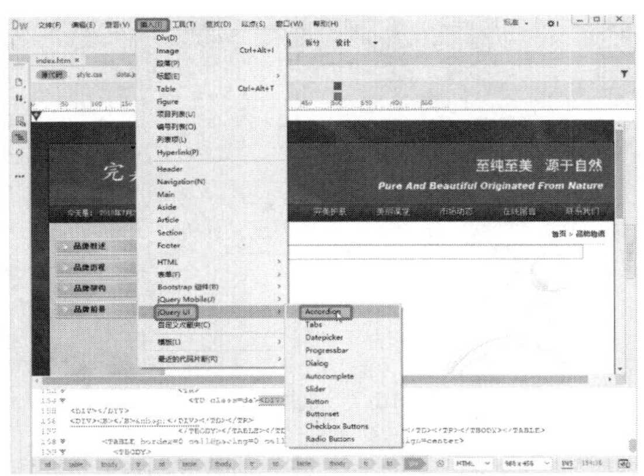

图 12-9　执行 Accordion 命令

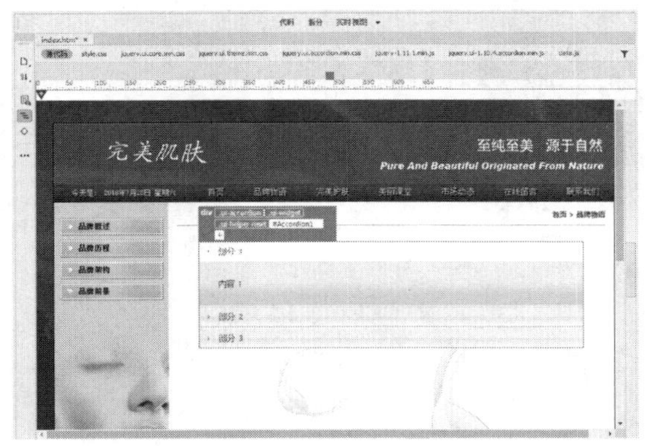

图 12-10　插入折叠面板

02 单击选中 Accordion 面板，可以在“属性”面板中设置 Accordion 面板的相关属性，同时可以在编辑窗口中修改标题名称并填写面板内容，如图 12-11 所示。

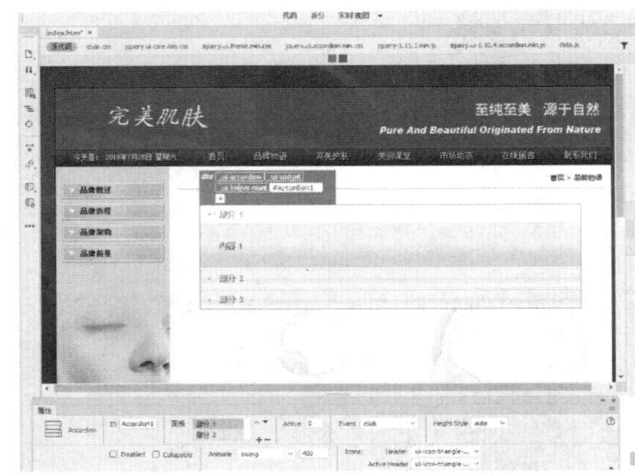

图 12-11　设置 Accordion 属性

03 设置完毕后，保存文档，Dreamweaver 会弹出“复制相关文件”对话框，要求保存相关的技术支持文件，如图 12-12 所示。

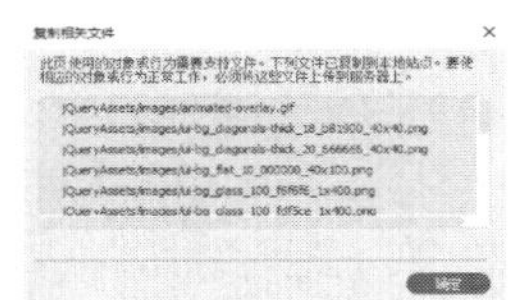

图 12-12　保存相关的技术支持文件

04 在内容框中分别输入内容，如图 12-13 所示，并修改标题文字，在“属性”面板中设置折叠面板的属性。

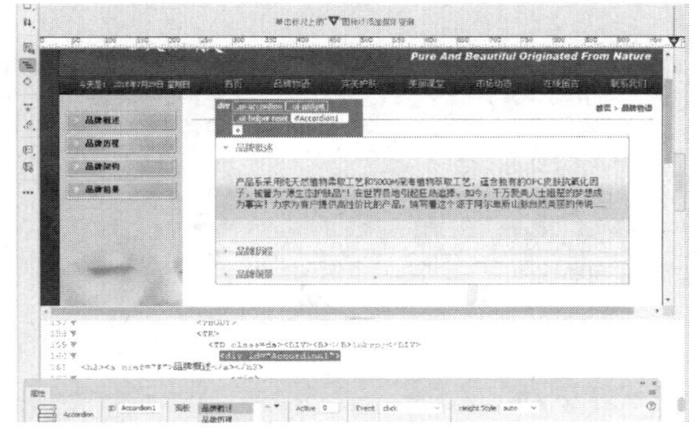

图 12-13　在内容框中分别输入内容

05 最终效果如图 12-14 所示。

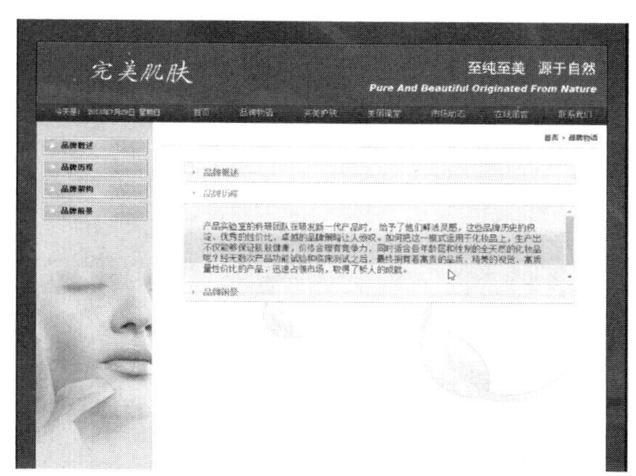

图 12-14　可折叠面板的最终效果

12.3 Dialog 设计对话框

Dialog 提供了一个功能强大的对话框组件，应用比较广泛，该对话框组件可以显示消息或附加内容，如可以使用弹出层显示登录、注册和消息提示等。运用 Dialog 的好处就是不用刷新网页，直接弹出一个 Div 层，让浏览者输入信息，使用起来也比较方便。具体操作步骤如下。

01 启动 Dreamweaver，打开网页文档，如图 12-15 所示。

图 12-15　打开网页文档

02 将光标置于页面所在的位置，然后插入图像 images/on.png，ID 命名为 help，如图 12-16 所示。

03 选中插入的图像，打开“行为”面板，为当前图像绑定交换图像行为，详细设置如图 12-17 所示。绑定行为之后，在“行为”面板中设置触发事件，交换图像为 onmouseover，恢复交换图像为 onmouseout，如图 12-18 所示。

图 12-16　插入图像

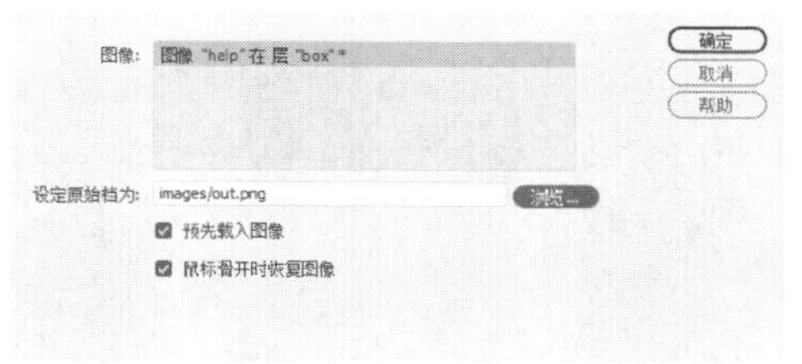

图 12-17　绑定交换图像行为

04 在页面内单击，将鼠标指针置于页面内，不要选中任何对象并选择“插入”|jQuery

UI|Dialog 命令，在页面当前位置插入一个对话框，如图 12-19 所示。

图 12-18 设置触发事件

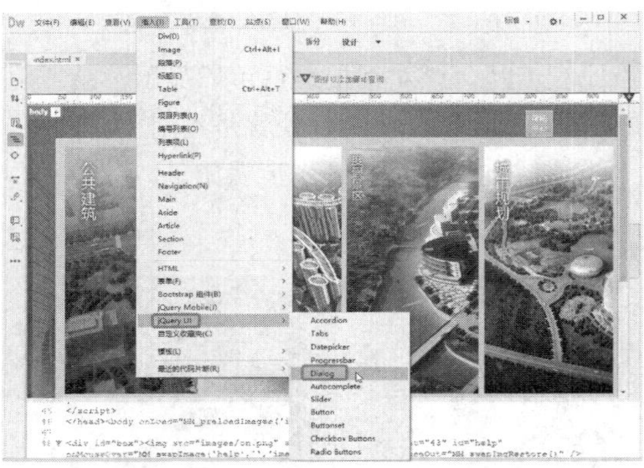

图 12-19 执行 Dialog 命令

05 选中 Dialog 面板，可以在“属性”面板中设置对话框的相关属性，同时可以在编辑窗口中修改对话框面板的内容，如图 12-20 所示。

图 12-20 设置对话框的相关属性

06 设置完成后，保存文档，Dreamweaver 会弹出“复制相关文件”对话框，要求保存相关的技术支持文件，如图 12-21 所示。

图 12-21 保存相关的技术支持文件

07 切换到“代码”视图，可以看到自动生成的脚本。

```
<script type="text/Javascript">
$(function() {
  $( "#Dialog1" ).dialog({
        width:450,
        height:400,
        title:" 帮助中心 ",
       autopen: false,
        maxWidth:500,
        maxHeight:500
  });
});
</script>
```

08 在 $(function(){} 函数体内增加如下代码，为交换图像绑定激活对话框的行为。

```
$( "#Dialog1" ).dialog({
  });
    $( "#help" ).click(function()
{
        $( "#Dialog1" ).dialog(
"open" );
    });
```

09 在浏览器中浏览，效果如图 12-22 所示。

图 12-22　弹出对话框

12.4　Shake 设计振动特效

振动特效可以让对象振动显示，本节使用 jQuery 振动特效设计窗口动态效果，当打开首页后，页面将会显示下一个摆动的广告窗口，以提醒浏览者点击收看该广告。本例中将在页面中插入一个广告图片，并设计在页面初始化后广告图片不停地振动，以提示用户点击，具体的操作步骤如下。

01 打开网页文档，将光标置于页面所在的位置，选择“插入”|“图像”|“图像”命令，打开“选择图像源文件”对话框，在 images 文件夹中找到图片文件 about2.jpg，并插入到页面中，如图 12-23 所示。

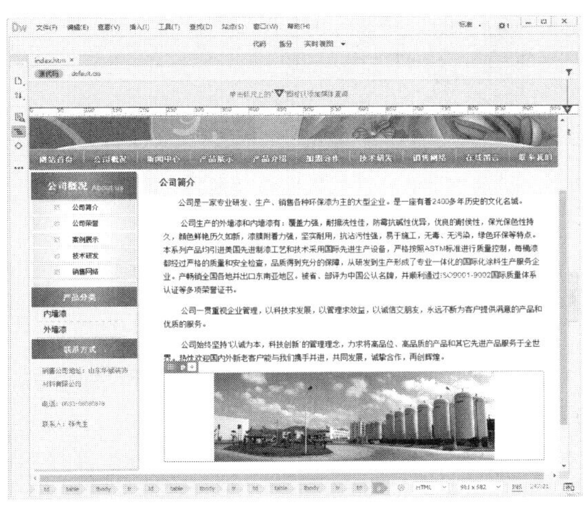

图 12-23　插入图片

02 选中插入的图像，在“属性”面板中为图像定义 ID 为 hao，具体设置如图 12-24 所示。

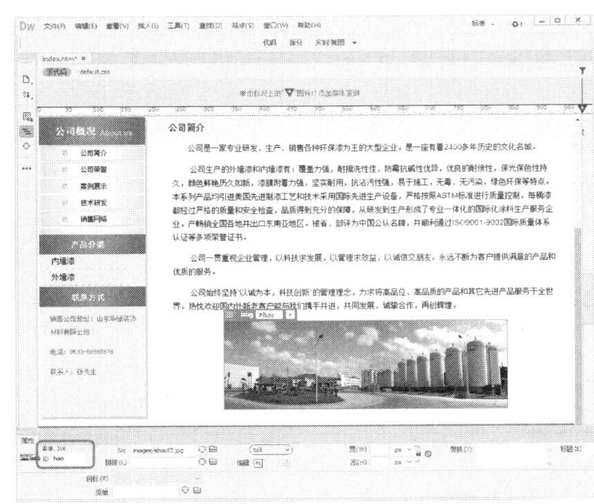

图 12-24　图像定义 ID 为 hao

03 选中 ID 为 hao 的图像，选择“图像”|“行为”命令，打开“行为”面板，单击 + 按钮，从弹出的菜单中选择“效果”|Shake 命令，如

图 12-25 所示。

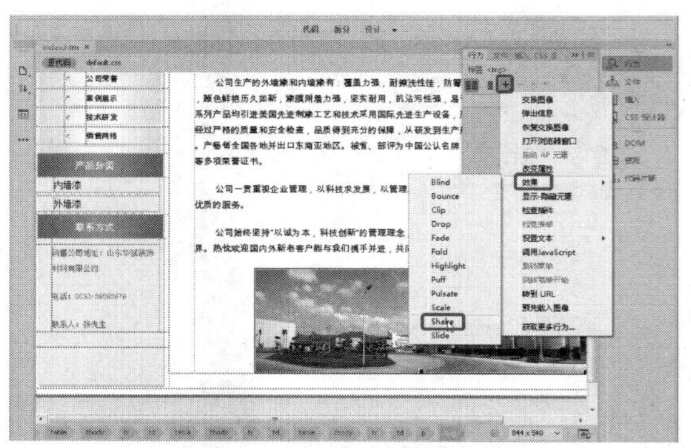

图 12-25　选择 Shake 命令

04 打开 Shake 对话框，设置“目标元素”为“<当前选定内容>”，“效果持续时间”为 2000ms，“方向”为 left，即定义目标对象为左振动，“距离”定义为 20 像素，“次”为 5，如图 12-26 所示。

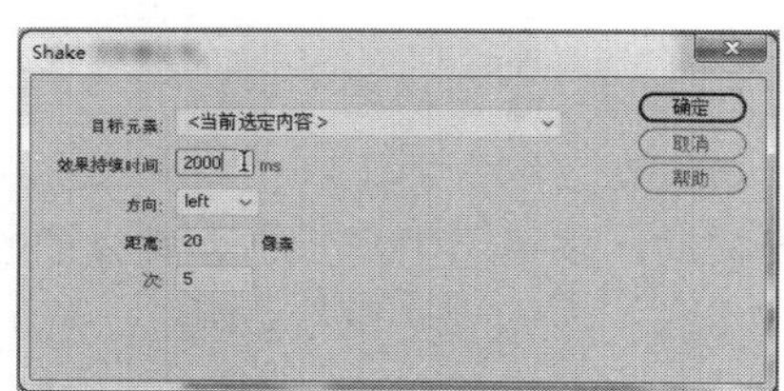

图 12-26　设置 Shake 对话框

05 在“行为”面板中可以看到新增的行为，单击 onclick，从弹出的下拉菜单中选择 onload 选项，即页面初始化后就自动让图片振动显示，如图 12-27 所示。

06 保存页面，此时 Dreamweaver 会弹出“复制相关文件”对话框，提示保存两个插件文件，单击“确定”按钮，如图 12-28 所示。

07 在浏览器中预览，当页面初始化完成后，在页面中显示的广告会左右振动一下，以提示浏览者注意查看，如图 12-29 所示。

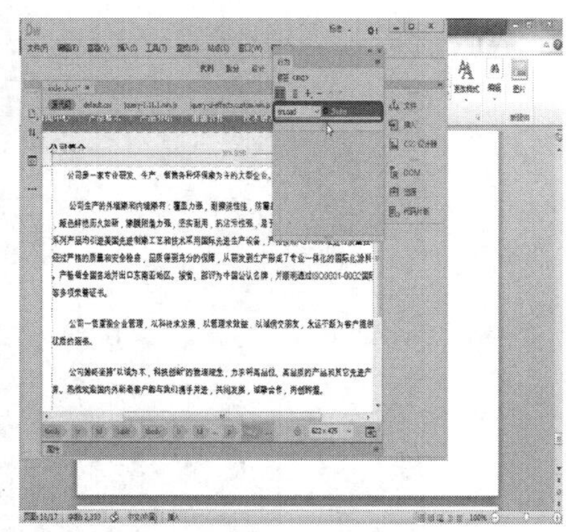

图 12-27　“行为”面板中设置参数

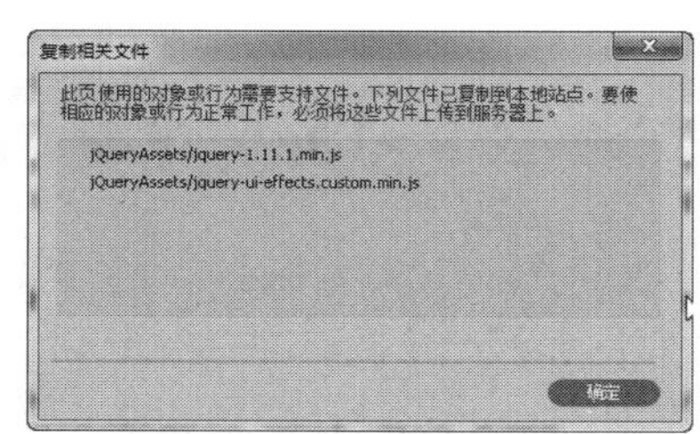

图 12-28　提示保存插件文件

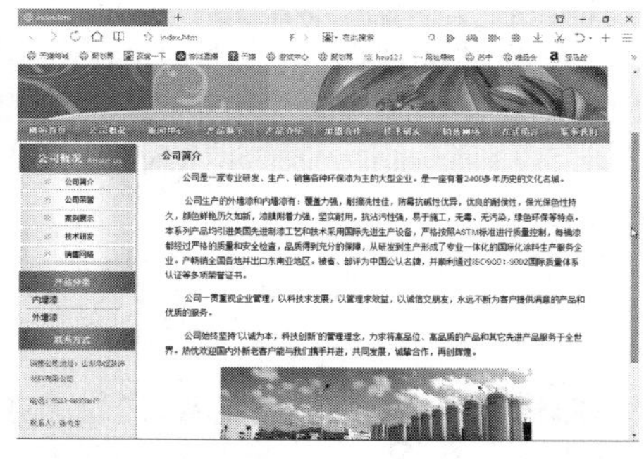

图 12-29　振动效果

12.5　Highlight 设计高亮特效

高亮特效可以为指定对象设置高亮显示效果，经常用来制作交互提示特效，如鼠标经过时，呈现高亮显示效果，或鼠标单击目标对象时，使目标对象高亮显示。

本节制作一个高亮特效实例，鼠标经过文本时，呈现高亮闪现效果，以增强文本的交互特性，具体的操作步骤如下。

01 启动 Dreamweaver，打开网页文件，将光标置于页面所在的位置，如图 12-30 所示。

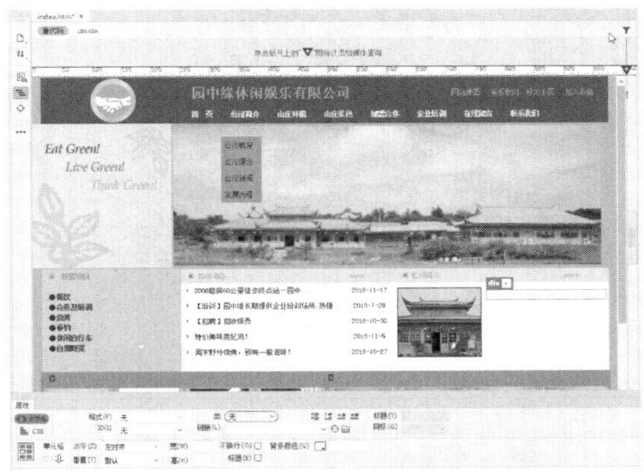

图 12-30 打开网页

02 输入段落文本，并在“CSS 设计器”面板中设置文本的样式，如图 12-31 所示。

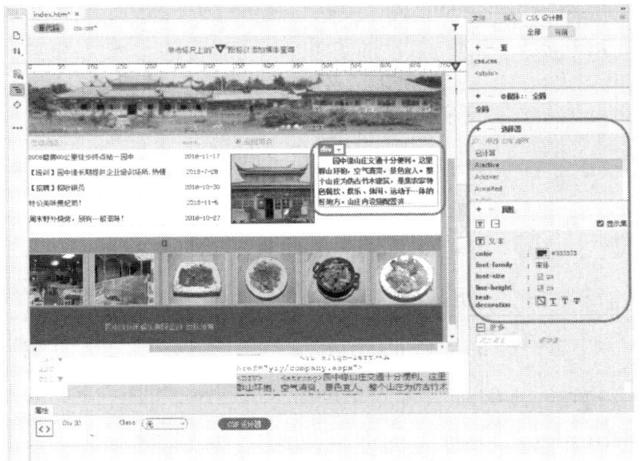

图 12-31 输入段落文本并设置文本的样式

03 选中正文内容及其标签，选择“窗口”|“行为”命令，打开“行为”面板，单击 + 按钮，从弹出的菜单中选择“效果”|Highlight 命令，如图 12-32 所示。

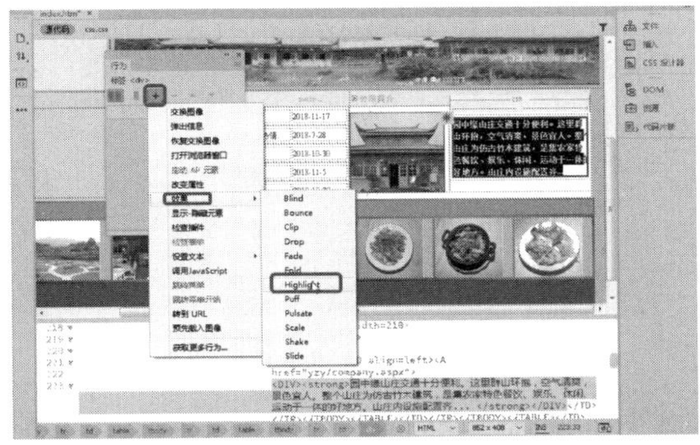

图 12-32 选择 Highlight 命令

04 打开 Highlight 对话框，设置“目标元素”为“<当前选定内容>”，“效果持续时间”为 1000ms，即 1 秒，设置“可见性”为 show，设置“颜色”为 #FDFD37，即定义高亮颜色为亮黄色，如图 12-33 所示。

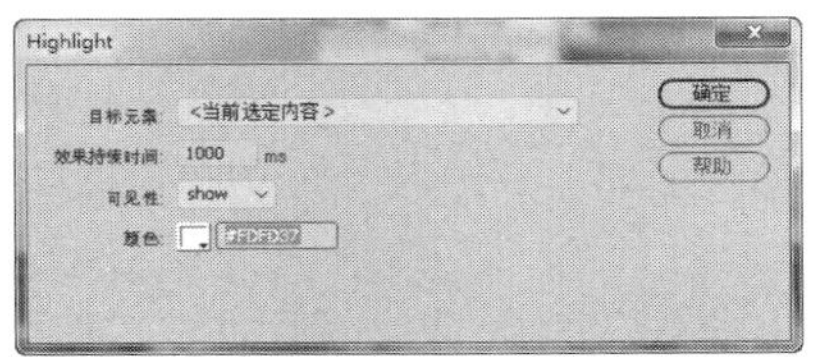

图 12-33 设置 Highlight 对话框

05 在“行为”面板中可以看到新增的行为，单击左侧的 onclick，从弹出的菜单中选择 onMouseOver，即设计当鼠标经过正文区域时，将触发高亮特效，如图 12-34 所示。

图 12-34 设置“行为”面板

06 保存网页，此时 Dreamweaver 会弹出“复制相关文件”对话框，提示保存两个插件文件，如图 12-35 所示。

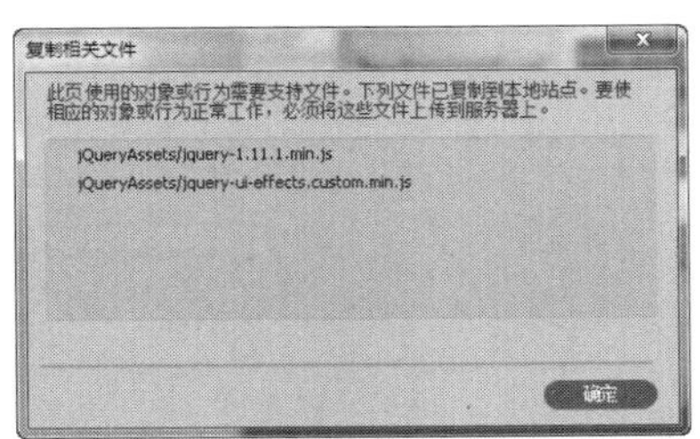

图 12-35 保存两个插件文件

07 在浏览器中预览，当鼠标移至正文上时，文字会高亮显示，如图 12-36 所示。

图 12-36　文字高亮显示效果

12.6 设计页视图

视图是 jQuery Mobile 提供的标准的页面结构模型，在 <body> 标签中插入一个 <Div> 标签，为该标签定义 data-role 属性，设置值为 page，即可设计一个视图。视图一般包含 3 个基本结构，分别是 data-role 属性为 header、content、footer 的 3 个子容器，它们用来定义标题、内容、脚注 3 个页面组成部分，用于包裹移动页面包含的不同内容。

下面将创建一个基本的 jQuery Mobile 页面，具体的操作步骤如下。

01 启动 Dreamweaver，选择“文件”|“新建”命令，打开“新建文档”对话框，如图 12-37 所示，在该对话框中选择“新建文档”选项，设置文档类型为 HTML 5，然后单击“确定”按钮，完成文档的创建。

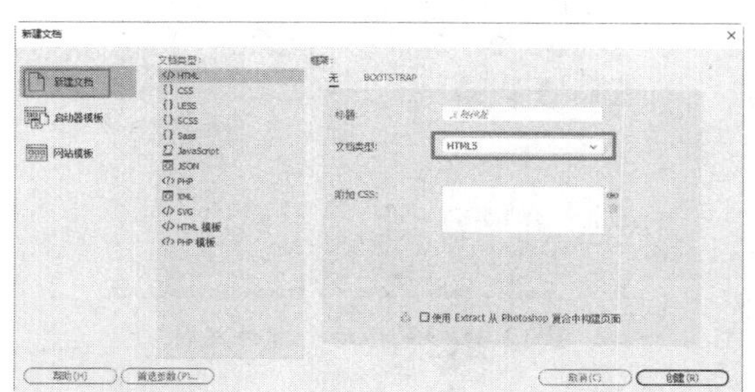

图 12-37　“新建文档”对话框

02 保存文档为 index.html，选择“插入”|jQuery Mobile|“页面”命令，如图 12-38 所示。

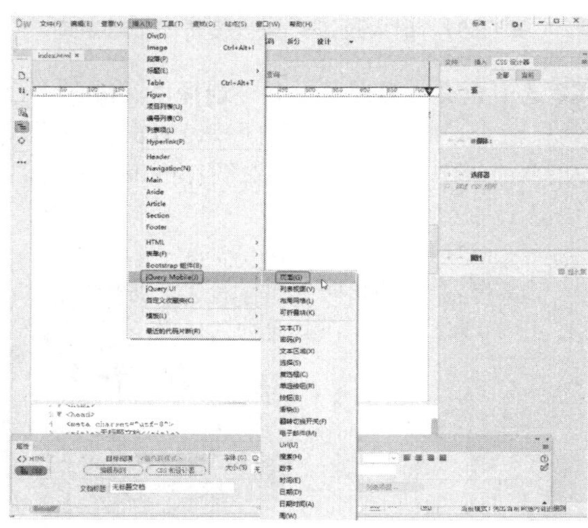

图 12-38　选择“页面”命令

03 打开“jQuery Mobile 文件”对话框，保持默认设置，如图 12-39 所示。

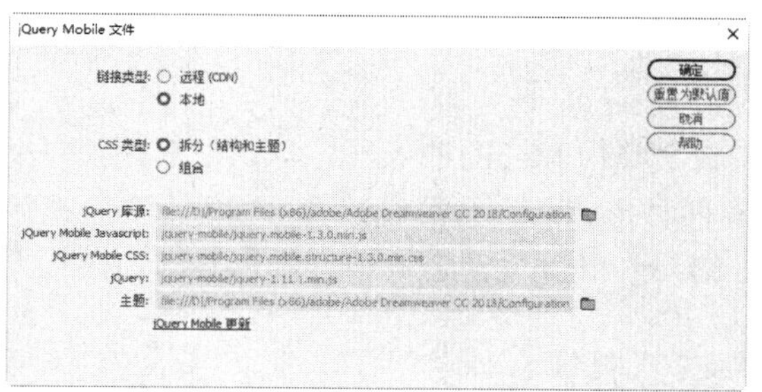

图 12-39 “jQuery Mobile 文件”对话框

04 单击“确定”按钮，打开“页面”对话框，设置页面的 ID 值，以及页面是否包含标题和脚注，如图 12-40 所示。

图 12-40 设置“页面”对话框

05 单击“确定”按钮，可以快速创建一个移动页面，如图 12-41 所示。

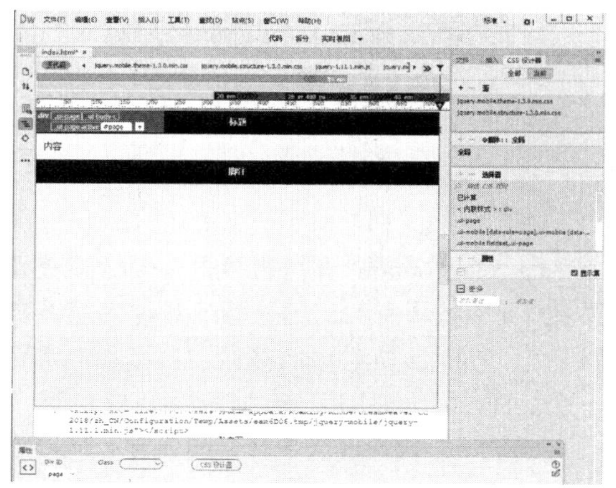

图 12-41 快速创建一个移动页面

06 一般情况下，移动设备的浏览器默认都以 900px 的宽度显示页面，这种宽度会导致屏幕缩小，页面放大，不适合网页浏览。如果在网页中添加如下代码，可使页面的宽度与移动设备的屏幕宽度相同，更适合浏览，如图 12-42 所示。

```
<meta name="viewport"
content="width=device-width,initial-
scale=1" />
```

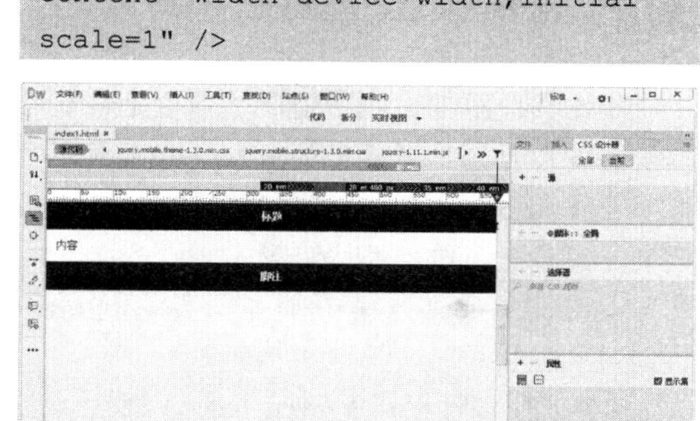

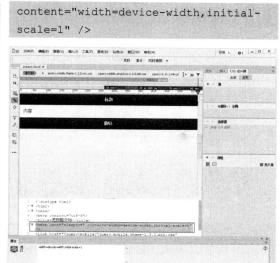

图 12-42 添加代码

07 保存文档，Dreamweaver 会弹出“复制相关文件”对话框，要求保存相关的技术支持文件，如图 12-43 所示，单击“确定”按钮关闭该对话框即可。

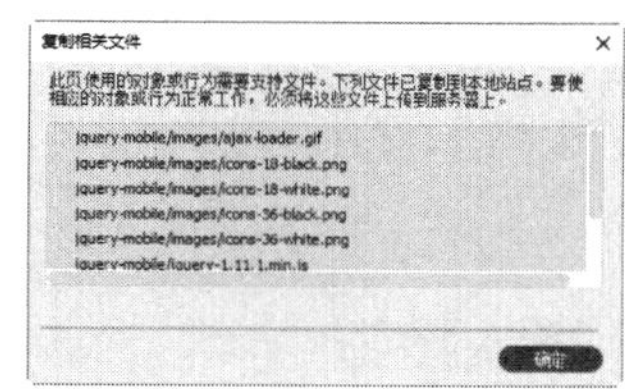

图 12-43 保存相关的技术支持文件

08 在浏览器中预览效果，如图 12-44 所示。

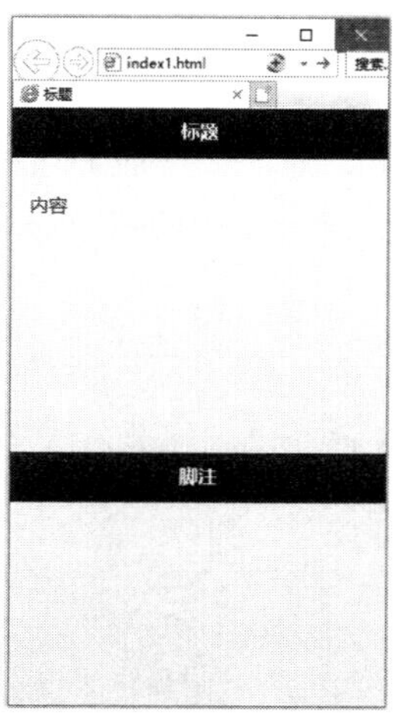

图 12-44 浏览效果

12.7 使用按钮组件

相比其他组件，按钮是最基本也是最常见的，在 jQuery Mobile 框架中，默认按钮是横向根据屏幕宽度自适应的。jQuery Mobile 按钮组件，有两种形式：一种是通过 <a> 标签定义，在该标签中添加 data-role，设置属性值为 button 即可，jQuery Mobile 便会自动为该标签添加样式类属性，设计成可单击的按钮形式。

```
    <a data-role="button" data-inline="true">内联链接按钮 1</a>
    <a data-role="button" data-inline="true">内联链接按钮 2</a>
```

另一种是表单按钮对象，在表单内无须添加 data-role 属性，jQuery Mobile 会自动把 <input> 标签中 type 属性值为 submit、reset、button 的对象设计成按钮形式。

```
    <button>button</button>
    <input type="button" value="input button"/>
    <input type="submit" value="input submit"/>
    <input type="reset" value="input reset"/>
    <input type="image" value="input image"/>
```

12.7.1 插入按钮

在 jQuery Mobile 中，按钮组件默认显示为块状，自动填充页面宽度。

一般常见的 3 种按钮样式分别是：给 <a> 标签添加样式；给 <input> 设置为 button 值；直接用 <button> 标签。一般的按钮都是行内框的，但 jQuery Mobile 中的按钮都是块级元素，如图 12-45 所示。

```
    <div data-role="page" id="page">
      <div data-role="header">
            <h1>三种按钮<h1>
      </div>
      <div data-role="content">
            <a href="#" data-role="button">超链接按钮</a>
            <button>button 按钮</
```

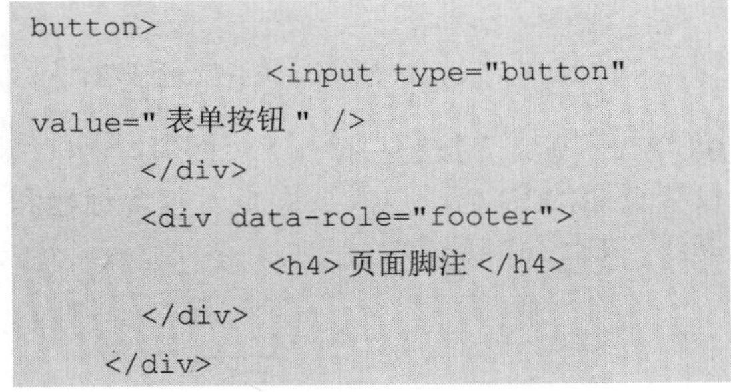

```
button>
            <input type="button" value="表单按钮" />
      </div>
      <div data-role="footer">
            <h4>页面脚注</h4>
      </div>
    </div>
```

图 12-45　插入按钮

在利用 <a> 标签时，只需要给 <a> 标签加上 data-role="button" 即可直接把 <a> 标签变成按钮。a 标签中有 href 的按钮一般称为“导航按钮”。因为 a 标签做的按钮会直接跳转到另一个页面。

默认一个按钮占据一行，如果有多个按钮要显示在同一行，需要为每个按钮设置 data-inline="true" 属性，如图 12-46 所示。

```
    <div data-role="page" id="page">
      <div data-role="header">
            <h1>三种按钮<h1>
      </div>
      <div data-role="content">
            <a href="#" data-role="button" data-inline="true">超链
```

```
接按钮</a>
            <button data-inline="true">button按钮</button>
            <input type="button" data-inline="true" value="表单按钮" />
      </div>
      <div data-role="footer">
            <h4>页面脚注</h4>
      </div>
   </div>
```

图 12-46　显示在同一行的按钮

12.7.2　按钮组的排列

在制作网页时，经常会看到几排按钮，有的要求水平放置，有的要求垂直放置。在默认情况下，组按钮表现为垂直列表，如果为容器添加 data-type="horizontal" 属性，则可以转换为水平按钮的列表，按钮会横向一个挨着一个地水平排列，并设置足够大以适应内容的宽度。data-type="horizontal/vertical"，horizontal 指的是水平放置，vertical 指的是垂直放置。

```
   <div data-role="page" id="page">
         <div data-role="header">
            <h1>这是页头</h1>
      </div>
      <div data-role="main" class="ui-content">
            <div data-role="controlgroup" data-type="horizontal">
                  <a data-role="button" >公司简介</a>
                  <a data-role="button" >企业新闻</a>
                  <a data-role="button" >主营产品</a>
                     <a data-role="button" >联系我们</a>
            </div>
            <div data-role="controlgroup" data-type="vertical">
                  <a data-role="button" >男装</a>
                  <a data-role="button" >女装</a>
                  <a data-role="button" >童装</a>
            </div>
         </div>
         <div data-role="footer" data-position="fixed">
            <h1>这是页脚</h1>
       </div>
    </div>
```

data-role="controlgroup" 用来创建一个组合，水平和垂直按钮都会紧紧地贴在一起，如图 12-47 所示。

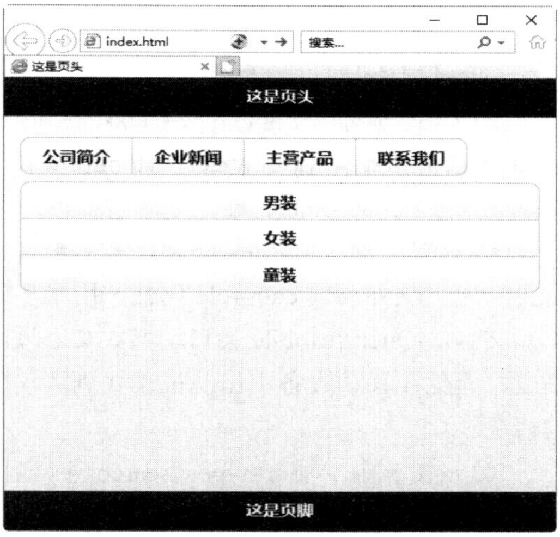

图 12-47　按钮组的水平和垂直排列

12.8 使用表单组件

jQuery Mobile 提供了一套基于 HTML 的表单对象，所有的表单对象由原始代码升级为 jQuery Mobile 组件，并调用组件内置方法与属性，实现在 jQuery Mobile 下表单的各项功能。

12.8.1 认识表单组件

jQuery Mobile 中的表单组件是基于标准 HTML 的，然后在此基础上增强样式，因此即使浏览器不支持 jQuery Mobile 表单仍可正常使用。需要注意的是，jQuery Mobile 会把表单元素增强为触摸设备很容易使用的形式，因此对于 iPhone/iPad 与 Android 使用 Web 表单将会变得非常方便。

在某些情况下，需要使用 HTML 原生的 <form> 标签，为了阻止 jQuery Mobile 框架对该标签的自动渲染，在框架中可以在 data-role 属性中引入一个控制参数 "none"。使用这个属性参数就会让 <form> 标签以 HTML 原生的状态显示，代码如下。

```
    <select name="fo" id="fo" data-role="none">
    <option value="a" >A</option>
    <option value="b" >B</option>
    <option value="c" >C</option>
    </select>
```

jQuery Mobile 的表单组件有以下几种。

（1）文本输入框，type="text" 标记的 input 元素会自动增强为 jQuery Mobile 样式，无须额外添加 data-role 属性。

（2）文本输入域，textarea 元素会被自动增强，无须额外添加 data-role 属性，用于多行输入文本，jQuery Mobile 会自动增大文本域的高度，避免在移动设备中出现很难找到滚动条的情况。

（3）搜索输入框，type="search" 标记的 input 元素会自动增强，无须额外添加 data-role 属性，这是一个新的 HTML 元素，增强后的输入框左侧有一个放大镜图标，点击触发搜索，在输入内容后，输入框的右侧还会出现一个 × 图标，点击清除已输入的内容，非常方便。

（4）单选按钮，type="radio" 标记的 input 元素会自动增强，无须额外添加 data-role 属性。

（5）复选按钮，type="checkbox" 标记的 input 元素会自动增强，无须额外添加 data-role 属性。

（6）选择列表，select 元素会被自动增强，无须额外添加 data-role 属性。

（7）滑块，type="range" 标记的 input 元素会自动增强，无须额外添加 data-role 属性。

（8）翻转切换开关，select 元素添加 data-role="slider" 属性后会被增强为 jQuery Mobile 的开关组件，select 中只能有两个选项。

12.8.2 插入文本框

在 jQuery Mobile 中，文本输入框包含单行文本框和多行文本区域，同时 jQuery Mobile 还支持 HTML 5 新增的输入类型，如时间输入框、日期输入框、数字输入框、电子邮件输入框等。

在 Dreamweaver 中插入文本框的具体操作步骤如下。

01 启动 Dreamweaver，选择“文件”|“新建”命令，打开“新建文档”对话框，如图 12-48 所示，设置文档类型后，单击“创建”按钮。

02 保存网页文档，选择“插入”|jQuery Mobile|“页面”命令，打开“jQuery Mobile 文件”对话框，保留默认设置，单击“确定”按钮，如图 12-49 所示。

03 打开“页面”对话框，在该对话框中设置页面的 ID，同时设置页面视图是否包含标题和页脚，保持默认设置，单击“确定”按钮，完成在当前 HTML 5 文档中插入页面视图结构的操作，如图 12-50 所示。

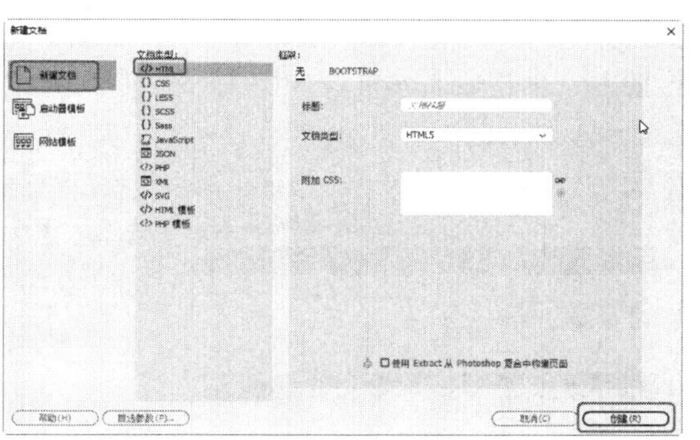

图 12-48　新建文档

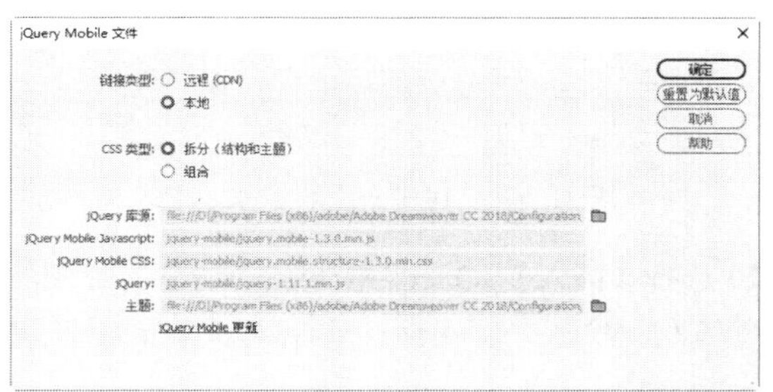

图 12-49　插入页面

图 12-50　设置“页面”

04 保存文档，此时 Dreamweaver 会弹出“复制相关文件”对话框，提示保存相关的框架文件，如图 12-51 所示。

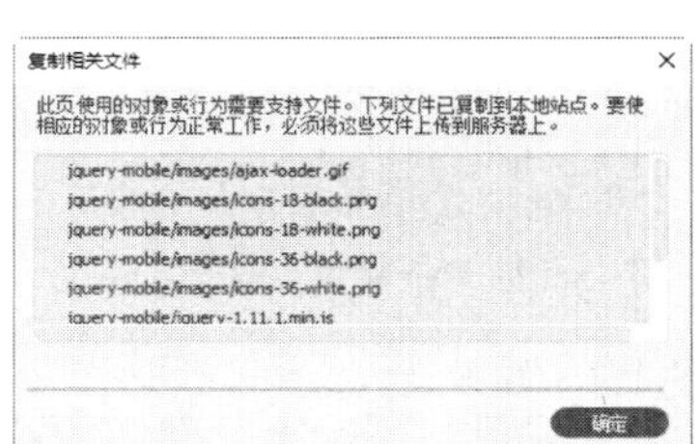

图 12-51　保存相关的框架文件

05 在编辑窗口中，可以看到 Dreamweaver 创建了一个页面，页面视图包含标题栏、内容栏和页脚栏，同时在“文件夹”面板的列表中可以看到保存的相关文件，如图 12-52 所示。

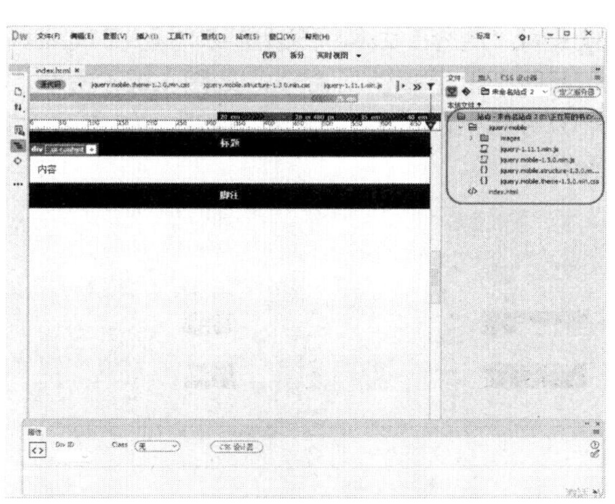

图 12-52　编辑窗口

06 切换到拆分视图，可以看到页面视图的 HTML 结构代码，如下所示。此时可以根据需要删除部分页面结构，或者添加更多的页面结构。这里修改标题为“文本输入框”，如图 12-53 所示。

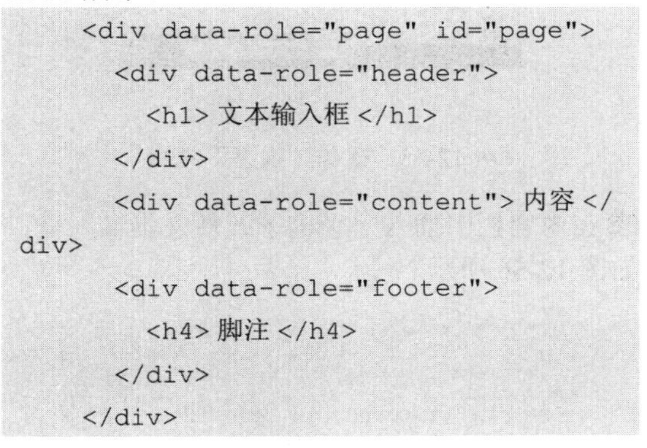

```
<div data-role="page" id="page">
  <div data-role="header">
    <h1> 文本输入框 </h1>
  </div>
  <div data-role="content"> 内容 </div>
  <div data-role="footer">
    <h4> 脚注 </h4>
  </div>
</div>
```

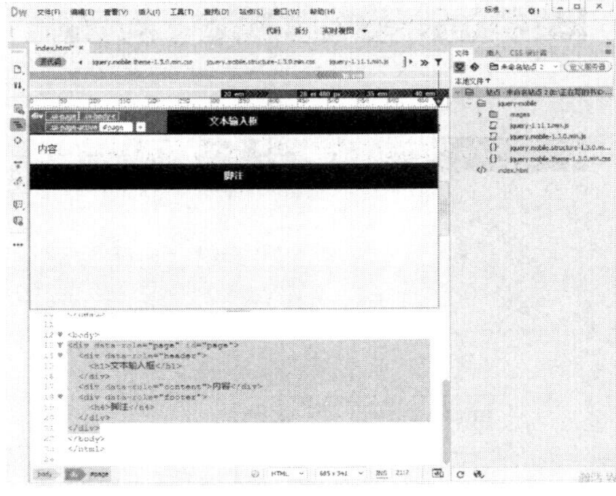

图 12-53　修改标题为“文本输入框”

07 删除“内容”文本，然后选择“插入”|jQuery Mobile|“电子邮件”命令，如图 12-54 所示，弹出对话框，选择“嵌套”选项，如图 12-55 所示。

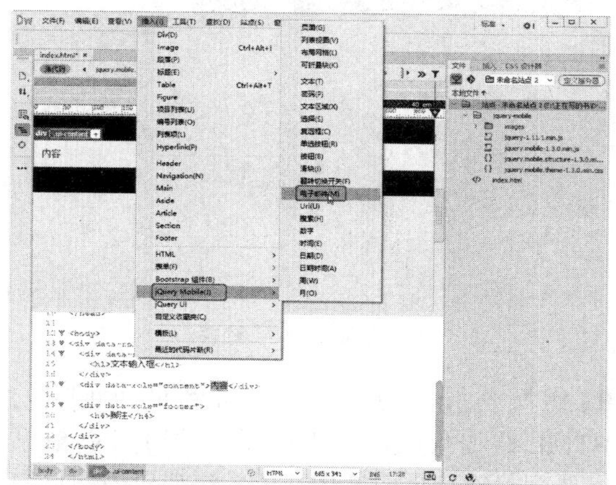

图 12-54　选择“电子邮件”命令

图 12-55　选择“嵌套”选项

08 在内容栏中插入一个电子邮件文本输入框，如图 12-56 所示。

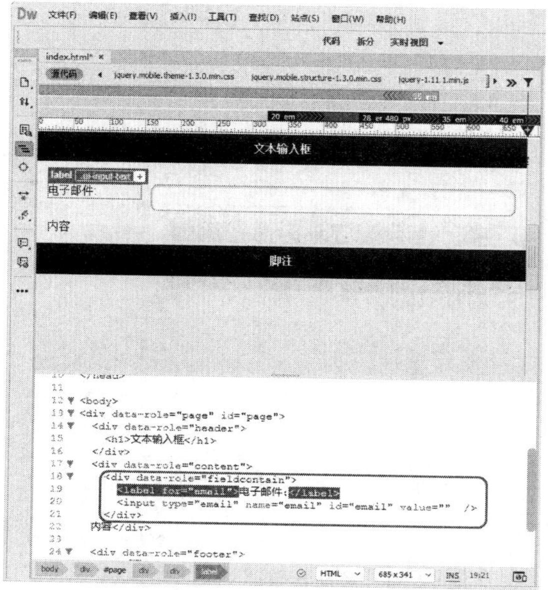

图 12-56　插入一个电子邮件文本输入框

09 选择“插入”|jQuery Mobile|“搜索”命令，再插入一个搜索文本框，如图 12-57 所示。

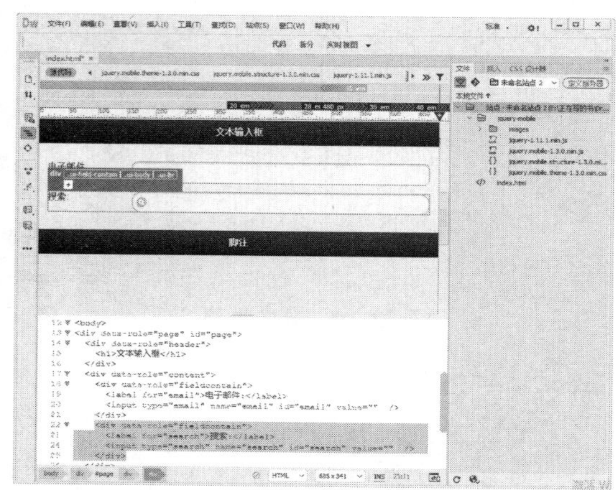

图 12-57　插入一个搜索文本框

10 选择“插入”|jQuery Mobile|“数字”命令，再插入一个数字文本框，如图 12-58 所示。

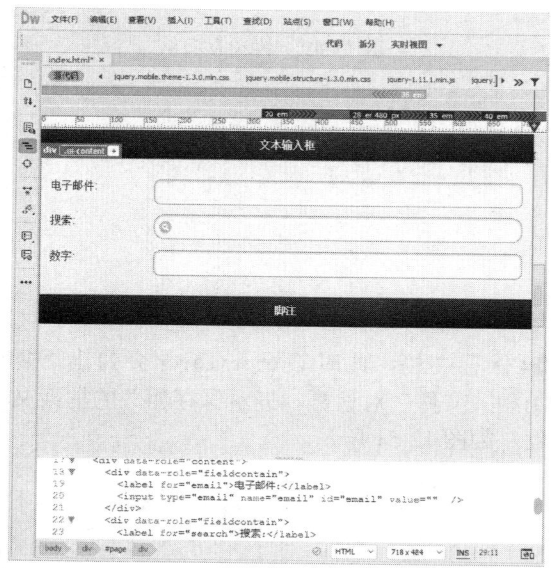

图 12-58　插入一个数字文本框

11 此时的代码如下。

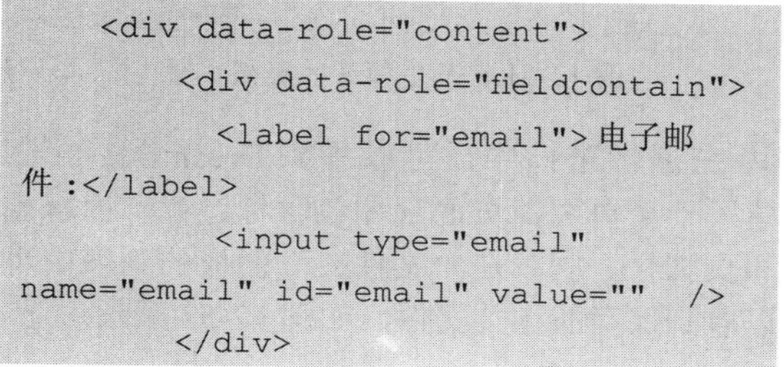

```
<div data-role="content">
    <div data-role="fieldcontain">
        <label for="email"> 电子邮件 :</label>
        <input type="email" name="email" id="email" value="" />
    </div>
```

```
        <div data-role="fieldcontain">
          <label for="search">搜索 :</
label>
          <input type="search"
name="search" id="search" value=""
/>
        </div>
        <div data-role="fieldcontain">
          <label for="number">数字 :</
label>
          <input type="number"
name="number" id="number" value=""
/>
        </div>
      </div>
```

12 在头部位置添加如下元信息，定义视图宽度与设备宽度保持一致，在浏览器中预览，如图 12-59 所示。

```
    <meta name="viewport"
content="width=device-width,initial-
scale=1" />
```

图 12-59　预览效果

12.8.3　插入滑块

range 是 HTML 5 中 <input> 标签的新属性，使用 <input type="range"> 标签可以定义滑块组件。在 jQuery Mobile 中，滑块组件由两部分组成，一部分是可调整大小的数字输入框，另一部分是可拖动修改输入框数字的滑动条。滑块元素可以通过 min 和 max 属性来设置滑动条的取值范围。jQuery Mobile 中使用的文本输入域的高度会自动增加，无须因高度问题拖动滑动条。

在 Dreamweaver 中插入滑块的具体操作步骤如下。

01 启动 Dreamweaver，选择“文件”|“新建”命令，打开“新建文档”对话框，设置文档类型后，单击“创建”按钮。

02 保存网页文档，选择“插入”|jQuery Mobile|“页面”命令，打开“jQuery Mobile 文件”对话框，保留默认设置，单击“确定”按钮。

03 打开“页面”对话框，在该对话框中设置页面的 ID，同时设置页面视图是否包含标题和页脚，保持默认设置，单击“确定”按钮，完成在当前 HTML 5 文档中插入页面视图结构的操作。

04 保存文档，此时 Dreamweaver 会弹出“复制相关文件”对话框，提示保存相关的框架文件。

05 在编辑窗口，可以看到 Dreamweaver 创建了一个页面，页面视图包含标题栏、内容栏和页脚栏，同时在“文件夹”面板的列表中可以看到保存的相关文件。

06 切换到拆分视图，可以看到页面视图的 HTML 结构代码，如下所示，此时可以根据需要删除部分页面结构，或者添加更多的页面结构。这里修改标题为“滑块”，如图 12-60 所示。

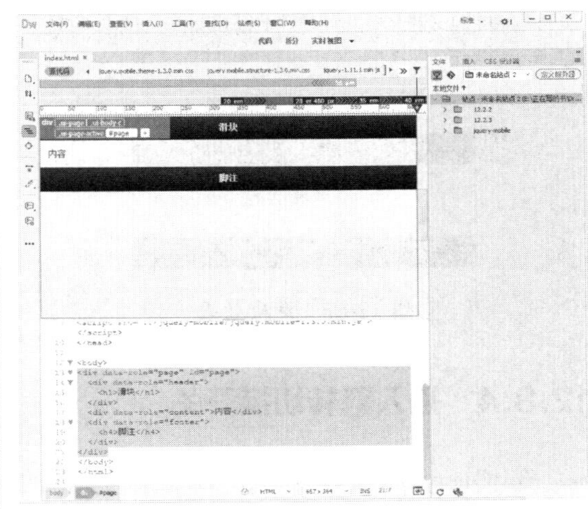

图 12-60　修改标题为“滑块”

07 删除内容栏中的“内容”文本，并选择“插入”|jQuery Mobile|“滑块”命令，在内容栏中插入一个滑块组件，如图 12-61 所示。在代码视图中可以看到新添加的滑块表单对象代码。

```
    <div data-role="fieldcontain">
            <label for="slider">值：</
label>
            <input type="range"
name="slider" id="slider" value="0"
min="0" max="100" />
    </div>
```

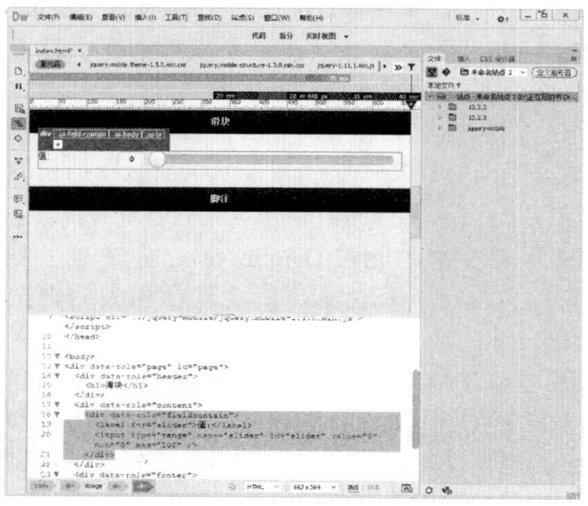

图 12-61　插入滑块组件

08 在头部位置添加如下元信息，定义视图宽度与设备宽度保持一致。在浏览器中预览，如图 12-62 所示。

```
    <meta name="viewport"
content="width=device-width,initial-
scale=1" />
```

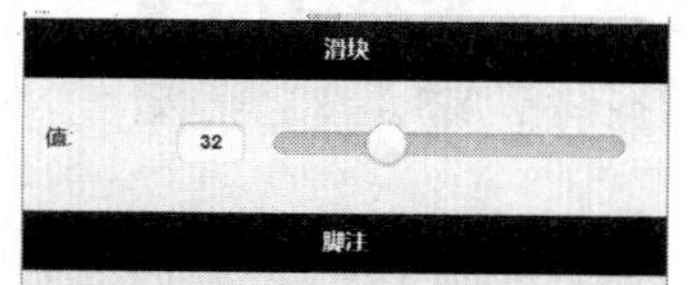

图 12-62　滑块效果

12.8.4　插入翻转切换开关

在 jQuery Mobile 中，将 <select> 元素的 data-role 属性值设置为 slider，可以将该下拉列表元素下的两个 <option> 选项样式变成一个翻转切换开关。第一个 <option> 选项为开状态，返回值为 true、1 等；第二个 <option> 选项为关状态，返回值为 false、0 等。

在 Dreamweaver 中插入翻转切换开关的具体操作步骤如下。

01 启动 Dreamweaver，选择“文件”|“新建”命令，打开“新建文档”对话框，设置文档类型后，单击“创建”按钮。

02 保存网页文档，选择“插入”|jQuery Mobile|“页面”命令，打开“jQuery Mobile 文件”对话框，保留默认设置，单击“确定”按钮。

03 打开“页面”对话框，在该对话框中设置页面的 ID，同时设置页面视图是否包含标题和页脚，保持默认设置，单击“确定”按钮，完成在当前 HTML 5 文档中插入页面视图结构的操作。

04 保存文档，此时 Dreamweaver 会弹出“复制相关文件”对话框，提示保存相关的框架文件。

05 在编辑窗口，可以看到 Dreamweaver 创建了一个页面，页面视图包含标题栏、内容栏和页脚栏，同时在“文件夹”面板的列表中可以看到保存的相关文件。

06 切换到拆分视图，可以看到页面视图的 HTML 结构代码，如下所示，此时可以根据需要删除部分页面结构，或者添加更多的页面结构。这里修改标题为“翻转切换开关”，如图 12-63 所示。

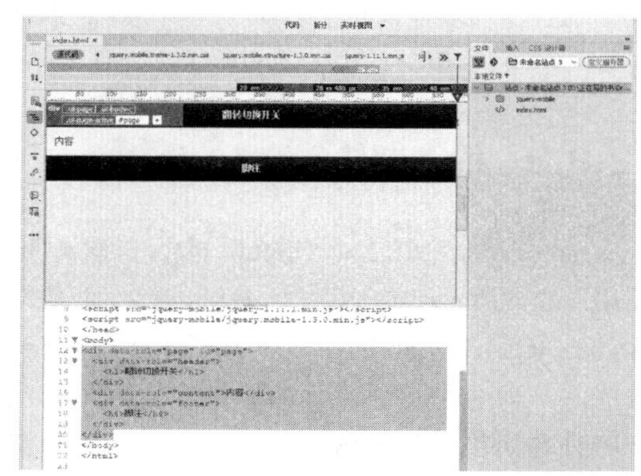

图 12-63　修改标题为“翻转切换开关”

07 删除内容栏中的“内容”文本，然后选择“插入”|jQuery Mobile|“翻转切换开关”命令，在内容栏中插入一个翻转切换开关组件，如图12-64所示。在代码视图中可以看到新添加的翻转切换开关表单对象代码。

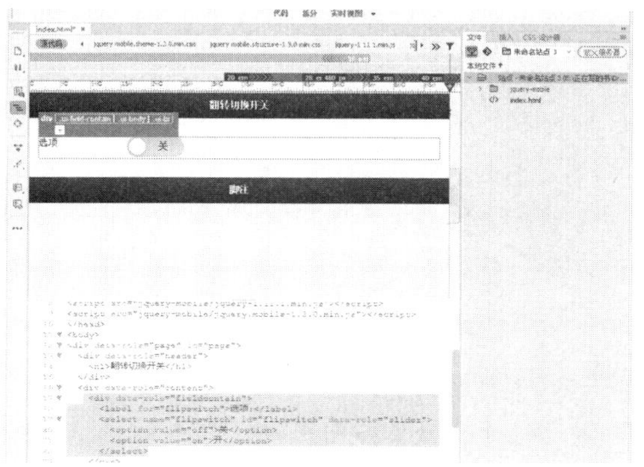

图 12-64　插入翻转切换开关

08 在头部位置添加如下元信息，定义视图宽度与设备宽度保持一致。在浏览器中预览如图12-65所示，可以看到切换开关效果，当拖动滑块时，会实时打开或关闭开关，然后利用该值作为条件进行逻辑判断。

```
    <meta name="viewport"
content="width=device-width,initial-
scale=1" />
```

图 12-65　切换开关效果

12.8.5　插入单选按钮

单选按钮组件用于在页面中提供一组选项，并且只能选择其中一个选项。在jQuery Mobile中，单选按钮组件不但在外观上得到了美化，还增加了一些图标用于增强视觉反馈。type="radio"标记的input元素会自动增强为单选按钮组件，但jQuery Mobile建议开发者使用一个带data-role="controlgroup"属性的fieldset标签包括选项，并且在fieldset内增加一个legend元素，用于表示该单选按钮的标题。

如需组合多个单选按钮，使用带有data-role="controlgroup"属性和data-type="horizontal|vertical"的容器来规定是否水平或垂直组合单选按钮。

在Dreamweaver中插入单选按钮的具体操作步骤如下。

01 启动Dreamweaver，选择“文件”|“新建”命令，打开“新建文档”对话框，设置文档类型后，单击“创建”按钮。

02 保存网页文档，选择“插入”|jQuery Mobile|“页面”命令，打开“jQuery Mobile文件”对话框，保留默认设置，单击“确定”按钮。打开“页面”对话框，在该对话框中设置页面的ID，同时设置页面视图是否包含标题和页脚，保持默认设置，单击“确定”按钮，完成在当前HTML 5文档中插入页面视图结构的操作。

03 保存文档，此时Dreamweaver会弹出“复制相关文件”对话框，提示保存相关的框架文件。在编辑窗口，可以看到Dreamweaver创建了一个页面，页面视图包含标题栏、内容栏和页脚栏，同时在“文件夹”面板的列表中可以看到保存的相关文件。

04 切换到拆分视图，可以看到页面视图的HTML结构代码，如下所示，此时可以根据需要删除部分页面结构，或者添加更多的页面结构。这里修改标题为“单选按钮”，如图12-66所示。

```
    <div data-role="page" id="page">
      <div data-role="header">
        <h1> 单选按钮 </h1>
      </div>
      <div data-role="content"> 内容 </
div>
      <div data-role="footer">
        <h4> 脚注 </h4>
      </div>
    </div>
```

05 删除文本内容，选择“插入”|jQuery Mobile|“单选按钮”命令，打开“单选按钮”对话框，设置名称为radio1，设置单选按钮的个数为4，即定义包含4个按钮的组，设置“布局”为水平，如图12-67所示。

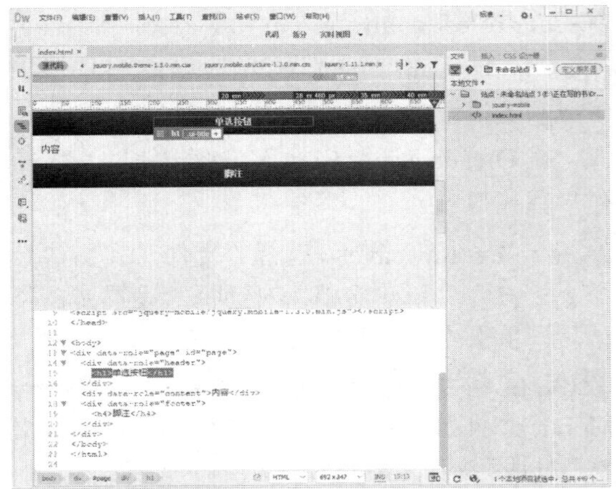

图12-66　修改标题为“单选按钮”

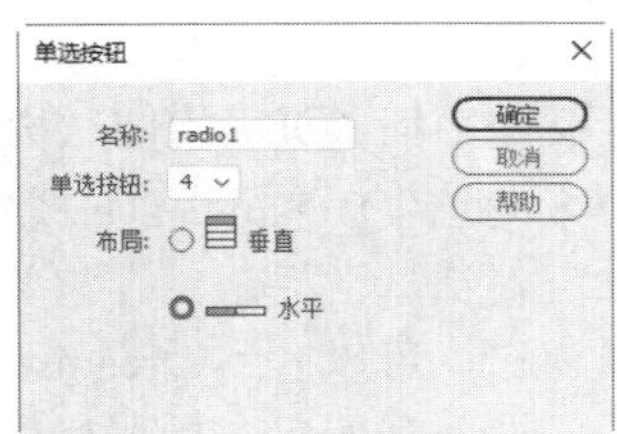

图12-67　“单选按钮”对话框

06 单击“确定”按钮，关闭“单选按钮”对话框，此时插入4个单选按钮，如图12-68所示。

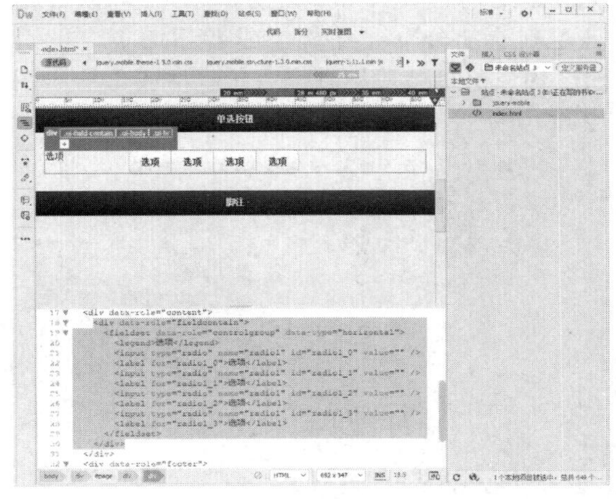

图12-68　插入4个单选按钮

```
    <div data-role="fieldcontain">
        <fieldset data-role="controlgroup" data-type="horizontal">
            <legend>选项</legend>
            <input type="radio" name="radio1" id="radio1_0" value="" />
            <label for="radio1_0">选项</label>
            <input type="radio" name="radio1" id="radio1_1" value="" />
            <label for="radio1_1">选项</label>
            <input type="radio" name="radio1" id="radio1_2" value="" />
            <label for="radio1_2">选项</label>
            <input type="radio" name="radio1" id="radio1_3" value="" />
            <label for="radio1_3">选项</label>
        </fieldset>
    </div>
```

07 切换到代码视图，可以看到新添加的单选按钮组代码，修改其中的标签，以及每个单选按钮标签<input type="radio">的value值，代码如下所示。

```
    <div data-role="fieldcontain">
        <fieldset data-role="controlgroup" data-type="horizontal">
            <legend>选择城市</legend>
            <input type="radio" name="radio1" id="radio1_0" value="1" />
            <label for="radio1_0">北京</label>
            <input type="radio" name="radio1" id="radio1_1" value="2"
```

```
/>
            <label for="radio1_1">上海</label>
            <input type="radio" name="radio1" id="radio1_2" value="3" />
            <label for="radio1_2">广州</label>
            <input type="radio" name="radio1" id="radio1_3" value="4" />
            <label for="radio1_3">深圳</label>
        </fieldset>
    </div>
```

08 在头部位置添加如下元信息，定义视图宽度与设备宽度保持一致。在浏览器中预览，如图 12-69 所示，可以看到单选按钮的效果。

```
<meta name="viewport" content="width=device-width,initial-scale=1" />
```

图 12-69 单选按钮效果

12.8.6 插入复选框

在 Dreamweaver 中插入复选框的具体操作步骤如下。

01 启动 Dreamweaver，选择“文件”|“新建”命令，打开“新建文档”对话框，设置文档类型后，单击“创建”按钮。

02 保存网页文档，选择“插入”|jQuery Mobile|“页面”命令，打开“jQuery Mobile 文件”对话框，保留默认设置，单击“确定”按钮。打开“页面”对话框，在该对话框中设置页面的ID，同时设置页面视图是否包含标题和页脚，保持默认设置，单击“确定”按钮，完成在当前 HTML 5 文档中插入页面视图结构的操作。

03 保存文档，此时 Dreamweaver 会弹出“复制相关文件”对话框，提示保存相关的框架文件。在编辑窗口中，可以看到 Dreamweaver 创建了一个页面，页面视图包含标题栏、内容栏和页脚栏，同时在“文件夹”面板的列表中可以看到保存的相关文件。

04 切换到拆分视图，可以看到页面视图的 HTML 结构代码，此时可以根据需要删除部分页面结构，或者添加更多的页面结构。这里修改标题为“复选框”，如图 12-70 所示。

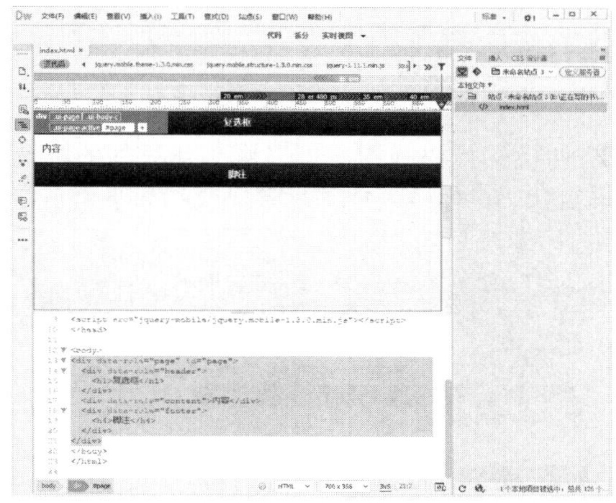

图 12-70 修改标题为“复选框”

05 删除文本内容，选择“插入”|jQuery Mobile|“复选框”命令，打开“复选框”对话框，设置名称为 checkbox1，设置复选框个数为 4，即定义包含 4 个复选框的组，设置“布局”为水平，如图 12-71 所示。

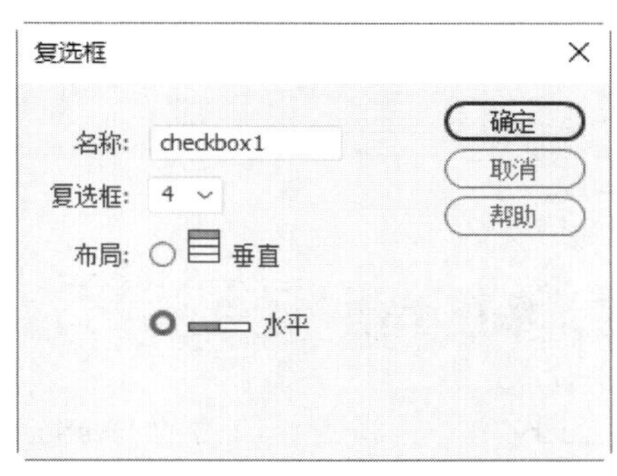

图 12-71 “复选框”对话框

06 单击“确定”按钮，此时在网页中插入了 4 个复选框，如图 12-72 所示。

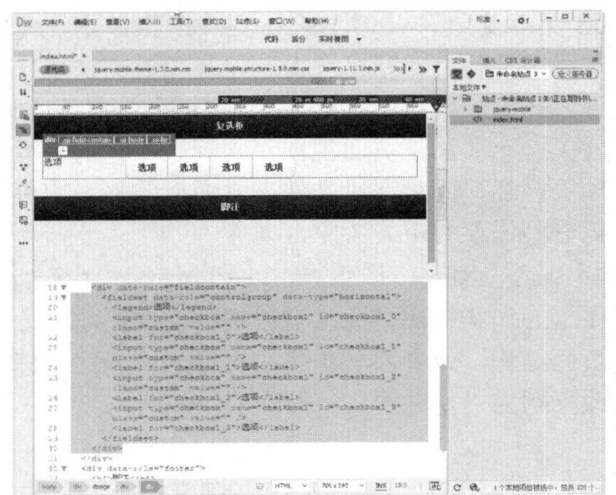

图 12-72　插入了 4 个复选框

07 切换到代码视图，可以看到新添加的复选框组代码，修改其中的标签，代码如下所示，如图 12-73 所示。

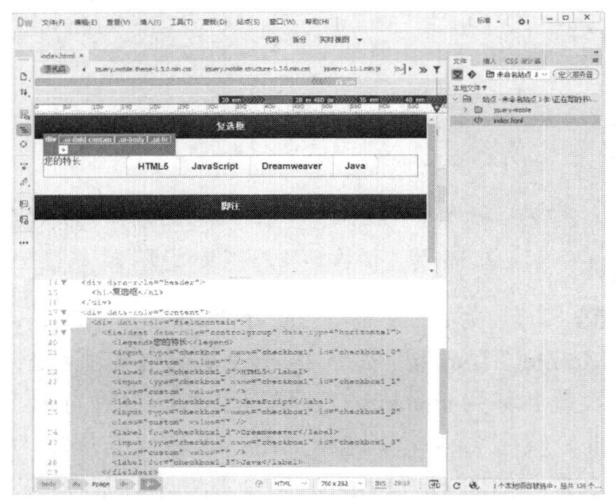

图 12-73　修改复选框的标签

```
<div data-role="fieldcontain">
<fieldset data-role="controlgroup"
data-type="horizontal">
```

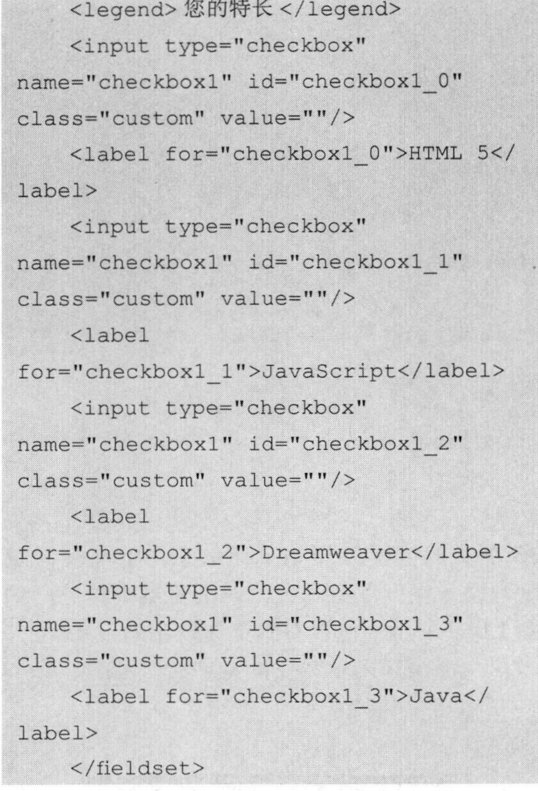

```
<legend>您的特长</legend>
<input type="checkbox"
name="checkbox1" id="checkbox1_0"
class="custom" value=""/>
<label for="checkbox1_0">HTML 5</
label>
<input type="checkbox"
name="checkbox1" id="checkbox1_1"
class="custom" value=""/>
<label
for="checkbox1_1">JavaScript</label>
<input type="checkbox"
name="checkbox1" id="checkbox1_2"
class="custom" value=""/>
<label
for="checkbox1_2">Dreamweaver</label>
<input type="checkbox"
name="checkbox1" id="checkbox1_3"
class="custom" value=""/>
<label for="checkbox1_3">Java</
label>
</fieldset>
```

08 在头部位置添加如下元信息，定义视图宽度与设备宽度保持一致。在浏览器中预览，如图 12-74 所示，可以看到复选框的效果。

```
<meta name="viewport"
content="width=device-width,initial-
scale=1" />
```

图 12-74　复选框的效果

12.9 本章小结

jQuery 是一个快速、简洁的 JavaScript 框架，也是优秀的 JavaScript 框架。jQuery 设计的宗旨是写更少的代码，做更多的事情。它封装 JavaScript 常用的功能代码，提供一种简便的 JavaScript 设计模式，优化 HTML 文档操作、事件处理、动画设计和 Ajax 交互。本章介绍了 jQuery 常见模块和组件，帮你快速获得和提升 Web 前端开发的实战能力。

第 13 章　网页图像设计软件 Photoshop

本章导读

Adobe Photoshop 是数字影像处理和编辑软件的业界标准，提供广泛的专业级修饰工具套件，还封装了专为激发灵感而设计的强大编辑功能。在网页设计领域，Photoshop 是不可缺少的设计软件，一个好的网页创意离不开图片，只要涉及图像，就会用到图像处理软件，Photoshop 理所当然成为网页设计软件中的一员。使用 Photoshop 不仅可以对图像进行精确的加工，还可以将图像制作成网页动画添加到网页中。

技术要点

- Photoshop 介绍
- 绘图工具的使用
- 制作文本特效
- 输出图像

13.1 Photoshop 介绍

Adobe Photoshop 从海报到包装，从普通的横幅图片到绚丽的网站，从令人难忘的徽标到吸引眼球的图标，Adobe Photoshop 在不断推动创意世界向前发展。利用直观的工具和易用的模板，即使是初学者也能创作出令人惊叹的作品。调整、裁切、移除对象、润饰和修复旧照片。玩转颜色、效果等，让平凡变非凡。Photoshop 的工作界面如图 13-1 所示。

图 13-1　Photoshop 的工作界面

13.1.1 菜单栏

Photoshop 包括“文件”“编辑”“图像”“图层”“文字”“选择”“滤镜”“3D”“视图”“窗口”和“帮助”11 个菜单，如图 13-2 所示。

Ps 文件(F) 编辑(E) 图像(I) 图层(L) 文字(Y) 选择(S) 滤镜(T) 3D(D) 视图(V) 窗口(W) 帮助(H)

图 13-2 菜单栏

- “文件”菜单：对所修改的图像进行打开、关闭、存储、输出、打印等操作。
- “编辑”菜单：编辑图像过程中所用到的各种操作，如复制、粘贴等基本操作命令。
- “图像”菜单：用来修改图像的各种属性，包括图像和画布的大小、图像颜色的调整、修正图像等。
- “图层”菜单：图层基本操作命令。
- “文字”菜单：提供关于文字的所有选项，其中的全新文字系统消除锯齿选项可提供文字在网页上显示效果的逼真预览，这个新选项非常符合基于 Windows 和 Mac OS 渲染的主流浏览器的消除锯齿选项。
- “选择”菜单：可以对选区中的图像添加各种效果或进行各种变化而不改变选区外的图像，还提供了各种控制和变换选区的命令。
- “滤镜”菜单：用来添加各种特殊效果。
- “3D”菜单：在默认的“实时 3D 绘画”模式下绘画时，将看到画笔描边同时在 3D 模型视图和纹理视图中实时更新。“实时 3D 绘画”模式也可显著提升性能，并可最大限度地减少失真。
- “视图”菜单：用于改变文档的视图，如放大、缩小、显示标尺等。
- “窗口”菜单：用于改变活动文档，以及打开和关闭 Photoshop 的各个浮动面板。
- “帮助”菜单：用于查找帮助信息。

13.1.2 工具箱及工具选项栏

Photoshop 的工具箱包含多种工具，要使用这些工具，只要单击工具箱中的工具按钮即可，如图 13-3 所示。

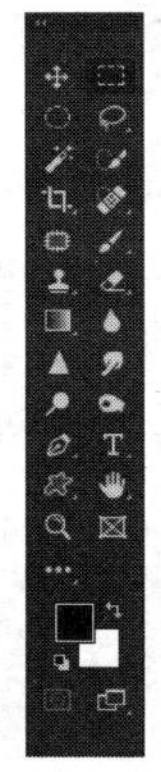

图 13-3 工具箱

使用 Photoshop 绘制或处理图像时，需要在工具箱中选择工具，同时需要在工具选项栏中进行相应的设置，如图 13-4 所示。

羽化：0 像素 样式：正常

图 13-4 工具选项栏

13.1.3 文档窗口及状态栏

文档窗口就是显示图像的区域，也是编辑和处理图像的区域。在文档窗口中可以实现

Photoshop 中所有的功能，也可以对文档窗口进行多种操作，如改变窗口大小和位置，对窗口进行缩放等。文档窗口如图 13-5 所示。

图 13-5 文档窗口

状态栏位于文档窗口的底部，主要用于显示图像处理的各种信息，如图 13-6 所示。

图 13-6 状态栏

13.1.4 面板

在默认情况下，面板位于文档窗口的右侧，其主要功能是查看和修改图像。一些面板中的菜单提供其他命令和选项。可使用多种不同方式组织工作区中的面板。将面板存储在“面板箱”中，以使它们不干扰工作且易于访问，或者将常用面板在工作区中保持打开。另一个选项是将面板编组，或将一个面板停放在另一个面板的底部，如图 13-7 所示。

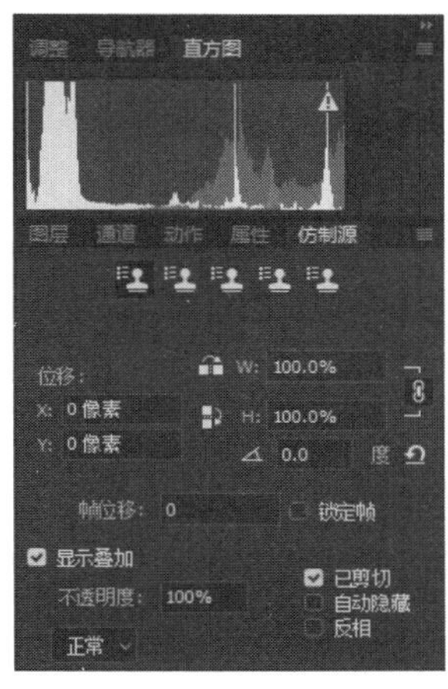

图 13-7 停靠在面板底部

13.2 绘图工具的使用

利用工具进行绘图是 Photoshop 最重要的功能之一，只要用户熟练掌握这些工具并拥有一定的美术造型能力，就能绘制出精美的作品来。在网页图像设计中会经常用到这些绘图工具，熟练掌握绘图工具的使用方法是非常必要的。

13.2.1 使用矩形工具和圆角矩形工具

使用“矩形工具”绘制矩形，只需在选中“矩形工具”后，在画布上单击并拖动鼠标即可绘出所需矩形。在拖动时如果按住 Shift 键，则会绘制出正方形，具体的操作步骤如下。

01 执行“文件”|“打开”命令，打开图像文件“矩形工具 .jpg”，选择工具箱中的“矩形工具”，如图 13-8 所示。

图 13-8 打开图像文件

02 在工具选项栏中将填充颜色设置为绿色，按住鼠标左键在图像中拖动绘制矩形，如图 13-9 所示。

图 13-9　绘制矩形

用“圆角矩形工具”可以绘制具有圆角效果的矩形，其使用方法与“矩形工具”相同，只需用鼠标在画布上拖动即可，具体的操作步骤如下。

01 执行“文件”|“打开”命令，打开图像文件“矩形工具.jpg”，选择工具箱中的“圆角矩形工具”，如图 13-10 所示。

图 13-10　打开图像文件

02 在工具选项栏中将填充颜色设置为白色，“描边”颜色设置为 acd598，按住鼠标左键在图像中拖动绘制圆角矩形，如图 13-11 所示。

图 13-11　绘制圆角矩形

13.2.2　使用“直线工具”

使用“直线工具”，可以绘制直线或有箭头的线段。在工具箱中选择该工具，鼠标拖动的起始点为线段起点，拖动的终点为线段的终点，如图 13-12 所示为使用“直线工具”绘制的效果。

图 13-12　使用“直线工具”绘制的效果

13.2.3　使用油漆桶工具

“油漆桶工具”选项栏如图 13-13 所示，包括填充、图案、模式、不透明度、容差、消除锯齿、连续的、所有图层等参数。

图 13-13　“油漆桶工具”选项栏

主要参数含义如下。

- 填充：可选择使用前景色或图案填充，只有选择用“图案”填充时，其后面的“图案”选项才可选。

- 图案：存放着定义过的可供选择的填充图案。
- 模式：用于设置填充时的色彩混合方式。
- 不透明度：用于设置填充时的不透明度。

“油漆桶工具”用于向鼠标单击处色彩相近并相连的区域填充前景色或指定图案，单击即可完成工作，具体的操作步骤如下。

01 打开图像文件，选择工具箱中的“油漆桶工具”，如图 13-14 所示。

图 13-14　选择“油漆桶工具”

02 在选项栏中选择“图案”选项，如图 13-15 所示。

图 13-15　选择“图案”选项

03 在选项栏中单击“图案”选项，在弹出的列表中选择相应的图案，如图 13-16 所示。

图 13-16　选择相应的图案

04 在图像中单击，填充效果如图 13-17 所示。

图 13-17　使用“油漆桶工具”填充的效果

13.2.4　使用渐变工具

使用“渐变工具”可以创造出两种以上颜色的渐变效果。渐变方式既可以选择系统预设，也可以自定义。渐变方向包括线性、圆形放射状、方形放射状、角形和斜向。如果不选择区域，将对整个图像进行渐变填充。使用时，首先选择好渐变方式和渐变色彩，在图像上单击确定起点，拖动后再单击确定终点，这样一个渐变就填充好了，可以用拖动线段的长度和方向来控制渐变效果，如图 13-18 和图 13-19 所示。

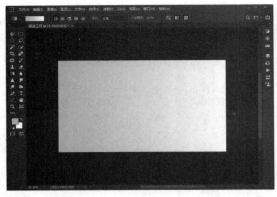

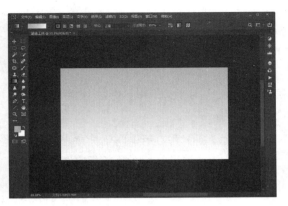

图 13-18　横向渐变

图 13-19　径向渐变

13.3 制作文本特效

Photoshop 提供了丰富的文字工具，允许在图像背景上制作多种复杂的文字效果。

13.3.1 图层的基本操作

1. 新建图层

新建图层有几种情况，Photoshop 在执行某些操作时会自动创建图层，例如当进行图像粘贴时，或者创建文字时，系统会自动为粘贴的图像或文字创建新图层，也可以直接创建新图层。

执行“图层”|“新建”|“图层”命令，打开“新建图层”对话框，如图 13-20 所示。单击“确定”按钮，即可新建“图层 1”，如图 13-21 所示。

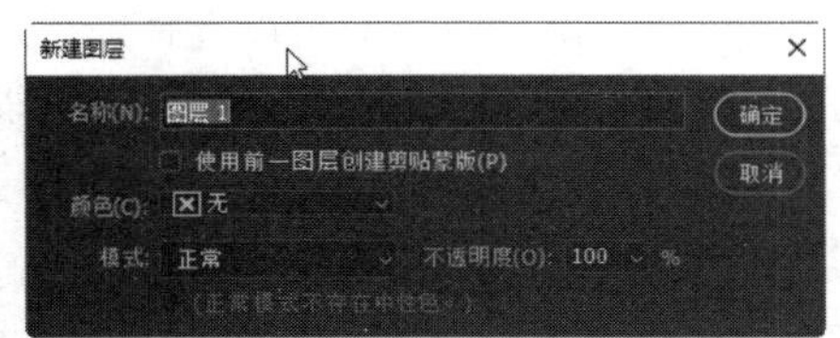

图 13-20　“新建图层”对话框

2. 复制、删除图层

利用“复制图层”命令，可以在同一幅图像中复制包括背景图层在内的所有图层或图层组，也可以将它们从一幅图像复制到另一幅图像。

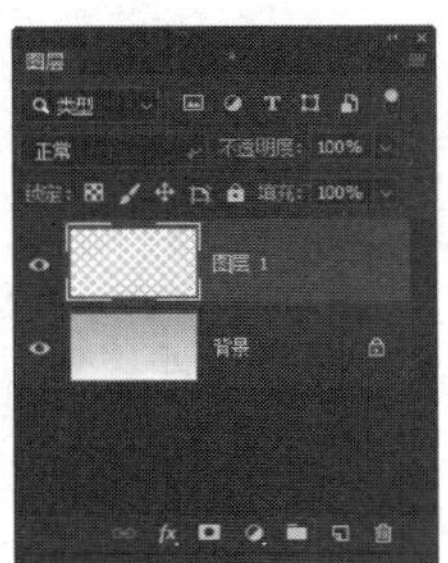

图 13-21　新建图层

在图像之间复制图层时，一定要记住复制图层在目标图像中的打印尺寸决定于目标图像的分辨率。如果原图像的分辨率低于目标图像的分辨率，那么复制图层在目标图像中就会显得比原来小，打印时也如此。如果原图像的分辨率高于目标图像的分辨率，那么复制图层在目标图像中就会显得比原来大，打印时也会显得比原来大。

在“图层”面板中选择要被复制的图层作为当前图层，执行“图层”|“复制图层”|命令，弹出“复制图层”对话框，如图 13-22 所示，主要参数含义如下。

- 为：为复制后新建的图层命名，系统默认的名称会随着目标文档的不同而不同。

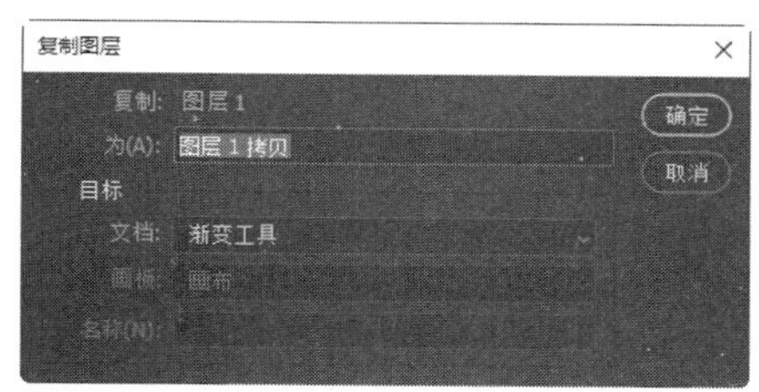

图 13-22 “复制图层”对话框

- 文档：选择复制的目标文件，系统默认的选项是原图像本身，选定它会将复制的图层又粘贴到原图像中。如果在Photoshop中同时打开了其他文件，这些文件的名称会在“文档”下拉列表中列出，选择其中任意一个，就会将复制的图层粘贴到选定的文件中。

执行“图层”|“删除”|“图层”命令，即可将“图层”面板中选定的当前工作图层删除。

13.3.2 使用图层样式

图层样式效果非常丰富，以前需要用很多步骤制作的效果，在这里设置几个参数就可以轻松完成。图层样式包含许多可以自动应用到图层中的效果，包括投影、发光、斜面和浮雕、描边、图案填充等。但正因为图层样式的种类和设置参数很多，很多人对它并没有全面的了解，下面将详细讲解图层样式的设置及效果。

当应用了一个图层样式时，一个小三角和一个fx图标就会出现在“图层”面板中相应图层名称的右侧，表示这一图层含有图层样式，并且当出现的是向下的小三角时，还能具体看到该图层到底被应用了哪些图层样式。这样就更便于用户对图层样式进行管理和修改，如图13-23所示。

在“图层”|“图层样式”子菜单中，提供了图层样式的命令，如图13-24所示。

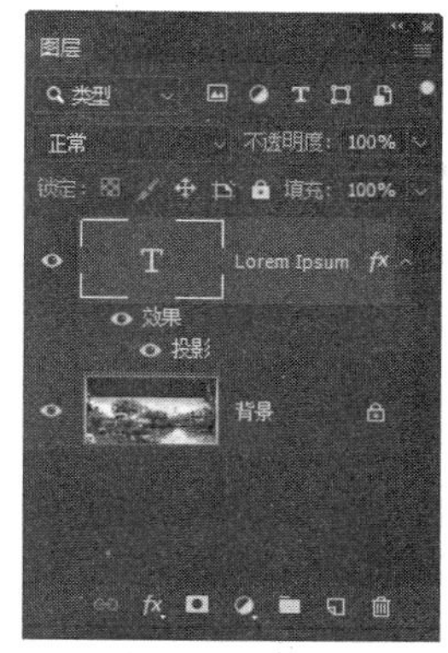

图 13-23 应用图层样式

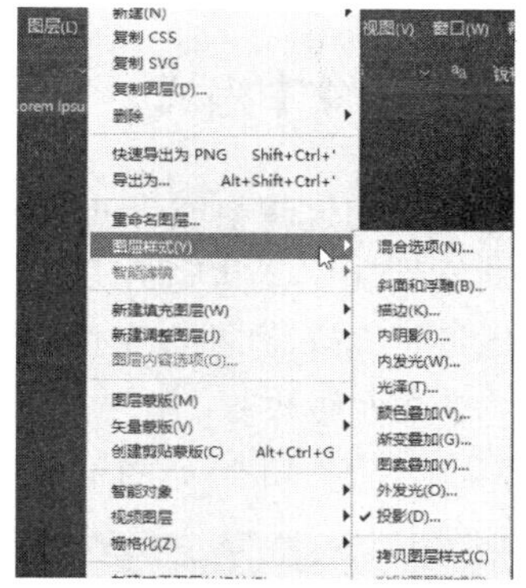

图 13-24 “图层样式”子菜单

13.3.3 输入文本

在Photoshop中可以输入文本，具体的操作步骤如下。

01 打开图像文件“输入文本.jpg”，选择工具箱中的“横排文字工具”，如图13-25所示。

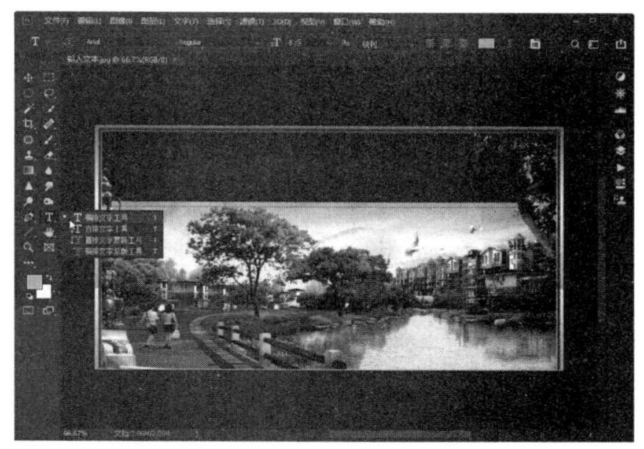

图 13-25 打开图像文件

02 在图像上单击，即可输入文字，如图 13-26 所示。

图 13-26　输入文字

13.3.4　设置文本格式

在创建文字的过程中或者创建完成后，只要还没有将文字图层与其他图层合并，即可对文字的格式进行修改，如更改字体、字号、字距、对齐方式、颜色及行距等。

01 双击选中输入的文本，如图 13-27 所示。

图 13-27　选中输入的文本

02 在工具选项栏中"大小"下拉列表中设置文字大小为 60 点，如图 13-28 所示。

图 13-28　设置文字大小

03 在工具选项栏中单击"设置文本颜色"按钮，弹出"拾色器（文本颜色）"对话框，如图 13-29 所示。

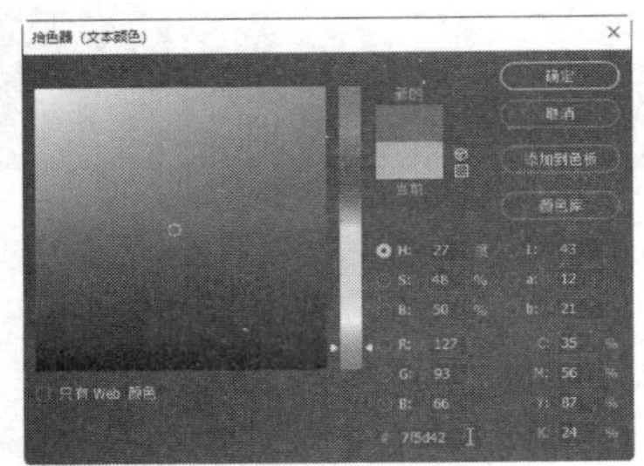

图 13-29　"拾色器（文本颜色）"对话框

04 在"拾色器（文本颜色）"对话框中选择相应的颜色，如图 13-30 所示。

图 13-30　设置文字颜色

13.3.5　设置变形文字

使用"变形文字"功能可以使文字做出多种变形。在工具选项栏中单击"创建文字变形"按钮，弹出"变形文字"对话框，如图 13-31 所示。

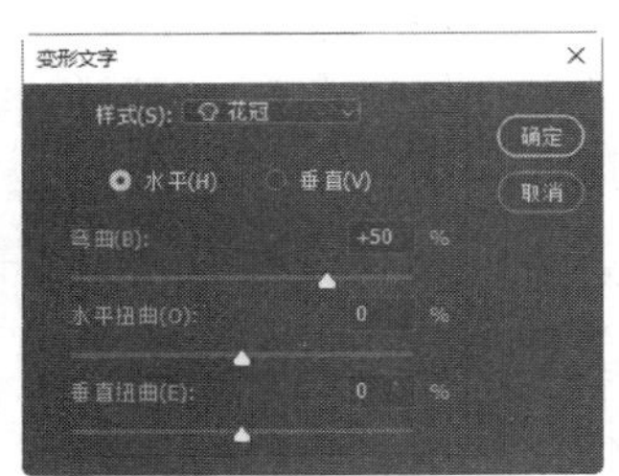

图 13-31　"变形文字"对话框

下面讲述设置变形文字的方法，具体的操作步骤如下。

01 打开刚才制作的图像文件“输入文本.psd”，选中输入的文本，如图 13-32 所示。

图 13-32　选中输入的文本

02 在工具选项栏中单击“创建变形文字”按钮，弹出“变形文字”对话框，在该对话框中的“样式”下拉列表中选择“膨胀”选项，如图 13-33 所示。

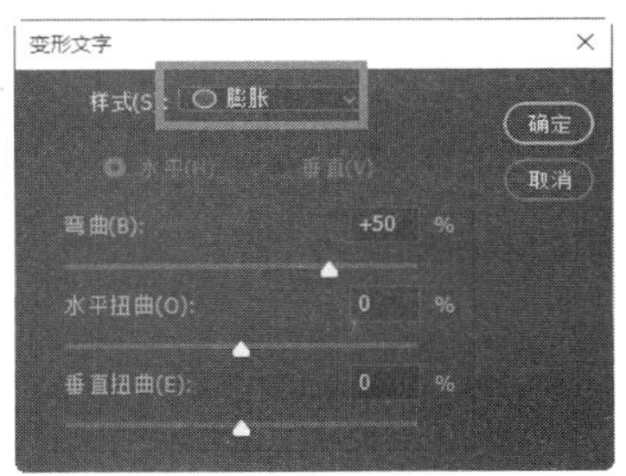

图 13-33　“变形文字”对话框

03 单击“确定”按钮，即可创建变形文字，如图 13-34 所示。

图 13-34　创建变形文字

13.3.6　使用滤镜

应用滤镜可以带来各种各样的艺术效果，可独立发挥作用，也可配合其他滤镜效果以取得更理想的效果。

01 打开图像文件“输入文本.psd”，如图 13-35 所示。

图 13-35　打开图像文件

02 执行“滤镜”|“风格化”|“浮雕效果”命令，弹出提示对话框，如图 13-36 所示。

图 13-36　提示对话框

03 单击“栅格化”按钮，弹出“浮雕效果”对话框，在该对话框中进行相应的设置，如图 13-37 所示。

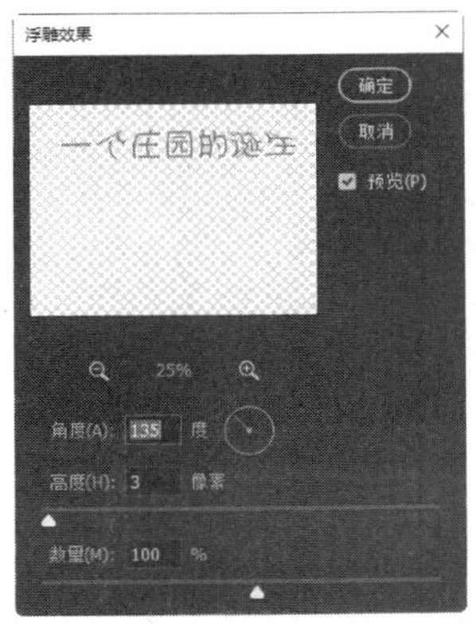

图 13-37　“浮雕效果”对话框

04 单击“确定”按钮，效果如图 13-38 所示。

图 13-38　设置浮雕效果

13.4 输出图像

完成图片的处理后，保存是必不可少的步骤，否则之前的操作就浪费了。当我们用 Photoshop 制作或处理好一幅图像后，就要对其进行存储。此时，选择一种合适的文件格式就显得十分重要。

13.4.1 将图片保存为 PSD 格式

将图片保存为 PSD 格式的具体的操作步骤如下。

01 启动 Photoshop，执行“文件”|“打开”命令，打开图像文件“输出图像.jpg”，如图 13-39 所示。

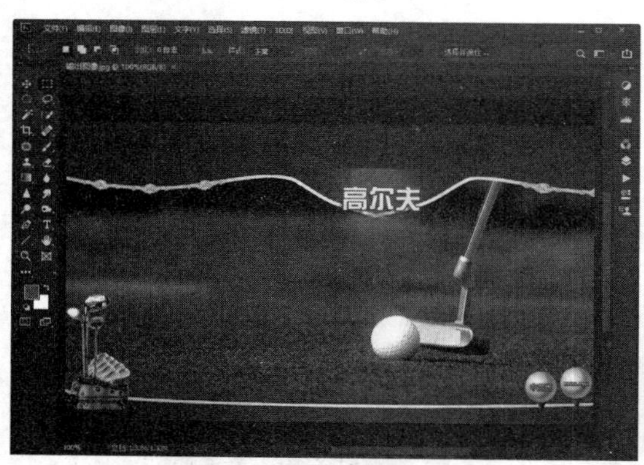

图 13-39　打开图像文件

02 执行“文件”|“另存为”命令，弹出“另存为”对话框，在该对话框中单击“保存类型”右边的下拉按钮，在弹出的下拉列表中选择 Photoshop（*.PSD；*.PDD；*.PSDT）选项，如图 13-40 所示。

图 13-40　“另存为”对话框

03 单击“确定”按钮，即可将其存储为 PSD 格式的文件，如图 13-41 所示。

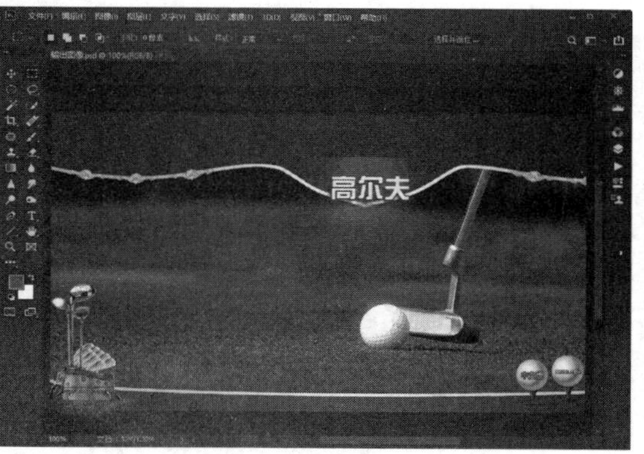

图 13-41　保存文件

13.4.2　将图片导出为 JPEG 格式

JPEG 格式是一种比较常见的图像格式，如果图片是其他格式的，可以通过执行“文件”|“存储为”命令，弹出“另存为”对话框，在该对话框中单击“保存类型”右侧的下拉按钮，在弹出的下拉列表中选择 JPEG（*.JPG；*.JPEG；*.JPE）选项，如图 13-42 所示。

图 13-42　“另存为”对话框

13.4.3　将图片导出为 GIF 格式

GIF 格式分为静态 GIF 格式和动画 GIF 格式两种，扩展名均为 .gif，是一种压缩位图格式。GIF 动态图支持透明背景图像，适用于多种操作系统，其“体形”很小，网上很多小动画图片都是 GIF 格式的。执行“文件”|“存储为”命令，弹出“另存为”对话框，在该对话框中单击“保存类型”右侧的下拉按钮，在弹出的下拉列表中选择 CompuServe GIF（*.GIF）选项，如图 13-43 所示。

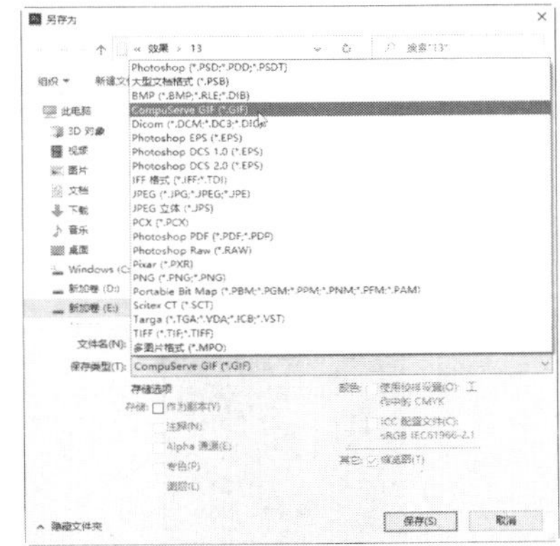

图 13-43　“另存为”对话框

13.5　综合案例

下面讲述具有立体感的 3D 文字的制作方法，效果如图 13-44 所示，具体的操作步骤如下。

图 13-44　有立体感的 3D 文字效果

01 执行“文件”|“打开”命令，打开图像文件“立体字 .jpg”，如图 13-45 所示。

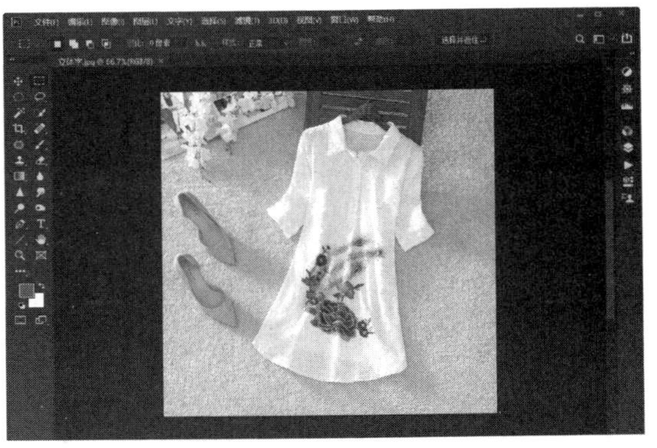

图 13-45　打开图像文件

02 选择工具箱中的“纵排文字工具”，在工具选项栏中设置相应的字体、字体大小设置为72，在舞台中输入文字“温文尔雅”，如图13-46所示。

图 13-46　输入文字

03 打开“图层”面板，选中“温文尔雅”图层，将其拖动到“新建图层”按钮上，复制出“温文尔雅 拷贝”图层，如图13-47所示。

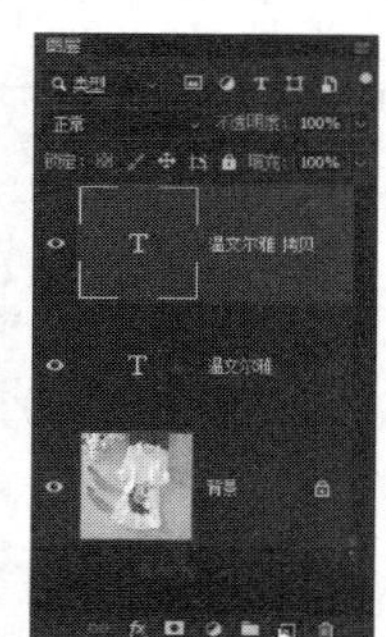

图 13-47　复制图层

04 选中“温文尔雅 拷贝”图层，执行“图层”|“图层样式”|“渐变叠加”命令，弹出“图层样式”对话框，如图13-48所示。

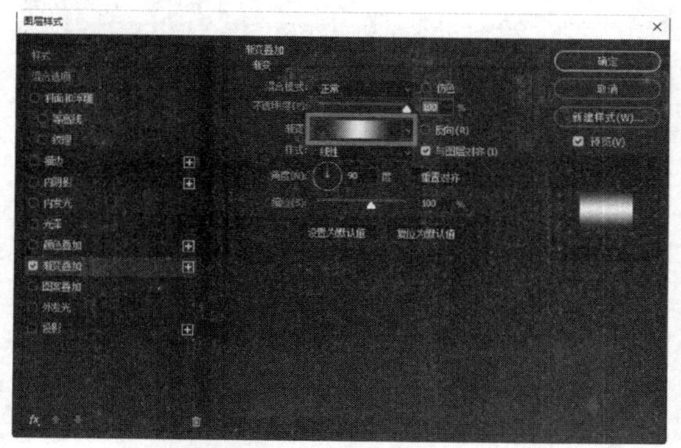

图 13-48　“图层样式”对话框

05 在“图层样式”对话框中单击“渐变”右侧的按钮，弹出“渐变编辑器”对话框，在该对话框中选择相应的渐变颜色，如图13-49所示。

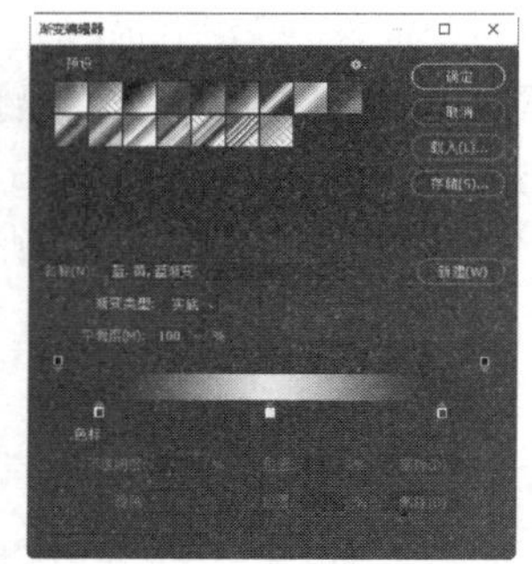

图 13-49　“渐变编辑器”对话框

06 单击“确定”按钮，设置渐变颜色。选中“内发光”复选框，在该对话框右侧设置相应的参数，如图13-50所示。

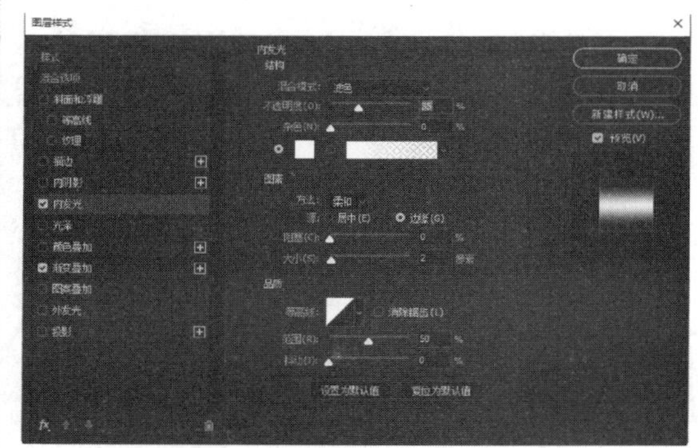

图 13-50　“图层样式”对话框

07 单击“确定”按钮，添加图层样式，如图13-51所示。

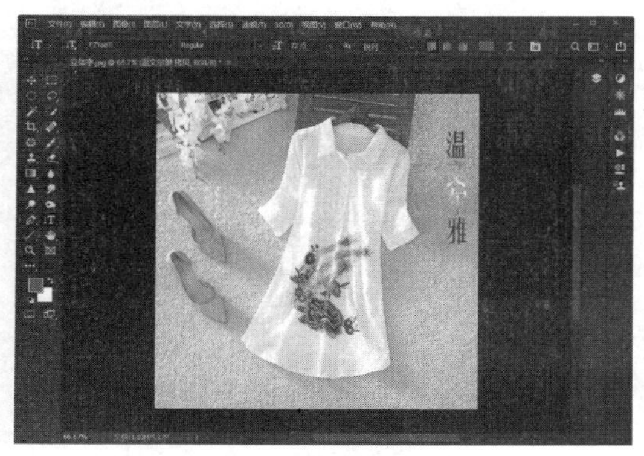

图 13-51　添加图层样式

08 选择“温文尔雅”图层，按方向键向左移动，使其具有立体感，如图 13-52 所示。

图 13-52　移动文字

09 执行“图层”|“图层样式”|“渐变叠加”命令，弹出“图层样式”对话框，在该对话框中单击“渐变”右侧的按钮，弹出“渐变编辑器”对话框，在该对话框中选择相应的渐变颜色，如图 13-53 所示。

10 单击“确定”按钮，为图层添加图层样式，如图 13-54 所示，到此制作完成。

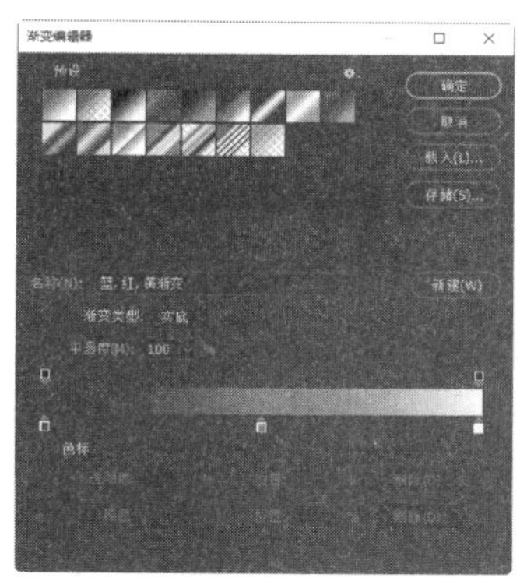

图 13-53　“渐变编辑器”对话框

图 13-54　添加图层样式

13.6　本章小结

Photoshop 是图像处理软件，使用它可以设计网页的整体效果图、绘制网页图像，以及设计网页特效文字和按钮等。本章重点介绍了 Photoshop 绘图工具的使用、文本特效的制作和图像的导出方法。

第 14 章 页面图像的切割与优化

本章导读

切片就是将一幅大图像分割为一些小图像，然后在网页中通过没有间距和宽度的表格重新将这些小的图像拼接起来，成为一幅完整的图像。这样做可以减小图像的大小，缩短网页的下载时间，还能将图像的一些区域用 HTML 来代替。

技术要点

- 优化网页图像
- 网页切片输出
- 创建 GIF 动画

14.1 优化网页图像

网页优化涉及方方面面，图片优化则是其中的重要手段之一，本节将讲述网页图像的优化方法。

14.1.1 图像的优化

现在的网站均大量使用图片，那么这些图片应该如何优化呢？

- 在网站设计之初，就要做好规划，如背景图片如何使用等，做到心中有数。
- 在编辑图片时，要做好裁剪，只展示必要的、重要的以及与内容相关的部分。
- 在输出图片时，图片大小要设置妥当，长、宽设成所需要的大小，不要输出大图片，在使用的时候，再指定较小的长宽，缩放图片。
- JPG 图片也可以模糊背景，压缩的时候可以压缩得更多。
- 页面上的边框、背景等，尽可能使用 CSS 来展示，而不要使用图片。
- 尽可能使用 PNG 格式的文件，以替代过去常用的 GIF 和 JPG 格式。在保证质量的前提下，用最小的文件。
- 在 HTML 中明确指定图片的大小。
- 对于 GIF 和 PNG 格式的文件，最小化颜色位数。
- 如果图片上要添加文字，不要把文字嵌入图片中，而是采用透明背景图片，或者通过 CSS 定位让文字覆盖在图片上，既能获得相同的效果，还能把图片更大程度地压缩。
- 在较小的 GIF 和 PNG 图片上，可以使用有损压缩。
- 尽可能使用局部压缩，在保证前景清楚的基础上，较大程度地压缩背景。
- 在优化图片之前，如果能降噪，可以获得额外的 20% 的压缩空间。

14.1.2 输出图像

当我们制作完成一张图片后需要将它们进行保存，以备未来使用，此时就需要对图片进行存储，在存储时也会相应地出现一些文件格式待选择。启动 Photoshop，执行“文件”|“另存为”命令，弹出“另存为”对话框，在该对话框中选择文件存储的位置，如图 14-1 所示，单击“确定”按钮，即可保存图像。

图 14-1 “另存为”对话框

14.1.3 输出透明 GIF 图像

如何从 Photoshop 输出透明背景的 GIF 图像，是很多初学者碰到的问题，下面讲述输出透明背景 GIF 图像的方法。

01 执行“文件”|“打开”命令，打开图像文件“透明 .jpg”，如图 14-2 所示。

图 14-2 打开图像文件

02 在“图层”面板中双击“背景”图层，弹出“新建图层”对话框，如图 14-3 所示。

图 14-3 “新建图层”对话框

03 单击“确定”按钮，解锁图层，如图 14-4 所示。

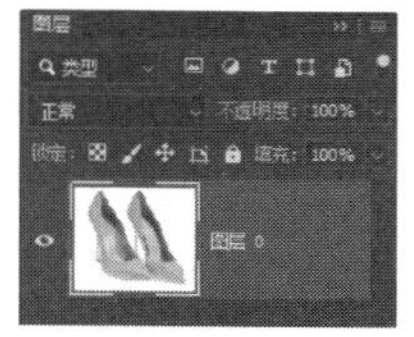

图 14-4 解锁图层

04 在工具箱中选择“魔棒工具”，在工具选项栏中将“容差”设置为 32，在图像中单击以选择相应区域，如图 14-5 所示。

图 14-5 选择区域

05 按 Delete 键删除背景，使其成为透明图像，如图 14-6 所示。

图 14-6 删除背景

06 执行“文件”|“导出”|“存储为Web所用格式”命令，弹出“存储为Web所用格式”对话框，将“预设”设置为GIF，如图14-7所示。

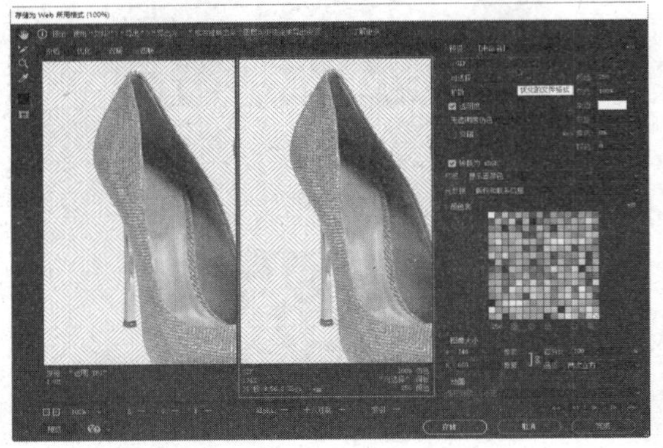

图 14-7 “存储为 Web 所用格式”对话框

07 单击“存储”按钮，弹出“将优化结果存储为”对话框，如图14-8所示。

08 单击“保存”按钮，即可输出透明图像，如图14-9所示。

图 14-8 “将优化结果存储为”对话框

图 14-9 输出透明图像

14.2 网页切片输出

切片是网页制作过程中非常重要的一个环节，切片的正确与否往往会影响网页的后期制作，一般是用Photoshop对网页的效果图或者大幅的图片进行切割，本节将讲述具体的操作方法。

14.2.1 创建切片

“切片工具”是Photoshop软件自带的一个平面图片切割工具，使用该工具可以将一个完整的图像切割成许多小图片，以便在网络上下载，创建切片的具体操作步骤如下。

01 打开图像文件“切片.jpg”，选择工具箱中的“切片工具”，如图14-10所示。

02 将鼠标指针置于要创建切片的位置，按住鼠标左键拖动，拖动到合适的切片大小完成切片操作，如图14-11所示。

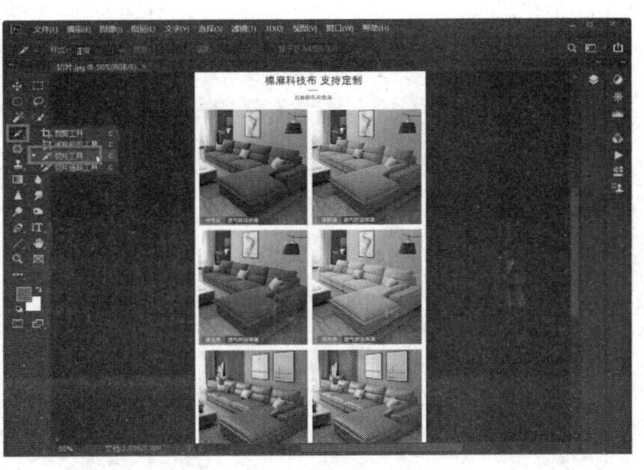

图 14-10 选择“切片工具”

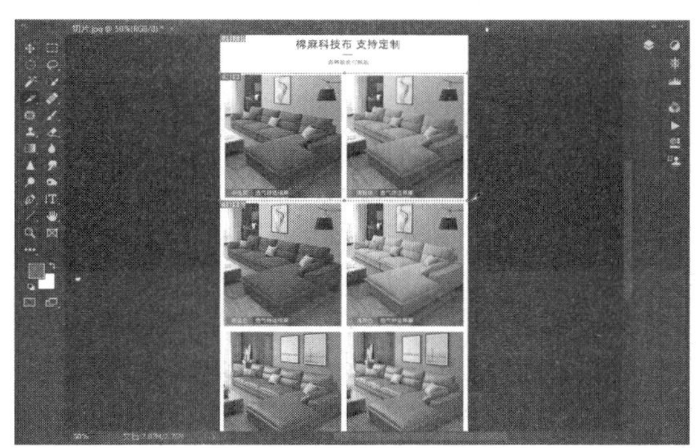

图 14-11 绘制切片

14.2.2 编辑切片

如果切片大小不合适，还可以调整和编辑切片，具体的操作步骤如下。

01 打开创建好切片的图像文件，右击并在弹出的快捷菜单中选择“划分切片”命令，如图 14-12 所示。

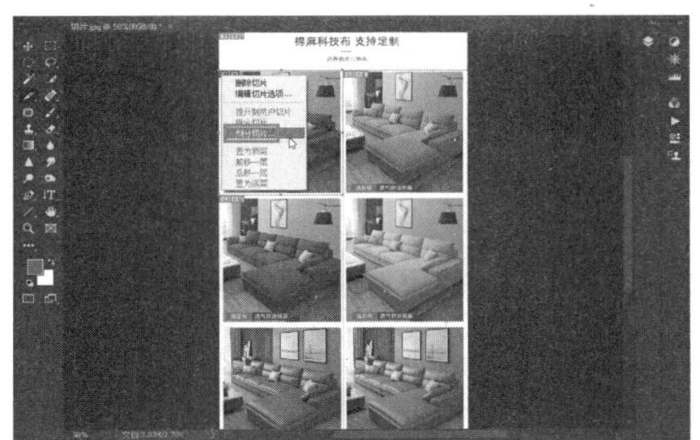

图 14-12 选择“划分切片”命令

02 弹出“划分切片”对话框，将“垂直划分 ...”设置为 2，如图 14-13 所示。

图 14-13 “划分切片”对话框

03 单击“确定”按钮，划分切片，如图 14-14 所示。

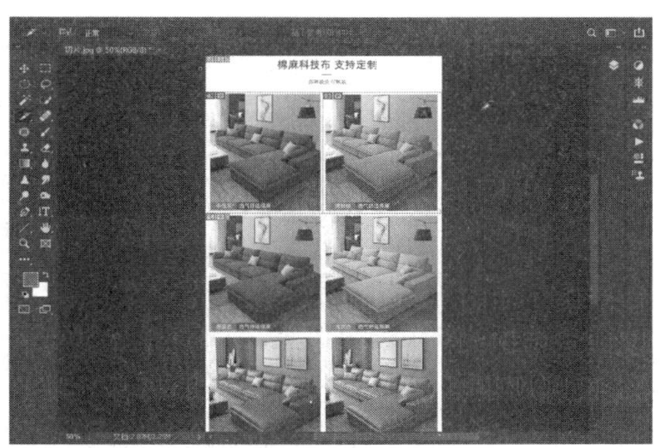

图 14-14 划分切片

04 在图像上右击，在弹出的快捷菜单中选择“编辑切片选项”命令，弹出“切片选项”对话框，在该对话框中可以设置切片的 URL、目标、信息文本等，如图 14-15 所示。

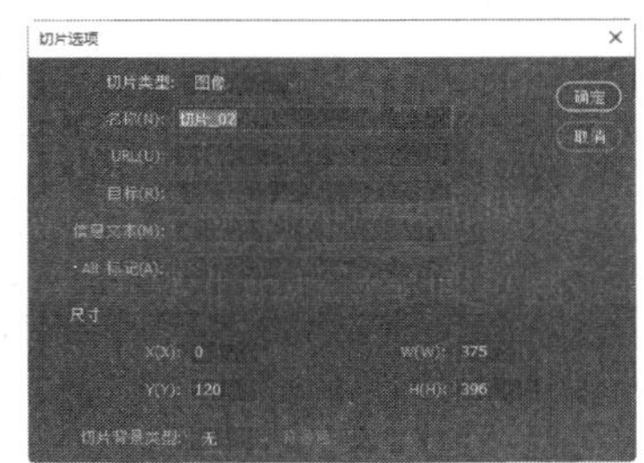

图 14-15 “切片选项”对话框

14.2.3 优化和输出切片

使用“存储为 Web 所用格式”命令可以导出和优化切片图像，Photoshop 会将每个切片存储为单独的文件并生成显示切片图像所需的 HTML 或 CSS 代码。

01 选择工具箱中的“切片工具”，在舞台中绘制好切片，如图 14-16 所示。

02 执行“文件”|“导出”|“存储为 Web 所用格式”命令，弹出“存储为 Web 所用格式”对话框，在该对话框中各个切片都作为独立的文件存储，并具有各自独立的设置参数和颜色调板，如图 14-17 所示。

03 单击“存储”按钮，弹出“将优化结果存储为”对话框，在该对话框中设置保存的路径和名称，如图 14-18 所示。

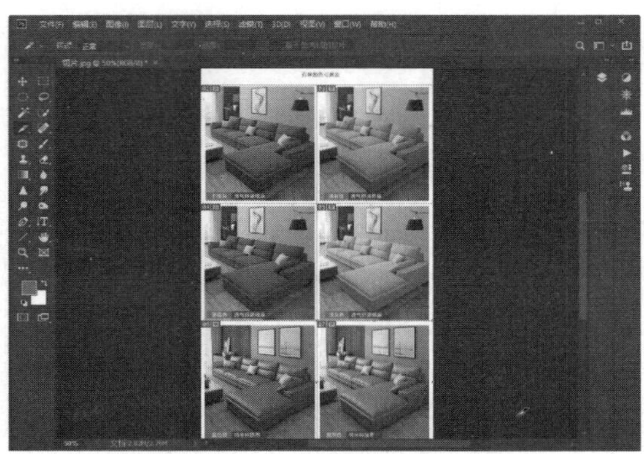

图 14-16　绘制切片

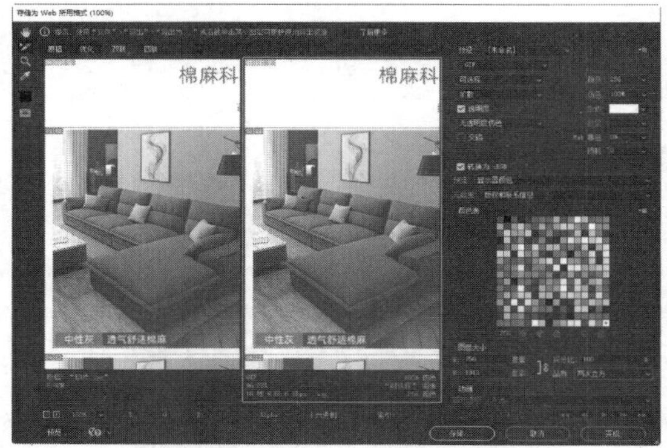

图 14-17　“存储为 Web 所用格式”对话框

04 单击“保存”按钮，同时创建一个文件夹，用于保存各个切片生成的文件。双击“切片 .html”文件打开网面，如图 14-19 所示。

图 14-18　“将优化结果存储为”对话框

图 14-19　浏览网页

14.3 创建 GIF 动画

动画是在一段时间内显示的一系列图像（帧），当每一帧较前一帧都有轻微的变化时，连续快速地显示帧，就会产生运动或其他变化的视觉效果。

14.3.1　GIF 动画原理

GIF 动画图片是在网页上经常看到的一种动画形式，画面活泼生动，引人注目。不仅可以吸引浏览者，还可以增加关注及点击率。GIF 文件的动画原理是，在特定的时间内显示特定画面内容，不同画面连续交替显示，产生了动态画面效果。在 Photoshop 中，主要使用“动画”面板来设置和制作 GIF 动画。

14.3.2 认识“时间轴”面板

GIF动画制作相对较为简单，打开“时间轴”面板后，会发现有帧动画和时间轴动画两种模式可供选择。

帧动画相对来说比较直观，在“动画”面板中会看到每一帧的缩略图。制作之前需要先设定好动画的展示方式，并用Photoshop做出分层图，然后在“动画”面板中新建帧，把展示的动画分帧设置好，再设定好时间和过渡等，即可播放预览。

帧动画的所有元素都放置在不同的图层中。通过对每一帧隐藏或显示不同的图层可以改变每一帧的内容，而不必一遍又一遍地复制和改变整个图像。每个静态元素只需创建一个图层即可，而运动元素则可能需要若干个图层才能制作出平滑过渡的运动效果。如图14-20所示的是“时间轴”面板。

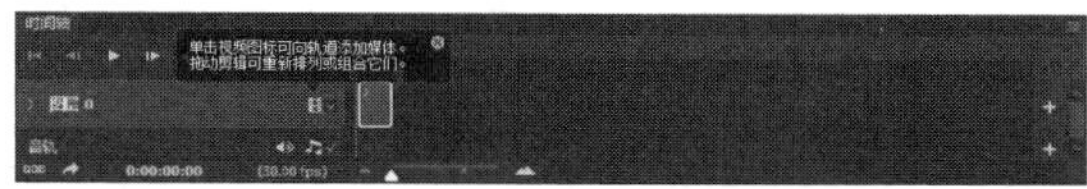

图 14-20 “时间轴”面板

14.4 综合案例

本例制作用于在网页上发布的图像，需要对它进行优化，保证文件的尺寸尽可能小。

14.4.1 在Photoshop中优化图像

在Photoshop中优化图像的具体的操作步骤如下。

01 执行“文件”|“打开”命令，打开图像文件，如图14-21所示。

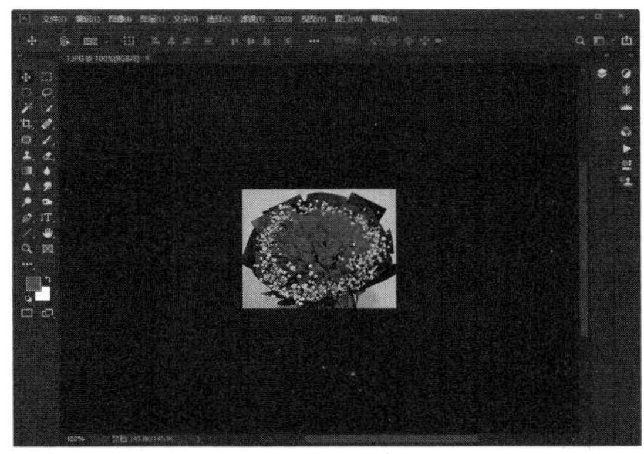

图 14-21 打开图像文件

02 执行“文件”|“导出”|“存储为Web所用格式”命令，打开“存储为Web所用格式”对话框，单击“四联”选项卡，然后选择第4幅图像，如图14-22所示。

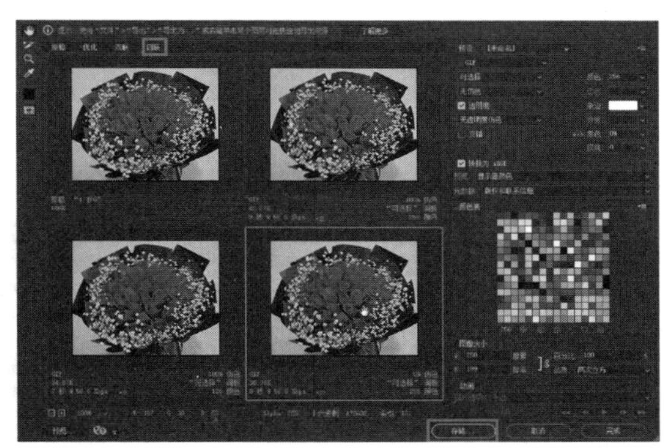

图 14-22 “存储为Web所用格式”对话框

03 单击“存储”按钮，打开“将优化结果存储为”对话框，如图14-23所示。

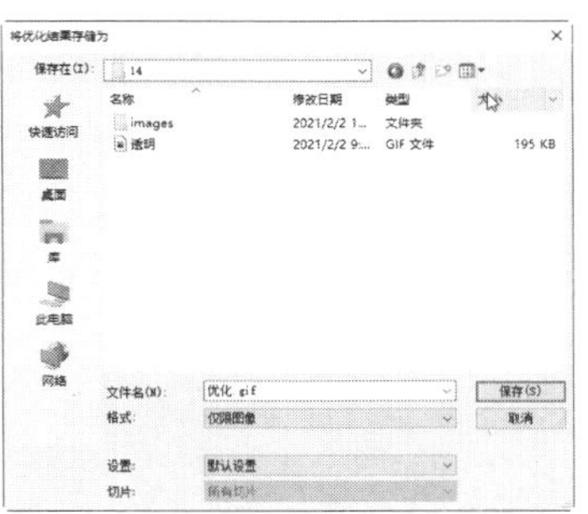

图 14-23 “将优化结果存储为”对话框

04 单击“保存”按钮，即可优化图像，如图14-24 所示。

图 14-24　优化图像

14.4.2　切割输出网站主页

下面讲述切割网站封面型主页的方法，具体的操作步骤如下。

01 执行“文件”|“打开”命令，打开图像文件，如图 14-25 所示。

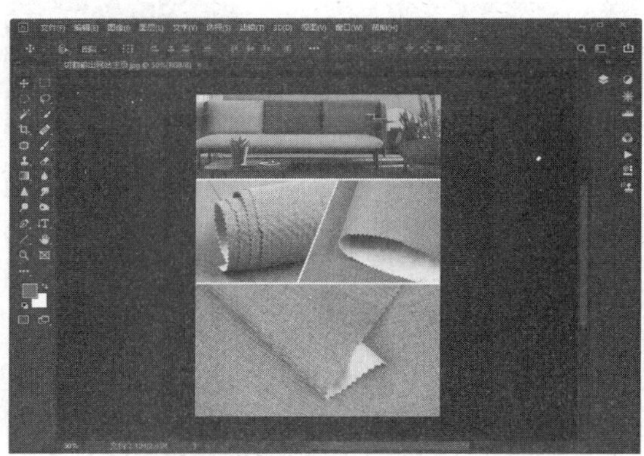

图 14-25　打开图像文件

02 选择工具箱中的“切片工具”，将鼠标指针置于要创建切片的位置，按住鼠标左键拖至合适的切片大小，即可绘制切片，如图 14-26 所示。

03 采用同样的方法绘制其余的切片，如图 14-27 所示。

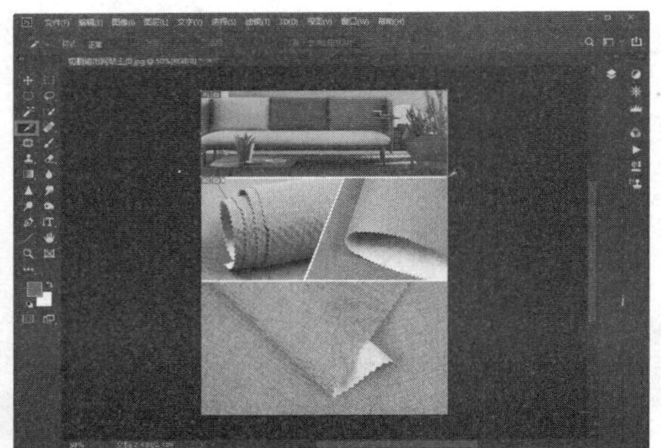

图 14-26　绘制切片

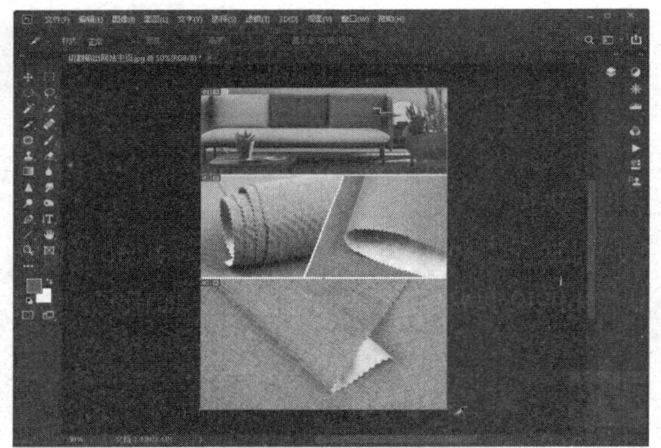

图 14-27　绘制其余切片

04 执行“文件”|“导出”|“存储为Web所用格式”命令，弹出“存储为 Web 所用格式”对话框，如图 14-28 所示。

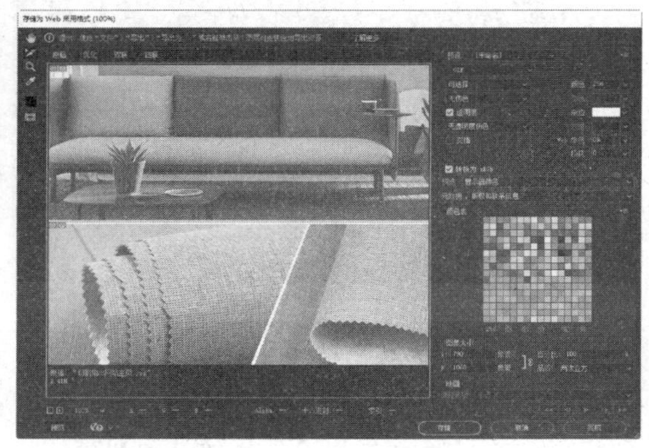

图 14-28　“存储为 Web 所用格式”对话框

05 单击“存储”按钮，弹出“将优化结果存储为”对话框，在该对话框中将“格式”设置为“HTML和图像”，如图 14-29 所示。

图 14-29　“将优化结果存储为”对话框

06 单击“保存”按钮，即可将图像切割成网页，如图 14-30 所示。

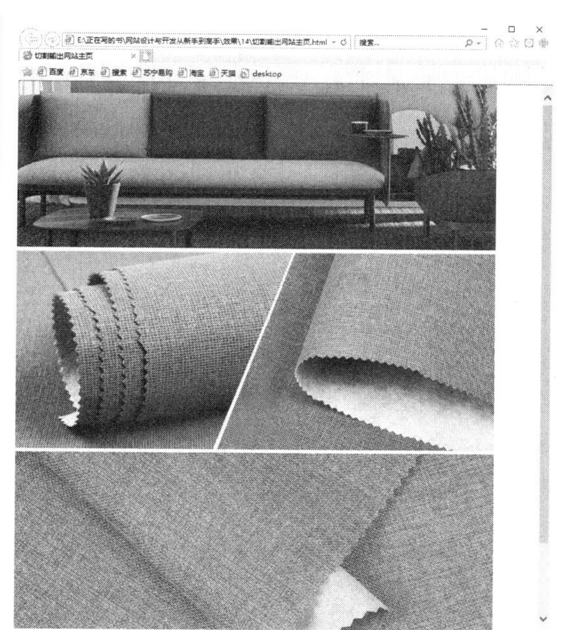

图 14-30　切割成网页

14.5　本章小结

如果网页上的图片较大，浏览器下载整个图片需要花费很长的时间。切片的使用，使整幅图片可以分为多幅的小图片并分开下载，这样下载的时间就会大幅缩短了。在目前互联网带宽还受到条件限制的情况下，运用切片可以减少网页下载时间，而且不影响图片的显示效果。使用 Photoshop 还可以轻松地制作出 GIF 动画，通过对本章的学习，希望大家能掌握制作动画的基本方法及网页图像切片和优化的方法。

第 15 章 设计网站的图片元素

本章导读

Photoshop 应用最广泛的领域就是图形和图像的处理，这里所说的图形是指自己绘制出来的，而图像的处理指的是对一幅已经有的图片进行处理。本章中的每个实例都使用了不同的功能，希望在学习中能够不断总结，以便快速进步和提高。

技术要点

- 网页中的设计元素
- 设计网站 Logo
- 设计网站 Banner
- 制作网页导航条

15.1 网页中的设计元素

网页中的元素有很多，例如 Banner、文本框、导航栏、Logo、广告等。尽量把这些相对独立的元素放在不同的图层中，这样方便以后再编辑。

15.1.1 Logo

Logo 是徽标或者商标的英文说法，起到对公司的识别和推广的作用，通过形象的 Logo 可以让消费者记住公司主体和品牌文化。网络中的 Logo 主要是各个网站用来与其他网站链接的图形标志，代表一个网站或网站的一个板块。

Logo 在网站版面设计中是必不可少的，当浏览者在第一时间进入一个站点时，网站 Logo 无疑会首先进入用户的视线。此时如果 Logo 毫无吸引力，浏览者很可能没有什么印象，直接看完想找的内容或者网页之后就直接关闭网页了；相反，如果 Logo 设计得很吸引人，让人看起来就容易记住这个网站，通过 Logo 就可以表现出这个网站的内涵。可见一个网站的 Logo 是多么重要，再漂亮的页面如果没有一个让人眼前一亮的 Logo，那也是比较失败的。

构成 Logo 的各部分，一般都具有一种共通性及差异性，这个差异性又称为“独特性”，或称为“变化”，而统一是将多样性提炼为一个主要表现体，称为“多样统一”。精确把握对象的多样统一并突出支配性要素，是设计网络 Logo 的必备技术。

网络 Logo 所强调的辨别性及独特性，要求相关图案字体的设计也要和被标识体的性质有适当的关联，并具备类似的风格造型。

15.1.2 导航栏

网站的导航栏指的是，引导浏览者访问网站的栏目、菜单、在线帮助、分类等布局结构的总称。在网站的建设过程中，一定要使网站导航结构清晰，能够使浏览者在最短的时间内找到需要的内容。导航便于网站内的浏览者操作和浏览，也便于搜索引擎目录索引和识别。

15.1.3　页面布局区

网页最初呈现在设计师面前时，它就好像一张白纸，需要任意挥洒你的设计巧思。首先要了解约定俗成的标准或者说大多数浏览者的浏览习惯，在此基础上加上自己的创意，创造出自己的设计方案，作为初学者，最好明白网页布局的基本概念。

1. 页面尺寸

由于页面尺寸和显示器大小及分辨率有关，网页的局限性就在于无法突破显示器的范围，而且因为浏览器也将占去不少空间，留下的页面范围变得更小。一般分辨率在 800 像素 ×600 像素的情况下，页面的显示尺寸为 780 像素 ×428 像素；分辨率在 640 像素 ×480 像素的情况下，页面的显示尺寸为 620 像素 ×311 像素；分辨率在 1024 像素 ×768 像素的情况下，页面的显示尺寸为 1007 像素 ×600 像素。从以上数据可以看出，分辨率越高，页面尺寸越大。

浏览器的工具栏也是影响页面尺寸的原因。目前的浏览器工具栏一般都可以取消或者增加，那么当显示全部的工具栏和关闭全部工具栏时，页面的尺寸是不一样的。在网页设计过程中，向下拖动页面是唯一给网页增加更多内容（尺寸）的方法。但前提是站点的内容能吸引人，否则不要让浏览者拖动页面超过 3 屏。

2. 整体造型

造型就是创造出来的物体形象，这里是指页面的整体形象。这种形象应该是一个整体，图形与文本的结合应该层叠有序。虽然，显示器和浏览器都是矩形的，但对于页面的造型，可以充分运用自然界中的其他形状以及它们的组合，例如矩形、圆形、三角形、菱形等。

对于不同的形状，它们所代表的意义是不同的。例如矩形代表着正式、规则，很多 ICP 和政府网页都以矩形为整体造型；圆形代表着柔和、团结、温暖、安全等，许多时尚站点喜欢以圆形为页面整体造型；三角形代表着力量、权威、牢固、侵略等，许多大型的商业站点为显示它的权威性，常以三角形为页面整体造型；菱形代表着平衡、协调、公平，一些交友站点常运用菱形作为页面整体造型。虽然不同形状代表着不同的意义，但目前的网页制作大多数是结合多个图形加以设计，在这其中某种图形的构图比例可能占得多一些。

3. 页头

页头又称为“页眉”，其作用是定义页面的主题。例如一个站点的名称多数都显示在页眉中。这样，浏览者能很快知道这个站点是什么内容。页头是整个页面设计的关键，它将涉及下面的更多设计和整个页面的协调性。页头常放置站点名称的图片和公司标志及旗帜广告。

4. 文本

文本在页面中多数以行或块（段落）的形式出现，它们的摆放位置决定着整个页面布局的可视性。过去因为页面制作技术的局限，文本放置位置的灵活性非常小，而随着 DHTML 的兴起，文本已经可以按照自己的要求放置到页面的任何位置。

5. 页脚

页脚和页头相呼应。页头是放置站点主题的地方，而页脚是放置制作者或者公司信息的地方，许多制作信息都是放置在页脚的。

15.2　网站 Logo

利用工具进行绘图是 Photoshop 最重要的功能之一，只要熟练掌握这些工具的使用方法并有着一定的美术造型能力，就能绘制出精美的作品来。在网页图像设计中会经常用到这些绘图工具，熟练掌握绘图工具的使用是非常必要的。

15.2.1 网站 Logo 设计标准

设计 Logo 时，要面向其应用的各种条件做出相应的规范，这对指导网站的整体建设有着极现实的意义。具体包括规范 Logo 的标准色、设计可能被应用的恰当的背景配色体系、反白，在清晰表现 Logo 的前提下制定 Logo 最小的显示尺寸，为 Logo 制定一些特定条件下的配色、辅助色带等，方便在制作 Banner 等场合时应用。另外，应注意文字与图案边缘的清晰度，字与图案不宜相交叠，还需要考虑 Logo 的竖排效果及作为背景时的排列方式等。

一个网站 Logo 不应只考虑在高分辨屏幕上的显示效果，还应该考虑到网站整体发展到一个高度时，相应推广活动所要求的效果，使其在应用于各种媒体时，也能充分发挥其视觉作用。同时，应使用能够给予多数浏览者好感且受欢迎的造型。例如，Logo 在传真、报纸、杂志等纸介质上的单色效果、反白效果，以及在织物上的纺织效果、在车体上的油漆效果、制作徽章时的金属效果、墙面立体的造型效果等。

15.2.2 设计网站 Logo

下面通过实例讲述网站Logo的设计方法，如图 15-1 所示，具体的操作步骤如下。

图 15-1 网站 Logo

01 启动 Photoshop，执行“文件”|“新建”命令，弹出“新建”对话框，如图 15-2 所示。

02 设置相应的宽度和高度，“背景内容”选择“白色”，单击“确定”按钮，新建空白文档，如图 15-3 所示。

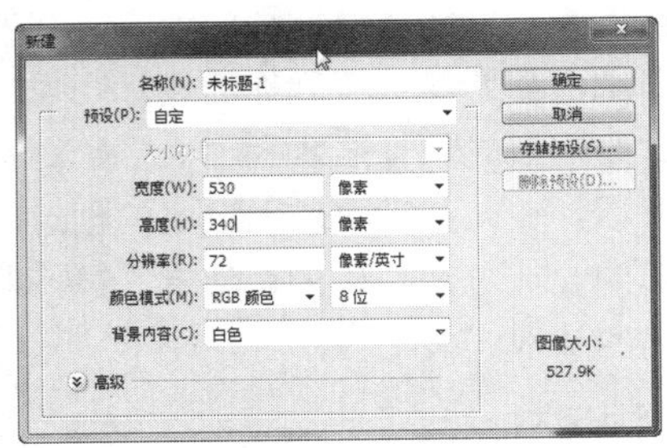

图 15-2 “新建”对话框

图 15-3 新建文档

03 选择工具箱中的“自定义形状”工具，在选项栏中单击“图案”选项，在弹出的列表中选择相应的图案，如图 15-4 所示。

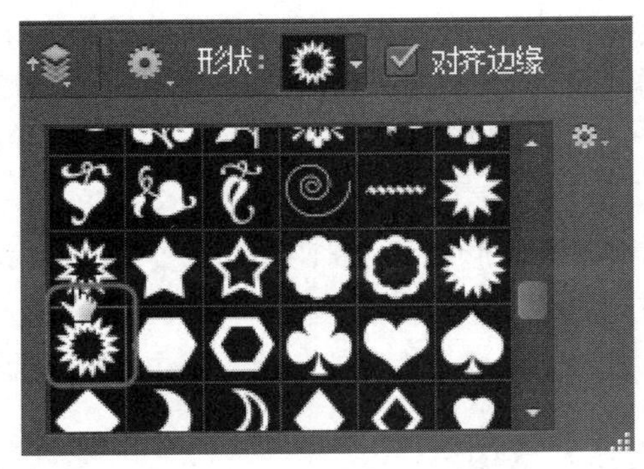

图 15-4 选择相应的图案

04 在画布中单击拖动绘制形状，如图 15-5 所示。

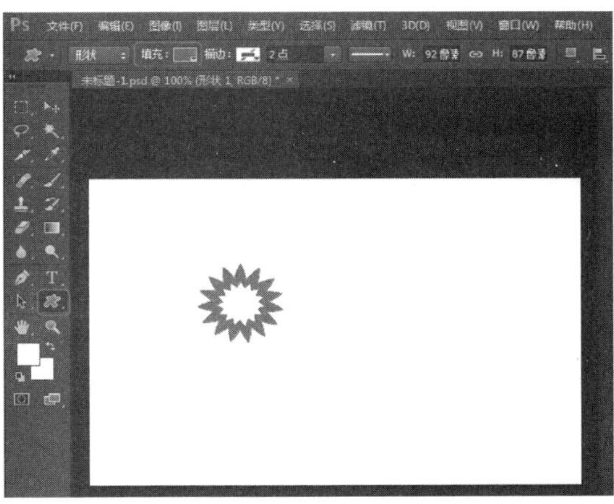

图 15-5　绘制形状

05 执行“图层”|“图层样式”|“描边”命令，弹出“图层样式”对话框，将描边颜色设置为#faff64，如图 15-6 所示。

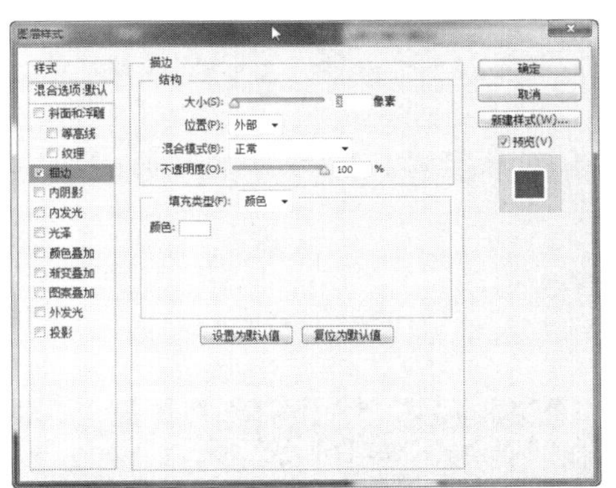

图 15-6 “图层样式”对话框

06 选中“投影”复选框，设置投影效果，如图 15-7 所示。

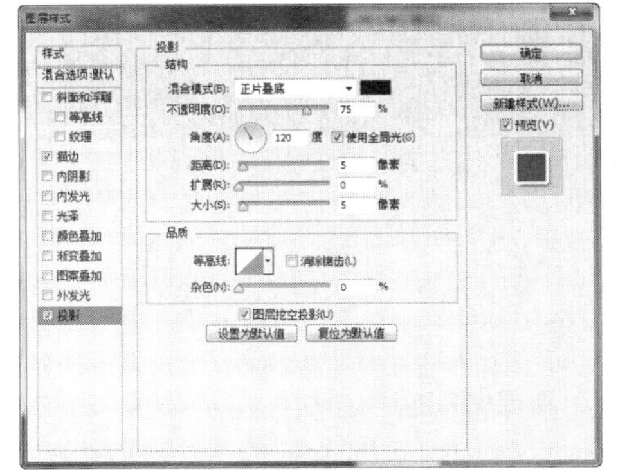

图 15-7　设置投影效果

07 单击“确定”按钮，设置图层样式，如图 15-8 所示。

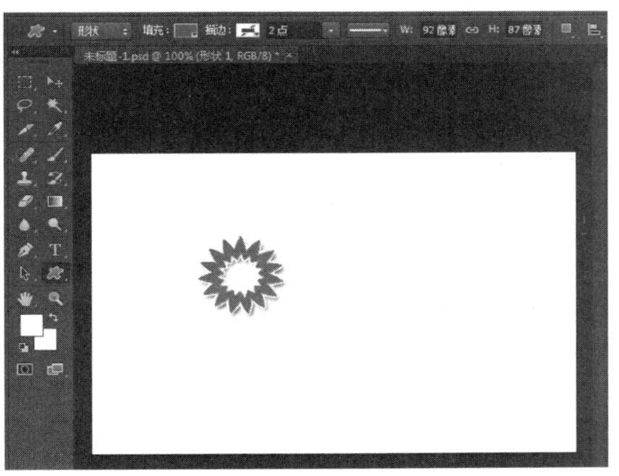

图 15-8　设置图层样式

08 选择工具箱中的“自定义形状”工具，选择合适的形状，在选项栏中将填充颜色设置为#009944，在画布中绘制形状，如图 15-9 所示。

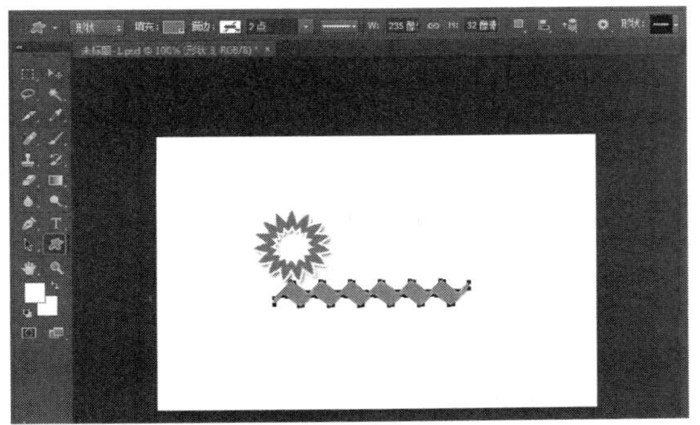

图 15-9　定义颜色

09 选择工具箱中的“横排文字工具”，在画布中输入文本“向阳集团”，如图 15-10 所示。

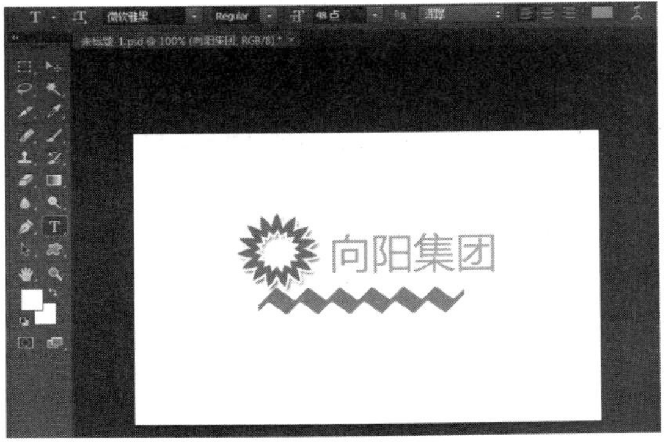

图 15-10　输入文字

10 执行“图层”|“图层样式”|“混合选项”命令，打开“图层样式”对话框，单击左侧的“样式”选项，在样式列表框中选择合适的样式，如图15-11所示。

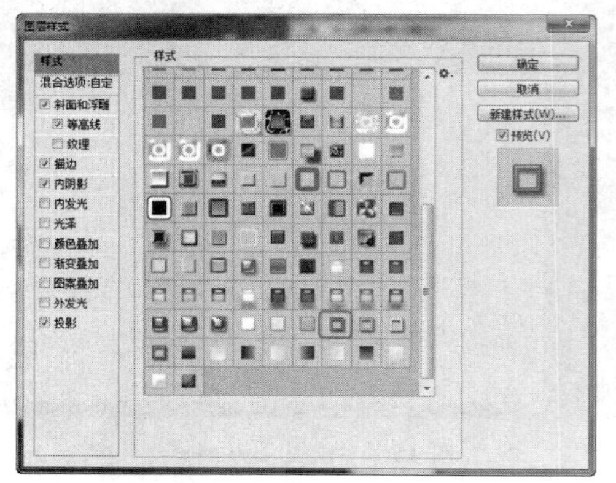

图 15-11 “图层样式”对话框

11 单击“确定”按钮，设置图层样式，完成的效果如图15-12所示。

图 15-12 完成的效果

15.3 设计网站 Banner

Banner是网站页面的横幅广告，其主要体现网站宗旨，形象鲜明地表达最主要的情感思想或宣传中心。

15.3.1 什么是 Banner

Banner又称“旗帜”，是一幅表现商家广告内容的图片，放置在广告商的页面上，是互联网广告中最基本的广告形式。Banner的标准尺寸是480像素×60像素，一般是使用GIF、JPG格式的图像文件。同时还可以使用Java等语言使其产生交互性，用Shockwave等插件增强表现力。标准GIF格式的宽幅广告被称为“富媒体广告”（Rich Media Banner）。

15.3.2 设计有动画效果的 Banner

下面设计有动画效果的Banner，具体的操作步骤如下。

01 执行“文件”|“打开”命令，打开图像文件，如图15-13所示。

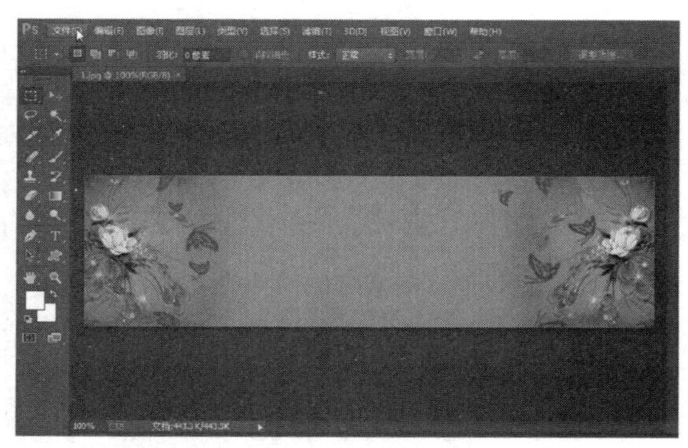

图 15-13 打开图像文件

02 打开“图层”面板，双击“背景”图层将其转为“图层0”，如图15-14所示。

03 执行“窗口”|“时间轴”命令，打开“时间轴”面板，在“时间轴”面板中自动生成一帧动画，单击“时间轴”面板底部的“复制所选帧”按钮，复制当前帧，如图15-15所示。

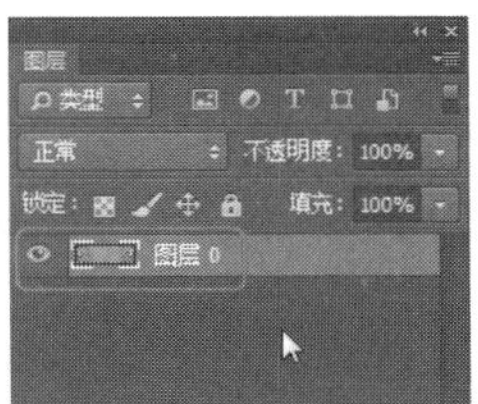

图 15-14　解锁图层

图 15-15　复制帧

04 执行“文件”|“置入”命令，弹出“置入”对话框，在该对话框中选择要置入的文件 2.jpg，如图 15-16 所示。

图 15-16　“置入”对话框

05 单击“置入”按钮，将图像文件置入，并调整置入文件的大小与原来的图像相同，如图 15-17 所示。

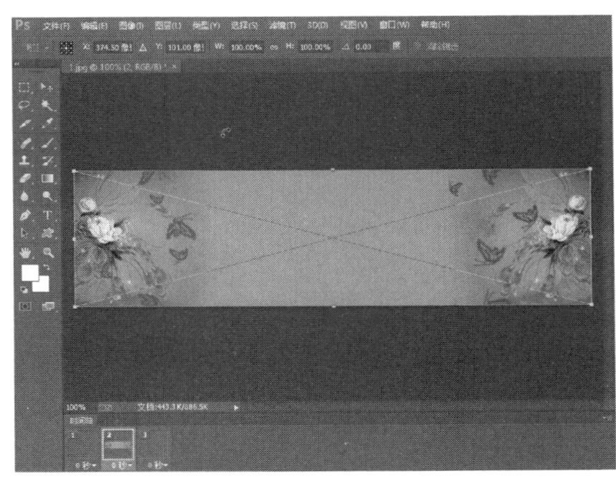

图 15-17　置入图像

06 选择工具箱中的“横排文字工具”，在画布中输入文本，如图 15-18 所示。

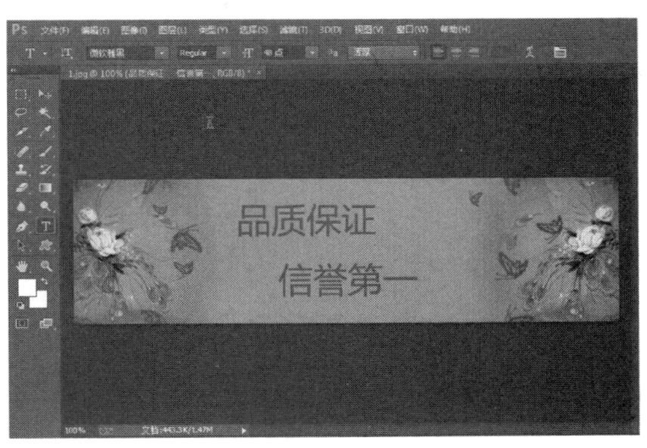

图 15-18　输入文本

07 执行“图层”|“图层样式”|“描边”命令，弹出“图层样式”对话框，将描边颜色设置为白色，描边“大小”设置为 2，如图 15-19 所示。

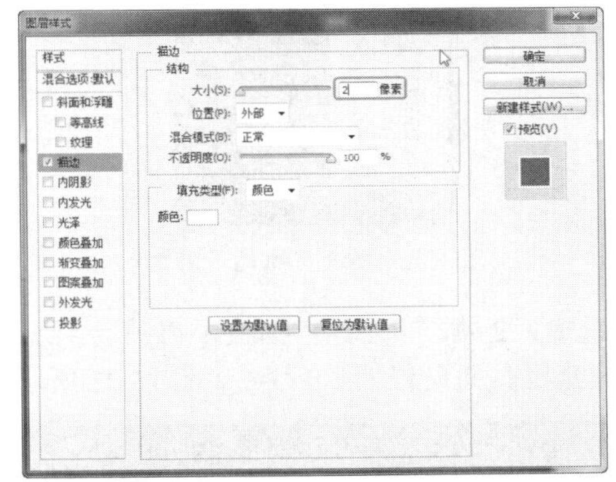

图 15-19　“图层样式”对话框

08 单击“确定”按钮，设置图层样式，如图 15-20 所示。

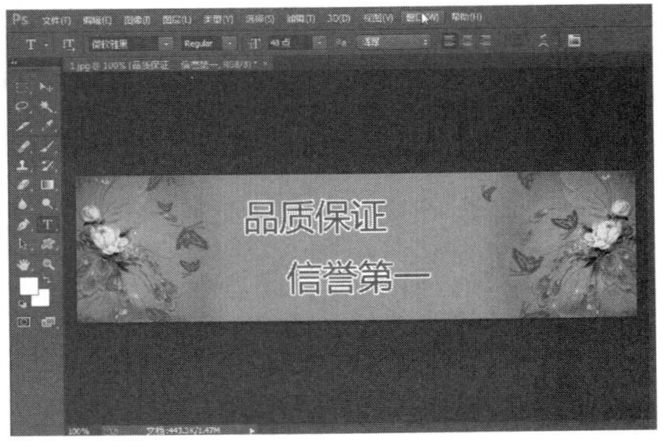

图 15-20　设置图层样式

09 选中第 1 帧，在“图层”面板中将图层 2 隐藏，如图 15-21 所示。

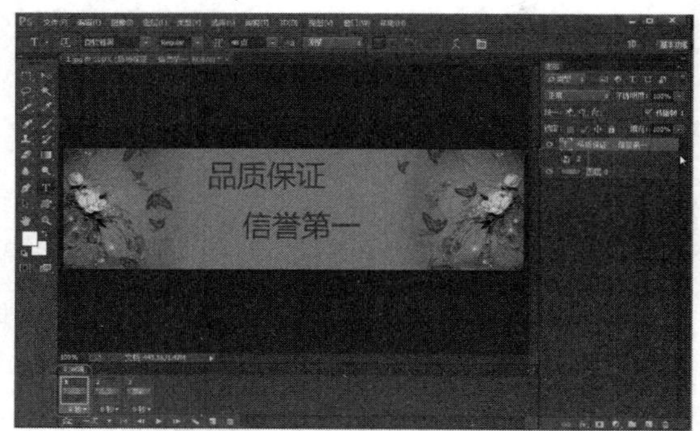

图 15-21　隐藏图层 2

10 在“时间轴”面板中选择第 1 帧，单击该帧右下角的三角按钮，设置延迟时间为 2.0 秒，如图 15-22 所示。

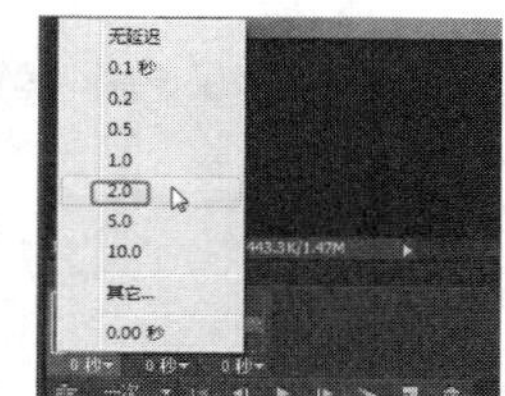

图 15-22　设置帧延迟时间

11 选中第 2 帧，在“图层”面板中将图层 0 隐藏，将帧延迟时间设置为 2.0 秒，如图 15-23 所示。

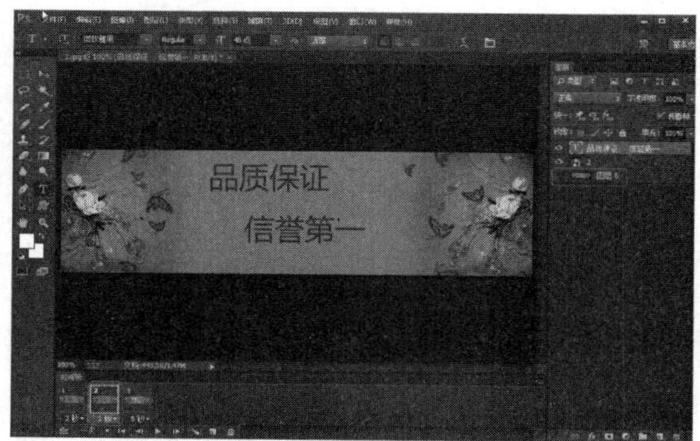

图 15-23　将图层 0 隐藏

12 选中第 2 帧，在“图层”面板中将图层 2 隐藏，将帧延迟时间设置为 2.0 秒，如图 15-24 所示。

13 执行“文件”|“导出”|“存储为 Web 所用格式”命令，弹出“存储为 Web 所用格式”对话框，选择 GIF 格式输出图像，如图 15-25 所示。

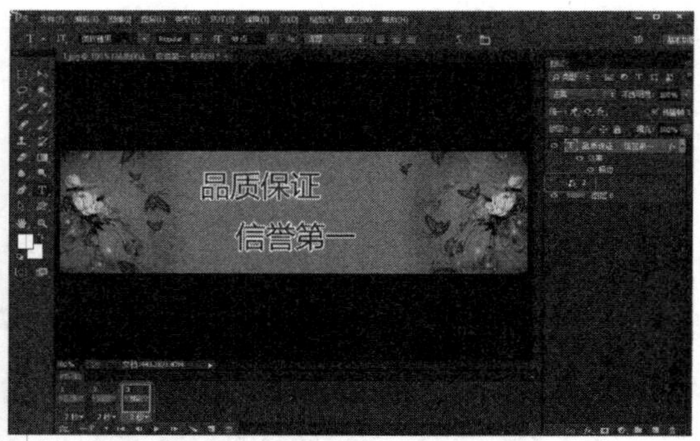

图 15-24　隐藏图层 2

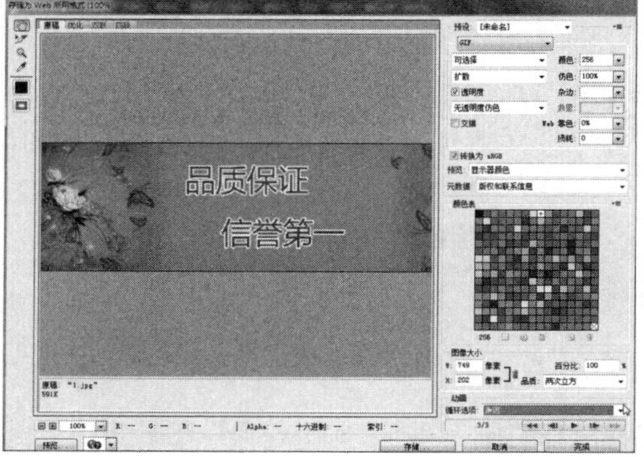

图 15-25　“存储为 Web 所用格式”对话框

14 单击“存储”按钮，弹出“将优化结果存储为”对话框，在该对话框中设置名称为 banner.gif，格式选择“仅限图像”，单击“保存”按钮即可保存图像，如图 15-26 所示。

图 15-26　“将优化结果存储为”对话框

15.4 制作网页导航条

导航条是网页设计中不可缺少的部分，是指通过一定的技术手段，为网站的浏览者提供一定的途径，使其可以方便地访问到所需的内容，是浏览网站时可以快速从一个页面转到另一个页面的快速通道。

15.4.1 网页导航条简介

网页导航表现为网页的栏目菜单、辅助菜单、其他在线帮助等形式。网页导航设置是在网页栏目结构的基础上，进一步为浏览者浏览网页提供方便的提示系统。

一个网站的导航设计对提供丰富友好的浏览体验有至关重要的作用，简单直观的导航不仅能提高网站的易用性，而且在浏览者找到所要的信息后，有助于提高转化率。导航设计在整个网站设计中的地位举足轻重。导航有许多方式，常见的有导航图、按钮、图符、关键字、标签、序号等多种形式，在设计时要注意以下几点。

- 明确性。无论采用哪种导航策略，导航的设计应该明确，让浏览者能一目了然。具体表现为，能让浏览者明确网站的主要服务范围，以及清楚了解自己所处的位置。只有明确的导航才能真正发挥引导的作用，引导浏览者找到所需的信息。
- 可理解性。导航对于浏览者应是易于理解的。在表达形式上，要使用清楚、简捷的按钮、图像或文本，要避免使用无效字句。
- 完整性。网站所提供的导航要具体、完整，可以让浏览者获得整个网站范围内的领域性导航，能涉及网站中全部的信息及其关系。
- 咨询性。导航应提供浏览者咨询信息，它如同一个问询处、咨询部，当浏览者有需要的时候，能够为其提供导航服务。
- 易用性。导航系统应该容易进入，同时也要容易退出当前页面，或让浏览者以简单的方式跳转到想要去的页面。
- 动态性。导航信息可以说是一种引导，动态的引导能更好地解决浏览者的具体问题。及时、动态地解决浏览者的问题，是一个好导航必须具备的功能。

满足以上这些导航设计的要求，才能保证导航策略的有效性，发挥出导航策略应有的作用。

15.4.2 设计横向导航条

下面讲述横向导航条的制作方法，具体的操作步骤如下。

01 启动 Photoshop，执行“文件”|“打开”命令，打开图像文件 index.jpg，如图 15-27 所示。

图 15-27　打开图片

02 选择工具箱中的“矩形工具”，在画布中绘制矩形，如图 15-28 所示。

03 执行“图层”|“图层样式”|“混合选项”命令，弹出“图层样式”对话框，在该对话框中选择相应的样式，如图 15-29 所示。

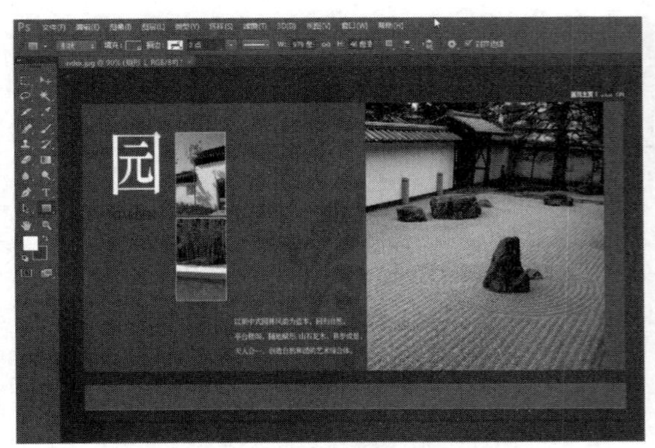

图 15-28　绘制矩形

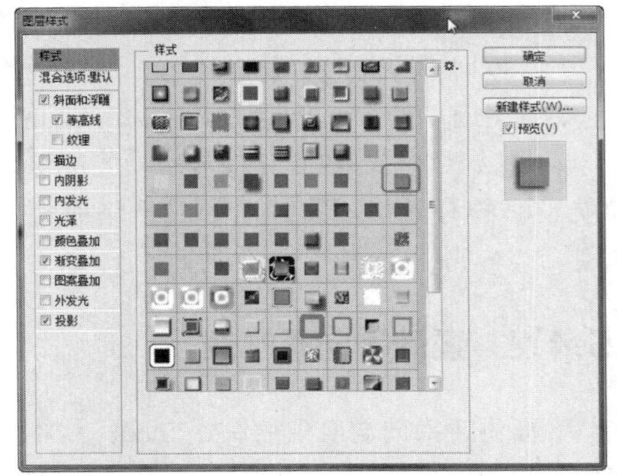

图 15-29　“图层样式”对话框

04 单击“确定”按钮，设置图层样式，如图 15-30 所示。

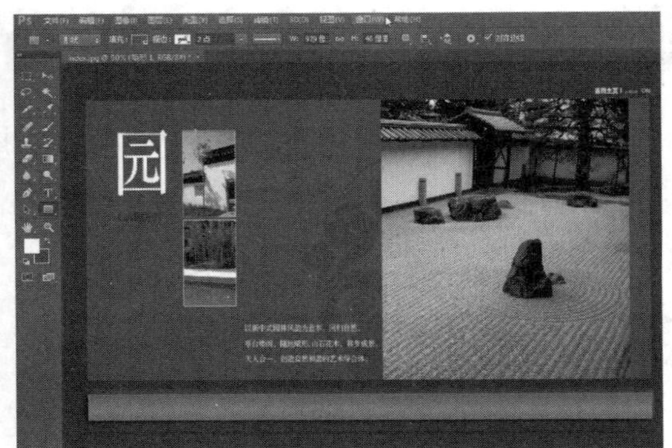

图 15-30　设置图层样式

05 选择工具箱中的“横排文字工具”，在选项栏中将“字体”设置为“微软雅黑”，“字体大小”设置为 14 点，字体颜色设置为白色，然后输入相应的导航文本，如图 15-31 所示。

图 15-31　输入文本

15.5　本章小结

本章综合运用前面所介绍的知识，制作了网页中经常用到的网站 Logo、网站 Banner 和网页导航条。通过对本章的学习，读者能够对前面的知识进行总结及综合应用，从而巩固对 Photoshop 的掌握。

第 16 章 使用 HTML 语言编写网页

本章导读

HTML 是制作网页的基础，我们在网络中讲的静态网页，就是以 HTML 为基础制作的网页，早期的网页都是直接用 HTML 代码编写的，不过现在有很多智能化的网页制作软件，通常不需要人工去写代码，而是由这些软件自动生成。尽管不需要自己写代码，但了解 HTML 代码仍然非常重要，这是学习网页制作技术的基础。

技术要点

- 认识 HTML 语言
- HTML 文档头部标签
- 基本的 HTML 标签
- 文字和超链接
- 图片和列表
- 表格
- 表单

16.1 认识 HTML 语言

HTML（Hyper Text Markup Language，超文本标记语言）又称“超文本标签语言”，是互联网上用于编写网页的主要语言，它提供了精简而有力的文件定义，可以设计出多姿多彩的超媒体文件，通过 HTTP 通信协议，使 HTML 文件可以在全球互联网（World Wide Web）上进行跨平台的文件交换。

16.1.1 HTML 是什么

在浏览网页时，呈现在人们面前的一个个漂亮的页面就是网页，是网络内容的视觉呈现者。网页是怎样制作的呢？其实网页的主体是一个用 HTML 代码创建的文本文件，使用 HTML 中的相应标签，就可以将文本、图像、动画及音乐等内容包含在网页中，再通过浏览器解析，多姿多彩的网页内容就呈现出来了。

1. HTML 的特点

HTML 文档制作简单且功能强大，支持不同数据格式的文件导入，这也是互联网盛行的原因之一，其主要特点如下。

- HTML 文档容易创建，只需一个文本编辑器就可以完成。
- HTML 文件存储量小，能够尽可能快地在网络环境下传输与显示。

- 具有平台无关性。HTML 独立于操作系统平台，它能对多平台兼容，只需要一个浏览器，就能够在操作系统中浏览网页文件。可以使用在广泛的平台上，这也是互联网盛行的另一个原因。
- 容易学习，不需要很深的编程知识。
- 具有可扩展性，HTML 语言的广泛应用带来了加强功能，增加了标识符等要求，HTML 采取子类元素的方式，为系统扩展带来了保证。

2. HTML 的历史

HTML 1.0：1993 年 6 月，互联网工程工作小组（IETF）工作草案发布。

HTML 2.0：1995 年 11 月发布。

HTML 3.2：1996 年 1 月，W3C 推荐标准。

HTML 4.0：1997 年 12 月，W3C 推荐标准。

HTML 4.01：1999 年 12 月，W3C 推荐标准。

HTML 5.0：2008 年 8 月，W3C 工作草案。

16.1.2 HTML 基本标签

HTML 的任何标签都由 < 和 > 围起来，如 <html>。在起始标签的标签名前加上符号 /，便是其终止标签，如 </html>，夹在起始标签和终止标签之间的内容受标签的控制。超文本文档分为头部和主体两部分，在文档头部，对文档进行了一些必要的定义，文档主体是要显示的各种文档信息。

基本语法：

```
<html>
<head> 网页头部信息 </head>
<body> 网页主体正文部分 </body>
</html>
```

语法说明：

其中 <html> 在最外层，表示这对标签之间的内容是 HTML 文档，一个 HTML 文档总是以 <html> 开始，以 </html> 结束。<head> 之间包括文档的头部信息，如文档标题等，若不需要头部信息则可省略此标签。<body> 标签一般不能省略，表示正文内容的开始。

下面就以一个简单的 HTML 文件来熟悉 HTML 文件的结构。

实例代码：

```
<!doctype html>
<html>
<head><meta charset="utf-8">
<title>HTML 标签、元素和属性 </title>
</head>
<body><p>16.1.2 HTML 标签、元素和属性 </p></body>
</html>
```

这一段代码是使用 HTML 中最基本的几个标签组成的，运行代码，在浏览器中预览效果，如图 16-1 所示。

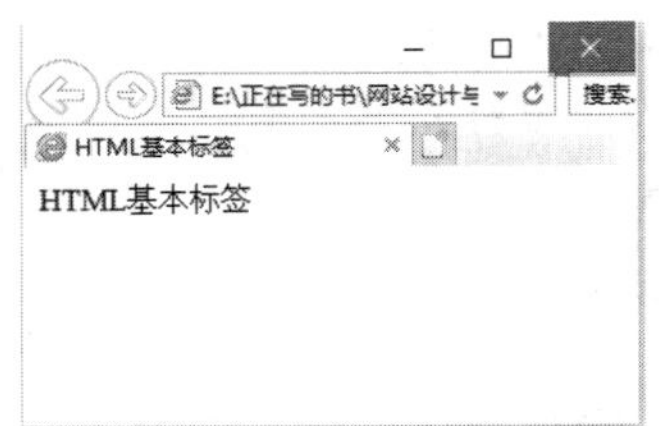

图 16-1 HTML 基本标签的效果

16.1.3 HTML 文件组成

HTML 文件均以 <html> 标记开始，以 </html> 标记结束。<head>...</head> 标记之间的内容用于描述页面的头部信息，如页面的标题、作者、摘要、关键词、版权、自动刷新等信息。在 <body>...</body> 标记之间的内容即为页面的主体内容。

1. 页面标题标记 <title>

<title> 标记用于定义页面的标题，是成对标记，位于 <head> 标记之间。标题的语句如下。

```
<title> 此处显示标题 <title>
```

2. 辅助标记 <meta>

<meta> 标记用于定义页面的相关信息，为非成对标记，位于 <head> 标记之间。使用

<meta> 标记可以描述页面的作者、摘要、关键词、版权、自动刷新等页面信息。

<meta> 标记的语句格式如下。

```
<meta charset="utf-8">
```

3. 正文标记 <body>

<body> 标记用于定义正文内容的开始，</body> 用于定义正文内容的结束，在 <body> 和 </body> 之间的内容即为页面的主体内容，使用 <body> 标记的各种属性可以定义页面主体内容的不同表达效果，<body> 标记的主要属性如下。

bgcolor：定义网页的背景色。

background：定义网页背景图像。

16.2 HTML 文档头部标签

HTML 中的 <head> 标记是网页标记中一个非常重要的符号。做好 <head> 标记中的内容对整个页面有着非常重要的意义，下面介绍 head 标记中比较常用的内容。

16.2.1 文档类型声明

HTML 也有多个不同的版本，只有完全明白页面中使用的确切的 HTML 版本，浏览器才能完全正确地显示出 HTML 页面，这就是 <!doctype> 的用处。

<! doctype> 不是 HTML 标签。它为浏览器提供一项信息（声明），即 HTML 是用什么版本编写的。

实例代码：

```
<!doctype html>
```

<!doctype> 声明位于文档中的最前面，处于 <html> 标签之前。此标签可告知浏览器文档使用哪种 HTML 或 XHTML 规范。

16.2.2 文档头部标签

在 HTML 语言的头部元素中，一般需要包括标题、基础信息和元信息等。HTML 的头部元素以 <head> 为开始标记，以 </head> 为结束标记。

基本语法：

```
<head>...</head>
```

语法说明：

定义在 HTML 语言头部的内容都不会在网页上直接显示，而是通过另外的方式起作用。

实例代码：

```
<head>...</head>
```

16.2.3 文档描述

<meta> 标记的功能主要是定义页面中的信息，这些信息并不会显示在浏览器中，而只在源代码中显示。<meta> 标记通过属性定义文件信息的名称、内容等。<meta> 标记能够提供文档的关键字、作者及描述等多种信息，在 HTML 头部可以包括任意数量的<meta>标记。

描述标签是 description，网页的描述标签为搜索引擎提供了关于这个网页的总括性描述。网页的描述元标签是由一两个语句或段落组成的，内容一定要相关，描述不能太短、太长或过分重复。

基本语法：

```
<meta name="description" content="
设置页面描述 ">
```

语法说明：

在该语法中，name 为属性名称，这里设置为 description，也就是将元信息属性设置为页面说明，在 content 中定义具体的描述语言。

实例代码：

```
<!doctype html>
<html>
```

```
<head><meta charset="utf-8">
<meta name="description" content="
网页设计网站建设网站优化 ">
<title> </title>
</head>
<body>
</body>
</html>
```

16.2.4 网页标题

无论是浏览者还是搜索引擎，对一个网站最直观的印象往往来自这个网站的标题。浏览者通过搜索自己感兴趣的关键字，来到搜索结果页面，决定他是否单击的关键字往往在于网站的标题。在网页中设置网页的标题，只要在HTML 文件的头部文件的 <title></title> 中输入标题信息即可在浏览器上显示。标题标记以 <title> 开始，以 </title> 结束。

基本语法：

```
<head>
<title>...</title>
...</head>
```

语法说明：

页面的标题只有一个，它位于 HTML 文档的头部，即 <head> 和 </head> 之间。

实例代码：

```
<!doctype html>
<html>
<head>
<meta charset="utf-8">
<title> 网页的标题 </title>
</head>
<body>
</body>
</html>
```

在代码中 <title></title> 之间设置网页的标题，在浏览器中预览时，可以在浏览器标题栏看到网页标题，如图 16-2 所示。

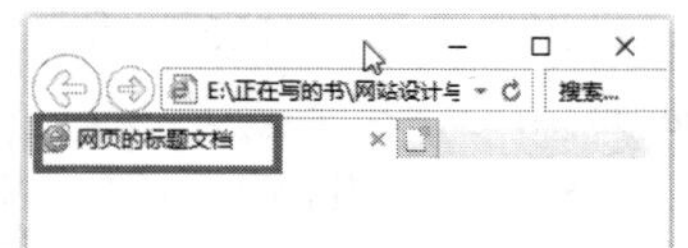

图 16-2　网页标题

16.3 基本的 HTML 标签

在 <body> 和 </body> 之间放置的是页面中所有的内容，如图片、文字、表格、表单、超链接等。<body> 标记有自己的属性，包括网页的背景设置、文字属性设置和超链接设置等。设置 <body> 标记内的属性，可控制整个页面的显示方式。

16.3.1 主体标签

HTML 的主体标记是 <body>，在 <body> 和 </body> 之间放置的是网页中的所有内容，如文字、图片、超链接、表格、表单等。

在 HTML 中，标签可以拥有属性。属性能够为页面上的 HTML 元素提供附加信息。标签 <body> 定义了 HTML 页面的主体元素。使用一个附加的 bgcolor 属性，可以告诉浏览器，页面的背景色是红色的，即 <body bgcolor="red">。

<body> 元素有很多自身的属性，如定义页面文字的颜色、背景的颜色、背景图像等，如表 16-1 所示。

表 16-1 body 标记属性

属性	描述
text	设定页面文字的颜色
bgcolor	设定页面背景的颜色
background	设定页面的背景图像
bgproperties	设定页面的背景图像为固定，不随页面的滚动而滚动
link	设定页面默认的链接颜色
alink	设定正在单击时的链接颜色
vlink	设定访问过后的链接颜色
topmargin	设定页面的上边距
leftmargin	设定页面的左边距

16.3.2 设置页面边距

在制作网页的时候，有时总感觉文字或者表格怎么也不能靠在浏览器的最上边和最左边，这是怎么回事呢？因为一般用的制作软件或HTML语言默认的都是topmargin、leftmargin值等于12，如果把这些值设为0，就会看到网页的元素与左边距离为0了。

基本语法：

```
<head>
<title>...</title>
...</head>
```

语法说明：

通过设置topmargin、leftmargin、rightmargin、bottommargin不同的属性值来设置显示内容与浏览器的距离。在默认情况下，边距的值以像素为单位。

- topmargin：设置到顶端的距离。
- leftmargin：设置到左侧的距离。
- rightmargin：设置到右侧的距离。
- bottommargin：设置到底边的距离。

实例代码：

```
<!doctype html>
<html>
<head>
<meta charset="utf-8">
<title>设置边距</title>
</head>
<body topmargin="80"
leftmargin="80">
<p>设置页面的上边距</p>
<p>设置页面的左边距</p>
</body>
</html>
```

在代码中加粗部分的代码标记是设置上边距和左边距的，在浏览器中预览时，可以看出定义的边距效果，如图16-3所示。

图 16-3 设置页面边距的效果

16.3.3 标题标签

HTML文档中包含各种级别的标题，各种级别的标题由<h1>到<h6>元素来定义。其中，<h1>代表最高级别的标题，依次递减，<h6>级别最低。

基本语法：

```
<h1>...</h1>
<h2>...</h2>
<h3>...</h3>
```

```
<h4>...</h4>
<h5>...</h5>
<h6>...</h6>
```

语法说明：

在该语法中，1 级标题使用最大的字号表示，6 级标题使用最小的字号表示。

实例代码：

```
<!doctype html>
<html>
<head><meta charset="utf-8">
<title>多种标题样式的使用</title>
</head>
<body>
<h1>1 级标题</h1>
<h2>2 级标题</h2>
<h3>3 级标题</h3>
<h4>4 级标题</h4>
<h5>5 级标题</h5>
<h6>6 级标题</h6>
</body>
</html>
```

在代码中加粗的代码标记用于设置 6 种级别不同的标题，在浏览器中浏览的效果如图 16-4 所示。

图 16-4　设置标题标签的效果

16.3.4　换行标签

在 HTML 文本显示中，默认是将一行文字连续地显示出来，如果想把一个句子后面的内容在下一行显示就需要用到换行符
。换行符标签是一个单标签，也称“空标签”，不包含任何内容，在 HTML 文件中的任何位置，只要使用了
 标签，当文件显示在浏览器中时，该标签之后的内容将在下一行显示。

基本语法：

```
<br>
```

语法说明：

一个
 标记代表一次换行，连续的多个标记可以实现多次换行。

实例代码：

```
<!doctype html>
<html>
<head>
<meta charset="utf-8">
<title>无标题文档</title>
</head>
<body>
《敕勒歌》<br>
敕勒川，阴山下。<br>
天似穹庐，笼盖四野。<br>
天苍苍，野茫茫。<br>
风吹草低见牛羊。<br>
</body>
</html>
```

在代码中加粗部分的代码标记
 为设置换行标记，在浏览器中预览，可以看到换行的效果，如图 16-5 所示。

图 16-5　设置换行标签的效果

16.3.5 段落标签

HTML 标签中最常用、最简单的标签是段落标签，也就是 <p></p>。说它常用，是因为几乎所有的文档文件都会用到这个标签；说它简单，从外形上就可以看出来，它只有一个字母。虽然简单，但是却也非常重要，因为这是一个用来区别段落的标签。

基本语法：

```
<p> 段落文字 <p>
```

语法说明：

段落标记可以没有结束标记 </p>，因为每一个新的段落标记的开始，也意味着上一个段落的结束。

实例代码：

```
charset="utf-8">
<title> 无标题文档 </title>
</head>
<body>
<p> 水调歌头 · 明月几时有 </p><p>
【作者】苏轼 【朝代】宋 </p><p>
丙辰中秋，欢饮达旦，大醉，作此篇，兼怀子由。</p><p>
明月几时有？把酒问青天。不知天上宫阙，今夕是何年。我欲乘风归去，又恐琼楼玉宇，高处不胜寒。起舞弄清影，何似在人间。</p><p>
转朱阁，低绮户，照无眠。不应有恨，何事长向别时圆？人有悲欢离合，月有阴晴圆缺，此事古难全。但愿人长久，千里共婵娟。</p><p><br>
</body>
</html>
```

在代码中加粗部分的代码标记 <p> 为段落标记，<p> 和 </p> 之间的文本是一个段落，效果如图 16-6 所示。

图 16-6 段落标签的效果

16.3.6 水平线标签

水平线标记用于在页面中插入一条水平标尺线，使页面看起来整齐明了。

基本语法：

```
<hr>
```

语法说明：

在网页中输入一个 <hr> 标记，就添加了一条默认样式的水平线。

实例代码：

```
<!doctype html>
<html>
<head>
<meta charset="utf-8">
<title> 水平线标签 </title></head><body><p> 水调歌头 · 明月几时有 </p><p>
<hr>
【作者】苏轼 【朝代】宋 </p><p>
丙辰中秋，欢饮达旦，大醉，作此篇，兼怀子由。</p><p>
明月几时有？把酒问青天。不知天上宫阙，今夕是何年。我欲乘风归去，又恐琼楼玉宇，高处不胜寒。起舞弄清影，何似在人间。</p><p>
转朱阁，低绮户，照无眠。不应有恨，何事长向别时圆？人有悲欢离合，月有阴晴圆缺，此事古难全。但愿人长久，千里共婵娟。</p><p><br>
</body>
</html>
```

在代码中加粗部分的标记为水平线标记，在浏览器中预览，可以看到插入的水平线效果，如图 16-7 所示。

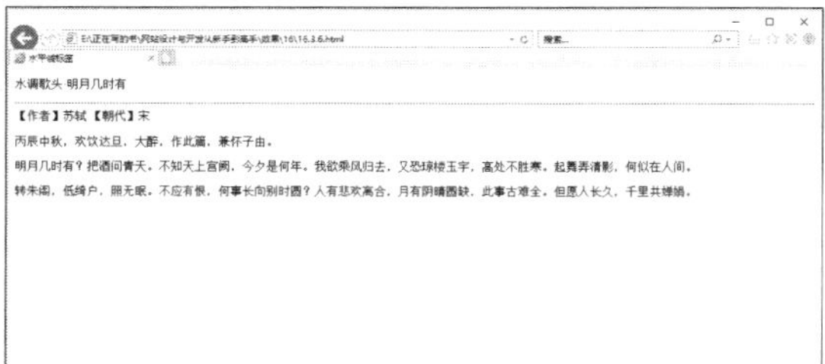

图 16-7 水平线标签的效果

16.4 文字和超链接

文字不仅是网页信息传达的一种常用方式，也是视觉传达最直接的方式，运用经过精心处理的文字材料完全可以制作出效果很好的版面。

16.4.1 文本格式化标签

HTML 可以定义很多格式化输出的元素，如粗体字、斜体字、文本方向等。<b> 和 <strong> 是 HTML 中格式化粗体文本的最基本元素。在 <b> 和 </b> 之间的文字或在 <strong> 和 </strong> 之间的文字，在浏览器中都会以粗体显示。该元素的首尾部分都是必需的，如果没有结尾标记，则浏览器会认为从 <b> 开始的所有文字都以粗体显示。

基本语法：

```
<b> 加粗的文字 </b>
<strong> 加粗的文字 </strong>
```

语法说明：

在该语法中，粗体的效果可以通过 <b> 标记来实现，还可以通过 <strong> 标记来实现。<b> 和 <strong> 是行内元素，它可以插入到一段文本的任何位置。

<i>、<em> 和 <cite> 是 HTML 中格式化斜体文本的最基本元素。在 <i> 和 </i> 之间的文字、在 <em> 和 </em> 之间的文字或在 <cite> 和 </cite> 之间的文字，在浏览器中都会以斜体显示。

基本语法：

```
<i> 斜体文字 </i>
<em> 斜体文字 </em>
<cite> 斜体文字 </cite>
```

语法说明：

斜体的效果可以通过 <i> 标记、<em> 标记和 <cite> 标记来实现。一般在一篇以正体显示的文字中用斜体文字起到醒目、强调或者区别的作用。

<u> 标记的使用和粗体及斜体标记类似，它用于需要加下画线的文字。

基本语法：

```
<u> 下画线的内容 </u>
```

语法说明：

该语法与粗体和斜体的语法基本相同。

实例代码：

```
<!doctype html>
<html>
<head>
<meta charset="utf-8">
<title> 设置文本粗体、斜体、下画线 </title>
</head>
<body>
<p><strong> 一、对文本设置粗体效果 </strong></p>
<p><em> 二、对文本设置斜体效果 </em></p>
<p><u> 三、对文本设置下画线效果 </u></p>
</body>
</html>
```

在代码中加粗部分的标记 <strong> 为设置文字的加粗、<em> 为设置斜体、<u> 为设置下画线的效果，在浏览器中预览效果，如图 16-8 所示。

图 16-8　文本格式化标签的效果

16.4.2　文本引用与缩进

text-indent 可以定义文本首行的缩进（在首行文字之前插入指定的长度）。

基本语法：

```
text-indent: 取值
```

取值 : <length> | <percentage> | inherit。

<length>: 长度表示法。

<percentage>: 百分比表示法。

inherit: 继承。

实例代码：

```
<!doctype html>
<html>
<head>
<meta charset="utf-8">
<style type="text/css">
p {text-indent: 1cm}
</style>
</head>
<body>
<p>
明月几时有？把酒问青天。不知天上宫阙，今夕是何年。我欲乘风归去，又恐琼楼玉宇，高处不胜寒。起舞弄清影，何似在人间。
</p>
</body>
</html>
```

在代码中加粗部分的标记 text-indent: 1cm 为设置文字的缩进 1cm，在浏览器中预览效果，如图 16-9 所示。

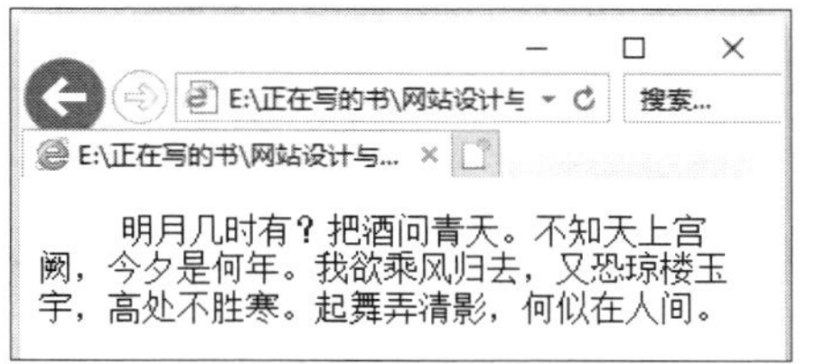

图 16-9　文本缩进效果

16.4.3　字体的设置

face 属性规定的是字体的名称，如中文字体的“宋体”“楷体”“隶书”等。可以通过字体的 face 属性设置不同的字体，设置的字体效果必须在浏览器中安装相应的字体后才可以正确浏览，否则有些特殊字体会被浏览器中的普通字体代替。

基本语法：

```
<font face=" 字体样式 ">...</font>
```

语法说明：

face 属性用于定义该段文本所采用的字体名称。如果浏览器能够在当前系统中找到该字体，则使用该字体显示。

实例代码：

```
<!doctype html>
<html>
<head>
<meta charset="utf-8">
<title> 无标题文档 </title>
</head>
<body>
<p style="font-family: ' 方正粗黑宋简体 '"> 念奴娇 · 赤壁怀古
作者：苏轼 </p>
<p style="font-family: ' 华文楷体 '"> 大江东去，浪淘尽，千古风流人物。</p>
<p style="font-family: ' 方正姚体 '"> 故垒西边，人道是，三国周郎赤壁。</p>
</body>
</html>
```

在代码中加粗部分的代码标记是设置文字的字体，在浏览器中预览可以看到不同的字体效果，如图 16-10 所示。

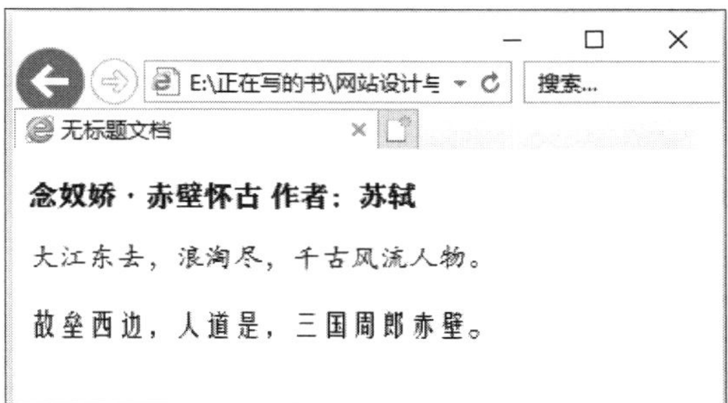

图 16-10　设置字体的效果

16.4.4 文本颜色设置

在 HTML 页面中，还可以通过不同的颜色表现不同的文字效果，从而增加网页的亮丽色彩，吸引浏览者的注意。

基本语法：

```
<font color="字体颜色">...</font>
```

语法说明：

颜色可以用浏览器承认的颜色名称和十六进制数值表示。

实例代码：

```
<!doctype html>
<html>
<head>
<meta charset="utf-8">
<title>字体颜色设置</title>
</head>
<body>
<span style="color: #BD3032">念奴娇·赤壁怀古</span>
<p style="color: #A71A1D">
作者：苏轼</p><p>
<span style="color: #213EC8">大江东去，浪淘尽，千古风流人物。</span></p>
<p style="color: #1745C3">
故垒西边，人道是，三国周郎赤壁。</p>
<p style="color: #2034AD">
乱石穿空，惊涛拍岸，卷起千堆雪。</p>
<p style="color: #319DBD">
江山如画，一时多少豪杰。</p>
<p style="color: #147F84">
遥想公瑾当年，小乔初嫁了，雄姿英发。</p><p style="color: #039453">
羽扇纶巾，谈笑间，樯橹灰飞烟灭。</p><p style="color: #105B16">
故国神游，多情应笑我，早生华发。</p><p style="color: #B55231">
人生如梦，一尊还酹江月。</p><p>
</body>
</html>
```

在代码中加粗部分的标记用于设置字体的颜色，在浏览器中预览，可以看出设置字体颜色的效果，如图 16-11 所示。

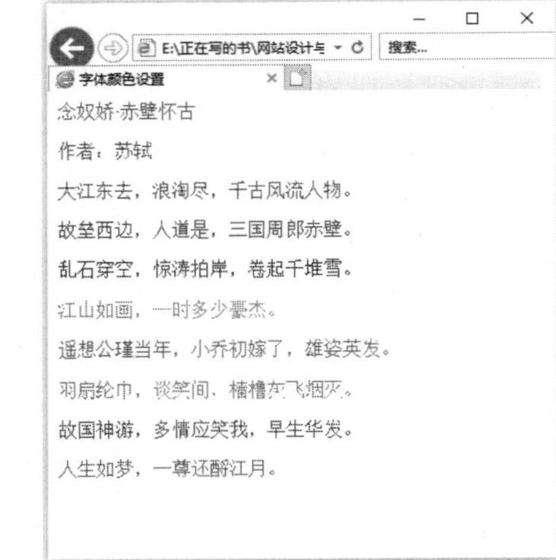

图 16-11　设置文本颜色的效果

16.4.5 超链接标签

超链接标记 <a> 在 HTML 中既可以作为一个跳转至其他页面的链接，也可以作为“埋设”在文档中某处的一个“锚定位”。<a> 也是一个行内元素，它可以成对出现在一段文档的任何位置。

基本语法：

```
<a 属性="链接目标">链接显示文本</a>
```

语法说明：

在该语法中，<a> 标记的属性值，如表 16-2 所示。

表 16-2　<a> 标记的属性值

属性	说明
href	指定链接地址
name	为链接命名
title	为链接添加提示文字
target	指定链接的目标窗口

实例代码：

```
<!doctype html>
<html>
```

```
<head>
<meta charset="utf-8">
<title>无标题文档</title>
</head>
<body>
山水田园诗派<p>
代表人物：<a href="ind.html">王维</a>、<a href="der.html">孟浩然</a>、</p><p>
特点： 题材多青山白云、幽人隐士；风格多恬静雅淡，富于阴柔之美；形式多五言古诗、五绝、五律。</p><p>
代表作：</p><p>
王维：<a href="ind.html">《山居秋暝》《西施咏》《九月九日忆山东兄弟》</a>等</p><p>
孟浩然：<a href="der.html">《过故人庄》</a>等</p><p>
</body>
</html>
```

在代码中加粗部分的代码标记为设置文档中的超链接，在浏览器中预览可以看到链接效果，如图16-12所示。

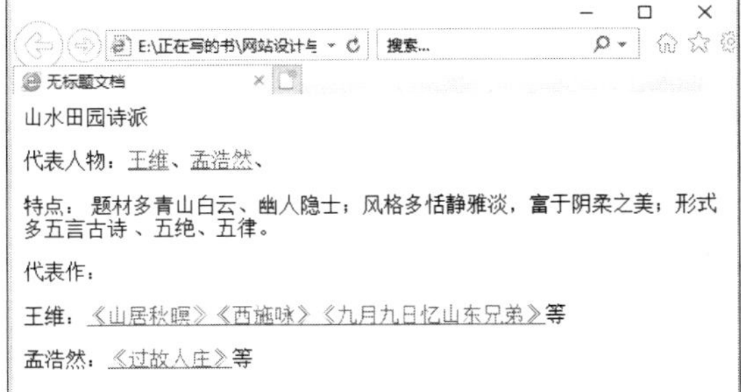

图16-12 超链接标签的效果

16.4.6 相对路径和绝对路径

路径URL用来定义一个文件、内容或者媒体等的所在路径，这个路径可以是相对路径，也可以是一个网站中的绝对路径，关于路径的写法，因其所用的方式不同有相应的变化。

HTML有两种路径的写法：相对路径和绝对路径。

1. HTML的相对路径

相对路径是指，由这个文件所在的路径引起的与其他文件（或文件夹）的路径关系。使用相对路径可以为我们带来非常多的便利。

- 同一个目录的文件引用。

如果源文件和引用文件在同一个目录中，直接写引用文件名即可。

现在建立一个源文件about.html，在about.html中要引用index.html文件作为超链接。

假设about.html路径是c:\Inetpub\wwwroot\sites\news\about.html。

假设index.html路径是c:\Inetpub\wwwroot\sites\news\index.html。

在about.html加入index.html超链接的代码应该这样写：

```
<a href = "index.html">index.html</a>
```

- 引用上级目录。

../表示源文件所在目录的上一级目录，../../表示源文件所在目录的上上级目录，以此类推。

假设about.html路径是c:\Inetpub\wwwroot\sites\news\about.html。

假设index.html路径是c:\Inetpub\wwwroot\sites\index.html。

在about.html加入index.html超链接的代码应该这样写：

```
<a href = "../index.html">index.html</a>
```

- 引用下级目录。

引用下级目录的文件，直接写下级目录文件的路径即可。

假设about.html路径是c:\Inetpub\wwwroot\sites\news\about.html。

假设index.html路径是c:\Inetpub\wwwroot\sites\news\html\index.html。

在about.html加入index.html超链接的代码应该这样写：

```
<a href = "html/index.html">index.html</a>
```

2. HTML 绝对路径

HTML 绝对路径指带域名的文件的完整路径。

例如，网站域名是 www.baidu.com，如果在 www 根目录下放了一个 index.html 文件，这个文件的绝对路径就是 http://www.baidu.com/index.html。

假设在 www 根目录下建了一个目录 news，然后在该目录下放了一个 index.html 文件，这个文件的绝对路径就是 http://www.baidu.com/news/index.html。

16.4.7 设置目标窗口

在创建网页的过程中，默认情况下超链接在原来的浏览器窗口中打开，可以使用 target 属性来控制打开的目标窗口。

基本语法：

```
<a href=" 链接目标 " target=" 目标窗口的打开方式 ">
```

语法说明：

在该语法中，target 参数的取值有 4 种，如表 16-3 所示。

表 16-3 target 参数取值

属 性 值	含 义
-self	在当前页面中打开链接
-blank	在一个全新的空白窗口中打开链接
-top	在顶层框架中打开链接，也可以理解为在根框架中打开链接
-parent	在当前框架的上一层中打开链接

实例代码：

```
<!doctype html>
<html>
<head>
<meta charset="utf-8">
<title> 设置目标窗口 </title>
</head>
<body>
<a href="16.4.7tc.html"> 九月九日忆山东兄弟
```

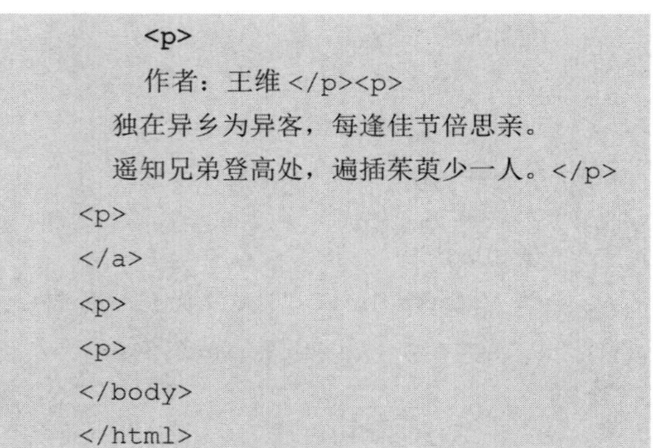

```
<p>
作者：王维 </p><p>
独在异乡为异客，每逢佳节倍思亲。
遥知兄弟登高处，遍插茱萸少一人。</p>
<p>
</a>
<p>
<p>
</body>
</html>
```

在代码中加粗的代码标记为设置内部超链接的目标窗口，在浏览器中预览，单击设置超链接的对象，可以打开一个新的窗口，如图 16-13 和图 16-14 所示。

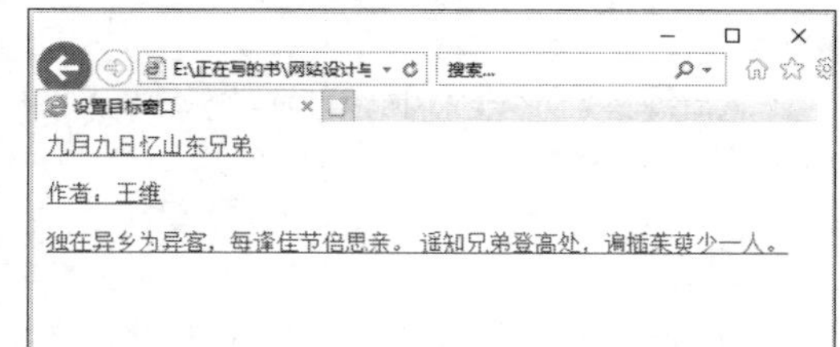

图 16-13 原始窗口

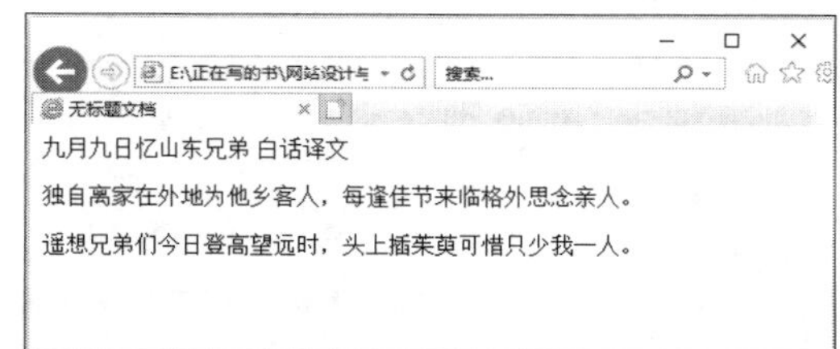

图 16-14 打开的目标窗口

16.4.8 电子邮件链接 mailto

在网页上创建 E-mail 链接，可以使浏览者快速反馈自己的意见。当浏览者单击 E-mail 链接时，可以立即打开浏览器默认的 E-mail 处理软件，收件人邮件地址被 E-mail 链接中指定的地址自动更新，无须浏览者输入。

基本语法：

```
<a href="mailto: 电子邮件地址 "> 链接内容 </a>
```

语法说明：

在该语法中，电子邮件地址后面还可以增加一些参数，如表 16-4 所示。

表 16-4　邮件的参数

属性值	说明	语法
cc	抄送收件人	<a href="mailto: 电子邮件地址 ?cc= 电子邮件地址 "> 链接内容 </a>
subject	电子邮件主题	<a href="mailto: 电子邮件地址 ?subject= 主题文字 "> 链接内容 </a>
bcc	暗送收件人	<a href="mailto: 电子邮件地址 ?bcc= 电子邮件地址 "> 链接内容 </a>
body	电子邮件内容	<a href="mailto: 电子邮件地址 ?body= 邮件内容 "> 链接内容 </a>

实例代码：

```
<!doctype html>
<html>
<head>
<meta charset="utf-8">
<title> 无标题文档 </title>
</head>
<body>
  <a href="mailto: xxx@163.com">
与我们联系 </a>
</body>
</html>
```

在代码中加粗的标记用于创建 E-mail 链接，在浏览器中的浏览效果如图 16-15 所示。

图 16-15　电子邮件链接

16.5　图片和列表

图像是网页中不可缺少的元素，在网页中巧妙地使用图像可以为网页增色不少。在 HTML 文档中，列表用于提供结构化的、容易阅读的消息格式，可以帮助浏览者方便地找到信息，并引起浏览者对重要信息的注意。

16.5.1　图像标签

有了图像文件后，就可以使用 img 标记将图像插入到网页中，从而达到美化网页的效果。img 元素的相关属性如表 16-5 所示。

表 16-5　img 元素的相关属性

属　性	描　述	属　性	描　述
src	图像的源文件	dynsrc	设定 avi 文件的播放
alt	提示文字	loop	设定 avi 文件循环播放次数
width，height	宽度和高度	loopdelay	设定 avi 文件循环播放延迟
border	边框	start	设定 avi 文件播放方式
vspace	垂直间距	lowsrc	设定低分辨率图片
hspace	水平间距	usemap	映像地图
align	排列		

基本语法：

```
<img src=" 图像文件的地址 ">
```

语法说明：

在语法中，src 参数用来设置图像文件所在的路径，该路径可以是相对路径，也可以是绝对路径。

16.5.2 用图像作为超链接

设置普通图像超链接的方法非常简单，通过 <a></a> 标记来实现。

基本语法：

```
<a href=" 链接目标 "> 链接的图像 </a>
```

语法说明：

为图像添加超链接，使其指向其他的网页或文件，这就是图像超链接。

实例代码：

```
<!doctype html>
<html>
<head>
<meta charset="utf-8">
<title> 链接的图像 </title>
</head>
<body>
<a href="inde"><img
src="16.5.3.JPG" width="531"
height="521" alt=""/></a>
</body>
</html>
```

在代码中加粗部分的标记是为图像添加空链接，在浏览器中预览，当鼠标指针放置在超链接的图像上时，鼠标指针会发生相应的变化，如图 16-16 所示。

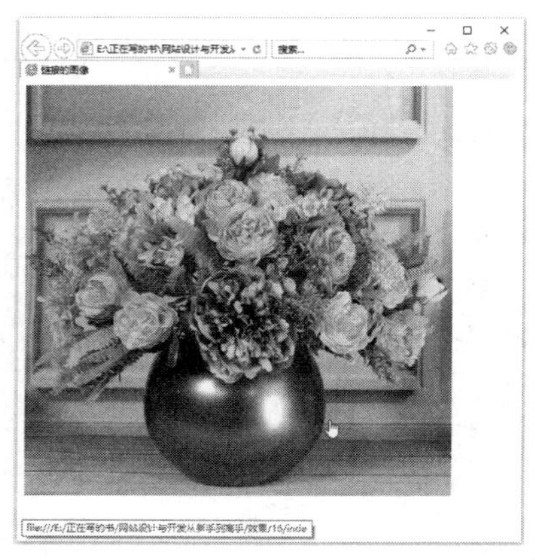

图 16-16 用图像作为超链接

16.5.3 有序列表

有序列表就是列表结构中的列表项有先后顺序的列表形式，从上到下可以有各种不同的序列编号，如 1、2、3 或 a、b、c 等。有序列表始于 <ol> 标签，每个列表项始于 <li> 标签，ol 标记的属性及其介绍如表 16-6 所示。

表 16-6 ol 标记的属性定义

	属性名	说明
标记固有属性	type =项目符合	有序列表中列表项的项目符号格式
	start	有序列表中列表项的起始数字
可在其他位置定义的属性	id	在文档范围内的识别标志
	lang	语言信息
	dir	文本方向
	title	标记标题
	style	行内样式信息

在默认情况下，有序列表的序号是数字。通过 type 属性可以改变序号的类型，包括大小写字母、阿拉伯数字和大小写罗马数字。

基本语法：

```
<ol type=" 序号类型 ">
<li> 列表项 </li>
```

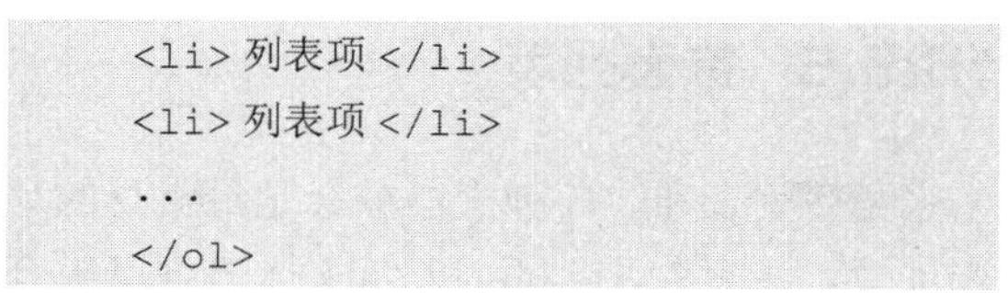

```
<li> 列表项 </li>
<li> 列表项 </li>
...
</ol>
```

语法说明：

有序列表的序号类型如表 16-7 所示。

表 16-7　有序列表的序号类型

属性值	说明
1	数字 1、2、3、4……
a	小写英文字母 a、b、c、d……
A	大写英文字母 A、B、C、D……
i	小写罗马数字 i、ii、iii、iv……
I	大写罗马数字 I、II、III、IV……

下面是一个不同类型的有序列表实例。

实例代码：

```
<!doctype html>
<html>
<head>
<meta charset="utf-8">
<title> 不同类型的有序列表 </title>
</head>
```

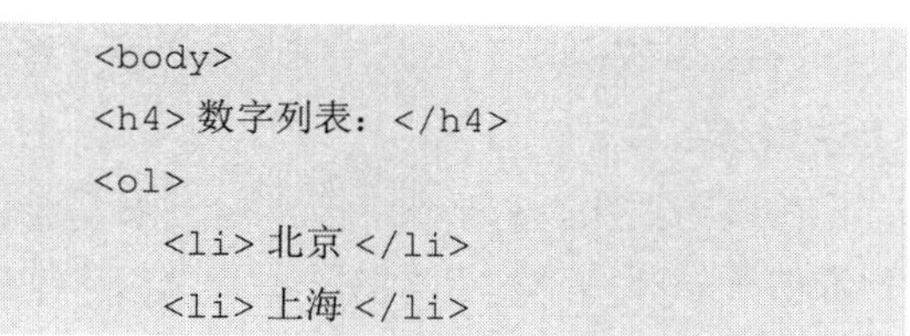

```
<body>
<h4> 数字列表：</h4>
<ol>
    <li> 北京 </li>
    <li> 上海 </li>
```

在代码中加粗的标记用于设置有序列表的序号类型，在浏览器中浏览的效果如图 16-17 所示。

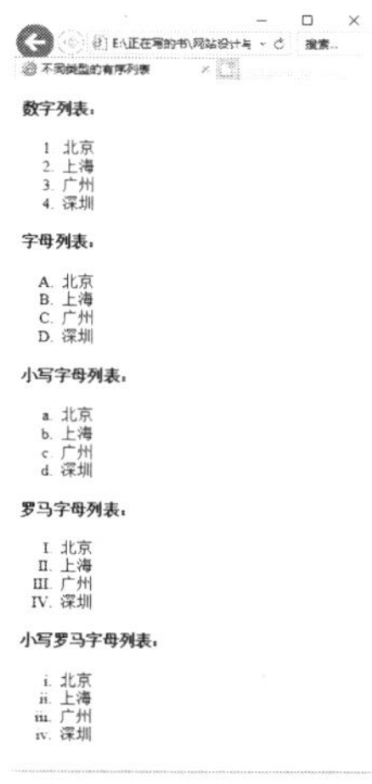

图 16-17　有序列表

16.5.4　无序列表

无序列表为先后顺序的列表形式。大部分网页应用中的列表均采用无序列表。ul 用于设置无序列表，在每个项目文字之前，以项目符号作为每条列表项的前缀，各个列表之间没有顺序级别之分。ul 标记的属性及其介绍如表 16-8 所示。

表 16-8　ul 标记的属性定义

	属性名	说明
标记固有属性	type =项目符合	定义无序列表中列表项的项目符号图形样式
可在其他位置定义的属性	id	在文档范围内的识别标志
	class	
	lang	语言信息
	dir	文本方向
	title	标记标题
	style	行内样式信息

基本语法：

```
<ul>
<li> 列表项 </li>
<li> 列表项 </li>
<li> 列表项 </li>
...
```

```
</ul>
```

语法说明：

在该语法中，<ul> 和 </ul> 标记表示无序列表的开始和结束，<li> 则表示一个列表项的开始。

实例代码：

```
<!doctype html>
<html>
<head>
<meta charset="utf-8">
<title> 无序列表 </title>
</head>
<body>
  <ul>
     <li> 简约现代 </li>
     <li> 北欧风格 </li>
     <li> 现代中式 </li>
     <li> 新古典 </li>
     <li> 田园 </li>
     <li> 复古怀旧 </li>
     <li> 明清古典 </li>
     <li> 地中海 </li>
     </ul>
</body>
</html>
```

在代码中加粗的标记用于设置无序列表，在浏览器中浏览的效果如图 16-18 所示。

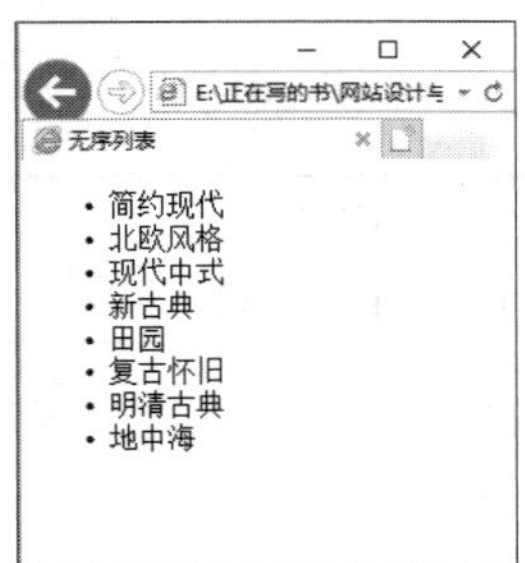

图 16-18　无序列表

16.5.5　嵌套列表

无序列表和有序列表的嵌套是最常见的列表嵌套，重复使用 <ol> 和 <ul> 标记可以组合出多种嵌套列表形式。

实例代码：

```
<!doctype html>
<html>
<head>
<meta charset="utf-8">
<title> 嵌套列表 </title>
</head>
<body>
<ul>
<li> 广东省 ：
<ol><li> 广州
<li> 深圳
<li> 珠海
</ol>
<li> 浙江省:
<ol><li> 杭州
<li> 宁波
<li> 温州
</ol>
</ul>
</body>
</html>
```

在代码中加粗的部分通过 <ol> 和 <ul> 标记建立了有序和无序列表的嵌套，运行代码后在浏览器中预览网页，如图 16-19 所示。

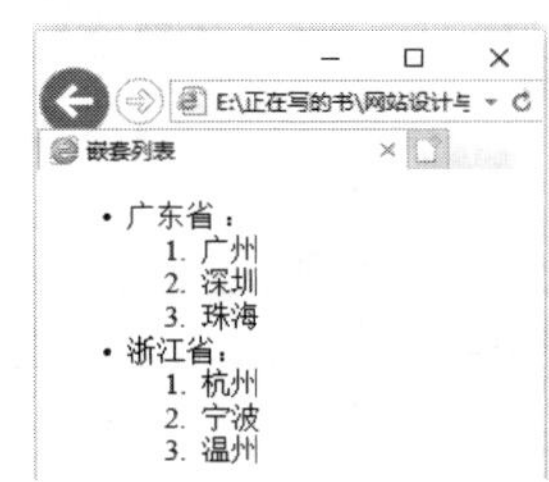

图 16-19　嵌套列表

16.6　表格

表格是网页制作中使用最多的工具之一，在制作网页时，使用表格可以更清晰地排列数据。

16.6.1　创建基本表格

表格由行、列和单元格 3 部分组成，一般通过 3 个标记来创建，分别是表格标记 table、行标记 tr 和单元格标记 td。表格的各种属性都要在表格的开始标记 <table> 和表格的结束标记 </table> 之间才有效。

- 行：表格中的水平间隔。
- 列：表格中的垂直间隔。
- 单元格：表格中行与列相交所产生的区域。

基本语法：

```
<table>
<tr>
<td> 单元格内的文字 </td>
<td> 单元格内的文字 </td>
</tr>
<tr>
<td> 单元格内的文字 </td>
<td> 单元格内的文字 </td>
</tr>
</table>
```

语法说明：

<table> 标记和 </table> 标记分别表示表格的开始和结束，而 <tr> 和 </tr> 则分别表示行的开始和结束，在表格中包含几组 <tr>...</tr> 就表示该表格为几行，<td> 和 </td> 表示单元格的起始和结束。

实例代码：

```
<!doctype html>
<html>
<head>
<meta charset="utf-8">
<title> 创建基本表格 </title>
</head>
<body><table width="400"
border="1">
  <tbody>
    <tr>
      <td> 第 1 行第 1 列单元格 </td>
      <td> 第 1 行第 2 列单元格 </td>
    </tr>
    <tr>
      <td> 第 2 行第 1 列单元格 </td>
      <td> 第 2 行第 2 列单元格 </td>
    </tr>
  </tbody>
</table>
</body>
</html>
```

在代码中加粗部分的代码标记是表格的基本构成元素，在浏览器中预览可以看到在网页中添加了一个2行2列的表格，如图16-20所示。

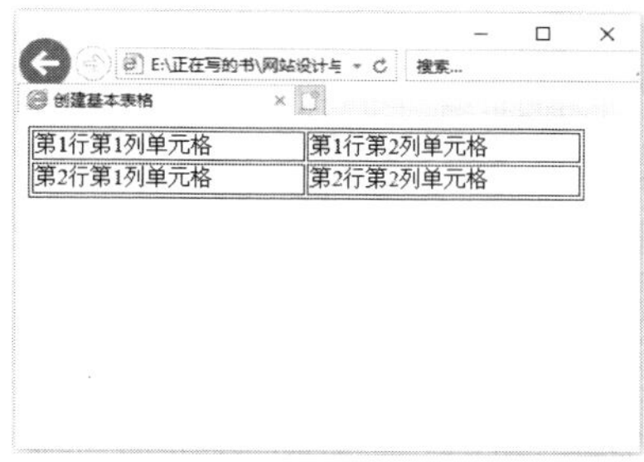

图 16-20　创建基本表格

16.6.2　表格的边框和颜色

为了美化表格，可以为表格设定不同的边框颜色。默认情况下边框的颜色为灰色，可以使用 bordercolor 设置边框颜色。但是设置边框颜色的前提是边框的宽度不能为 0，否则无法显示出边框的颜色。

基本语法：

```
<table border=" 边框宽度 "
bordercolor=" 边框颜色 ">
```

语法说明：

定义颜色的时候，可以使用英文颜色名称或十六进制颜色值。

实例代码：

```
<!doctype html>
<html>
<head>
```

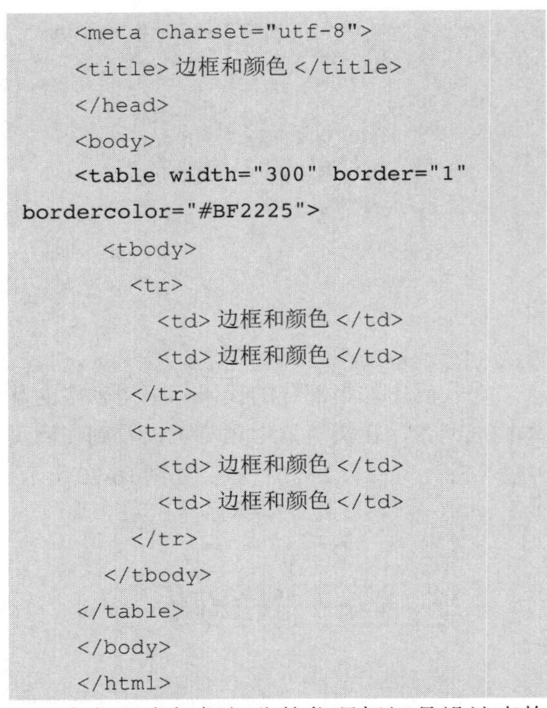

```
<meta charset="utf-8">
<title> 边框和颜色 </title>
</head>
<body>
<table width="300" border="1"
bordercolor="#BF2225">
  <tbody>
    <tr>
      <td> 边框和颜色 </td>
      <td> 边框和颜色 </td>
    </tr>
    <tr>
      <td> 边框和颜色 </td>
      <td> 边框和颜色 </td>
    </tr>
  </tbody>
</table>
</body>
</html>
```

在代码中加粗部分的代码标记是设计表格的边框和颜色，在浏览器中预览可以看到边框颜色，如图 16-21 所示。

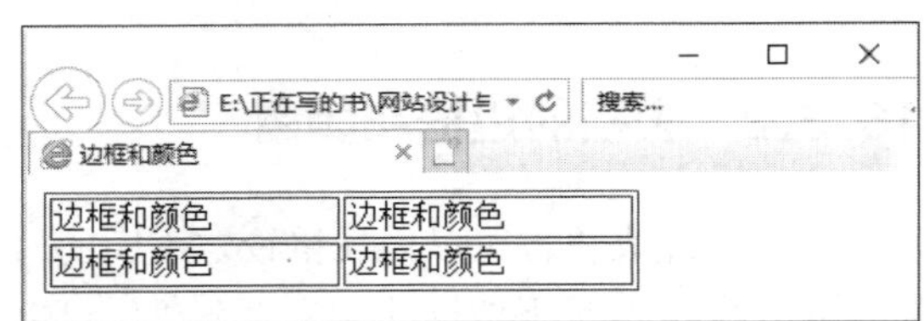

图 16-21　表格的边框和颜色

16.6.3　设置表格的背景

表格的背景颜色属性 bgcolor 是针对整个表格的，通过 bgcolor 定义的颜色可以被行、列或单元格定义的背景颜色所覆盖。

基本语法：

```
<table bgcolor=" 背景颜色 ">
```

语法说明：

定义颜色的时候，可以使用英文颜色名称或十六进制颜色值表示。

实例代码：

```
<!doctype html>
<html>
<head>
<meta charset="utf-8">
<title> 背景颜色 </title>
</head>
<body><table width="300"
border="1"  bgcolor="#F5B8B9">
  <tbody>
    <tr>
      <td> 背景颜色 </td>
      <td> 背景颜色 </td>
    </tr>
    <tr>
      <td> 背景颜色 </td>
      <td> 背景颜色 </td>
    </tr>
  </tbody>
</table>
</body>
</html>
```

在代码中加粗部分的代码标记 bgcolor="#F5B8B9" 为设置表格的背景颜色，在浏览器中预览可以看到表格设置了黄色的背景，如图 16-22 所示。

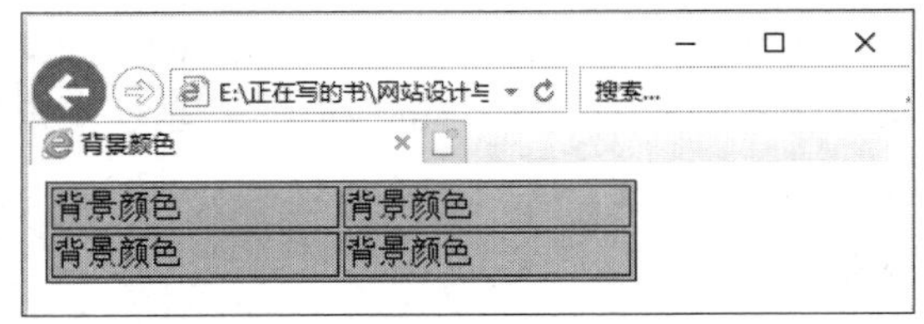

图 16-22　设置表格的背景

16.6.4　表格的间距与边距

在表格的单元格和单元格之间可以设置一定的距离，这样可以使表格显得不会过于紧凑。在默认情况下，单元格中的内容会紧贴着表格的边框，这样看上去非常拥挤。可以使用 cellpadding 来设置单元格边框与单元格中的内容之间的距离。

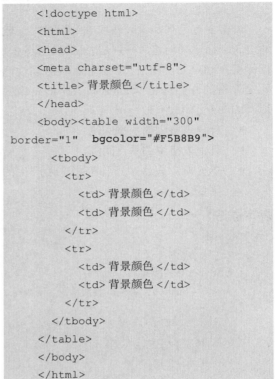

基本语法：

```
<table cellspacing=" 间距值 ">
<table cellpadding=" 文字与边框距离
值 ">
```

实例代码：

```
<!doctype html>
<html>
<head>
<meta charset="utf-8">
<title> 间距与边距 </title>
</head>
<body><table width="300"
border="1" cellpadding="5"
cellspacing="5">
  <tbody>
    <tr>
      <td> 间距与边距 </td>
      <td> 间距与边距 </td>
    </tr>
    <tr>
      <td> 间距与边距 </td>
      <td> 间距与边距 </td>
    </tr>
  </tbody>
</table>
</body>
</html>
```

在代码中加粗部分的代码标记cellspacing="5" 用于设置单元格的间距，在浏览器中预览，可以看到单元格的间距为 5 像素，如图 16-23 所示。

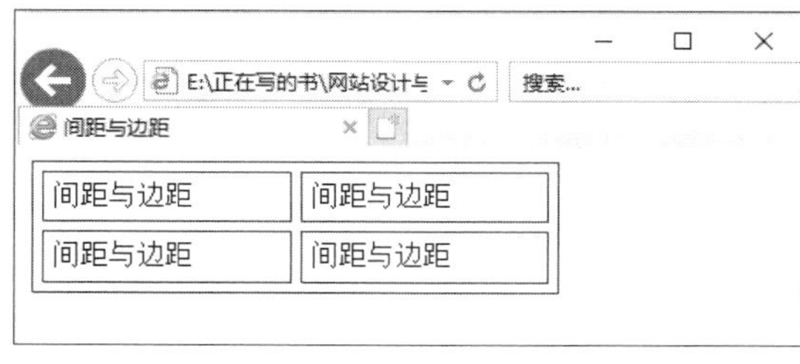

图 16-23　表格的间距与边距

16.7 表单

表单的用途很多，在制作网页时，特别是制作动态网页时经常会用到，表单的作用就是收集用户的信息，将其提交到服务器，从而实现与客户的交互，它是 HTML 页面与浏览器端实现交互的重要手段。

16.7.1 表单标签

在网页中 <form></form> 标记对用来创建一个表单，即定义表单的开始和结束位置，在标记对之间的一切都属于表单的内容。在表单的 <form> 标记中，可以设置表单的基本属性，包括表单的名称、处理程序和传送方法等。

基本语法：

```
<form name=" 表单名称 ">
...
</form>
```

语法说明：

表单名称中不能包含特殊字符和空格。

实例代码：

```
<!doctype html>
<html>
<head>
<meta charset="utf-8">
<title> 表单名称 </title>
</head>
<body>
欢迎您预定本店的房间。
<form action="mailto:dian@.com"
name="form1">
</form>
</body>
</html>
```

在代码中加粗部分的标记 name="form1" 是表单名称标记。

16.7.2 HTML 表单控件

在网页中插入的表单对象包括文本字段、复选框、单选按钮、提交按钮、重置按钮和图像域等。在 HTML 表单中，input 标记是最常用的表单控件标记，包括常见的文本字段和按钮都采用这个标记。

基本语法：

```
<form>
<input type=" 表单对象 " name=" 表单对象的名称 ">
</form>
```

在该语法中，name 是为了便于程序对不同表单对象进行区分，type 则是确定这个表单对象的类型。type 所包含的属性值如表 16-9 所示。

表 16-9 type 所包含的属性值

属性值	说明
text	文本字段
password	密码域
radio	单选按钮
checkbox	复选框
button	普通按钮
submit	提交按钮
reset	重置按钮
image	图像域
hidden	隐藏域
file	文件域

16.7.3 文本域（text）

text 标记用来设置表单中的单行文本框，在其中可输入任何类型的文本或数字，输入的内容以单行显示。

基本语法：

```
<input name=" 文本字段的名称 " type="text" value=" 文字字段的默认值 " size=" 文本字段的长度 " maxlength=" 最多字符数 "/>
```

语法说明：

在该语法中包含了很多参数，它们的含义和取值方法不同，如表 16-10 所示。

表 16-10 文本字段 text 的参数值

属性值	说明
name	文字字段的名称，用于与页面中其他控件加以区别。名称由英文或数字以及下画线组成，但有大小写之分
type	指定插入哪种表单对象，如 type = "text"，即为文字字段
value	设置文本框的默认值
size	确定文本字段在页面中显示的长度，以字符为单位
maxlength	设置文本字段中最多可以输入的字符数

实例代码：

```
<!doctype html>
<html>
<head>
<meta charset="utf-8">
<title> 文本域 </title>
</head>
<body> 文本域 <input name="text" type="text" id="text" size="20" maxlength="15">
</body>
</html>
```

在代码中的 <input name="text" type="text" id="text" size="20" maxlength="15"> 标记将文本域的名称设置为 textfield、长度设置为 20、最多字符数设置为 15，在浏览器中浏览的效果如图 16-24 所示。

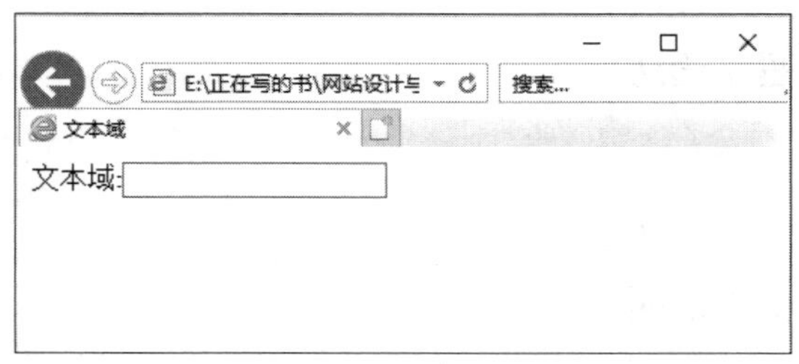

图 16-24 文本域

16.7.4　下拉列表控件

下拉列表在页面中可以显示出几条信息，一旦超出这个信息量，在列表项右侧会出现滚动条，拖动滚动条可以看到所有的选项。

基本语法：

```
<select name="列表项的名称" size="显示的列表项数" multiple>
<option value="选项值"selected>选项显示内容
...
</select>
```

语法说明：

在语法中，size 用于设置在页面中的最多列表项数，当超过这个值时会出现滚动条，multiple 表示该下拉列表可以进行多项选择。选项值是提交表单时的值，而选项显示内容才是真正在页面中显示的选项。

实例代码：

```
<!doctype html>
<html>
<head>
<meta charset="utf-8">
<title>无标题文档</title>
</head>
<body>
  <td class="style4">科目：</td>
    <td><select
name="select" size="3" multiple>
      <option>语文</option>
      <option>数学</option>
      <option>英语</option>
      <option>物理</option>
      <option>历史</option>
      <option>生物</option>
        </select></td>
</body>
</html>
```

在代码中加粗的代码标记将列表项的名称设置为 select，将显示的列表项数设置为 3，并设置了多个列表项，在浏览器中浏览，效果如图 16-25 所示。

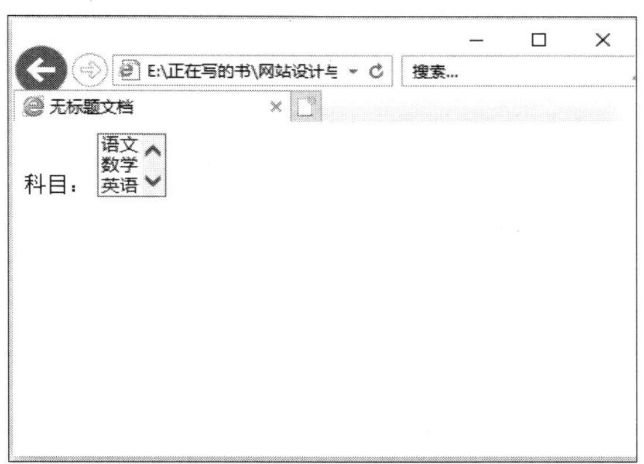

图 16-25　下拉列表控件

16.8　本章小结

HTML 语言是组成网页的基本语言，它是一切网页制作的基础。如果能够熟悉掌握并应用 HTML 代码，大到制作商业网站，小到制作个人网页等，都会有很大的好处。

第 17 章　HTML 5 的新特性

本章导读

HTML 5 是一种网络标准，相比原来的 HTML 4.01 和 XHTML 1.0，可以实现更强的页面表现性能，同时充分调用本地的资源，实现不输于 App 的功能效果。HTML 5 带给浏览者更好的视觉冲击效果，同时让网站程序员更好地与 HTML 语言“沟通”。

技术要点

- 认识 HTML 5
- HTML 5 与 HTML 4 的区别
- HTML 5 新增的元素

17.1 认识 HTML 5

HTML 5 延续了 HTML 标准并进行了革新，对比它的革新，通过 W3C 对其定义来说明：HTML 5 是开放 Web 标准的基石，它是一个完整的编程环境，适用于跨平台应用程序、视频和动画、图形、风格、排版和其他数字内容发布工具，拥有广泛的网络功能等。

在新的 HTML 5 语法规则中，部分 JavaScript 代码被 HTML 5 的新属性替代，部分 Div 的布局代码被 HTML 5 变为更加语义化的结构标签，这使网站前端的代码变得更加精练、简洁和清晰，让代码的开发者对代码所要表达的意思更加一目了然。

HTML 5 是一种用来组织 Web 内容的语言，其目的是通过创建一种标准的和直观的标记语言，使 Web 设计和开发变得容易起来。HTML 5 提供了各种切割和划分页面的手段，允许创建的切割组件不仅能用来逻辑地组织站点，而且能够赋予网站聚合的能力。这是 HTML 5 富于表现力的语义和实用性美学的基础，HTML 5 赋予设计者和开发者各种层面的能力来向外发布各式各样的内容，从简单的文本内容到丰富的、交互式的多媒体无不包括在内。如图 17-1 所示为用 HTML 5 技术实现的动画特效。

图 17-1　HTML 5 技术实现的动画特效

HTML 5 提供了高效的数据管理、绘制、视频和音频工具，促进了 Web 和便携式设备的跨浏览器应用的开发。HTML 5 允许更大的灵活性，支持开发非常精彩的交互式网站。它还引入了新的标签和增强性的功能，其中包括了一个优雅的结构、表单的控制、API、多媒体、数据库支持和显著提升的处理速度等。如图 17-2 所示为使用 HTML 5 制作的抽奖游戏。

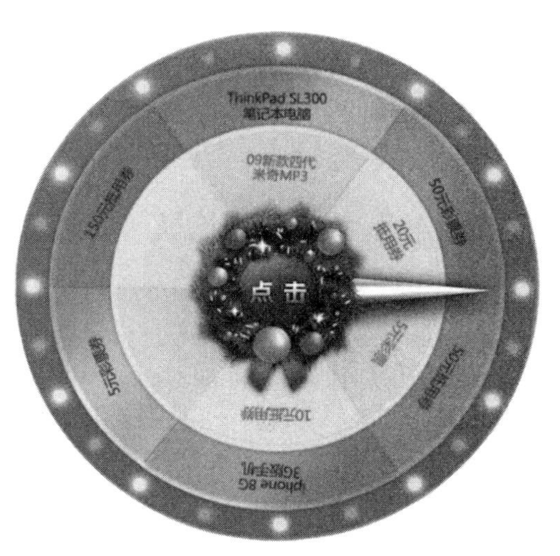

图 17-2 HTML 5 制作的抽奖游戏

HTML 5 中的新标签都是高度关联的，标签封装了它们的作用和用法。HTML 的过去版本更多的是使用非描述性的标签，然而，HTML 5 拥有高度描述性的、直观的标签，它提供了丰富的能够立刻让人识别出内容的内容标签。例如，被频繁使用的 <Div> 标签已经有了两个增补进来的 <section> 和 <article> 标签。<video>、<audio>、<canvas> 和 <figure> 标签的增加也提供了对特定类型内容更加精确的描述。

HTML 5、CSS 3 带日期区间的日期选择插件，如图 17-3 所示，其外观非常清新、简易。另外，该日期选择插件还有一个最大的特点，可以自定义日期的区间，可以快速制定区间范围内的日期，非常方便。

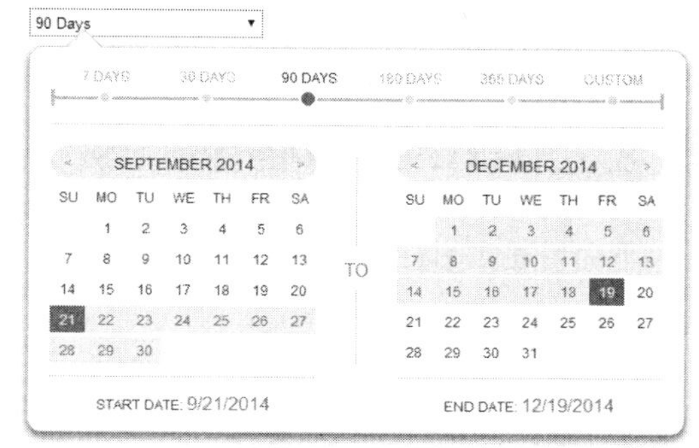

图 17-3 带日期区间的日期选择插件

HTML 5 取消了 HTML 4.01 的一部分被 CSS 取代的标记，提供了新的元素和属性。部分元素对于搜索引擎能够更好地索引整理，为小屏幕的设置和视障人士提供了更好的帮助。HTML 5 还采用了最新的表单输入对象，并引入了微数据，这一使用机器可以识别的标签标注内容的方法，使语义 Web 的处理更为简单。

17.2 HTML 5 与 HTML 4 的区别

HTML 5 是最新的 HTML 标准，其语言更加精简，解析的规则更加详细。针对不同的浏览器，即使语法错误也可以显示出同样的效果。下面列出的就是一些 HTML 4 和 HTML 5 之间主要的不同之处。

17.2.1 HTML 5 的语法变化

HTML 的语法是在 SGML 语言的基础上建立起来的。但是 SGML 语法非常复杂，要开发能够解析 SGML 语法的程序也很不容易，所以很多浏览器都不包含 SGML 的分析器。因此，虽然 HTML 基本遵从 SGML 的语法，但是对于 HTML 的执行在各浏览器之间并没有一个统一的标准。

在这种情况下，各浏览器之间的互兼容性和互操作性，在很大程度上取决于网站或网络应用程序的开发者在开发上所做的共同努力，而浏览器本身始终是存在缺陷的。

在 HTML 5 中提高 Web 浏览器之间的兼容性是它的一个很大的目标，为了确保兼容性，就要有一个统一的标准。因此，在 HTML 5 中，就围绕着这个 Web 标准，重新定义了一套在现有的 HTML 的基础上修改而来的语法，使它运行在各浏览器时，各浏览器都能够符合这个通用标准。

因为关于 HTML 5 语法解析的算法也都提供了详细的记载，所以各 Web 浏览器的供应商可以把 HTML 5 分析器集中封装在自己的浏览器中。最新的 Firefox（默认为 4.0 以后的版本）与 WebKit 浏览器引擎中都迅速封装了供 HTML 5 使用的分析器。

17.2.2 HTML 5 中的标记方法

下面讲述在 HTML 5 中的标记方法。

1. 内容类型（ContentType）

HTML 5 的文件扩展名与内容类型保持不变。也就是说，扩展名仍然为 .html 或 .htm，内容类型（ContentType）仍然为 text/HTML。

2. DOCTYPE 声明

DOCTYPE 声明是 HTML 文件中必不可少的，它位于文件的第一行。在 HTML 4 中，它的声明方法如下。

```
<!DOCTYPE HTML>
```

DOCTYPE 声明是 HTML 5 中众多新特征之一。现在只需要写 <!DOCTYPE HTML> 即可。HTML 5 中的 DOCTYPE 声明方法（不区分大小写）。

```
<!DOCTYPE HTML>
```

3. 指定字符编码

在 HTML 中，可以使用对元素直接追加 charset 属性的方式来指定字符编码。

```
<meta charset="UTF-8">
```

在 HTML 5 中，这两种方法都可以使用，但是不能同时混合使用两种方法。

17.2.3 HTML 5 语法中的 3 个要点

HTML 5 中规定的语法，在设计上兼顾了与现有 HTML 之间最大的兼容性，下面就来看看具体的 HTML 5 语法。

1. 可以省略标签的元素

在 HTML 5 中，有些元素可以省略标签，具体来讲有 3 种情况。

（1）必须写明结束标签。

```
area、base、br、col、command、embed、hr、img、input、keygen、link、meta、param、source、track、wbr
```

（2）可以省略结束标签。

```
li、dt、dd、p、rt、rp、optgroup、option、colgroup、thead、tbody、tfoot、tr、td、th
```

（3）可以省略整个标签。

```
HTML、head、body、colgroup、tbody
```

需要注意的是，虽然这些元素可以省略，但实际上却是隐形存在的。

例如：<body> 标签可以省略，但在 DOM 树上它是存在的，可以永恒访问到 document.body。

2. 取得 boolean 值的属性

取得布尔值（boolean）的属性，例如 disabled 和 readonly 等，通过默认属性的值来表达“值为 true”。

此外，在属性值为 true 时，可以将属性值设为属性名称本身，也可以将值设为空字符串。

```
<!-- 以下的 checked 属性值皆为true--><input type="checkbox" checked><input type="checkbox" checked="checked"><input type="checkbox" checked="">
```

3. 省略属性的引用符

在 HTML 4 中设置属性值时，可以使用双引号或单引号来引用。

在 HTML 5 中，只要属性值不包含空格、<、>、'、"、`、= 等字符，都可以省略属性的引用符。

实例如下：

```
<input type="text">
<input type='text'>
<input type=text>
```

17.2.4　标签实例

在 <html> 标签中进行这样的申明：<html xmlns:huangyu>，xmlns 即 xml name space 的缩写，是 HTML 标记的命名空间属性，一般其声明在元素开始标记的地方。只要在这里申明了使用的 <huangyu/> 这一自定义标签，语法分析器就会认识这个标签并赋予定义的属性。

实例代码：

```
<!doctype html>
<html>
<head>
<meta charset="utf-8">
<title>自定义代码标签</title>
</head><style type="text/css">
huangyu/:sorry{border:1px solid
#ccc;background-color:#efefef;font-
weight:bold;}
huangyu/:love{border:1px solid
red;background-color: #FFF5F4;font-
weight:bold;}
</style>
</head>
<body>
<huangyu:sorry>自定义，</
huangyu:sorry>
<huangyu:love>代码标签！</
huangyu:love>
</body>
</html>
```

在代码中加粗部分的代码标记在自定义代码标签，在浏览器中的效果如图 17-4 所示。

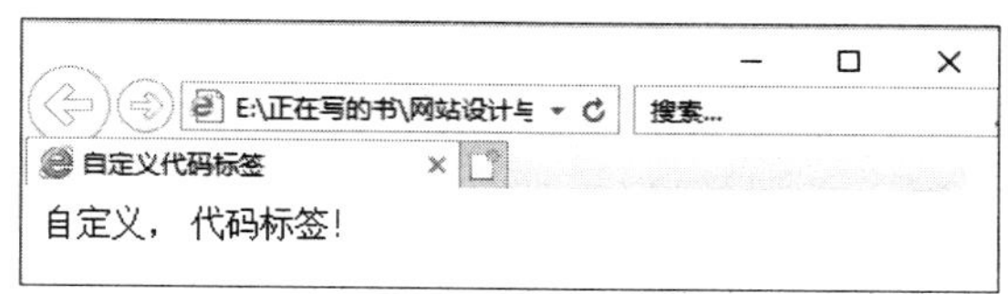

图 17-4　自定义代码标签

17.3　HTML 5 新增和废除的元素

本节将详细介绍 HTML 5 中新增和废除的元素。

17.3.1　新增的结构元素

HTML 4 由于缺少结构，即使是形式良好的 HTML 页面也比较难以处理，必须分析标题的级别，才能看出各个部分的划分方式。边栏、页脚、页眉、导航条、主内容区和各篇文章都由通用的 Div 元素来表示。HTML 5 添加了一些新元素，专门用来标识这些常见的结构，不再需要为 Div 的命名费尽心思，对于手机、阅读器等设备更有好处。

HTML 5 增加了新的结构元素来表达这些最常用的结构。

- section：可以表达书本的一部分或一章，或者一章内的一节。
- header：页面主体上的头部，并非 head 元素。
- footer：页面的底部（页脚），可以是一封邮件签名。
- nav：到其他页面的链接集合。
- article：blog、杂志、文章汇编等的一篇文章。

1. section 元素

section 元素表示页面中的一个内容区块，例如章节、页眉、页脚或页面中的其他部分。它可以与 h1、h2、h3、h4、h5、h6 等元素结合起来使用，以标识文档结构。

HTML 5 中的代码示例如下。

```
<section>...</section>
```

2. header 元素

header 元素表示页面中一个内容区块或整个页面的标题。

HTML 5 中的代码示例如下。

```
<header>...</header>
```

3. footer 元素

footer 元素表示整个页面或页面中一个内容区块的脚注。一般来说，它会包含创作者的姓名、创作日期及创作者联系信息。

HTML 5 中的代码示例如下。

```
<footer>...</footer>
```

4. nav 元素

nav 元素表示页面中导航链接的部分。

HTML 5 中的代码示例如下。

```
<nav>...</nav>
```

5. article 元素

article 元素表示页面中的一块与上下文不相关的独立内容，如博客中的一篇文章或报纸中的一篇文章。

HTML 5 中的代码示例如下。

```
<article>...</article>
```

下面是一个网站的页面，用 HTML 5 编写代码。

实例代码：

```
<!doctype html>
<html>
<head>
<meta charset="utf-8">
<title>HTML 5 新增的结构元素 </title>
</head>
<body>
<header>
<h1> 有限责任公司 </h1></header>
<section>
<article>
<h2><a href=" " > 标题 1</a></h2>
<p> 内容 1...（省略字）</p></article>
<article>
<h2><a href=" " > 标题 2</a></h2>
<p> 内容 2...（省略字）</p>
</article>
</section>
<footer>
<nav>
<ul>
<li><a href=" " > 导航 1</a></li>
<li><a href=" " > 导航 2</a></li>
 ...</ul>
</nav>
<p>© 有限责任公司 </p>
</footer>
</body>
</HTML>
```

运行代码，在浏览器中浏览效果，如图 17-5 所示。这些新元素的引入，将不再使布局中都是 Div，而是通过标签元素就可以识别出来每个部分的内容定位。这种改变对于搜索引擎而言，将带来内容准确度的极大飞跃。

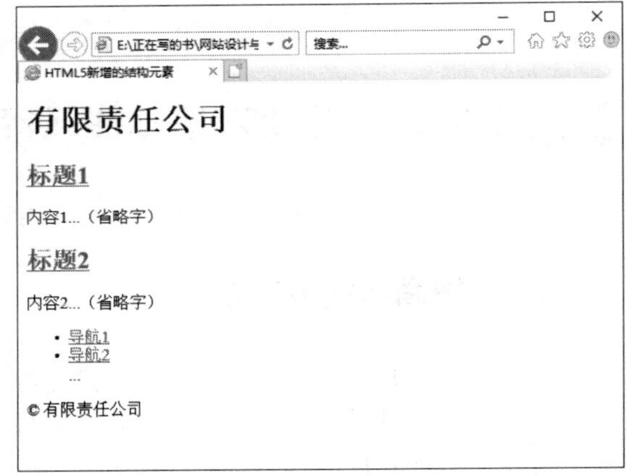

图 17-5　新增的结构元素

17.3.2　新增的块级语义元素

HTML 5 还增加了一些纯语义性的块级元素：aside、figure、figcaption、dialog。

- aside：定义页面内容之外的内容，如侧边栏。
- figure：定义媒介内容的分组，以及它们的标题。
- figcaption：媒介内容的标题说明。

- dialog：定义对话（会话）。

aside 可以用于表达注记、侧栏、摘要、插入的引用等作为补充主体的内容。下面通过实例表现 blog 的侧栏，在浏览器中浏览的效果，如图 17-6 所示。

实例代码：

```
<aside>
<h3> 图案 </h3>
<ul>
<li><a href="#" > 抽象图案 </a></li>
</ul>
</aside>
```

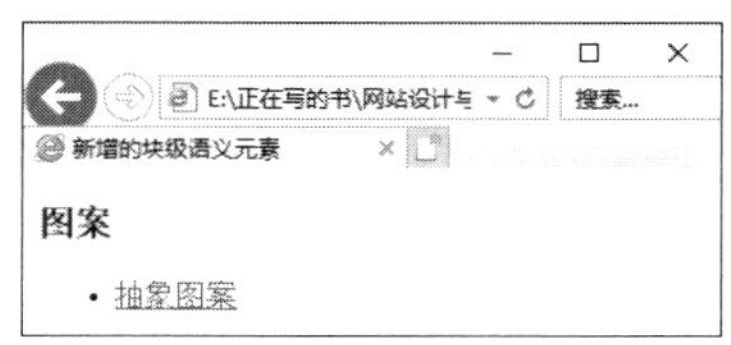

图 17-6　aside 元素

figure 元素表示一段独立的流内容，一般表示文档主题流内容中的一个独立单元。使用 figcaption 元素为 figure 元素组添加标题。查看为图片添加的标注，在 HTML 4 和 HTML 5 中的区别。

HTML 4 中代码示例如下。

```
<img src="index.jpg" alt=" 糖果箱包
" />
<p> 糖果箱包 </p>
```

上面的代码文字在 p 标签里，与 img 标签各行其道，很难让人联想到这就是标题。

HTML 5 中代码示例如下。

```
<figure>
  <img src="figure.jpg" alt="
阳光果园 "  width="500" height="324"
alt=""/>
  <figcaption>
    <p> 阳光果园 </p>
  </figcaption>
</figure>
```

运行代码，在浏览器中浏览，效果如图 17-7 所示。HTML 5 通过采用 figure 元素对此进行了改正。当与 figcaption 元素组合使用时，我们就可以语义化地联想到这就是图片相对应的标题。

图 17-7　figure 元素实例

dialog 元素用于表达人们之间的对话。在 HTML 5 中，dt 用于表示说话者，而 dd 则用来表示说话者的内容。

实例代码：

```
<!doctype html>
<html>
<head>
<meta charset="utf-8">
<title>dialog 元素 </title>
</head>
<body>
<dialog>
<dt> 问 </dt>
<dd> 怎样让孩子放心地晒太阳？ </dd>
<dt> 答 </dt>
<dd> 当我们在刺眼的阳光下匆匆寻找遮蔽物
时，想象一下它对婴儿那柔软、敏感的皮肤的影响。
这个夏天，遵循这些基本的婴儿皮肤护理技巧，能
保持你的宝宝皮肤健康和柔软。</dd>
<dt> 问 </dt>
<dd> 寒潮防御指南？ </dd>
<dt> 答 </dt>
<dd> 要注意添衣保暖；在生产上做好对大风
降温天气的防御准备。</dd>
</dialog>
</body>
</html>
```

运行代码，在浏览器中浏览，效果如图 17-8 所示。

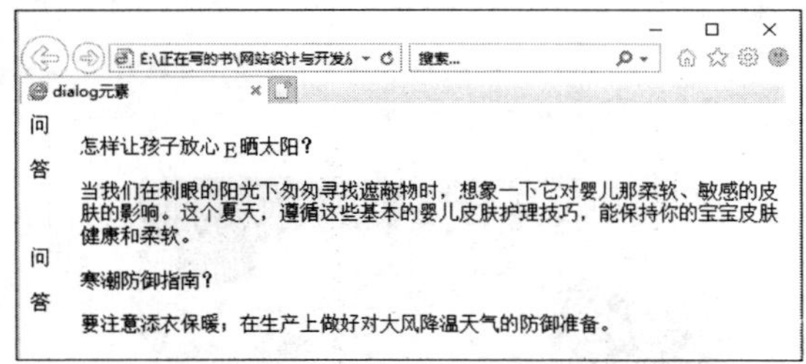

图 17-8　dialog 元素实例

17.3.3　新增的行内语义元素

HTML 5 增加了一些行内语义元素：mark、time、meter、progress。

mark：定义有记号的文本。

time：定义日期 / 时间。

meter：定义预定义范围内的度量。

progress：定义运行中的进度。

<mark> 元素是 HTML 5 中新增的元素，主要功能是在文本中高亮显示某个或某几个字符，旨在引起浏览者的特别注意。其使用方法与 <em> 和 <strong> 有相似之处，但相比而言，HTML 5 中新增的 <mark> 元素在突出显示时，更加随意且灵活。

实例代码：

```
<!doctype html>
<html>
<head>
<meta charset="utf-8">
<title>mark 元素 </title>
</head>
<body>
<p> 别忘记今天是 <mark> 纪念日 </
mark>。</p>
</body>
</HTML>
```

运行代码，在浏览器中浏览，效果如图 17-9 所示，<mark> 与 </mark> 标签之间的文字“纪念日”添加了记号。

图 17-9　mark 元素

<time> 是 HTML 5 新增加的一个标记，用于定义时间或日期。该元素可以代表 24 小时中的某一时刻，在表示时刻时，允许有时间差。在设置时间或日期时，只需将该元素的属性 datetime 设为相应的时间或日期即可。

实例代码：

```
<p id="p1">
<time datetime="2021-10-18"> 今天是
2021 年 10 月 18 日 </time>
<p>
<time datetime="2021-10-
18T20:00"> 现在时间是 2021 年 10 月 18 日早上
8 点 </time>
```

<p> 元素 ID 号为 p1 中的 <time> 元素表示的是日期。页面在解析时，获取的是 datetime 属性中的值，而标记之间的内容只用于显示在页面中。

<p> 元素 ID 号为 p2 中的 <time> 元素表示的是日期和时间，它们之间使用字母 T 进行分隔。

运行代码，在浏览器中浏览，效果如图 17-10 所示。

图 17-10　time 元素实例

progress 是 HTML 5 中新增的状态交互元素，用来表示页面中的某个任务完成的进度（进程）。例如下载文件时，文件下载到本地的进度值，可以通过该元素动态地展示在页面中，展示的方式既可以使用整数（如 1 ～ 100），也可以使用百分比（如 10% ～ 100%）。

下面通过一个实例介绍 progress 元素在文

件下载时的使用。

实例代码：

```
<!doctype html>
<html>
<head>
<meta charset="utf-8">
<title>progress 元素在下载中的使用 </
title>
<style type="text/css">
body { font-size:13px}
p {padding:0px; margin:0px }
.inputbtn {
border:solid 1px #ccc;
background-color:#eee;
line-height:18px;
font-size:12px
}
</style>
</head>
<body>
<p id="pTip"> 开始下载 </p>
<progress value="0" max="100"
id="proDownFile"></progress>
<input type="button" value=" 下载 "
class="inputbtn" onClick="Btn_
Click();">
<script type="text/Javascript">
var intValue = 0;
var intTimer;
var objPro = document.getElementB
yId('proDownFile');
var objTip = document.
getElementById('pTip');    // 定时事件
function Interval_handler() {
intValue++;
objPro.value = intValue;
if (intValue >= objPro.max) {
clearInterval(intTimer);
objTip.innerHTML = " 下载完成 !"; }
else {
objTip.innerHTML = " 正在下载 " +
intValue + "%";
}
}    // 下载按钮单击事件
function Btn_Click(){
intTimer =
setInterval(Interval_handler, 100);
}
</script>
</body>
</HTML>
```

HTML 为了使 progress 元素能动态地展示下载进度，需要通过 JavaScript 代码编写一个定时事件。在该事件中，累加变量值，并将该值设置为 progress 元素的 value 属性值。当这个属性值大于或等于 progress 元素的 max 属性值时，则停止累加，并显示“下载完成！”字样，否则，动态显示正在累加的百分比数，如图 17-11 所示。

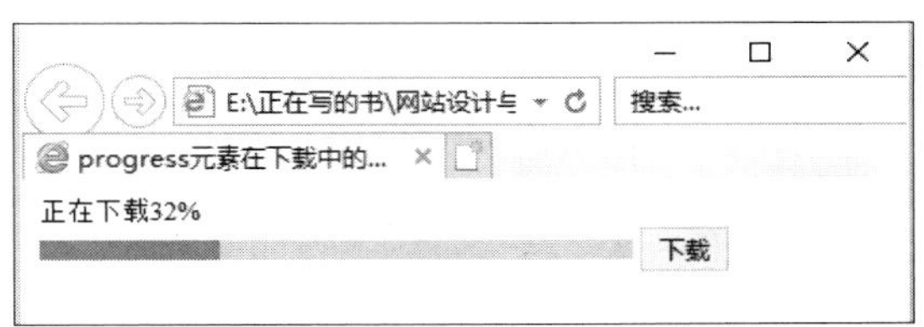

图 17-11　progress 元素实例

meter 元素用于表示在一定数量范围内的值，如投票中，候选人所占比例情况及考试分数等。下面通过一个实例介绍 meter 元素在展示投票结果时的使用。

实例代码：

```
<!doctype html>
<html>
<head>
<meta charset="utf-8">
<title>meter 元素 </title>
<style type="text/css">
body {  font-size:13px }
</style>
</head>
<body>
<p>100 人参与投票，投票结果如下：</p>
<p> 成人：
  <meter value="0.40"
```

```
optimum="1"high="0.9" low="1" max="1"
min="0"></meter>
    <span> 40% </span>
    </p>
    <p> 儿童:
      <meter value="60" optimum="100"
high="90" low="10" max="100" min="0">
    </meter>
    <span> 60% </span>
    </p>
    </body>
    </HTML>
```

候选人“成人”所占的比例是百分制中的 40%，最低比例可能为 0%，但实际最低为 10%；最高比例可能为 100%，但实际最高为 90%，如图 17-12 所示。

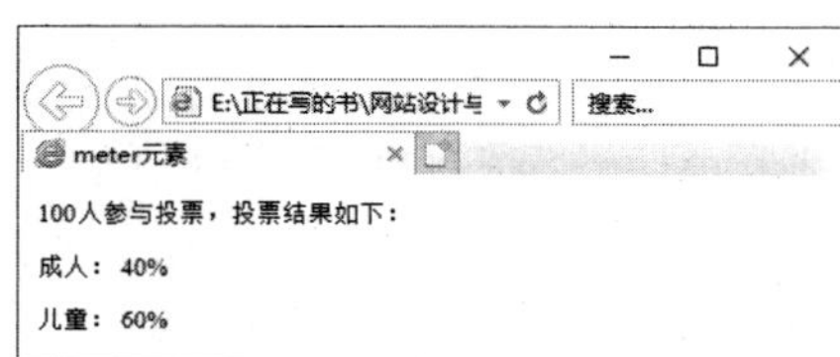

图 17-12　meter 元素实例

17.3.4　新增的嵌入多媒体元素与交互性元素

HTML 5 新增了很多多媒体和交互性元素如 video、 audio。在 HTML 4 中，如果要嵌入一个视频或音频，需要引入一大段代码，且要兼容各种浏览器，而 HTML 5 只需要通过引入一个标签即可，就像 img 标签一样方便。

1. video 元素

video 元素定义视频，如电影片段或其他视频流。

HTML 5 中代码示例如下。

```
    <video src="movie.ogg"
controls="controls">video 元素 </video>
```

HTML 4 中代码示例：

```
    <object type="video/ogg"
data="movie.ogv">
    <param name="src" value="movie.
ogv">
    </object>
```

2. audio 元素

audio 元素定义音频，如音乐或其他音频流。

HTML 5 中代码示例如下。

```
    <audio src="someaudio.wav">audio
元素 </audio>
```

HTML 4 中代码示例如下。

```
    <object type="application/ogg"
data="someaudio.wav">
    <param name="src"
value="someaudio.wav">
    </object>
```

3. embed 元素

embed 元素用来插入各种多媒体，格式可以是 Midi、Wav、AIFF、AU、MP3 等。

HTML 5 中代码示例如下。

```
    <embed src="horse.wav" />
```

HTML 4 中代码示例如下。

```
    <object data="flash.swf"
type="application/x-shockwave-
flash"></object>
```

17.3.5　新增的 input 元素的类型

在制作网站页面时，难免会碰到表单的开发，浏览者输入的大部分内容都是在表单中完成再提交到后台的。在 HTML 5 中，也提供了大量的表单功能。

在 HTML 5 中，对 input 元素进行了大幅度的改进，使我们可以简单地使用这些新增的元素来实现需要 JavaScript 才能实现的功能。

1. URL 类型

input 元素中的 URL 类型是一种专门用来输入 URL 地址的文本框。如果该文本框中的内容不是URL地址格式的文字，则不允许提交，代码如下。

```
    <form>
```

```
    <input name="urls" type="url"
value="http://www. XXX.com "/>
   <input type="submit" value="提交
"/>
   </form>
```

设置此类型后，从外观上来看与普通的元素没有什么区别，可是如果将此类型放到表单中之后，单击“提交”按钮，如果此文本框中输入的不是一个URL地址，将无法提交，如图17-13所示。

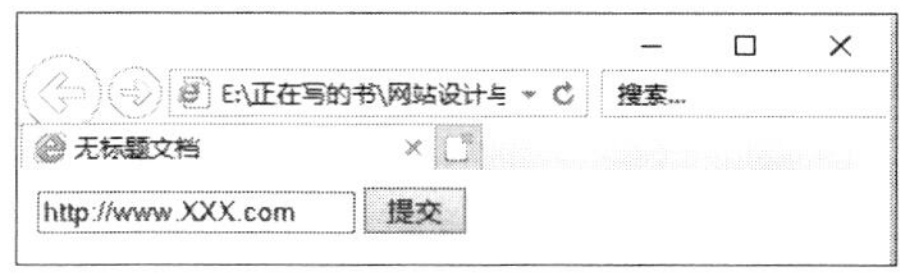

图 17-13　URL 类型实例

2. email 类型

如果将上面的URL类型的代码中的type修改为email，那么在表单提交的时候，会自动验证此文本框中的内容是否为email格式，如果不是，则无法提交，代码如下。

```
   <form>
   <input name="email" type="email"
value=" http://www. XXX.com/"/>
   <input type="submit" value="提交
"/>
   </form>
```

3. date 类型

input元素中的date类型在开发网页过程中是很常见的。例如，我们经常看到的购买日期、发布时间、订票时间。这种date类型的时间是以日历的形式来方便用户输入的。

```
   <form>
    <input id="lykongtiao _date"
name=" XXX.com" type="date"/>
   <input type="submit" value="提交
"/>
    </form>
```

4. time 类型

input中的time类型是专门用来输入时间的文本框，并且会在提交时对输入时间的有效性进行检查。它的外观可能会根据不同类型的浏览器而出现不同的表现形式。

```
   <form>
   <input id=" linyikongtiao_time"
name=" XXX " type="time"/>
   <input type="submit" value="提交
"/>
   </form>
```

5. DateTime 类型

DateTime类型是一种专门用来输入本地日期和时间的文本框，同样，它在提交的时候也会对数据进行检查，但目前主流浏览器都不支持DateTime类型。

```
   <form>
   <input id=" linyikongtiao_
datetime" name=" XXX.com"
type="datetime"/>
   <input type="submit" value="提交
"/>
   </form>
```

17.4 本章小结

本章主要讲述了HTML 5的基础知识、HTML 5与HTML 4的区别，以及HTML 5新增的元素。随着HTML 5的迅猛发展，各大浏览器开发公司如Google、微软、苹果和Opera的浏览器开发业务都变得异常繁忙。在这种局势下，学习HTML 5无疑成为Web开发者的一大重要任务，谁先学会HTML 5，谁就掌握了迈向未来Web平台的一把钥匙。

第 18 章 HTML 5 的结构

本章导读

在 HTML 5 的新特性中，新增的结构元素的主要功能就是解决之前在 HTML 4 中 Div“漫天飞舞”的情况，增强网页内容的语义性，这对搜索引擎而言，将可以更好地识别和组织索引内容。合理地使用这种结构元素，将极大地提高搜索结果的准确度和体验。新增的结构元素，从代码上看，很容易看出主要是消除了 Div，即增强语义，强调 HTML 的语义化。

技术要点

- 新增的主体结构元素
- 新增的非主体结构元素
- 播放视频
- HTML 5 canvas 画布

18.1 新增的主体结构元素

在 HTML 5 中，为了使文档的结构更加清晰、明确，容易阅读，增加了很多新的结构元素，如页眉、页脚、内容区块等结构元素。

18.1.1 article 元素

在 HTML 5 中可以灵活使用 article 元素。article 元素可以包含独立的内容项，所以可以包含一个论坛帖子、一篇杂志文章、一篇博客文章、用户评论等。这个元素可以将信息各部分进行任意分组，而不需要考虑信息原来的性质。

作为文档的独立部分，每一个 article 元素的内容都具有独立的结构。为了定义这个结构，可以利用前面介绍的 <header> 和 <footer> 标签的丰富功能。它们不仅能够用在正文中，也能够用于文档的各个节。

下面以一个实例讲述 article 元素的使用方法，具体代码如下。

```
<article>
    <header>
        <h1> 史记 </h1>
        <p> 发表日期 : <time
pubdate="pubdate"> 西汉 </time></p>
    </header>
    <p>《史记》最初没有固定书名，称“太史公书”，或“太史公记 "，也称“太史公”。据现知材料考证，最早称司马迁这部史著为《史记》的，是东汉桓帝时写的《东海庙碑》，此前“史记”是古代史书的通称。从三国开始，“史记”由通称逐渐成为“太史公书”的专名。</p>
    <footer>
        <p><small> 版权所有 </
small></p>
    </footer>
</article>
```

在 header 元素中嵌入了文章的标题部分，在 h1 元素中是文章的标题“史记”，文章的发表日期在 p 元素中。在标题下部的 p 元素中是文章的正文，在结尾处的 footer 元素中是文章的版权声明，对这部分内容使用了 article 元素。在浏览器中的效果，如图 18-1 所示。

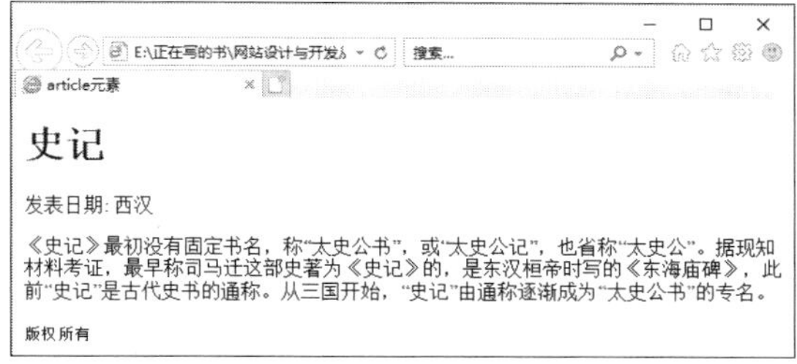

图 18-1 article 元素实例

另外，article 元素也可以用来表示插件，它的作用是使插件看起来好像内嵌在页面中一样，代码如下。

```
<article>
<h1>article 表示插件 </h1>
<object>
<param name="allowFullScreen"
value="true">
<embed src="#" width="600"
height="395"></embed>
</object>
</article>
```

一个网页中可能有多个独立的article元素，每一个 article 元素都允许有自己的标题与脚注等从属元素，并允许对自己的从属元素单独使用样式，一个网页中的样式可能是如下所示的状态。

```
header{
display:block;
color:green;
text-align:center;
}
aritcle header{
color:red;
text-align:left;
}
```

18.1.2 section 元素

section 元素用于对网站或应用程序中页面上的内容进行分块。一个 section 元素通常由内容及其标题组成。但 section 元素也并非一个普通的容器元素，当一个容器需要被重新定义样式或者定义脚本行为的时候，还是推荐使用 Div 控制。

```
<section>
 <h1> 水果 </h1>
<p> 水果是指多汁且有甜味的植物果实，不但含有丰富的营养且能够帮助消化。水果有降血压、减缓衰老、减肥瘦身、皮肤保养、明目、抗癌、降低胆固醇等保健作用 ...</p>
</section>
```

下面是一个带有 section 元素的 article 元素实例。

```
<article>
    <h1> 语文 </h1>
    <p> 语文是基础教育课程体系中的一门重点教学科目，其教学的内容是语言文化，其运行的形式也是语言文化。</p>
    <section>
        <h2> 数学 </h2>
        <p> 数学是人类对事物的抽象结构与模式进行严格描述的一种通用手段，可以应用于现实世界的任何问题，所有的数学对象本质上都是人为定义的。</p>
    </section>
    <section>
        <h2> 历史 </h2>
        <p> 历史可提供今人理解过去，作为未来行事的参考依据，与伦理、哲学和艺术同属人类精神文明的重要成果。</p>
    </section>
</article>
```

从上面的代码可以看出，首页整体呈现的是一段完整独立的内容，所有要使用 article 元素包起来，其中又可分为 3 段，每段都有一个独立的标题，使用了两个 section 元素为其分段。这样使文档的结构显得清晰。在浏览器中的效果，如图 18-2 所示。

article 元素和 section 元素有什么区别呢？在 HTML 5 中，article 元素可以看成是一种特殊种类的 section 元素，它比 section 元素更强调独立性，即 section 元素强调分段或分块，而 article 强调独立性。如果一块内容相对来说比较独立、完整，应该使用 article 元素，但是如果想将一块内容分成几段，应该使用 section 元素。

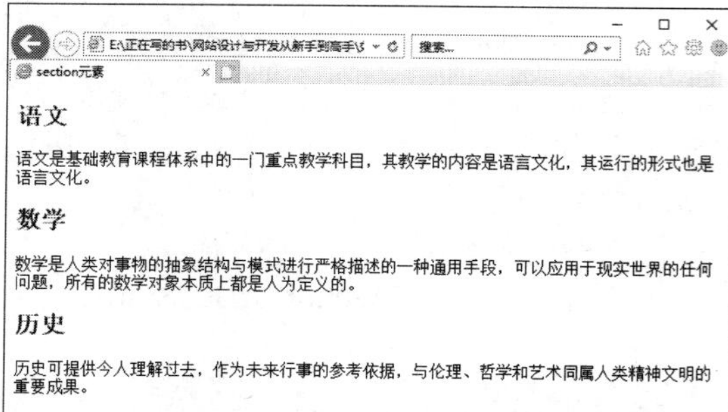
图 18-2　section 元素实例

18.1.3　nav 元素

nav 元素在 HTML 5 中用于包裹一个导航链接组，用于显式地说明这是一个导航组，在同一个页面中可以同时存在多个 nav。

并不是所有的链接组都要被放入 nav 元素，只需要将主要的、基本的链接组放入 nav 元素即可。例如，在页脚中通常会有一组链接，包括服务条款、首页、版权声明等，此时使用 footer 元素是最恰当的。

一直以来，习惯使用形如 <Div id="nav"> 或 <ul id="nav"> 这样的代码来编写页面的导航，在 HTML 5 中，可以直接将导航链接列表放到 <nav> 标签中，代码如下。

```
<nav>
<ul>
<li><a href="index.html">Home</
a></li>
<li><a href="#">About</a></
li><li>
<a href="#">Blog</a></li>
</ul>
</nav>
```

导航，顾名思义就是引导的路线，只要具有引导功能，都可以认为是导航。既可以在页与页之间导航，也可以在页内的段与段之间导航。

```
<!doctype html>
<html>
<head>
<meta charset="utf-8">
<title>页面导航</title>
<header>
<h1>彩妆<h1>
<nav>
<ul>
 <li><a href="index.html">口红</
a></li>
<li><a href="about.html">粉底</
a></li>
<li><a href="bbs.html">隔离</a></
li>
</ul>
 </nav>
</h1></h1>
</header>
 <body>
</body>
</html>
```

这个实例是页面之间的导航，nav 元素中包含 3 个用于导航的超链接，即“口红”“粉底”和“隔离”。该导航可用于全局导航，也可放在某个段落，作为区域导航。运行代码，效果如图 18-3 所示。

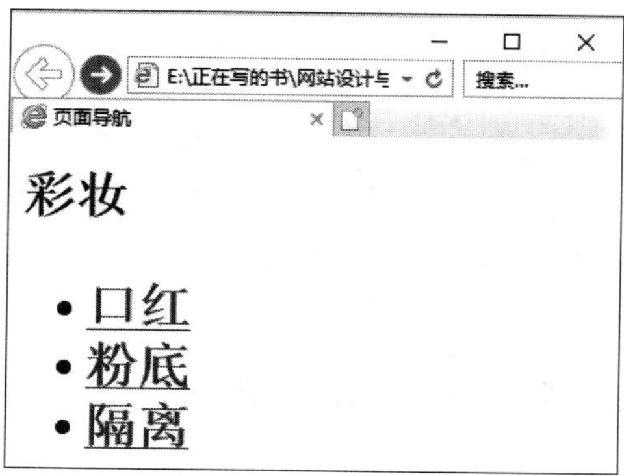

图 18-3　页面之间导航

下面的实例是页内导航，运行代码，效果如图 18-4 所示。

```
<!doctype html>
<html>
<head>
<meta charset="utf-8">
<title> 页内导航 </title>
</head>
<body>
<article>
        <h2> 女鞋 </h2>
        <nav>
            <ul>
                <li><a href="#p1">
女士运动鞋 </a></li>
                <li><a href="#p2">
女士马丁靴 </a></li>
                <li><a href="#p3">
女士帆布鞋 </a></li>
            </ul>
        </nav>
        <p id=p1> 女士运动鞋 </p>
        <p id=p2> 女士马丁靴 </p>
        <p id=p3> 女士帆布鞋 </p>
</article>
</body>
</html>
```

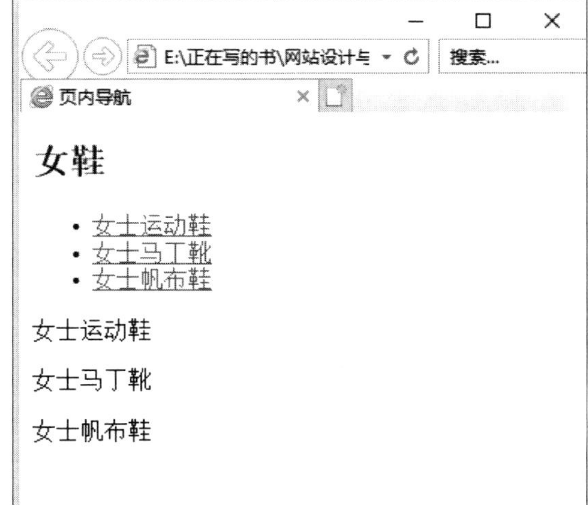

图 18-4 页内导航

18.1.4 aside 元素

aside 元素用来表示当前页面或文章的附属信息部分，它可以包含与当前页面或主要内容相关的引用、侧边栏、广告、导航条，以及其他类似的有别于主要内容的部分。

aside 元素主要有以下两种使用方法。

- 包含在 article 元素中作为主要内容的附属信息部分，其中的内容可以是与当前文章有关的参考资料、名词解释等。

```
<article>
 <h1>...</h1>
<p>...</p>
<aside>...</aside>
</article>
```

- 在 article 元素之外使用作为页面或站点全局的附属信息部分。最典型的是侧边栏，其中的内容可以是友情链接、文章列表、广告单元等。代码如下，运行代码后的效果，如图 18-5 所示。

```
<!doctype html>
<html>
<head>
<meta charset="utf-8">
<title>aside 元素实例 </title>
</head>
<body>
<aside>
<h2> 企业新闻 </h2>
<ul>
<li> 企业简介 </li>
<li> 企业信息 </li>
</ul>
<h2> 企业宝贝 </h2>
<ul>
<li> 手机 </li>
<li> 数码 </li>
<li> 影音 </li>
</ul>
</aside>
```

```
</body>
</html>
```

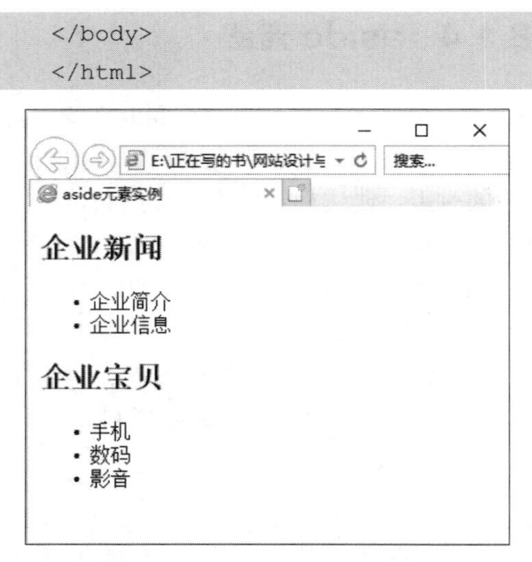

图 18-5　aside 元素实例

18.1.5　pubdate 属性

pubdate 属性指示 <time> 元素中的日期 / 时间是文档（或最近的前辈 <article> 元素）的发布日期。

语法：

```
<time pubdate="pubdate">
```

下面通过一个实例讲述，效果如图 18-6 所示，代码如下。

```
<!doctype html>
<html>
<head>
<meta charset="utf-8">
<title>pubdate 属性 </title>
</head>
<body>
<article>
<time datetime="2021-10-28"
pubdate="pubdate"></time>
Hello everyone</article>
</body>
</html>
```

图 18-6　pubdate 属性实例

18.2　新增的非主体结构元素

除了以上几个主要的结构元素，HTML 5 内还增加了一些表示逻辑结构或附加信息的非主体结构元素。

18.2.1　header 元素

赋值运算符主要用来将数值或表达式的计算结果赋予变量。在 Flash 中经常大量应用赋值运算符。header 元素是一种具有引导和导航作用的结构元素，通常用来放置整个页面或页面内的一个内容区块的标题，header 内也可以包含其他内容，例如表格、表单或相关的 Logo 图片。

在架构页面时，整个页面的标题常放在页面的开头，header 标签一般放在页面的顶部，可以用如下的形式书写页面的标题。

```
<header><h1> 页面标题 </h1></header>
```

在一个网页中可以拥有多个 header 元素，可以为每个内容区块加一个 header 元素，代码如下。

```
<header>
  <h1> 网页标题 </h1>
</header
><article>
<header>
  <h1> 文章标题 </h1>
</header>
  <p> 文章正文 </p>
</article>
```

在 HTML 5 中，一个 header 元素通常包括至少一个 headering 元素（h1 ～ h6），也可以包括 hgroup、nav 等元素。

下面是一个网页中的 header 元素实例，运行代码后的效果，如图 18-7 所示。

```
<!doctype html>
<html>
<head>
<meta charset="utf-8">
<title>header 元素 </title>
</head>
<body>
<header>
  <hgroup>
    <h1> 科普知识 </h1>
    <p> 科普是指利用各种传媒以浅显的，让公众易于理解、接受和参与的方式向普通大众介绍自然科学和社会科学知识。……</p>
  </hgroup>
  <nav>
    <ul>
      <li> 健康 </li>
      <li> 教育 </li>
      <li> 自然 </li>
    </ul>
  </nav>
</header>
</body>
</html>
```

图 18-7　header 元素实例

18.2.2　hgroup 元素

hgroup 元素是将标题及其子标题进行分组的元素。hgroup 元素通常会将 h1 ～ h6 元素进行分组，一个内容区块的标题及其子标题算一组。

如果文章只有一个主标题，是不需要 hgroup 元素的。但是，如果文章有主标题，主标题下有子标题，那么就需要使用 hgroup 元素了。如下所示为hgroup 元素的实例代码，运行代码的效果，如图 18-8 所示。

```
<!doctype html>
<html>
<head>
<meta charset="utf-8">
<title> 无标题文档 </title>
</head>
<body><article>
 <header>
 <hgroup>
<h1> 户外运动 </h1>
<h2> 住宿条件和推荐 </h2>
</hgroup>
<p>
<time datetime="2021-10-20">2021年 10 月 20 日 </time></p>
<p> 单车运动，不仅可以减肥，还可以使身段更为匀称迷人。即运动减肥，或边节食边运动的人，身材比只靠节食减肥的人来得更好，更迷人。……</p>
</header>
</article>
</body>
</html>
```

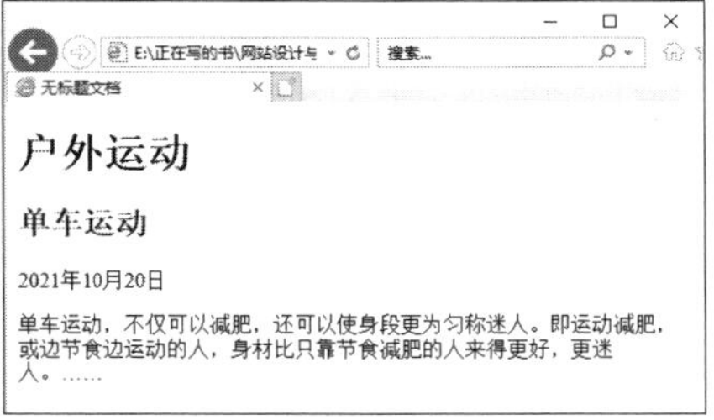

图 18-8　hgroup 元素实例

如果有标题和副标题，或在同一个 <header> 元素中加入多个 H 标题，那么就需要使用 <hgroup> 元素。

18.2.3 footer 元素

footer 通常包括其相关区块的脚注信息，如作者、相关阅读链接及版权信息等。footer 元素和 header 元素的使用基本相同，可以在一个页面中多次使用，如果在一个区段后面加入 footer 元素，那么，它就相当于该区段的尾部。

在 HTML 5 出现之前，通常使用类似下面这样的代码来写页面的页脚。

```
<div id="footer">
<ul>
<li> 版权信息 </li>
 <li> 站点地图 </li>
<li> 联系方式 </li>
</ul>
<div>
```

在 HTML 5 中，可以不使用 Div，而是使用更加语义化的 footer 来写。

```
<footer>
 <ul>
<li> 版权信息 </li>
<li> 站点地图 </li>
 <li> 联系方式 </li>
</ul>
</footer>
```

footer 元素既可以用作页面整体的页脚，也可以作为一个内容区块的结尾，例如可以将 <footer> 直接写在 <section> 或 <article> 中。

在 article 元素中添加 footer 元素的代码如下。

```
<article>
 文章内容
<footer>
文章的脚注
 </footer>
</article>
```

在 section 元素中添加 footer 元素的代码如下。

```
<section>
分段内容
 <footer>
分段内容的脚注
</footer>
 </section>
```

18.2.4 address 元素

address 元素通常位于文档的末尾，address 元素用来在文档中呈现联系信息，包括文档创建者的名字、站点链接、电子邮箱、真实地址、电话号码等。address 不止用来呈现电子邮箱或真实地址这样的“地址”概念，而应该包括与文档创建人相关的各类联系方式。

下面是 address 元素的应用实例的代码。

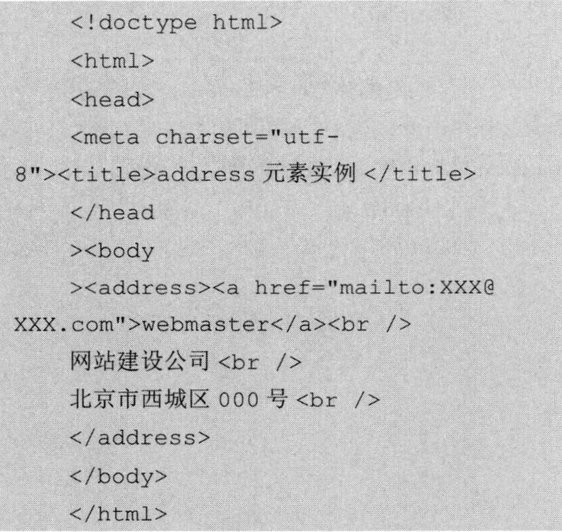

```
<!doctype html>
<html>
<head>
<meta charset="utf-
8"><title>address 元素实例 </title>
</head
><body
><address><a href="mailto:XXX@
XXX.com">webmaster</a><br />
网站建设公司 <br />
北京市西城区 000 号 <br />
</address>
</body>
</html>
```

浏览器中显示地址的方式与其他的文档不同，IE、Firefox 和 Safari 浏览器以斜体显示地址，如图 18-9 所示。

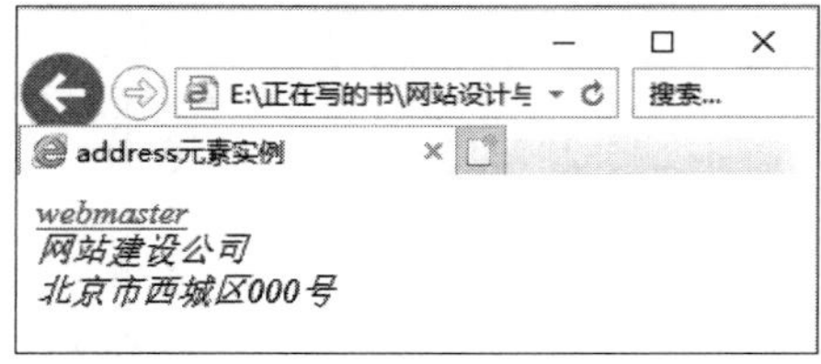

图 18-9 address 元素实例

还可以把 footer 元素、time 元素与 address 元素结合起来使用，具体代码如下。

```
<footer>
<div>
<address>
```

```
    <a title=" 文章作者：XXX">
    XXX</a>
    </address>
    发表于 <time
datetime="2021-11-04">2021 年 11 月 4 日
</time>
    </div>
    </footer>
```

在这个实例中，把文章的作者信息放在了 address 元素中，把文章发表日期放在了 time 元素中，把 address 元素与 time 元素中的总体内容作为脚注信息放在了 footer 元素中，如图 18-10 所示。

图 18-10　footer 元素、time 元素与 address 元素结合

18.3 播放视频

HTML 5 可以在不借助诸如 Flash Player 等第三方插件的情况下，直接在网页上嵌入视频组件。

浏览器提供原生支持视频的新能力，使网页开发人员更易于在不依赖于外置插件的情况下，在网站上添加视频组件。由于苹果公司现阶段在 iPhone 和 iPad 上使用的 Flash 技术的局限性，传输 HTML 5 视频的能力就显得尤为重要了。

如果使用 Flash Player 创建一个在网站上播放的 MP4 视频，可以用下面的代码。

```
    <object type="application/
x-shockwave-flash"
     data="player.
swf?videoUrl=myVideo.
mp4&autoPlay=true"
    height="210" width="300">
    <param name="movie"
    value="player.
swf?videoUrl=myVideo.
mp4&autoPlay=true">
    </object>
```

如果使用的是 HTML 5，可以使用以下代码。

```
    <!doctype html>
    <html>
    <head>
    <meta charset="utf-8">
    <title> 无标题文档 </title>
    </head>
    <body>
    <video src="Video.mp4" controls
autoplay width="300" height="210"></
video>
    </body>
    </html>
```

上面的这个 HTML 5 实例是极端简化的，但是所实现的功能是一样的，预览效果如图 18-11 所示。

图 18-11　播放视频

18.4 HTML 5 canvas 画布

canvas 元素是为了客户端点阵图形而设计的，它本身没有绘图能力，但却把一个绘图 API 展现给客户端 JavaScript，以使脚本能够把想绘制的东西都绘制到一块画布上。canvas 拥有多种绘制路径、矩形、圆形、字符以及添加图像的方法。

canvas 语法：

```
<canvas id="myCanvas" width="200"
height="100"></canvas>
```

height 属性：画布的高度。和一幅图像相同，这个属性可以指定为一个整数像素值或者窗口高度的百分比。当改变这个值时，在该画布上已经完成的任何绘图都会被擦掉，默认值是 300。

width 属性：画布的宽度。和一幅图像相同，这个属性可以指定为一个整数像素值或者窗口宽度的百分比。当改变这个值时，在该画布上已经完成的任何绘图都会被擦掉，默认值是 300。

下面制作一个阴影效果，代码如下。

```
<!doctype html>
<html>
<head>
<meta charset="utf-8">
<title> 阴影效果 </title>
</head><body>
<canvas id="canvas" width="480"
height="480" style="background-color:
rgb(222, 222, 222)">
  您的浏览器不支持 canvas 标签 </
canvas><br />
  <button type="button"
onclick="drawIt();">Demo</button>
  <button type="button"
onclick="clearIt();"> 清除画布 </button>
  <script type="text/Javascript">
  var ctx = document.
getElementById('canvas').
getContext('2d');
          function drawIt() {
clearIt();
          ctx.shadowOffsetX = 5;
          ctx.shadowOffsetY = 10;
          ctx.shadowBlur = 10;
          ctx.shadowColor =
"rgba(0, 0, 255, 0.5)";
          ctx.beginPath();
          ctx.arc(120, 120, 100,
0, Math.PI * 2, true);
          ctx.stroke();
          ctx.fillRect(300, 300,
100, 100); }
          function clearIt() {
ctx.clearRect(0, 0, 480, 480); }
  </script>
</body>
</html>
```

单击 Demo 按钮，预览效果如图 18-12 所示。

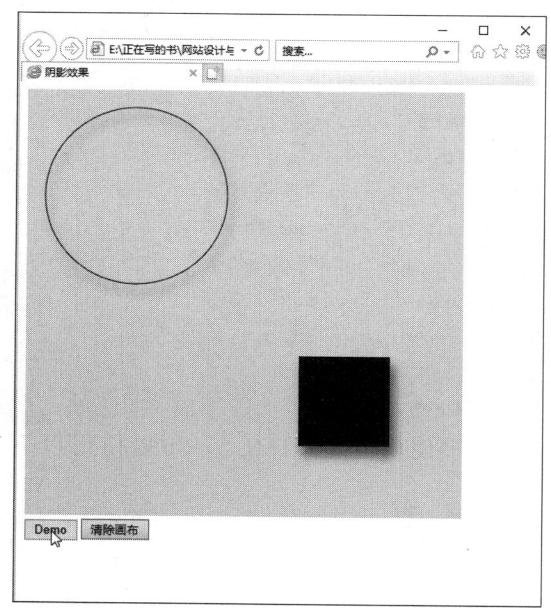

图 18-12　阴影效果

18.5 本章小结

本章主要讲述了HTML 5新增的主体结构元素、非主体结构元素、播放视频和canvas画布。通过对本章的学习，使读者认识了新的结构性标签标准，让HTML文档更加清晰，可阅读性更强，更利于SEO（搜索引擎优化），也更利于视障人士阅读，它通过一些新标签、新功能的开发，解决了三大问题：浏览器兼容问题、文档结构不明确的问题，以及Web应用程序功能受限等问题。

第 19 章　动态网站基础

本章导读

动态页面最主要的作用在于，能够让浏览者通过浏览器来访问、管理和利用存储在服务器上的资源和数据，特别是数据库中的数据。本章重点介绍动态网页的工作原理和制作流程、网站开发语言、搭建服务器平台等内容。

技术要点

- 动态网站原理
- 在 Dreamweaver 中编码
- 动态网站技术类型
- 搭建本地服务器
- 数据库相关术语
- 常见的数据库管理系统
- 创建 Access 数据库
- 创建数据库连接

19.1 动态网站原理

网络技术日新月异，许多网页文件扩展名不再只是 htm，还有 php、asp 等，而是采用动态网页技术制作出来的。

动态网站技术的工作原理是：使用不同技术编写的动态页面保存在 Web 服务器内，当客户端用户向 Web 服务器发出访问动态页面的请求时，Web 服务器将根据用户所访问页面的后缀名，确定该页面所使用的网络编程技术，然后把该页面提交给相应的解释引擎。解释引擎扫描整个页面找到特定的定界符，并执行位于定界符内的脚本代码，以实现不同的功能，如访问数据库、发送电子邮件、执行算术或逻辑运算等，最后把执行结果返回 Web 服务器。最终，Web 服务器把解释引擎的执行结果连同页面上的 HTML 内容，以及各种客户端脚本一同传送到客户端。

动态网站的工作方式其实很简单，那么，是不是动态网站的学习和开发就轻松了呢？显然不是这样的。要使动态网站“动”起来，其中需要多种技术进行支持。简单概括就是：数据传输、数据存储和服务管理。

19.2 在 Dreamweaver 中编码

在 Dreamweaver 中可以处理多种文件类型，包括 HTML、XML、层叠样式表（CSS）、JavaScript、VBScript、无线标记语言（WML）、扩展数据标记语言（EDML）、Dreamweaver

模板（.dwt）和文本等。

通过代码提示，可以在“代码”视图中插入代码。在输入某些字符时，将显示一个列表，列出完成条目所需要的选项。下面通过代码提示讲述背景音乐的插入方法，效果如图 19-1 所示，具体的操作步骤如下。

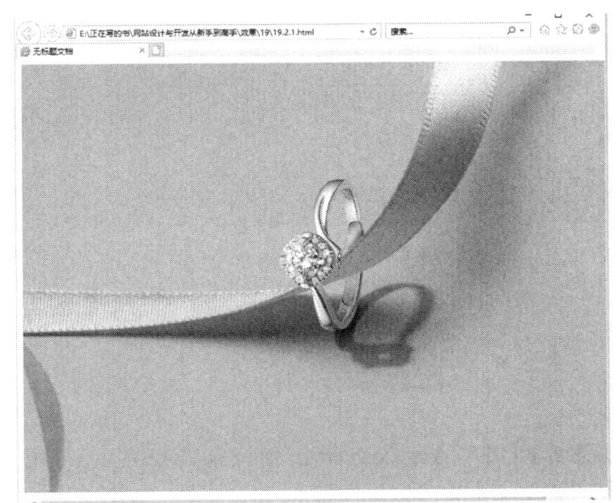

图 19-1 背景音乐

01 打开网页文档，如图 19-2 所示。

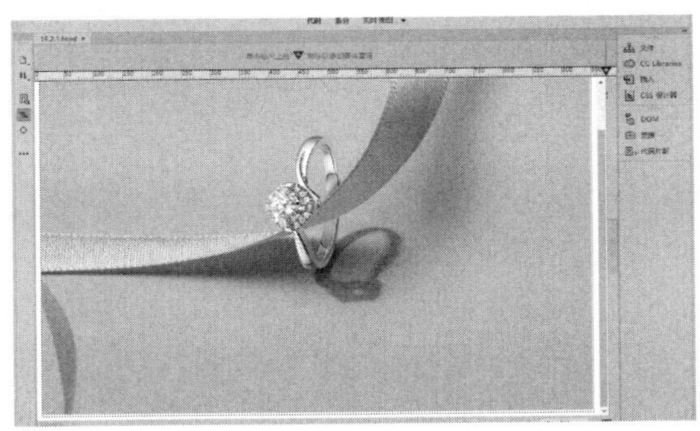

图 19-2 打开网页文档

02 切换到“拆分”视图，找到标签 <body>，并在其后面输入 <，以显示标签列表，输入 < 时会自动弹出一个列表，如图 19-3 所示，向下滚动该列表并双击插入 bgsound 标签。

03 如果该标签支持属性，则按空格键以显示该标签允许的属性列表，从中选择属性 src，如图 19-4 所示，这个属性用来设置背景音乐文件的路径。

图 19-3 输入 <

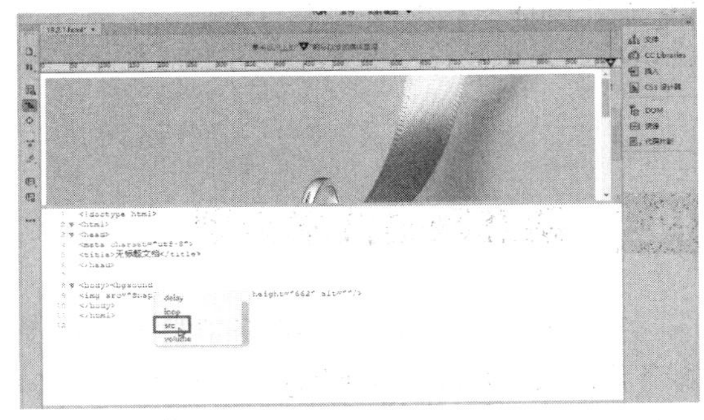

图 19-4 选择属性 src

04 按 Enter 键后，出现“浏览”字样，单击以弹出“选择文件”对话框，在该对话框中选择音乐文件，如图 19-5 所示。

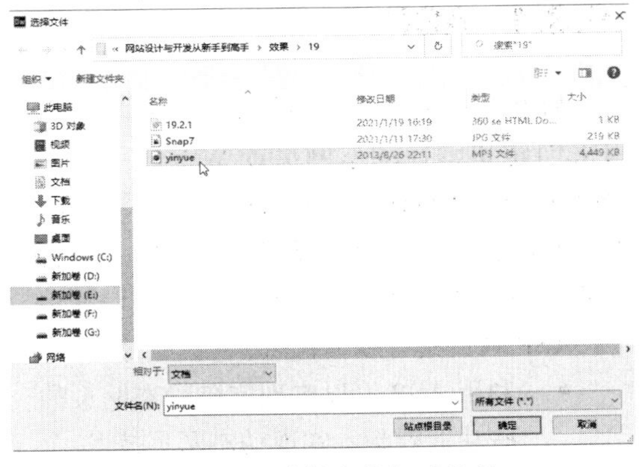

图 19-5 “选择文件”对话框

05 单击“确定”按钮，在新插入的代码后按空格键，在属性列表中选择 loop 属性，如图 19-6 所示。

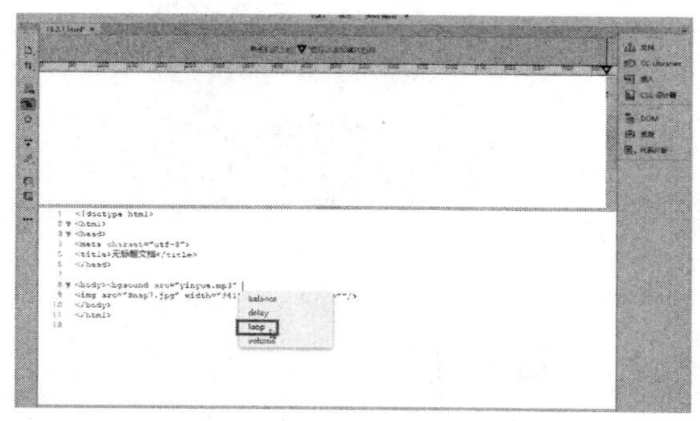

图 19-6　选择属性 loop

06 选中 loop 后，出现 -1 并选中。在最后的属性值后，为该标签输入 >，如图 19-7 所示。保存文件，按 F12 键在浏览器中预览就能听到音乐了。

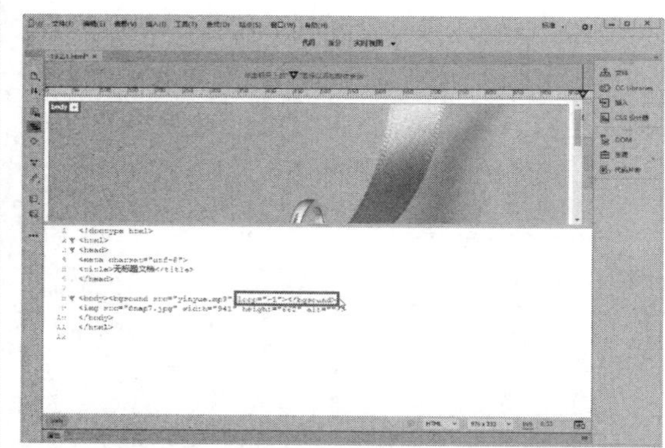

图 19-7　选择属性 loop

19.3 动态网站技术类型

实际上目前常用的 3 类服务器技术就是活动服务器网页（Active Server Pages，ASP）、Java 服务器网页（Java Server Pages，JSP）、超文本预处理程序（Hypertext Preprocessor，PHP）。这些技术的核心功能相同，但是它们基于的开发语言不同，实现功能的途径也存在差异。当掌握了一种服务器技术后，再学习另一种服务器技术，就会发现简单多了。这些服务器技术都可以设计出常用动态网页，对于一些特殊功能，不同服务器技术支持程度不同，操作的难易程度也略有差别，甚至还有些功能必须借助各种外部扩展才可以实现。

19.3.1 ASP

ASP 是一种服务器端脚本编写环境，可以用来创建和运行动态网页或 Web 应用程序。ASP 采用 VB Script 和 JavaScript 脚本语言作为开发语言，当然也可以嵌入其他脚本语言。ASP 服务器技术只能在 Windows 系统中使用。

ASP 网页具有以下特点。

- 利用 ASP 可以实现突破静态网页的一些功能限制，实现动态网页技术。
- ASP 文件是包含在 HTML 代码所组成的文件中的，易于修改和测试。
- 服务器上的 ASP 解释程序会在服务器端执行 ASP 程序，并将结果以 HTML 格式传送到客户端浏览器上，因此使用各种浏览器都可以正常浏览 ASP 所生成的网页。
- ASP 提供了一些内置对象，使用这些对象可以使服务器端脚本功能更强。例如，可以从 Web 浏览器中获取用户通过 HTML 表单提交的信息，并在脚本中对这些信息进行处理，然后向 Web 浏览器发送信息。
- ASP 可以使用服务器端 ActiveX 组件来执行各种各样的任务，例如存取数据库、发送 Email 或访问文件系统等。
- 由于服务器是将 ASP 程序执行的结果以 HTML 格式传回客户端浏览器的，因此使用者不会看到 ASP 所编写的原始程序代码，可防止 ASP 程序代码被窃取。
- 方便连接 Access 与 SQL 数据库。

- 开发需要有丰富的经验，否则会留出漏洞，被黑客利用进行注入攻击。

19.3.2　PHP

PHP 也是一种比较流行的服务器技术，它最大的优势就是开放性和免费服务。不用花费一分钱就可以从 PHP 官方站点（http://www.php.net）下载 PHP 服务软件，并不受限制地获得源码，甚至可以加入自己的功能。PHP 服务器技术能够兼容不同的操作系统。PHP 页面的扩展名为 .php。

PHP 有以下特性。

- 开放的源代码：所有的 PHP 源代码事实上都可以得到。
- PHP 是免费的：和其他技术相比，PHP 本身免费而且是开源代码。
- PHP 具有快捷性：程序开发快、运行快、技术本身学习快。因为 PHP 可以被嵌入 HTML 语言，它相对于其他语言，编辑简单，实用性强，更适合初学者。
- 跨平台性强：由于 PHP 是运行在服务器端的脚本，可以运行在 UNIX、Linux、Windows 系统下。
- 效率高：PHP 消耗相当少的系统资源。
- 图像处理：用 PHP 动态创建图像。
- 面向对象：在 PHP 4、PHP 5 中，面向对象方面都有了很大的改进，现在 PHP 完全可以用来开发大型商业程序。
- 专业专注：PHP 支持脚本语言为主，同为类 C 语言。

19.3.3　JSP

JSP 是 Sun 公司倡导、许多公司参与建立的一种动态网页技术标准。JSP 可以在 Servlet 和 JavaBean 技术的支持下，完成功能强大的 Web 应用开发。另外，JSP 也是一种跨多个平台的服务器技术，几乎可以执行于所有平台。

JSP 技术是用 Java 语言作为脚本语言的，JSP 网页为整个服务器端的 Java 库单元提供了一个接口来服务于 HTTP 的应用程序。

在传统网页的 HTML 文件（*.htm,*.html）中加入 Java 程序片段和 JSP 标记（tag），就构成了 JSP 网页（*.jsp）。Web 服务器在遇到访问 JSP 网页的请求时，首先执行其中的程序片段，然后将执行结果以 HTML 格式返回给客户。程序片段可以操作数据库、重新定向网页及发送 E-mail 等，这就是建立动态网站所需要的功能。

JSP 的优点如下。

- 对于用户界面的更新，其实就是由 Web Server 进行的，所以给人的感觉是更新很快。
- 所有的应用都是基于服务器的，所以它们可以时刻保持最新版本。
- 客户端的接口不是很烦琐，对于各种应用易于部署、维护和修改。

19.3.4　ASP、PHP 和 JSP 比较

ASP、PHP 和 JSP 这三大服务器技术具有很多共同的特点。

- 都是在 HTML 源代码中混合其他脚本语言或程序代码。其中 HTML 源代码主要负责描述信息的显示结构和样式，而脚本语言或程序代码则用来描述需要处理的逻辑。
- 程序代码都是在服务器端经过专门的语言引擎解释执行之后，把执行结果嵌入 HTML 文档的，最后再一起发送给客户端浏览器。
- ASP、PHP 和 JSP 都是面向 Web 服务器的技术，客户端浏览器不需要任何附加的软件支持。

当然，它们也存在很多差异，例如：

- JSP 代码被编译成 Servlet，并由 Java 虚拟机解释执行，这种编译操作仅在

对 JSP 页面的第一次请求时发生，以后就不再需要编译了。而 ASP 和 PHP 则每次请求都需要进行编译。因此，从执行速度上来说，JSP 的效率当然最高。

- 目前国内的 PHP 和 ASP 应用最为广泛。由于 JSP 是一种较新的技术，国内使用较少。但是在国外，JSP 已经是比较流行的一种技术，尤其是电子商务类网站多采用 JSP。
- 由于免费的 PHP 缺乏规模支持，使其不适合应用于大型电子商务站点，而更适合一些小型商业站点。ASP 和 JSP 则没有 PHP 的这个缺陷。ASP 可以通过微软的 COM 技术获得 ActiveX 扩展支持，JSP 可以通过 Java Class 和 EJB 获得扩展支持。同时升级后的 ASP.NET 更获得了 .NET 类库的强大支持，编译方式也采用了 JSP 的模式，功能可以与 JSP 相抗衡。

总之，ASP、PHP 和 JSP 都有自己的用户群，它们各有所长，读者可以根据它们的特点选择一种适合自己的语言。

19.4 搭建本地服务器

要建立具有动态的 Web 应用程序，必须建立一个 Web 服务器，选择一门 Web 应用程序开发语言，为了应用得更深入还需要选择一款数据库管理软件。同时，因为是在 Dreamweaver 中开发的，还需要建立一个 Dreamweaver 站点，该站点能够随时调试动态页面。因此，创建一个这样的动态站点，需要 Web 服务器、Web 开发程序语言、数据库管理软件和 Dreamweaver 动态站点。

19.4.1 安装 IIS

IIS（Internet Information Server，互联网信息服务）是一种 Web 服务组件，它提供的服务包括 Web 服务器、FTP 服务器、NNTP 服务器和 SMTP 服务器，这些服务分别用于网页浏览、文件传输、新闻服务和邮件发送等方面。使用这个组件提供的功能，使在网络（包括互联网和局域网）上发布信息成了一件很简单的事情。

安装 IIS 的具体的操作步骤如下。

01 Windows 7 系统下，依次单击“开始”|“控制面板”|“程序”，弹出如图 19-8 所示的页面，单击“打开或关闭 Windows 功能”。

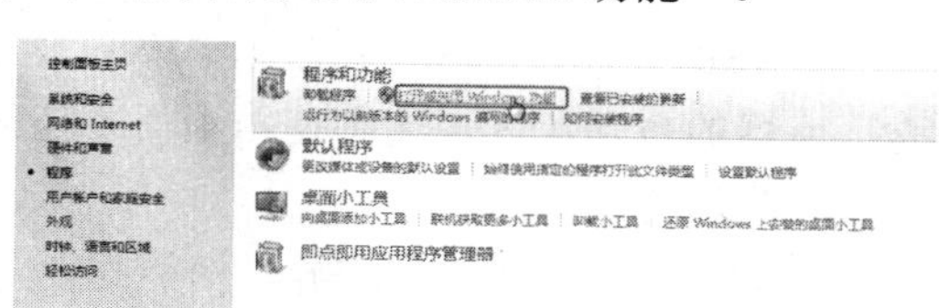

图 19-8　打开或关闭 Windows 功能

02 弹出“Windows 功能”窗口，可以看到有些选项需要手动选择，选中需要安装的功能复选框，如图 19-9 所示。

图 19-9　“Windows 功能”对话框

03 单击“确定”按钮，弹出如图 19-10 所示的 Microsoft Windows 提示对话框。

04 安装完成后，再次进入“控制面板”，选择“管理工具”，双击“Internet 信息服务（IIS）管理器”选项，进入 IIS 设置界面，如图 19-11 所示。

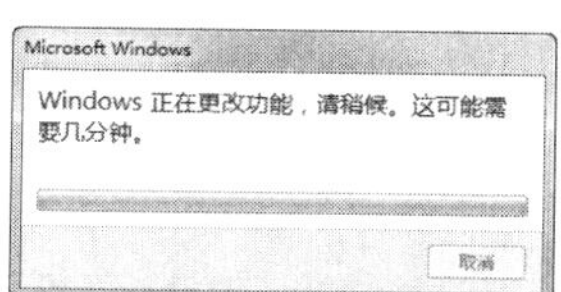

图 19-10　IIS 子组件的选择画面

图 19-11　“Windows 组件向导”

05 选择 Default Web Site 选项，并双击 ASP 图标，如图 19-12 所示。

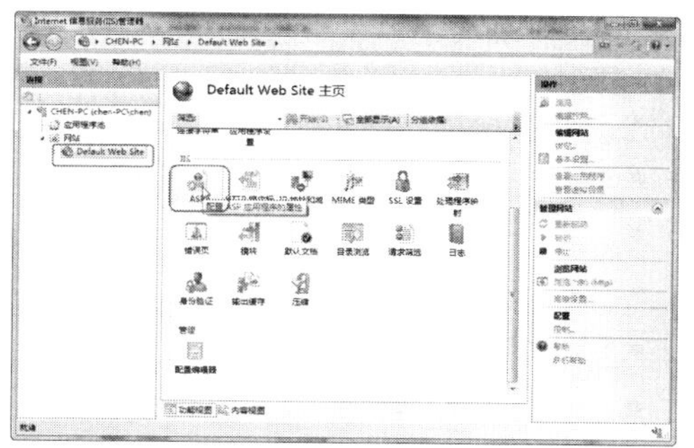

图 19-12　双击 ASP 选项

06 IIS 7 中 ASP 父路径是没有启用的，要选择 True 选项，才可开启父路径，如图 19-13 所示。

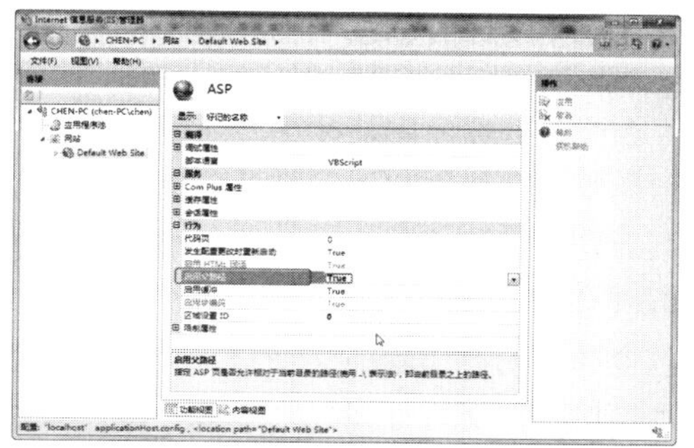

图 19-13　可开启父路径

07 单击右侧的“高级设置”链接，弹出“高级设置”对话框，设置“物理路径”，如图 19-14 所示。

图 19-14　设置“物理路径”

08 单击“编辑网站”下面的“编辑”按钮，弹出“网站绑定”对话框，单击右侧的“编辑”按钮，设置网站的端口，如图 19-15 所示。

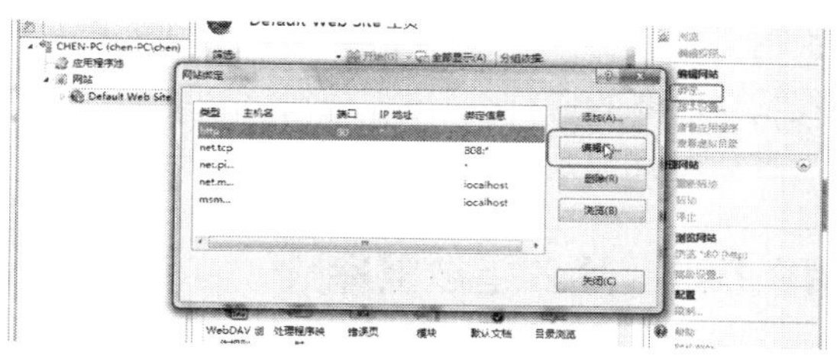

图 19-15　“网站绑定”对话框

19.4.2　配置 Web 服务器

配置 Web 服务器的具体操作步骤如下。

01 双击“Internet 信息服务（IIS）管理器”窗口中的“默认文档”图标，如图 19-16 所示。

图 19-16　单击“默认文档”按钮

02 在打开的页面中单击右侧的“添加”链接，如图 19-17 所示。

图 19-17 单击右侧的“添加”链接

03 弹出“添加默认文档”对话框，在“名称”文本框中输入名称，单击“确定”按钮即可，如图 19-18 所示。

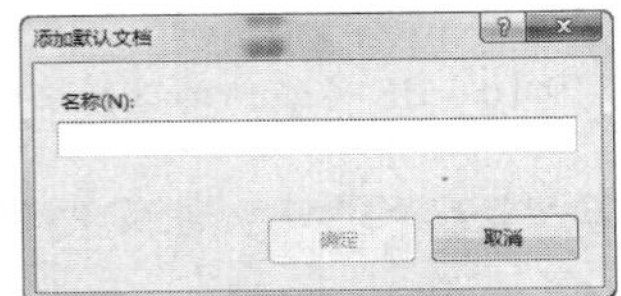

图 19-18 “添加默认文档”对话框

19.5 数据库相关术语

数据库是创建动态网页的基础。对于网站来说，一般都要准备一个用于存储、管理和获取客户信息的数据库。利用数据库制作的网站，一方面，在前台，浏览者可以利用查询功能很快地找到自己要的资料；另一方面，在后台，网站管理者通过后台管理系统可能很方便地管理网站，而且后台管理系统界面很直观，即使不懂计算机的人也很容易学会使用。

19.5.1 什么是数据库

数据库就是计算机中用于存储、处理大量数据的软件，一些关于某个特定主题或目的的信息集合。数据库系统的主要目的在于维护信息，并在必要时协助取得这些信息。

互联网的内容信息绝大多数都存储在数据库中，可以将数据库看作一家制造工厂的产品仓库，专门用于存放产品，仓库具有严格而规范的管理制度，入库、出库、清点、维护等日常管理工作都十分有序，而且还以科学、有效的手段保证产品的安全。数据库的出现和应用使客户对网站内容的新建、修改、删除、搜索变得更为轻松、自由、简单和快捷。网站的内容既繁多又复杂，而且数量和长度根本无法统计，所以必须采用数据库来管理。

成功的数据库系统应具备以下特点。

- 功能强大。
- 能准确地表示业务数据。
- 容易使用和维护。
- 对最终用户操作的响应时间合理。
- 便于数据库结构的改进。
- 便于数据的检索和修改。
- 较少的数据库维护工作。
- 有效的安全机制能确保数据安全。
- 冗余数据最少或不存在。
- 便于数据的备份和恢复。
- 数据库结构对最终用户透明。

19.5.2 数据库表

在关系数据库中，数据库表是一系列二维数组的集合，用来代表和存储数据对象之间的关系。它由纵向的列和横向的行组成，例如一个有关作者信息的名为 authors 的表中，每个列包含的是所有作者的某个特定类型的信息，如“姓氏”，而每行则包含了某个特定作者的所有信息：姓、名、住址等。

对于特定的数据库表，列的数目一般事先固定，各列之间可以由列名来识别。而行的数目可以随时、动态变化。

关系键是关系数据库的重要组成部分。关系键是一个表中的一个或几个属性，用来标识该表的每一行或与另一个表产生联系。

主键，又称主码（primary key或unique key）。数据库表中对存储数据对象予以唯一和完整标识的数据列或属性的组合。一个数据列只能有一个主键，且主键的取值不能缺失，即不能为空值（Null）。

19.6 常见的数据库管理系统

目前有许多数据库产品，如Microsoft Access、Microsoft SQL Server和Oracle等产品各以自己特有的功能，在数据库市场上占有一席之地。下面简要介绍几种常用的数据库管理系统。

1. Oracle

Oracle是一个最早商品化的关系型数据库管理系统，也是应用广泛、功能强大的数据库管理系统。Oracle作为一个通用的数据库管理系统，不仅具有完整的数据管理功能，还是一个分布式数据库系统，支持各种分布式功能，特别是支持Internet应用。作为一个应用开发环境，Oracle提供了一套界面友好、功能齐全的数据库开发工具。Oracle使用PL/SQL语言执行各种操作，具有可开放性、可移植性、可伸缩性等功能。特别是在Oracle 8中，支持面向对象的功能，如支持类、方法、属性等，使Oracle产品成为一种对象/关系型数据库管理系统。

2. Microsoft SQL Server

Microsoft SQL Server是一种典型的关系型数据库管理系统，可以在许多操作系统上运行，它使用Transact-SQL语言完成数据操作。由于Microsoft SQL Server是开放式的系统，其他系统可以与它进行完好的交互操作。目前最新版本的产品为Microsoft SQL Server 2000，它具有可靠性、可伸缩性、可用性、可管理性等特点，为用户提供完整的数据库解决方案。

3. Microsoft Access

作为Microsoft Office组件之一的Microsoft Access是在Windows环境下非常流行的桌面型数据库管理系统。使用Microsoft Access无须编写任何代码，只需通过直观的可视化操作，就可以完成大部分数据管理任务。在Microsoft Access数据库中，包括许多组成数据库的基本要素。这些要素是存储信息的表、显示人机交互界面的窗体、有效检索数据的查询、信息输出载体的报表、提高应用效率的宏、功能强大的模块工具等。它不仅可以通过ODBC与其他数据库相连，实现数据交换和共享，还可以与Word、Excel等办公软件进行数据交换和共享，并且通过对象链接与嵌入技术，在数据库中嵌入和链接声音、图像等多媒体数据。

Access更适合一般的企业网站，因为开发技术简单，而且在数据量不是很大的网站上，检索速度快。不用专门去分离出数据库空间，数据库和网站在一起，节约了成本。而一般的大型政府网站、门户网站，由于数据量比较大，所以选用SQL数据库，可以提高海量数据检索的速度。

19.7 创建Access数据库

与其他关系型数据库系统相比，Access提供的各种工具既简单又方便，更重要的是Access

提供了更为强大的自动化管理功能。下面以 Access 为例讲述数据库的创建方法，具体的操作步骤如下。

知识要点

数据库是计算机中用于存储、处理大量数据的软件。在创建数据库时，将数据存储在表中，表是数据库的核心。在数据库的表中可以按照行或列来表示信息。表的每一行称为一个“记录”，而表中的每一列称为一个“字段”，字段和记录是数据库中最基本的元素。

01 启动 Access 软件，执行“文件”|“新建”命令，打开“新建文件”窗格，如图 19-19 所示，在窗格中单击“空数据库”链接。

图 19-19 “新建文件”窗格

02 弹出“文件新建数据库”对话框，在该对话框中选择数据库保存的位置，在“文件名”文本框中输入 liuyan，如图 19-20 所示。

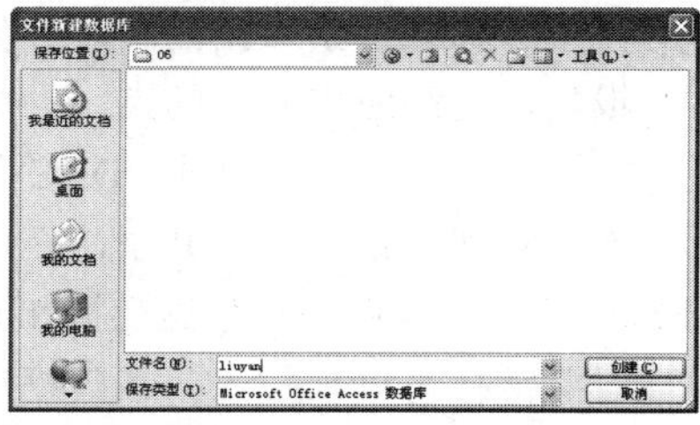

图 19-20 “文件新建数据库”对话框

03 单击“创建”按钮，弹出如图 19-21 所示的窗口，双击“使用设计器创建表”选项，弹出“表 1：表”窗口，在“字段名称”和“数据类型”文本框中分别输入如图 19-22 所示的字段。

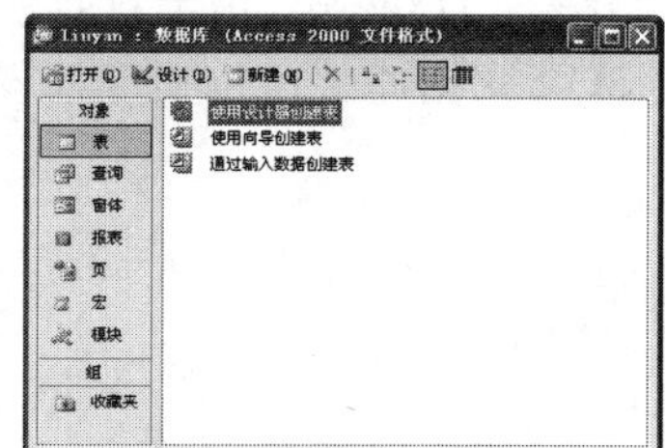

图 19-21 双击“使用设计器创建表”

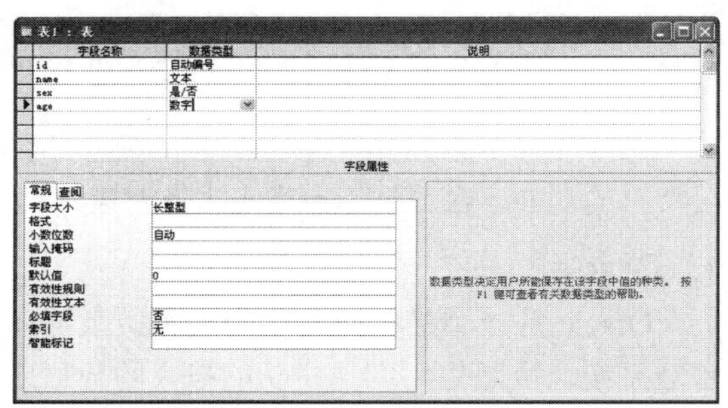

图 19-22 输入字段

★知识要点★

Access为数据库提供了“文本”“备注”“数字”“日期/时间”“货币”“自动编号”“是/否”“OLE对象”“超链接”“查阅向导”10种数据类型，每种数据类型的说明如下。

- 文本数据类型：可以输入文本字符，如中文、英文、数字、字符等。
- 备注数据类型：可以输入文本字符，但它不同于文字类型，它可以保存约64KB字符。
- 数字数据类型：用来保存如整数、负整数、小数、长整数等数值数据。
- 日期/时间数据类型：用来保存与日期、时间有关的数据。
- 货币数据类型：适用于无须很精密计算的数值数据，如单价、金额等。
- 自动编号数据类型：适用于自动编号类型，可以在增加一笔数据时自动加1，产生一个数字的字段，自动编号后无法修改其内容。
- 是/否数据类型：关于逻辑判断的数据，都可以设定为此类型。
- OLE对象数据类型：为数据表链接诸如电子表格、图片、声音等对象。
- 超链接数据类型：用来保存超链接数据，如网址、电子邮件地址。
- 查阅向导数据类型：用来查询可预知的数据字段或特定数据集。

04 设计完表后关闭设计表窗口，弹出如图19-23所示的对话框，提示“是否保存对表1设计的更改”，单击“是”按钮，弹出如图19-24所示的“另存为”对话框，在该对话框中输入表的名称。

图 19-23　提示是否保存表

图 19-24　“另存为”对话框

05 单击“确定”按钮，弹出如图19-25所示的对话框，单击“是”按钮即可插入主键，此时在数据库中可以看到新建的表，如图19-26所示。

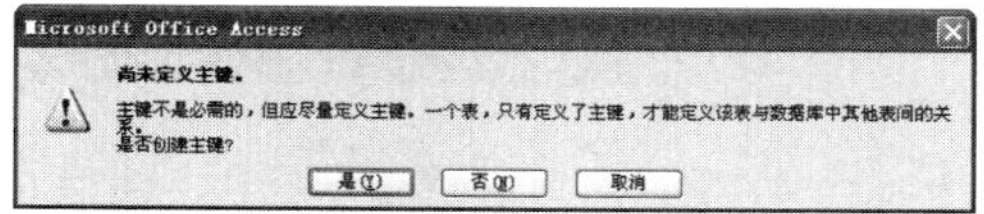

图 19-25　弹出提示信息

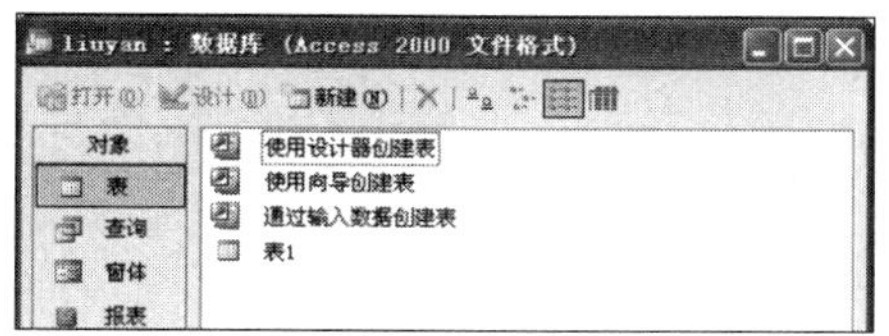

图 19-26　新建的表

19.8 创建数据库连接

动态页面最主要的功能就是结合后台数据库，自动更新网页，所以离开数据库的网页也就谈不上动态了。任何内容的添加、删除、修改、检索都是在连接基础上进行的。

要在ASP中使用ADO对象来操作数据库，首先要创建一个指向该数据库的ODBC连接。在Windows系统中，ODBC的连接主要通过ODBC数据源管理器来完成。下面就以Windows 7为例讲述ODBC数据源的创建过程，具体的操作步骤如下。

01 单击“开始”按钮，执行“控制面板”|“系统和安全”|“管理工具”|“数据源（ODBC）”命令，弹出“ODBC数据源管理器”对话框，在该对话框中切换到“系统DSN”选项卡，如图19-27所示。

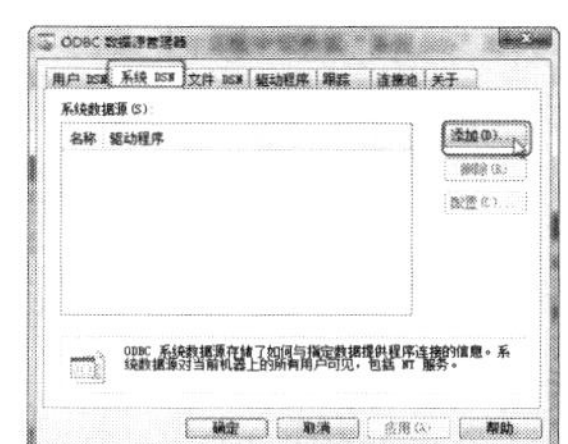

图 19-27　“系统DSN”选项卡

02 单击“添加”按钮，弹出“创建新数据源”对话框，进行如图19-28所示的设置后，单击“完成”按钮。

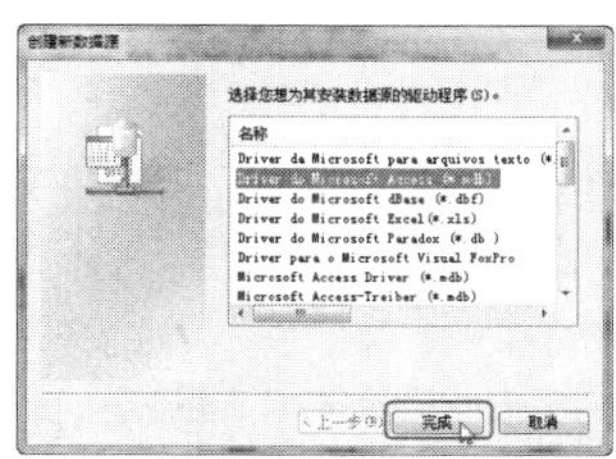

图 19-28　“创建新数据源”对话框

提示

在64位Windows 7操作系统中，ODBC无法添加“修改”配置，添加数据源时只有SQL Server可选，如图19-29所示。

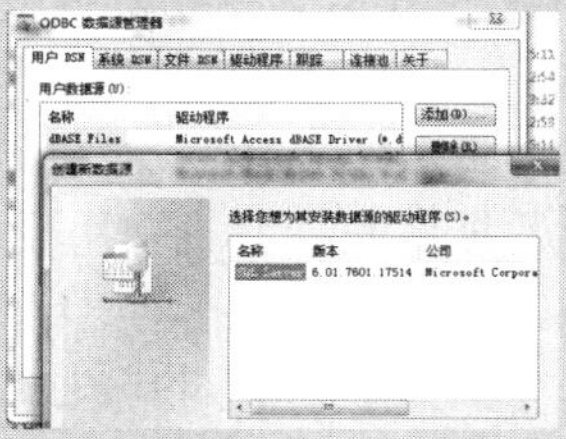

图 19-29　添加数据源

解决方法是：通过C:/Windows/SysWOW64/odbcad32.exe文件，启动32位版本ODBC管理工具，即可解决，效果如图19-30所示。

图 19-30　启动 32 位版本 ODBC 管理工具

03 弹出如图19-31所示的"ODBC Microsoft Access安装"对话框，选择数据库的路径，在"数据源名"文本框中输入数据源的名称，单击"确定"按钮，在如图19-32所示的"ODBC数据源管理器"对话框中可以看到创建的数据源。

图 19-31　"ODBC Microsoft Access 安装"对话框

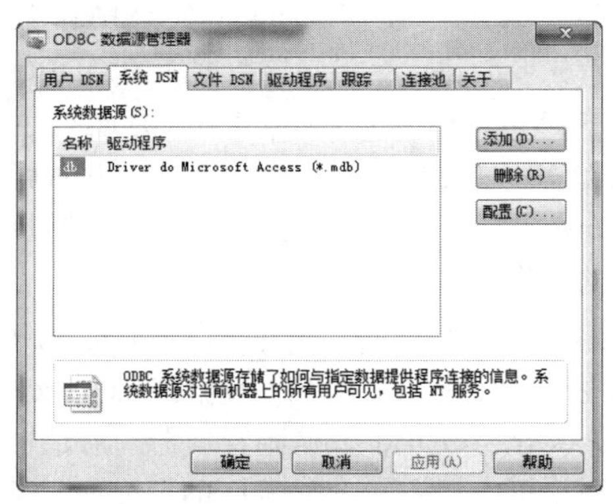

图 19-32　创建的数据源

19.9 本章小结

如果说网络是信息传输的媒体，Web应用程序是信息发布的一种方式，那么数据库就是信息的载体。数据库是计算机中用于存储、处理大量数据的软件，一些关于某个特定主题或目的的信息集合。数据库系统的主要目的在于维护信息，并在必要时协助取得这些信息。

本章主要讲述了动态网站原理、搭建服务器平台、创建数据库、创建Access数据库、创建数据库连接等内容。通过本章的学习，读者可以了解如何搭建服务器平台、怎样创建数据库、如何创建Access数据库，以及怎样创建数据库连接等知识。

第 20 章 动态网页开发语言 ASP 基础与应用

本章导读

ASP 是 Active Server Page 的缩写，意为“活动服务器网页”。ASP 是微软公司开发的代替 CGI 脚本程序的一种应用，可以与数据库和其他程序进行交互，是一种简单、方便的编程工具。ASP 网页文件的扩展名是 .asp，现在常用于各种动态网站中。ASP 能很好地将脚本语言、HTML 标记语言和数据库结合在一起，创建网站中各种动态应用程序。ASP 可以使用数据库对信息资料进行收集，通过网页程序来操控数据库，随时随地发布最新的消息和内容，快速查找需要的信息资料。

技术要点

- ASP 概述
- ASP 连接数据库
- Request 对象
- Response 对象
- Server 对象
- Application 对象
- Session 对象

20.1 动态网站原理

ASP 是嵌入网页中的一种脚本语言，它可以是 HTML 标记、文本和脚本命令的任意组合。ASP 文件的扩展名是 .asp，而不是传统的 .htm。

20.1.1 ASP 简介

ASP 是一种服务器端脚本编写环境，可以用来创建和运行动态网页或 Web 应用程序。ASP 网页可以包含 HTML 标记、普通文本、脚本命令及 COM 组件等。利用 ASP 可以向网页中添加交互式内容，也可以创建使用 HTML 网页作为用户界面的 Web 应用程序。

下面的代码是一个基本的 ASP 程序。

```
<html>
<head>
<title> 我的第一个 ASP 程序 </title>
</head>
<body>
<%response.write(" 我的第一个 ASP 程序 ")%>
```

```
    </body>
    </html>
```

在浏览器中浏览，效果如图 20-1 所示。

图 20-1　简单的 ASP 程序

仔细分析该程序可以看出，ASP 程序共由两部分组成：一部分是 HTML 标题，另一部分就是嵌入在 <% 和 %> 中的 ASP 程序。

在 ASP 程序中，需要将内容输出到页面上时，可以使用 Response.Write() 方法。

20.1.2　ASP 的工作原理

如图 20-2 所示，ASP 的工作原理分为以下几个步骤。

（1）浏览者向浏览器地址栏输入网址，默认页面的扩展名为 .asp。

（2）浏览器向服务器发出请求。

（3）服务器引擎开始运行 ASP 程序。

（4）ASP 文件按照从上到下的顺序开始处理，执行脚本命令，执行 HTML 页面内容。

（5）页面信息发送到浏览器。

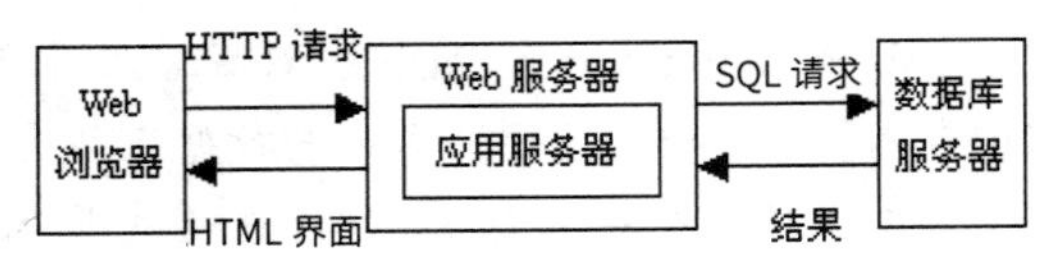

图 20-2　ASP 的工作原理

上述步骤基本上是 ASP 的整个工作流程。但这个处理过程是相对简化的，在实际的处理过程中，还可能会涉及诸多问题，如数据库操作、ASP 页面的动态产生等。此外，Web 服务器也并不是接到一个 ASP 页面请求就重新编辑一次该页面，如果某个页面再次接收到和前面完全相同的请求，服务器会直接去缓冲区中读取编译的结果，而不是重新运行。

20.2　ASP 连接数据库

数据库网页动态效果的实现，其实就是将数据库表中的记录显示在网页上。因此，如何在网页中创建数据库连接，并读取出数据显示，是开发动态网页的一个重点。

现在用得最多的就是 Access 和 SQL Server 数据库，下面介绍它们各自的连接语句。

1. ASP 连接 Access 数据库语句

```
    Set Conn=Server.
CreateObject("ADODB.Connection")
    Connstr="DBQ="+server.
mappath("bbs.mdb")+";DefaultDir=;
    DRIVER={Microsoft AccessDriver(*.
mdb)};"
    Conn.Open connstr
```

其中，Set Conn=Server.CreateObject ("ADODB.Connection") 为建立一个访问数据的对象；server.mappath("bbs.mdb") 是告诉服务器 Access 数据库访问的路径。

2. ASP 连接 SQLServer 数据库语句

```
    Set conn = Server.
CreateObject("ADODB.Connection")
    conn.Open"driver={SQLServer};se
rver=202.108.32.94;uid=wu77445;pwd
=p78022;
    database=w"
    conn open
```

其中，Set conn = Server.CreateObject ("ADODB.Connection") 为设置一个数据库的连接对象；driver=（）告诉连接的设备名是 SQLServer。server 是连接的服务器的 IP 地址；uid 是指用户的用户名；pwd 是指用户的 password；database 是用户数据库在服务器端的数据库名称。

20.3 Request 对象

Request 对象的作用是与客户端交互，收集客户端的 Form、Cookies、超链接，或者收集服务器端的环境变量。

20.3.1 集合对象

Request 提供了如下 5 个集合对象，利用这些集合可以获取不同类型的客户端发送的信息或服务器端预定的环境变量的值：Client Certificate、Cookies、Form、Query String、Server Variables。

1. Client Certificate

Certificate 用于检索存储在发送到 HTTP 请求中客户端证书中的字段值，其语法如下。

```
Request.Client Certificate
```

提示

浏览器端要用https://与服务器连接，而服务器端也要设置用户需要认证，Request.ClientCertificate才会有效。

2. Cookies

Request. Cookies 和 Response. Cookies 是相对的。Response. Cookies 是将 Cookies 写入，而 Request. Cookies 则是将 Cookies 的值取出，语法如下。

```
变量=Request.Cookies(Cookies的名字)
```

3. Form

Form 用来取得由表单所发送的值。

4. Query String

Query String 集合通过处理用户使用 GET 方法发送到服务器端的表单信息，将 URL 后的数据提取出来，Query String 集合语法如下。

```
Request. Query String (variable)
[(index) |.Count]
```

其中参数的含义如下。

- variable：是 HTTP 指定要查询字符串的变量名。
- index：是可选参数，使用该参数可以访问某参数中多个值中的一个，它可以是 1 到 Request. QueryString（parameter）Count 之间的任意整数。
- count：指明变量值的个数，可以调用 Request.QueryString（variable）Count 来确定。

可看出 QueryString 集合与 Form 集合的使用方法类似，而区别在于：对于客户端用 GET 传送的数据，使用 QueryString 集合提取数据，而对于客户端用 POST 传送的数据，使用 Form 集合提取数据。一般情况下，大量数据使用 POST 方法，少量数据才使用 GET 方法。

5. Server Variables

Server Variables 用来存储环境变量及 HTTP 标题（Header）。

20.3.2 属性

Request 对象只有一个属性——Total Bytes，表示从客户端接收数据的字节长度，其语法格式如下：

```
Request. Total Bytes
```

20.3.3 方法

Request 对象只有一个方法——Binary Read，该方法以二进制方式来读取客户端使用 Post 方式所传递的数据，其语法如下。

```
数组名=Request. Binary Read(数值)
```

20.3.4 Request 对象使用实例

下面通过一个实例讲述 Request 对象的使用方法，这里创建两个文件，一个是表单提交页面 1.asp，另一个是表单处理页面 2.asp。

1.asp 的代码如下。

```
<!doctype html>
<html>
<head>
<meta charset="utf-8">
<title>Form 集合 </title>
</head>
<body>
<form method="post" action="2.
asp">
<p> 请输入你的姓名：
<input name="tname" type="text"/>
 </p>
<p> 请选择你的性别：
<select name="sex">
<option value="man"> 男
<option value="woman"> 女
</select>
</p>
<p>
<input type="submit" name="bs"
value=" 提交 " >
<input type="reset" name="br"
value=" 重写 " >
 </p>
</form>
</body>
</html>
```

在浏览器中浏览效果，如图 20-3 所示。

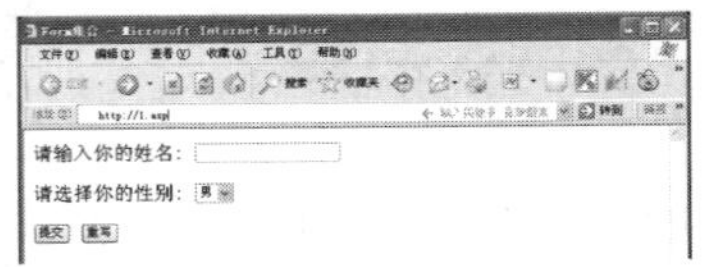

图 20-3　表单提交页面

2.asp 的代码如下。

```
<% @language="vbscript" %>
<% if request.form("tname")<>"
"then
    dim strname,strsex
    strname=request.form("tname")
    strsex=request.form("sex")
    if strsex="man" then
   response.write(" 欢迎你 ,"+strname+"
先生 !")
   else response.write(" 欢迎
你 ,"+strname+" 女士 !")
    end if
   else
    response.write(" 你没有输入姓名 .")
end
   if%>
```

当在图 20-3 所示的表单提交页面中输入相关信息并单击“提交”按钮后，进入 2.asp 页面，效果如图 20-4 所示。

图 20-4　代码执行效果

20.4 Response 对象

与 Request 是获取客户端 HTTP 信息相反，Response 对象的主要功能是将数据信息从服务器端传送数据至客户端浏览器。

20.4.1 集合对象

Response 对象只有一个数据集合，就是 Cookies。它用来在 Client 端写入相关数据，以便以后使用，其语法如下。

```
Response. Cookies(Cookies 的名字)
= Cookies 的值
```

注意：Response.Cookies 语句必须放在 ASP 文件的最前面，也就是 <html> 之前，否则将发生错误。

20.4.2　属性

Response 对象中有很多属性，如表 20-1 所示。

表 20-1　Response 对象的常见属性

属性	说明
Buffer	指定是否使用缓冲页输出
ContentType	指定响应的 HTML 内容类型
Expires	指定在浏览器上缓冲存储的页面距过期还有多长时间
ExpiresAbsolute	指定缓存于浏览器中的页面的确切到期日期和时间
Status	用来处理服务器返回的错误
IsClientConnected	只读属性，用于判断客户端是否能与服务器相连

20.4.3　方法

Response 对象的方法包括 Write、Redirect、Clear、End、Flush、BinaryWrite、AddHeader 和 AppendTolog，如表 20-2 所示为 Response 对象的常见方法。

表 20-2　Response 对象的常见方法

方法	说明
Write	将指定的字符串写到当前的 HTML 输出
Redirect	使浏览器立即重定向到指定的 URL
Clear	清除缓冲区中的所有 HTML 输出
End	使 Web 服务器停止处理脚本并返回当前结果
Flush	立即发送缓冲区的输出
BinaryWrite	不经任何字符转换就将指定的信息写到 HTML 输出
AddHeader	用指定的值添加 HTML 标题
AppendTolog	在 Web 服务器记录文件末尾加入用户数据记录

20.4.4　Response 对象使用实例

Write 方法是 Response 对象最常用的方法，它可以把数据信息从服务器端发送到客户端，在客户端动态地显示信息。下面通过实例讲述 Response 对象的使用方法，其代码如下。

```
<!doctype html>
<html>
<head>
<meta charset="utf-8">
<title>Response 对象实例 </title>
</head>
<body>
<%
dim myName
myName=" 我叫孙晨！ "
myColor="red"
Response.Write " 你好。<br>" ' 直接
输出字符串
Response.Write myName & "<br>" '
输出变量
Response.Write "<font color="
& myColor & "> 我今年 20 岁 ~" & "</
font><br>"
%>
</body>
</html>
```

这里使用 Response.Write 方法输出客户信息，运行代码并在浏览器中浏览，效果如图 20-5 所示。

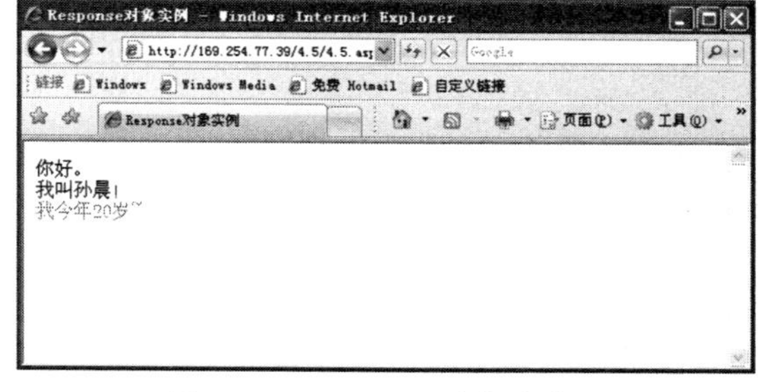

图 20-5　Response 对象的使用

20.5 Server 对象

Server 对象在 ASP 中是一个很重要的对象，许多高级功能都靠它来完成，Server 对象的语法如下。

```
Server.方法 | 属性
```

下面将对 Server 对象的属性和方法进行简单的介绍。

20.5.1 属性

ScriptTimeout 属性用来限定一个脚本文件执行的最长时间。也就是说，如果脚本超过时间限度还没有被执行完毕，将会自动中止，并且显示超时错误，其语法如下。

```
Server.ScriptTimeout=n
```

参数 n 为设置的时间，单位为秒，默认的时间是 90 秒。参数 n 设置不能低于 ASP 系统设置中的默认值，否则系统仍然会以默认值当作 ASP 文件执行的最长时间。

例如，将某个脚本的超时时间设为 4 分钟，代码如下。

```
server.ScriptTimeout=240
```

提示

这个设置必须放在ASP文件的最前面，否则会产生错误。

20.5.2 方法

Server 对象的常见方法包括 Mappath、HTMLEncode、URLEncode 和 CreateObject 这 4 种。表 20-3 为 Server 对象的方法。

表 20-3　Server 对象的方法

方法	说明
Mappath	将指定的相对虚拟路径映射到服务器上相应的物理目录
HTMLEncode	对指定的字符串应用 HTML 编码
URLEncode	将一个指定的字符串按 URL 的编码输出
CreateObject	用于创建已注册到服务器上的 ActiveX 组件的实例

20.6 Application 对象

Application 对象是一个应用程序级的对象，利用 Application 对象可以在所有用户之间共享信息，并且可以在 Web 应用程序运行期间持久地保存数据。

Application 对象用于存储和访问来自任何页面的变量，类似 session 对象。不同之处在于，所有的用户分享一个 Application 对象，而 session 对象和用户的关系是一一对应的。

20.6.1　方法

Application 对象只有两种方法，即 Lock 方法和 UnLock 方法。Lock 方法主要用于保证同一时刻只有一个用户在对 Application 对象进行操作，也就是说，使用 Lock 方法可以防止多个用户同时修改 Application 对象的属性，这样可以保证数据的一致性和完整性。当一个用户调用一次 Lock 方法后，如果完成任务，应该使用 UnLock 方法将其解开，以便其他用户能够访问。UnLock 方法通常与 Lock 方法同时出现，用于取消 Lock 方法的限制。Application 对象的方法及说明如表 20-4 所示。

表 20-4　Application 对象的方法

方法	说明
Lock()	锁定 Application 对象，使只有当前的 ASP 页面对内容能够进行访问
Unlock()	解除对在 Application 对象上的 ASP 网页的锁定

为什么要锁定数据呢？因为 Application 对象所存储的内容是共享的，在有异常情况发生时，如果没有锁定数据会造成数据不一致的状况发生，并造成数据的错误，Lock 与 Unlock 的语法如下。

```
Application.lock
Application.unlock
```

例如：

```
Application.lock
Application("sy")=Application("sy
")+sj
Application.unlock
```

以上的 sy 变量在程序执行 +sj 时会被锁定，其他欲更改 sy 变量的程序将无法更改它，直到锁定解除为止。

20.6.2　事件

Application 对象提供了在它启动和结束时触发的两个事件，Application 对象的事件及说明如表 20-5 所示。

表 20-5　Application 对象的事件

方法	说明
OnStart	当 ASP 启动时触发
OnEnd	当 ASP 应用程序结束时触发

Application-OnStart 就是在 Application 开始时所触发的事件，而 Application-OnEnd 则是在 Application 结束时所触发的事件。那么，它们怎么用呢？其实这两个事件是放在 Global.asa 中的，用法也不像数据集合或属性那样是“对象 . 数据集合”或“对象 . 属性”，而是以子程序的方式存在的，它们的格式如下。

```
Sub Application-OnStart
程序区域
End Sub
Sub Application-OnEnd
程序区域
End Sub
```

下面的代码是 Application 对象的事件使用实例。

```
<html>
<body>
<script language=VBScript
runat=server>Sub application-OnStartA
pplication("Today")=dateApplication
("Times")=timeEnd sub</script></
body></html>
```

在这里用到了 Application-OnStart 事件，可以看到将这两个变量放在 Application-OnStart 中，就是让 Application 对象一开始就有 Today 和 Times 这两个变量。

20.7　Session 对象

使用 Session 对象可以存储特定客户的 Session 信息，即使该客户端由一个网页到另一个网页，该 Session 信息仍然存在。与 Application 对象相比，Session 对象更接近于普通应用程序中所说的全局变量。用 Session 类型定义的变量可同时供打开同一个网页的客户共享数据，但两个客户之间无法通过 Session 变量共享信息，而 Application 类型的变量则可以实现该站点的多个用户在所有页面中的共享信息。

在大多数情况下，利用 Application 对象在多用户之间共享信息；而 Session 变量作为全局变量，用于在同一用户打开的所有页面中共享数据。

20.7.1 属性

Session 对象有两个属性：SessionID 和 Timeout，如表 20-6 所示。

表 20-6 Session 的属性

方法	说明
SessionID	返回当前会话的唯一标志，它将自动为每个 Session 分配不同的 ID（编号）
Timeout	定义了用户 Session 对象的最长执行时间

20.7.2 方法

Session 对象只有一个方法，就是 Abandon，用来立即结束 Session 并释放资源。

Abandon 的语法如下。

```
= Session.Abandon
```

20.7.3 事件

Session 对象也有两个事件：Session-OnStart 和 Session-OnEnd，其中 Session-OnStart 事件是在第一次启动 Session 程序时触发的，即当服务器接收到对 ActiveServer 应用程序中 URL 的 HTTP 请求时，触发此事件并建立 Session 对象；Session-OnEnd 事件是在调用 Session.Abandon 方法时，或者在 Timeout 的时间内没有刷新时触发此事件。

这两个事件的用法和 Application-OnStart 及 Application-OnEnd 类似，都是以子程序的方式放在 Global.asa 中的，语法如下。

```
Sub Session.OnStart
程序区域
End Sub
Sub Session.OnEnd
程序区域
End Sub
```

20.7.4 Session 对象实例

下面的实例是 Session 的 Contents 数据集合的使用展示，其代码如下。

```
<%@ language="VBScript"%></head>
<%dim customer_info
dim interesting(2)
interesting(0)=" 上网 "
interesting(1)=" 足球 "
interesting(2)=" 购物 "
response.
write"sessionID:"&session.
sessionID&"<p>"
session(" 用户名称 ")=" 孙晨 "
session(" 年龄 ")="18"
session(" 证件号 ")="54235"
set objconn=server.
createobject("ADODB.connection")
set session(" 用户数据库 ")=objconn
for each customer_info in session.
contents
if isobject(session.
contents(customer_info)) then
response.write(customer_info&" 此
页无法显示。"&"<br>")
else if isarray(session.
contents(customer_info)) then
response.write" 个人爱好：<br>"
for each item in session.
contents(customer_info)
response.write"<li>"&item&"<br>"
next
```

```
response.write"</ol>"
else
response.write(customer_info&": "&session.contents(customer_info)&"<br>")end
ifend if
next%>
```

在浏览器中浏览，效果如图 20-6 所示。

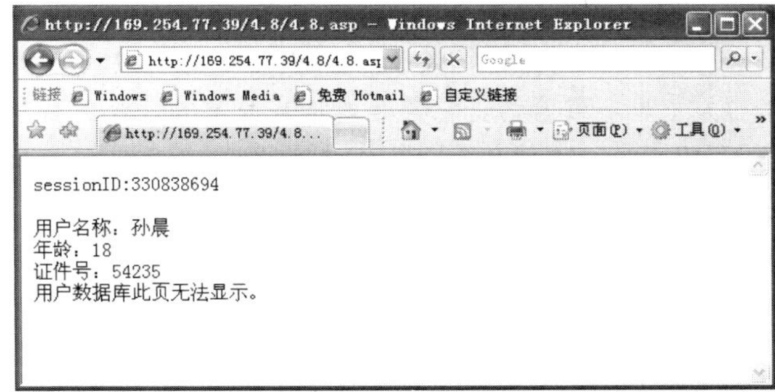

图 20-6　Session 对象实例

20.8　本章小结

本章主要介绍了 ASP 的基本知识，包括 ASP 的基本概念、ASP 创建数据库连接、ASP 存取数据、使用 RecordSet 对象等。ASP 提供了可在脚本中使用的内部对象。这些对象使用户更容易收集通过浏览器请求发送的信息、响应浏览器及存储用户信息，从而使网站开发者摆脱了很多烦琐的工作，提高了编程效率。本章主要介绍了常见的 5 个 ASP 的内置对象，包括 Request 对象、Response 对象、Server 对象、Application 对象和 Session 对象。

第 21 章 动态网页脚本语言 VBScript

本章导读

VBScript 是由微软公司推出的，其语法是由 Visual Basic（VB）演化来的，可以看作是 VB 语言的简化版，与 VB 的关系也非常密切。它具有源语言易学的特性。目前这种语言被广泛应用于网页和 ASP 程序制作，同时还可以直接作为一个可执行程序，用于调试简单的 VB 语句非常方便。

技术要点

- VBScript 概述
- VBScript 数据类型
- VBScript 变量
- VBScript 运算符优先级
- 使用条件语句
- 使用循环语句
- VBScript 过程
- VBScript 函数

21.1 VBScript 概述

VBScript 是一种脚本语言，源自微软的 Visual Basic，其目的是加强 HTML 的表达能力，提高网页的交互性。在网页中加入 VBScript 脚本语句后，即可制作出动态或者交互式的网页，以增进客户端网页上数据处理与运算的能力。

VBScript 通常和 HTML 结合在一起使用，在一个 HTML 文件中，VBScript 有别于 HTML 其他元素的声明方式。下面的代码是一个在 HTML 页面中插入的 VBScript 实例。

```
<!doctype html>
<html>
<head>
<meta charset="utf-8">
<title>测试按钮事件</title>
</head>
<body>
<form name="form1">
<input type="button"
name="button1" value="单击">
<script for="button1"
event="onclick" language="vbscript">
 msgbox "按钮被单击！"
 </script>
</form>
</body>
</html>
```

在浏览器中浏览，当单击“单击”按钮时的效果如图 21-1 所示。

从上文可以看出，VBScript 代码写在成对的 <Script> 标记之间。代码的开始和结束部分都有 <Script> 标记，其中 Language 属性用于指定所使用的脚本语言。这是由于浏览器能够使用多种脚本语言，所以必须在此指定所使用的脚本语言是什么。

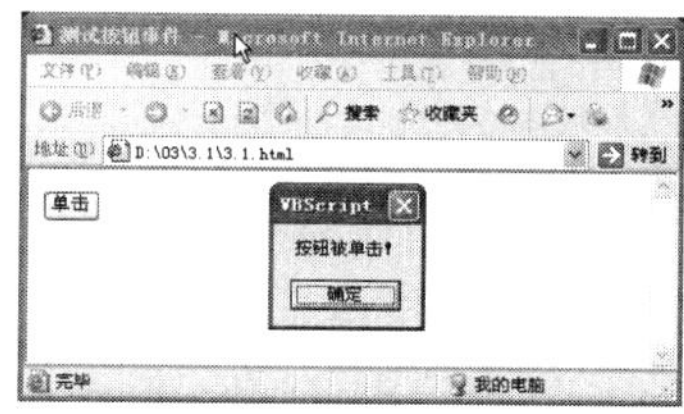

图 21-1 浏览效果

注意 <Script> 中的 VBScript 代码被嵌入在注释标记（<!-- 和 -->）中，这样能够避免不能识别 <Script> 标记的浏览器将代码显示在页面中。

Script 块可以出现在 HTML 页面的任何位置（Body 或 Head 部分），最好将所有的一般目标 Script 代码放在 Head 部分中，以便所有的 Script 代码集中放置。这样可以确保在 Body 部分调用代码之前所有 Script 代码都被读取并解码。

VBScript 具有以下特点。

◆ **简单易学**

VBScript 的最大优点在于简单易学，即使是一个对编程语言毫无经验的人，也可以在短时间内掌握这种脚本语言。这是因为 VBScript 去掉了 Visual Basic 中使用的大多数关键字，而仅保留了其中少量的关键字，从而大幅简化了 Visual Basic 的语法，使这种脚本语言更加易学易用。

◆ **安全性好**

由于 VBScript 是一种脚本语言，而不是编程语言，所以也就没有编程语言所具有的读写文件和访问系统的功能，这就使想利用该语言编写程序去侵入网络系统的人无从下手。通过这种办法，VBScript 的安全性大为提高。

◆ **可移植性好**

VBScript 不仅支持 Windows 系统，同时也支持 UNIX 系统和 Mac OS 系统，这就使 VBScript 的可移植性大幅增强。

21.2 VBScript 数据类型

VBScript 只有一种数据类型，称为 Variant。Variant 是一种特殊的数据类型，根据使用的方式不同，它可以包含不同类别的信息。因为 Variant 是 VBScript 中唯一的数据类型，所以它也是 VBScript 中所有函数的返回值的数据类型。

最简单的 Variant 可以包含数字或字符串信息。Variant 用于数字上下文中时作为数字处理，用于字符串上下文中时作为字符串处理。也就是说，如果使用看起来像是数字的数据，则 VBScript 会假定其为数字并以适用于数字的方式处理。与此类似，如果使用的数据只可能是字符串，则 VBScript 将按字符串处理。也可以将数字包含在引号（" "）中使其成为字符串。

下面是在 VBScript 中常见的常数。

- True/False：表示布尔值。
- Empty：表示没有初始化的变量。
- Null：表示没有有效数据的变量。
- Nothing：表示不应用任何变量。

还可以自定义一些常数，如 Const Name=Value。

21.3 VBScript 变量

变量是一种使用方便的占位符，用于引用计算机内存地址，该地址可以存储脚本运行时可更改的程序信息。例如，可以创建一个名为 ClickCount 的变量来存储浏览者单击网页上某个对象的次数。使用变量并不需要了解变量在计算机内存的地址，只要通过变量名引用变量即可查看或更改变量的值。在 VBScript 中只有一个基本数据类型即 Variant，因此，所有变量的数据类型都是 Variant。

21.3.1 声明变量

可以使用 Dim 语句、Public 语句和 Private 语句在脚本中声明变量，如 Dim md。

声明多个变量时可使用逗号分隔变量，如 Dim sj,sa,gp。

另一种方式是通过直接在脚本中使用变量名这一简单的方式声明变量，但有时会由于变量名被拼错而导致在运行脚本时出现意外的结果。因此，最好使用 Option Explicit 语句显式声明所有变量，并将其作为脚本的第一条语句。

21.3.2 命名规则

变量命名必须遵循 VBScript 的标准命名规则，其规则如下。

- 第一个字符必须是字母。
- 不能包含嵌入的句点。
- 长度不能超过 255 个字符。
- 在被声明的作用域内必须唯一。

变量具有作用域与存活期。变量的作用域由声明它的位置决定。如果在过程中声明变量，则只有该过程中的代码可以访问或更改变量值，此时变量被称为“过程级变量”。如果在过程之外声明变量，则该变量可以被脚本中的所有过程识别，称为“Script 级变量”，具有脚本作用域。

变量存在的时间称为“存活期”，Script 级变量的存活期从被声明的一刻起，直到脚本运行结束时止。对于过程变量，其存活期仅有该过程运行的时间，该过程结束后变量随之消失。

21.3.3 为变量赋值

可以创建如下形式的表达式为变量赋值，变量在表达式左侧，要赋的值在表达式的右侧。例如：A= 北京。

在多数情况下，只需要为声明的变量赋一个值。只包含一个值的变量称为“标量变量”。有时将多个相关值赋予一个变量更方便，因此可以创建包含一系列值的变量，这被称为“数组变量”。数组变量和标量变量是以相同的方式声明的，唯一的区别在于，声明数组变量时变量名后面带有括号。下例即声明了一个包含 4 个元素的唯一数组：

```
Dim A(3)
```

虽然括号中显示的数字是 3，但由于在 VBScript 中所有的数组都是基于 0 的，所以这个数组实际上包含了 4 个元素。在基于 0 的数组中，数组元素的数目总是括号显示的数目加 1，这种数组称为固定大小的数组。可在数组中使用索引为每个元素赋值，如下所示。

```
A(0)=5A(
1)=10A
(2)=15A
(3)=20
```

21.4 VBScript 运算符优先级

VBScript 包括算术运算符、比较运算符、连接运算符和逻辑运算符等。

当表达式包含多个运算符时，将按预定顺序计算每一部分，这个顺序称为“运算符优先级”。可以使用括号越过这种优先级顺序，强制首先计算表达式的某些部分。运算时总是先执行括号中的运算符，然后再执行括号外的运算符，但是，在括号中仍遵循标准运算符优先级。

当表达式包含运算符时，首先计算算术运算符，然后计算比较运算符，最后计算逻辑运算符。

所有的比较运算符的优先级相同，即按照从左到右的顺序计算。算术运算符和逻辑运算符的优先级如表 21-1 所示。

表 21-1　算术运算符和逻辑运算符的优先级

算术运算符		比较运算符		逻辑运算符	
描述	符号	描述	符号	描述	符号
求幂	∧	等于	＝	逻辑非	Not
负号	－	不等于	<>	逻辑与	And
乘	*	小于	<	逻辑或	Or
除	/	大于	>	逻辑异或	Xor
整除	\	小于等于	<=	逻辑等价	Eqv
求余	Mod	大于等于	>=	逻辑隐含	Imp
加	＋	对象引用比较	Is		
减	-				
字符串连接	&				

当乘号与除号同时出现在一个表达式中时，将按照从左到右的顺序计算乘、除运算符。同样当加与减同时出现在一个表达式中时，将按照从左到右的顺序计算加、减运算符。

21.5　使用条件语句

使用条件语句可以控制脚本的流程，使用条件语句可以编写进行判断和重复操作的 VBScript 代码。在 VBScript 中可以使用 if…then…else 和 Select Case 条件语句。

21.5.1　使用 if…then…else 进行判断

if…then…else 语句用于计算条件为 True 或 False，并且根据计算结果指定要运行的语句。if…then…else 语句可以按照需要嵌套。

下面的代码演示了 if…then…else 语句的基本使用方法。

```
<!doctype html>
<html>
<head>
<meta charset="utf-8">
<title>if...then...else 示例 </title>
</head>
<body>
<Script Language=VBScript>
<!—
dim hour
hour=15
if hour<8 then
document.write "欢迎您的光临！早上好！"
elseif hour>=8 and hour<12 then
document.write "欢迎您的光临！上午好！"
elseif hour>=12 and hour<18 then
document.write "欢迎您的光临！下午好！"
else
document.write "欢迎您的光临！晚上好！"
```

```
end if
 -->
</Script >
</body>
</html>
```

以上代码演示了显示时间功能，如果当前时间在8点以前显示为“欢迎您的光临！早上好！”；8~12时显示为“欢迎您的光临！上午好！”；12~18时显示为“欢迎您的光临！下午好！”；其他时间为“欢迎您的光临！晚上好！”。当前hour为16，因此显示为“欢迎您的光临！下午好！”，如图21-2所示。

图21-2　if…then…else语句

21.5.2 使用Select Case进行判断

Select Case结构提供了if…then…else结构的一个变通形式，可以从多个语句块中选择执行其中的一个。Select Case语句提供的功能与if…then…else语句类似，但是可以使代码更加简练易读。

Select Case结构在其开始处使用一个只计算一次的简单测试表达式。表达式的结果将与结构中每个Case的值比较。如果匹配，则执行与该Case关联的语句块。

下面的代码演示了Select…Case语句的基本使用方法。

```
<!doctype html>
<html>
<head>
<meta charset="utf-8">
<title>select case 示例 </title>
</HEAD>
<body>
<Script Language=VBScript>
<!—
dim Number
Number = 3
select case Number
Case 1
 msgbox " 北京 "
 Case 2
msgbox " 上海 "
Case 3
 msgbox " 广州 "
Case else
 msgbox " 其他城市 "
end select
-->
</Script >
</body>
</html>
```

运行程序并在浏览器中浏览，效果如图21-3所示。

图21-3　Select…Case语句使用

21.6 使用循环语句

循环控制语句用于重复执行一组语句。循环可以分3类，一类是在条件变为False之前重复执行语句，一类在条件变为True之前重复执行语句，还有一类则按照指定的次数重复执行语句。

在VBScript脚本中可以使用以下循环语句。

- Do…Loop：当条件为 True 时循环。
- 使用 While…Wend：当条件为 True 时循环。
- 使用 For…Next：指定循环的次数，使用计数器重复运行语句。

21.6.1 使用 Do…Loop 循环

可以使用 Do…Loop 循环语句多次运行语句块，当条件为 True 时，或条件变为 True 之前，重复执行语句块。下面使用 Do…Loop 循环语句计算 1 ＋ 2 ＋…＋ 5 的总和，代码如下。

```
<%
Dim I Sum
Sum=0
i=0
Do
i=i+1
Sum=Sum+i
Loop Until i=5
Response.Write(1+2+…+5=& Sum)%>
```

同样的语句，也可以将 Do…Loop…Until 改成 Do Until…Loop 的写法，其效果是一样的，只是测试的条件在前或在后而已。

```
<%
Dim i Sum
Sum=0
i=0
Do Until i=5
i=i+1
Sum=Sum+i
Loop
Response.Write(1+2+…+5=& Sum)
%>
```

有时候，在处理循环时，希望在某一个条件成立时，可以中途退出这个循环，此时可以使用 Exit Do 的命令，若是在多重循环之下，Exit Do 会退出最近的循环。

21.6.2 使用 While…Wend

执行 While…Wend 语句时，首先会测试 While 后面的条件式，当条件式成立时，执行循环中的语句，条件不成立时，则退出 While…Wend 循环，语法如下。

```
While （条件语句）
执行语句
Wend
```

Do…Loop 语句提供更结构化与灵活性的方法来执行循环，因此最好不要使用 While…Wend 语句，可以使用 Do…Loop 语句代替。

21.6.3 使用 For…Next

当希望执行循环到指定的次数时，最好使用 For…Next 循环。For 的语句有一个控制变量 counter，它的初值为 start，终止值为 end，每次增加值为 step，该变量的值将在每次重复循环的过程中递增或递减。

```
For counter = start to end step
执行语句
Next
```

在上述的语法中，其执行步骤如下。

01 设置 counter 的初值。

02 判断 counter 是否大于终止值（或小于终止值，视 step 的值而定）。

03 假如 counter 大于终止值，程序跳至 Next 语句的下一行执行。

04 执行 For 循环中的语句。

05 执行到 Next 语句时，控制变量会自动增加 step 值，若未指定 step 值，默认值为每次加 1。

06 跳至第 2 步。

21.7 VBScript 过程

过程是 VBScript 脚本语言中最重要的部分，为了使程序可重复利用和简洁明了，经常使用过程。

21.7.1 过程分类

在 VBScript 中过程分为两类：Sub 过程和 Function 过程，下面分别讲述这两种过程的使用方法。

1. Sub 过程

Sub 过程是指包含在 Sub 和 End Sub 语句之间的一组 VBScript 语句，执行操作但不返回值。Sub 过程可以使用参数，如果 Sub 过程无任何参数，Sub 语句则必须包含空括号。

下面的 Sub 过程使用了两个固有的 VBScript 函数，即 MsgBox 和 InputBox 来提示浏览者输入信息，然后显示根据这些信息计算的结果。

```
Sub ConvertTemp()
Temp=InputBox(请输入华氏度：,1)
MsgBox 温度为 &Celsius(temp)& 摄氏度。
End Sub
```

2. Function 过程

Function 过程是包含在 Function 和 End Function 语句之间的一组 VBScript 语句。Function 过程与 Sub 过程类似，但是 Function 过程可以返回值，可以使用参数。如果 Function 过程无任何参数，Function 语句则必须包含空括号。Function 过程通过函数名返回一个值，这个值是在过程的语句中赋予函数名的。Function 返回值的数据类型总是 Variant。

在下面的代码中，Celsius 函数将华氏度换算为摄氏度。Sub 过程 ConvertTemp 调用此函数时，包含参数值的变量将被传递给函数，换算结果则返回到调用过程并显示在消息框中。

```
Sub ConvertTemp()
Temp=InputBox(请输入华氏度：,1)
MsgBox 温度为 &Celsius(temp)& 摄氏度。
End Sub
Function Celsius (fDegrees)
Celsius=(fDegrees-32)*5/9
End Function
```

21.7.2 过程的输入/输出

给过程传递数据的途径是使用参数。参数被作为要传递给过程的数据的占位符。参数名可以是任何有效的变量名。使用 Sub 语句或 Function 语句创建过程时，过程名之后必须紧跟括号。括号中包含所有的参数，参数之间用逗号分隔。如在下面的代码中，fDegrees 是传递给 Celsius 函数的值的占位符。

```
Function Celsius(fDegrees)
Celsius=(fDegrees-32)*5/9
End Function
```

要想从过程获取数据，则必须使用 Function 过程。Function 过程可以返回值，Sub 过程不返回值。

21.7.3 在代码中使用 Sub 和 Function 过程

调用 Function 过程时，函数名须在变量赋值语句的右侧或表达式中。

```
Temp=Celsius(Fdegrees)
```

或

```
MsgBox 温度为 &Celsius(fDegrees)& 摄氏度。
```

调用 Sub 过程时，只需要输入过程名及所有的参数值即可，参数值之间需要使用逗号分隔。不需使用 Call 语句，如果使用此语句，则必须将所有的参数包含在括号之内。

21.8 VBScript 函数

VBScript 的函数有两种：一种是内部函数，即 VBScript 自带的函数，这些程序都已经包装好，使用时直接调用即可；另一种是自定义函数，即用户在编程的过程中根据需要定义编辑的一些函数。

VBScript 内包括很多基本函数，如对话框处理函数、字符串操作函数、时间 / 日期处理函数及数学函数等。

下面的代码演示了时间 / 日期函数的使用方法。

```
<!doctype html>
<html>
<head>
<meta charset="utf-8">
<title>时间 / 日期函数的应用 </title>
</head>
<body>
时间：<%=time()%>
<br> 日期：<%=date()%>
<br> 时间和日期：<%=now()%>
</body>
</html>
```

运行程序后显示的结果如图 21-4 所示。

图 21-4　时间 / 日期函数

21.9　本章小结

本章主要讲述了网页脚本语言 VBScript 数据类型、变量、运算符优先级、条件语句、循环语句和 VBScript 过程的使用方法。本章学习了如何编写 VBScript，以及如何在 HTML 文件中插入这些代码，以使网页的动态性和交互性更强。

第22章　网站的发布、维护与推广

本章导读

网页制作完毕要发布到网站服务器上，才能让别人浏览。现在用于上传的工具很多，既可以使用专门的FTP工具，也可以采用网页制作工具自带的FTP功能。由于市场在不断变化，网站的内容也需要随之调整，给人常看常新的感觉，网站才会更吸引浏览者，为其留下很好的印象。这就要求对站点进行长期、不间断的维护和推广。

技术要点

- 上传发布网站
- 网站维护
- 网站推广

22.1 上传发布网站

当网站制作完成后，就要上传到远程服务器上供浏览者浏览，这样所做的网页才会被别人看到。网站发布流程：第一步，申请一个域名；第二步，申请一个空间服务器；第三步，上传网站到服务器。

上传网站有两种方法，一种是用Dreamweaver自带的工具上传，另一种是利用FTP软件上传，下面将详细讲述使用LeapFTP软件上传的方法。LeapFTP是一款功能强大的FTP软件，具有友好的用户界面、稳定的传输速度，连接更加方便，支持断点续传功能，可以下载或上传整个目录，也可以直接删除整个目录。

具体的操作步骤如下。

01 下载并安装最新的LeapFTP软件，运行LeapFTP，执行“站点”|“站点管理器”命令，如图22-1所示。

02 弹出“站点管理器”对话框，在该对话框中执行“站点”|“新建”|“站点”命令，如图22-2所示。

03 在弹出的“创建站点”对话框中输入站点的名称，如图22-3所示。

图22-1　执行“站点管理器”命令

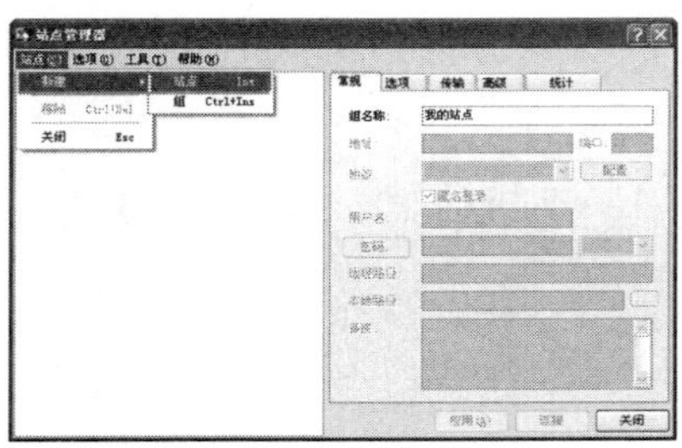

图22-2　执行“新建站点”命令

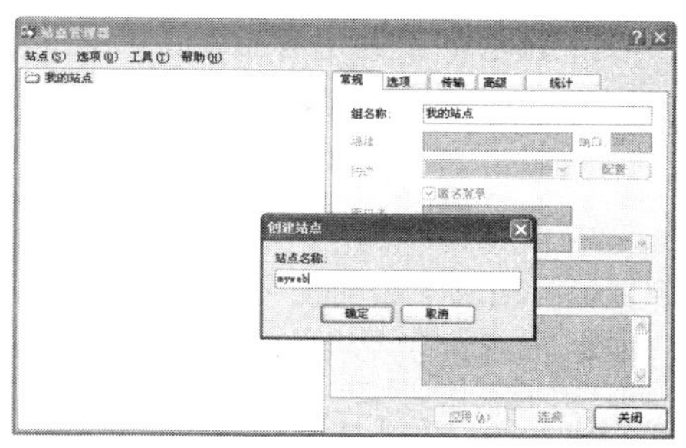

图 22-3　输入站点名称

04 单击“确定”按钮，返回“站点管理器”对话框。在“地址”文本框中输入站点地址，取消选中“匿名登录”复选框，在“用户名”文本框中输入 FTP 用户名，在“密码”文本框中输入 FTP 密码，如图 22-4 所示。

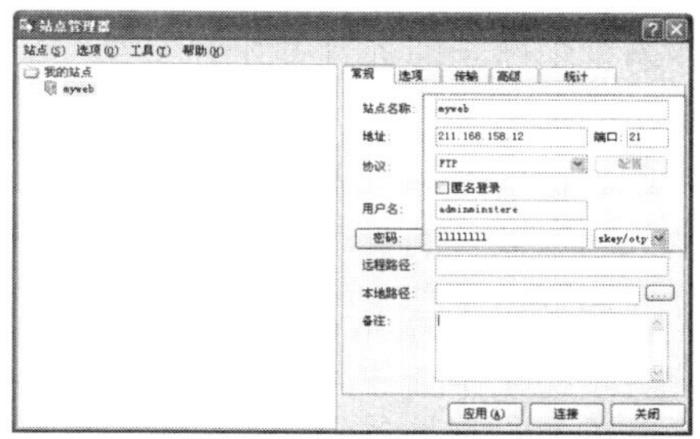

图 22-4　输入站点信息

05 单击“连接”按钮，直接进入连接状态，左侧列表为本地目录，可以选择要上传的文件目录，选择要上传的文件，右击并在弹出的快捷菜单中选择“上传”命令，如图 22-5 所示。

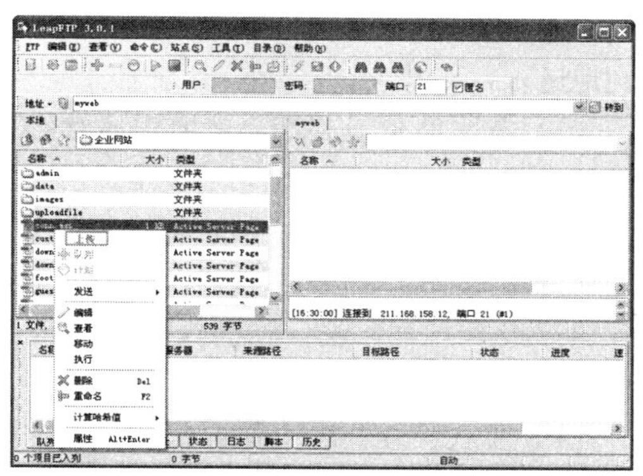

图 22-5　选择“上传”命令

06 此时在队列栏中会显示正在上传及未上传的文件，当文件上传完毕后，在右侧的远程目录栏中即可看到上传的文件，如图 22-6 所示。

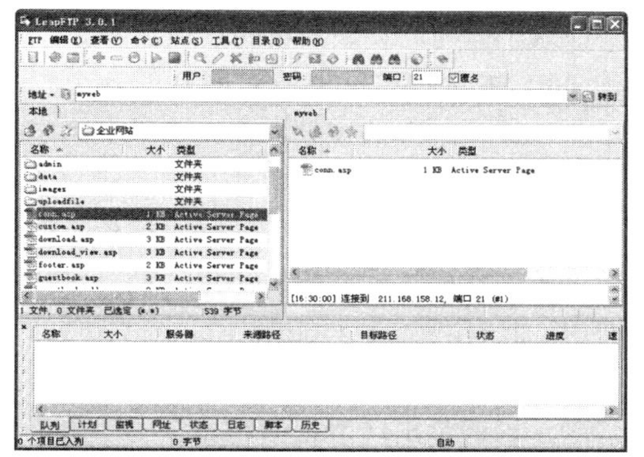

图 22-6　文件上传成功

22.2　网站维护

一个好的网站是不可能一次就制作完美的，由于市场在不断地变化，网站的内容也需要随之调整，给人常看常新的感觉，网站才会更吸引浏览者，为其留下很好的印象。这就要求对站点进行长期、不间断的维护和更新。

22.2.1　网站内容的更新

对于网站来说，只有不断地更新内容，才能保证网站的生命力，否则网站不仅不能起到应有的作用，反而会对企业形象造成不良影响。如何快捷、方便地更新网页，提高更新效率，是很多网站面临的难题。现在的网页制作工具不少，但为了更新信息而日复一日地编辑网页，对网站维护人员来说，疲于应付是普遍存在的现象。

内容更新是网站维护过程中的重要一环。可以考虑从以下5个方面入手，使网站能长期、顺利地运转。

（1）在网站建设初期，就要对后续维护给予足够的重视，要保证网站后续维护所需资金和人力。很多网站建设时很舍得投入资金，可是在网站发布后，维护力度不够，信息更新工作迟迟跟不上。网站建成之时，便是网站死亡的开始。

（2）要从管理制度上保证信息渠道的通畅和信息发布流程的合理性。网站上各栏目的信息往往来源于多个业务部门，要进行统筹考虑，确立一套从信息收集、信息审查到信息发布的良性运转管理制度。既要考虑信息的准确性和安全性，又要保证信息更新的及时性。要解决好这个问题，管理人员的重视是前提。

（3）在建站过程中要对网站的各个栏目和子栏目进行细致的规划，在此基础上确定哪些是经常要更新的内容，哪些是相对稳定的内容。根据相对稳定的内容设计网页模板，在以后的维护工作中，这些模板不用改动，这样既省费用，又有利于后续维护。

（4）对经常变更的信息，尽量建立数据库管理，以避免出现数据杂乱无章的现象。如果采用基于数据库的动态网页方案，则在网站开发的过程中，不但要保证信息浏览的方便性，还要保证信息维护的方便性。

（5）要选择合适的网页更新工具。信息收集起来后，如何制作网页，采用不同的方法，效率也会有所不同。例如，使用记事本直接编辑HTML文档与用Dreamweaver等可视化工具相比，后者的效率自然高得多。若既想把信息放到网页上，又想把信息保存起来备用，那么使用能够把网页更新和数据库管理结合起来的工具效率会更高。

22.2.2 网站风格的更新

网站风格的更新包括版面、配色等各个方面。改版后的网站让浏览者感觉改头换面、焕然一新。一般改版的周期要长一些，如果浏览者对网站比较满意，改版可以延长到几个月甚至半年。改版周期不能太短，一般一个网站建设完成以后，代表了公司的形象和公司的风格，随着时间的推移，很多浏览者对这种形象已经形成了定势。如果经常改版，会让浏览者感觉不适应，特别是那种彻底改变风格的“改版”。当然如果对公司网站有更好的设计方案，可以考虑改版，毕竟长期使用一种版面会让人感觉陈旧、厌烦。

22.2.3 网站备份

作为一个网站的拥有者和管理者，在面对错综复杂的网络环境时，必须保证网站的正常运作，但很多的情况是无法掌控和预测的，如黑客的入侵、硬件的损坏、人为的误操作等，都可能对网站产生毁灭性的打击。所以，应该定期备份网站数据，在遇到上述意外时能将损失降低到最小。网站备份并不复杂，可以通过网站系统自带的备份功能轻松实现，最重要的就是建立起网站备份的观念和习惯。

1. 整站的备份

对于网站文件的备份，也可以说是整站目录的备份。一般在网站文件有变动的情况下，一定要备份一次，如网站模板的变更、网站功能的增删，这类备份的目的主要是担心网站文件的变动引起整站的不稳定或造成网站其他功能和文件的丢失。一般来说，由于文件的变动频率较小，备份的周期相对较长，可以在每次变动网站相关文件前，进行网站文件的备份。对于网站文件或者整站目录的备份，一般可以通过远程目录打包的方式，将整站目录打包并且下载到本地，这种方式是最简便的。而对于一些大型网站来说，网站目录包含大量的静态页面、图片和其他的一些应用程序，可以通过FTP数据备份工具，将网站目录下的相关文件直接下载到本地，根据备份时间在本地实现定期打包和替换，这样可以最大限度地保证网站的安全性和完整性。

2. 数据库的备份

数据库对于一个网站来说，其重要性不言而喻。网站文件损坏，可以通过一些技术还原手段来实现，如模板文件丢失，可以换一套模板；网站文件丢失，可以再重新安装一次网站程序；但如果数据库丢失，相信技术再强的站长也无力回天。相对于网站数据库而言，变动的频率就很大了，备份的频率相对来说会更频繁一些。一般一些服务较好的IDC（数据中心），通常是每周帮忙备份一次数据库。对于一些运用建站CMS做网站的站长来说，在后台都有非常方便的数据库一键备份功能，自动备份到指定的网站文件夹当中。如果还不放心，可以使用FTP工具，将远程的备份数据库下载到本地，真正实现数据库的本地、异地双备份。

22.3 网站推广

网站推广就是以互联网为基础，利用数字化的信息和网络媒体的交互性来辅助营销目标实现的一种新型的市场营销方式。简单地说，网站推广就是以互联网为主要手段进行的，为达到一定营销目的的推广活动。

22.3.1 注册到搜索引擎

搜索引擎注册是最经典、最常用的网站推广手段。当一个网站发布到互联网上之后，如果希望别人通过搜索引擎找到你的网站，就需要进行搜索引擎注册。

据统计，信息搜索已成为互联网最重要的应用方法，并且随着技术的进步，搜索效率不断提高，浏览者在查询资料时不仅越来越依赖于搜索引擎，而且对搜索引擎的信任度也日渐提高。有了如此雄厚的用户基础，利用搜索引擎宣传企业形象和产品服务当然能获得极好的效果。

如图22-7所示为在百度搜索引擎登录网站的页面。注册时尽量详尽地填写企业网站中的信息，特别是关键词，尽量写得普遍化、大众化，如“公司资料”最好写成“公司简介”。

图22-7　在百度搜索引擎登录网站

22.3.2 友情链接

如果网站提供的是某种服务，而其他网站的内容刚好与你形成互补，此时不妨考虑与其建立链接或交换广告，一来增加了双方的访问量，二来可以给浏览者提供更加周全的服务，同时也避免了直接的竞争。网站之间互相交换链接和旗帜广告有助于增加双方的访问量，如图22-8所示为交换友情链接的页面。

图22-8　交换友情链接的页面

最理想的链接对象是那些与你的网站流量相当的网站。流量太大的网站管理员由于要应付太多要求互换链接的请求，容易将你忽略。互换链接页面要放在网站比较偏僻的地方，以免将你的网站浏览者很快引向他人的站点。

找到可以互换链接的网站之后，发一封个性化的 E-mail 给对方网站的管理员，如果对方没有回复，可以打电话试试。

在进行交换链接过程中，往往存在一些错误的做法，如不考虑对方网站的质量和相关性，片面追求链接数量，这样只能适得其反。有些网站甚至通过大量发送垃圾邮件的方式请求友情链接，这是非常错误的做法。

22.3.3 发布信息推广

信息发布既是网络营销的基本职能，又是一种实用的操作手段，通过互联网，不仅可以浏览大量商业信息，同时还可以自己发布信息。在网上发布信息可以说是网络营销最简单的方式，网上有许多网站提供企业供求信息发布服务，并且多数为免费的，有时这种简单的方式也会取得意想不到的效果。

分类信息网站是现在网站推广的一个重要方式，首先要做的就是在网上找一些分类信息的网站，这类网站很多，只找几个权重比较高的即可，如 58 同城等。如图 22-9 所示为 58 同城的页面。

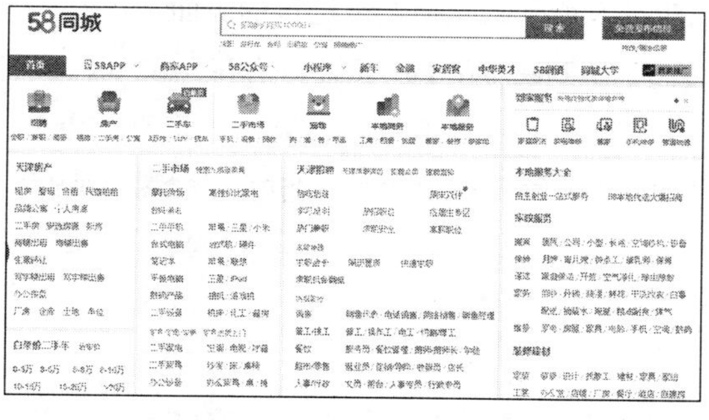

图 22-9　58 同城的页面

22.3.4 微博营销推广

微博营销是指，通过微博平台为商家、个人等创造价值而执行的一种营销方式，也是指商家或个人通过微博平台发现并满足用户各类需求的商业行为方式。

微博营销以微博作为营销平台，每一个浏览者都是潜在的营销对象，企业利用更新自己的微博向网友传播企业信息、产品信息，树立良好的企业形象和产品形象。每天更新内容就可以跟网友交流互动，或者发布大家感兴趣的话题，这样来达到营销的目的，如图 22-10 所示为新浪微博的页面。

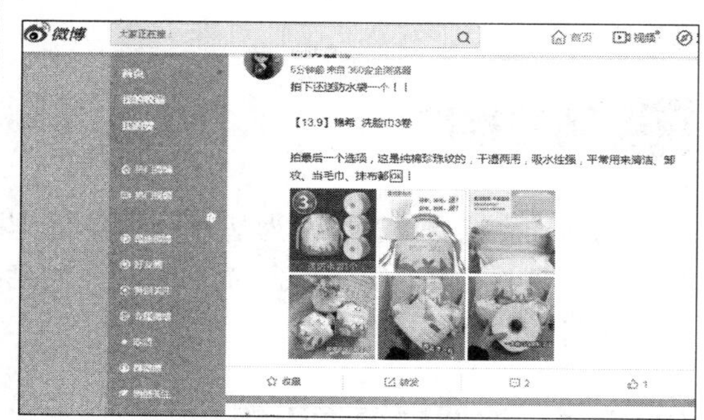

图 22-10　新浪微博的页面

微博营销注重价值的传递、内容的互动、系统的布局、准确的定位，微博的火热发展也使其营销效果尤为显著。微博营销涉及的范围包括认证、有效粉丝、话题、名博、开放平台、整体运营等。当然，微博营销也有其缺点——有效粉丝数不足、微博内容更新过快等。

22.3.5 微信营销推广

微信推广营销是随着微信的火热而兴起的一种网络营销方式。微信不存在距离的限制，用户注册微信后，可与“朋友”形成一种联系，用户订阅自己所需的信息，商家通过提供用户需要的信息，推广自己的产品，从而实现点对点的营销，如图 22-11 所示。

“朋友圈创业”目前是比较受欢迎的一种新商业模式，其商业表现多是创业者在自己的“朋友圈”或“熟人圈”发布相关的商品信息，依靠朋友之间的信任度完成商品交易、提供服务等。

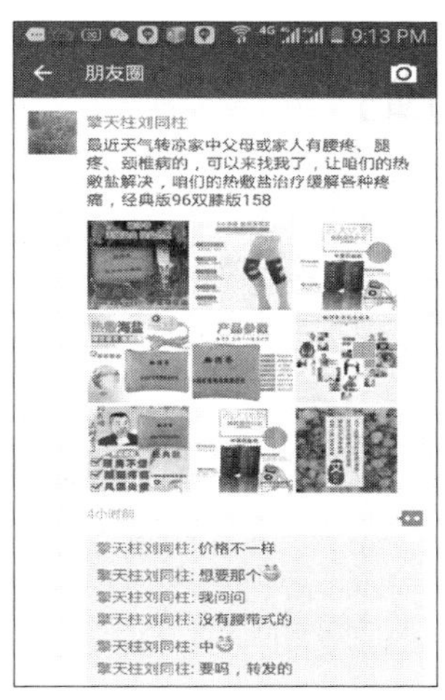

图 22-11　利用微信推广

22.3.6　设置 QQ 签名推广

QQ 个人设置中有一栏个性签名，这里可以根据自己的爱好、心情来设置自己与众不同的个性签名。当然也可以利用 QQ 签名添加自己的广告，例如添加自己的网站名称等，如图 22-12 所示为设置个性签名的界面。

图 22-12　QQ 个性签名

22.3.7　QQ 群推广技巧

利用即时软件的群组功能，如 QQ 群、微信群等，加入群后发布自己的网站信息，这种方式能够即时为自己的网站带来流量。如果同时加几十个群，推广网站可以达到非常不错的效果，如图 22-13 所示为利用 QQ 群推广网站的页面。

图 22-13　利用 QQ 群推广网站

如果加入群后发布的是硬广告，管理较好的群组会马上将发广告的人“踢出”，但现在很多站长都开始使用其他的方式，如先与群管理员搞好关系，平时积极参与聊天等活动，在适当的时候发布自己网站的广告，可以起到更好的效果。

另外，还有一种现在很多站点都在使用的方法，就是建立自己网站的 QQ 群，然后在网站上宣传吸引网友的加入，这样一来不仅能够近距离跟自己的网友进行交流，还能增加用户的黏性，而且网站有什么新功能推出，可以即时在群中发布通知信息，并且不会有因为发广告而被“踢出”的后顾之忧。

22.4　本章小结

很多人认为，只要自己的网站制作完成了就算大功告成，别人就可以很快知道，但实际上，没有维护和推广的网站每天的流量只有几人次，甚至几天都没有人访问。所以说，网站建设完成后的首要工作应该就是上传发布、维护和推广。无论是展示型的企业网站，还是以营销为目的的网站，获得正常的流量都很重要。经过推广的网站可以更好地提高企业知名度、快速获得统计数据和反馈信息。

第23章　设计制作公司宣传网站

本章导读

随着互联网的飞速发展，越来越多的企业有了自己的网站。企业网站起着宣传企业和提高企业知名度、展示和提升企业形象、查询产品信息、提供售后服务等重要作用，因而越来越受到企业的重视。

技术要点

- 网站前期策划
- 设计网站页面
- 在 Dreamweaver 中进行页面排版制作
- 为网页添加特效

实例展示

网站的首页

滚动公告

23.1 网站前期策划

企业网站是以企业宣传为主题而构建的网站，域名后缀一般为 .com。与一般门户型网站不同，企业网站相对来说信息量比较少。该类型网站页面结构的设计主要是从公司简介、产品展示、服务等几个方面来进行的。

23.1.1　网站总体策划

对建立一个成功的网站而言，最重要的是前期策划，而不是技术。一个成功的策划者应该考虑多方面的因素。

（1）网站建设要明确自己的网站侧重点在哪里，自身的优势和劣势也必须提前做一个评估。而如何通过网站建设放大优势、补充劣势也是网站区别于其他网站的一个重要考察点。一个别具风格而又充分考虑到用户体验和客户需求的网站才是更多受众所需求的网站。

（2）网站建设少不了实地的市场调查，市场调查包括向客户和合作伙伴汲取更加有意义的资料，明白客户最需要的是什么？什么才是合作伙伴最需要的？这样网站最终呈现的才有可能是被喜欢并且接受的网站，也才能充分实现网站所追求的效益转化。

（3）收集整理质量相对比较高的内容，高质量的网站内容是吸引受众注意并且引起关注的重要因素。所以，一定要尽可能多地收集和整理网站需要的内容和素材，而不是要等网站上线了才去慢慢整理。内容为王是推广中的一个重要法宝，对于网站初期的基础框架的搭建，原创的文章也是非常必要的。

（4）明确自己的竞争优势。网上、网下竞争对手是谁？（网上竞争对手可以通过搜索引擎查找），与他们相比，公司在商品、价格、服务、品牌、配送渠道等方面有什么优势？竞争对手的优势能否学习？如何根据自己的竞争优势来确定公司的营销战略？

（5）如何为客户提供信息？网站信息来源在哪里？信息是集中到网站编辑处更新、发布，还是由各部门自行更新、发布？集中发布可能安全性好，便于管理，但信息更新速度可能较慢，有时还可能出现协调不力的问题。

23.1.2　企业网站主要功能栏目

一般的企业网站主要有以下功能。

- 公司概况：包括公司背景、发展历史、主要业绩、经营理念、经营目标及组织结构等，让用户对公司的情况有一个概括的了解。
- 企业新闻动态：可以利用互联网的信息传播优势，构建一个企业新闻发布平台，通过建立一个新闻发布 / 管理系统，企业信息发布与管理将变得简单、迅速，及时向互联网发布本企业的新闻、公告等信息。通过公司动态可以让用户了解公司的发展动向，加深对公司的印象，从而达到展示企业实力和形象的目的。
- 产品展示：如果企业提供多种产品、服务，利用产品展示系统对产品进行系统的管理，包括产品的添加与删除、产品类别的添加与删除、特价产品和最新产品、推荐产品的管理、产品的快速搜索等。可以方便、高效地管理网上产品，为网上客户提供一个全面的产品展示平台，更重要的是网站可以通过某种方式建立起与客户的有效沟通，更好地与客户进行对话，收集反馈信息，从而改进产品质量和提高服务水平。
- 产品搜索：如果公司产品比较多，无法在简单的目录中全部列出，而且经常有产品升级换代，为了让用户能够方便地找到所需要的产品，除了设计详细的分级目录，增加关键词搜索功能不失为有效的措施。
- 网上招聘：这也是网络应用的一个重要方面，网上招聘系统可以根据企业自身特点，建立一个企业网络人才库，人才库对外可以进行在线网络即时招聘，对内可以方便管理人员对招聘信息和应聘人员的管理，同时人才库可以为企业储备人才，为日后需要时使用。
- 销售网络：目前用户直接在网站订货

的并不多，但网上看货网下购买的现象比较普遍，尤其是价格比较贵重或销售渠道比较少的商品，用户通常喜欢通过网络获取足够信息后在本地的实体商场购买。因此，尽可能详尽地告诉用户在什么地方可以买到他所需要的产品。

- 售后服务：有关质量保证条款、售后服务措施，以及各地售后服务的联系方式等都是用户比较关心的信息，而且，是否可以在本地获得售后服务往往是影响用户购买决策的重要因素，对于这些信息应该尽可能详细地提供。
- 技术支持：这一点对于生产或销售高科技产品的公司尤为重要，网站上除了产品说明书，企业还应该将用户关心的技术问题及其答案公布在网上，如一些常见故障处理、产品的驱动程序、软件工具的版本等信息资料，可以用在线提问或常见问题回答的方式体现。
- 联系信息：网站上应该提供足够详尽的联系信息，除了公司的地址、电话、传真、邮政编码、网管 E-mail 地址等基本信息，最好能详细地列出客户或者业务伙伴可能需要联系的具体部门的联系方式。对于有分支机构的企业，同时还应有各地分支机构的联系方式，在为用户提供方便的同时，也起到了对各地业务的支持作用。
- 辅助信息：有时由于企业产品比较少，网页内容显得有些单调，可以通过增加一些辅助信息来弥补这种不足。辅助信息的内容比较广泛，可以是本公司、合作伙伴、经销商或用户的一些相关新闻、趣事，或产品保养、维修常识等。

23.2 设计网站页面

在设计企业网站时，要采用统一的风格和结构来把各页面组织在一起，所选择的颜色、字体、图形及页面布局应能传达给浏览者一个形象化的主题，并引导他们去关注站点的内容。

23.2.1 首页的设计

对于所有网站来说重中之重的页面就是首页，能够做好首页就相当于做好了网站的一半。下面讲述利用Photoshop设计网站首页的方法，如图 23-1 所示，具体的操作步骤如下。

01 启动 Photoshop，执行“文件”|“新建”命令，弹出“新建”对话框，在该对话框中将“宽度”设置为 1000 像素，“高度”设置为 1100 像素，如图 23-2 所示。

02 单击“确定”按钮，新建空白文档，如图 23-3 所示。

图 23-1　网站首页效果

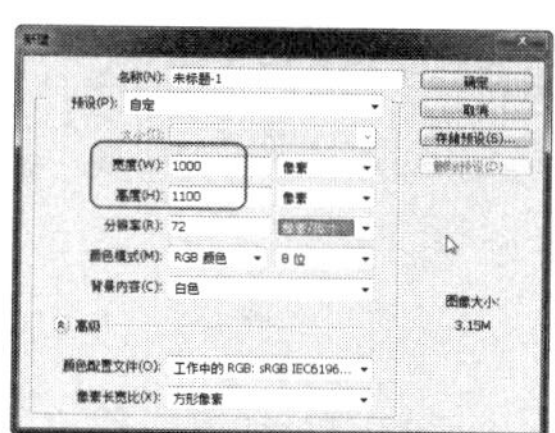
图 23-2　“新建”对话框

图 23-3　新建空白文档

03 在工具箱中将背景颜色设置为#d2ddd7，按快捷键 Ctrl+A 全选图像，在按快捷键 Ctrl+C 复制图像，然后按快捷键 Ctrl+Delete 填充背景，如图 23-4 所示。

图 23-4　填充背景

04 选择工具箱中的“矩形工具”，在选项栏中将填充颜色设置渐变颜色，如图 23-5 所示。

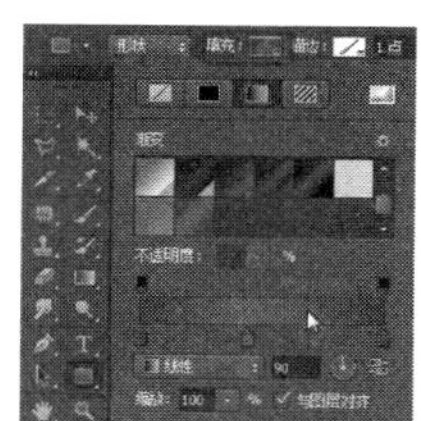
图 23-5　设置渐变颜色

05 在舞台中单击并拖动绘制矩形，如图 23-6 所示。

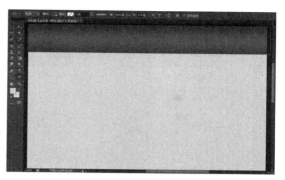

图 23-6　绘制矩形

06 选择工具箱中的“横排文字工具”，在选项栏中将字体设置为“黑体”，字体大小设置为 60 点，字体颜色设置为 #b1000d，在页面中输入文字“时代商业广场”，如图 23-7 所示。

图 23-7　输入文本

07 执行“图层”|“图层样式”|“描边”命令，弹出“图层样式”对话框，在该对话框中将“大小”设置为 4，“颜色”设置为 #fffa6b，如图 23-8 所示。

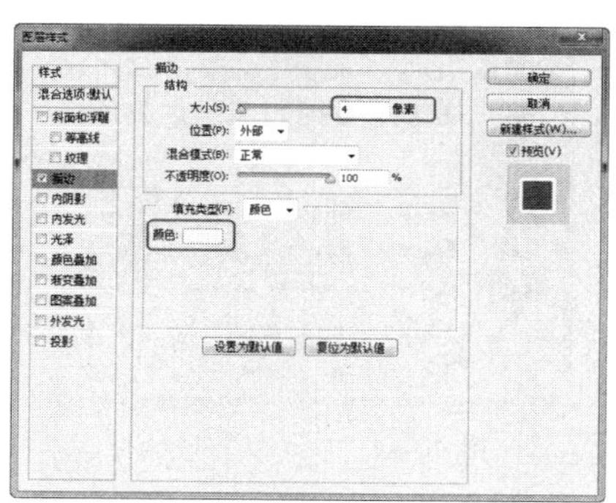
图 23-8　“图层样式”对话框

08 单击“确定”按钮，设置图层样式的效果如图 23-9 所示。

图 23-9　设置图层样式

09 选择工具箱中的“横排文字工具”，在选项栏中将字体设置为“宋体”，字体大小设置为 12 点，字体颜色设置为 #ffffff，输入文本，如图 23-10 所示。

图 23-10　输入文本

10 执行“文件”|“置入”命令，弹出“置入”对话框，在该对话框中选择图像文件 xx.jpg，如图 23-11 所示。

图 23-11　“置入”对话框

11 单击“置入”按钮置入图像，如图 23-12 所示。

图 23-12　置入图像

12 选择工具箱中的“矩形工具”，在选项栏中填充颜色设置渐变色，单击并拖动绘制矩形，如图 23-13 所示。

图 23-13　绘制矩形

13 执行“图层”|“图层样式”|“混合选项”命令，在弹出的“图层样式”对话框中单击“样式”选项，在右侧的列表中选择相应的样式，如图 23-14 所示。

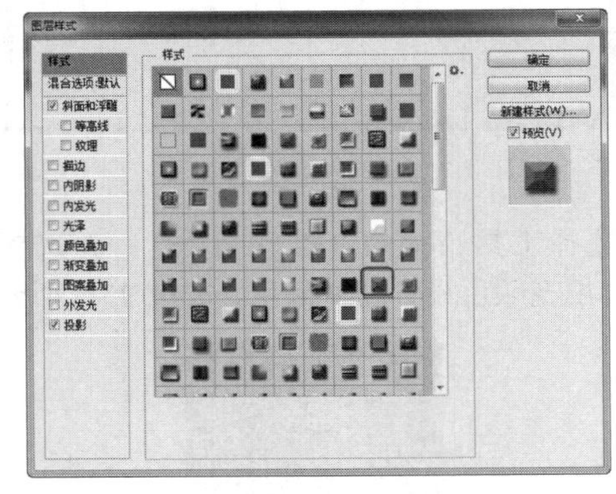

图 23-14　“图层样式”对话框

14 单击“确定”按钮，设置图层样式，如图 23-15 所示。

图 23-15　设置图层样式

15 选择工具箱中的“横排文字工具”，输入相应的导航文本，如图 23-16 所示。

图 23-16　输入导航文本

16 执行“文件”|“置入”命令，在弹出的对话框中选择图像文件 1.jpg，单击“置入”按钮，置入图像后的效果如图 23-17 所示。

图 23-17　置入图像文件效果

17 执行“文件”|“置入”命令，在弹出的对话框中选择图像文件 xx.jpg，单击“置入”按钮，置入图像文件后的效果如图 23-18 所示。

图 23-18　置入图像文件效果

18 选择工具箱中的“圆角矩形工具”，在选项栏中将“填充”设置为相应的渐变颜色，单击并拖动绘制圆角矩形，如图 23-19 所示。

图 23-19　绘制圆角矩形

19 选择工具箱中的“横排文字工具”，输入相应的文本，如图 23-20 所示。

图 23-20　输入文本

20 采用步骤 18~19 的方法，绘制圆角矩形并输入相应的文本，如图 23-21 所示。

图 23-21　绘制圆角矩形并输入文本

21 执行“文件”|“置入”命令，弹出“置入”对话框，置入图像文件 zs.jpg 和 1.jpg，如图 23-22 所示。

图 23-22　置入图像

22 选择工具箱中的“圆角矩形工具”，在选项栏中将“填充”颜色设置为 #ec6941，绘制圆角矩形，如图 23-23 所示。

图 23-23　绘制圆角矩形

23 选择工具箱中的“圆角矩形工具”，在选项栏中将“填充”颜色设置为 # ffffff，绘制圆角矩形，如图 23-24 所示。

图 23-24　绘制圆角矩形

24 选择工具箱中的“直排文字工具”，在选项栏中将字体设置为“黑体”，字体大小设置为 24 点，字体颜色设置为 #530505，输入文字“楼盘展示”，如图 23-25 所示。

图 23-25　输入文字

25 执行“文件”|“置入”命令，置入相应的图像文件，如图 23-26 所示。

图 23-26　置入图像文件

26 选择工具箱中的“矩形工具”，在选项栏中设置渐变颜色，绘制矩形，如图 23-27 所示。

图 23-27　绘制矩形

27 选择工具箱中的“横排文字工具”，在选项栏中设置相应的参数，然后输入相应的文本，如图 23-28 所示。

图 23-28　输入文本

28 执行“文件”|“存储为”命令，弹出“存储为”对话框，在该对话框中将“文件名”设置为 shouye.psd，如图 23-29 所示。单击“保存”按钮，即可保存文档。

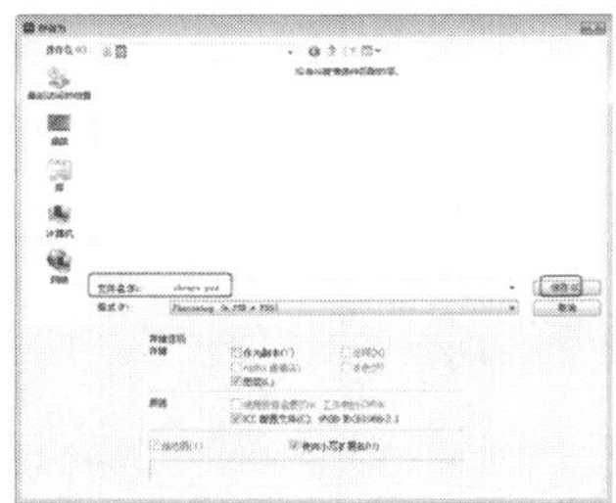

图 23-29　“存储为”对话框

23.2.2　切图并输出

使用“切片工具”可以将一个完整的网页切割成许多小图片，以便网络下载。下面讲述“切片工具”的使用方法，如图 23-30 所示。

图 23-30　要切片的网页

01 执行“文件”|“打开”命令，打开图像文件 shouye.jpg，选择工具箱中的“切片工具”，如图 23-31 所示。

图 23-31　打开图像文件

02 将鼠标指针置于要创建切片的位置，按住鼠标左键拖动，拖动到合适的切片大小释放鼠标左键，如图 23-32 所示。

图 23-32　绘制切片

03 采用同样的方法绘制其他的切片，如图 23-33 所示。

图 23-33　绘制切片

图 23-34　“存储为 Web 所用格式”对话框

04 执行“文件”|“存储为 Web 所用格式”命令，弹出“存储为 Web 所用格式”对话框，如图 23-34 所示。

05 单击“存储”按钮，弹出“将优化结果存储为”对话框，将“格式”设置为“HTML 和图像”，如图 23-35 所示。单击“保存”按钮，即可存储文档。

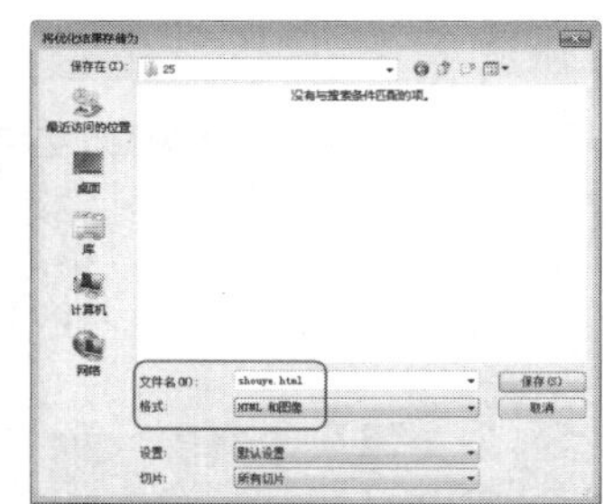

图 23-35　“将优化结果存储为”对话框

23.3 在 Dreamweaver 中进行页面排版制作

本例网站布局比较统一，拥有相同的导航，并且显示不同栏目内容的位置基本保持不变，这种布局的网站使用模板来创建比较省时省力。将具有相同的整体布局结构的页面制作成模板，这样，当设计者再次制作拥有模板内容的网页时，就不需要进行重复的操作了，可以直接从模板新建网页。

23.3.1 创建本地站点

站点是管理网页文档的场所，Dreamweaver 是一个站点创建和管理软件，使用它不仅可以创建单独的网页，还可以创建完整的站点。可以使用站点定义向导按照提示快速创建本地站点，具体的操作步骤如下。

01 启动 Dreamweaver，执行“站点”|“管理站点”命令，弹出“管理站点”对话框，如图 23-36 所示。

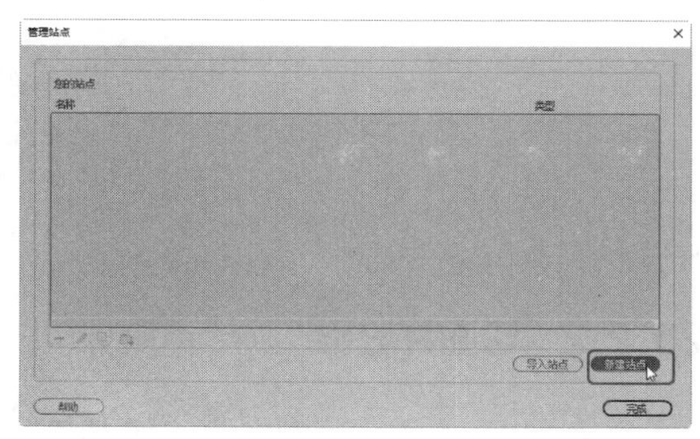

图 23-36　“管理站点”对话框

02 在“管理站点”对话框中单击“新建站点”按钮，弹出“站点设置对象”对话框，在该对话框中选择“站点”选项，在“站点名称”文本框中输入名称，如图 23-37 所示。

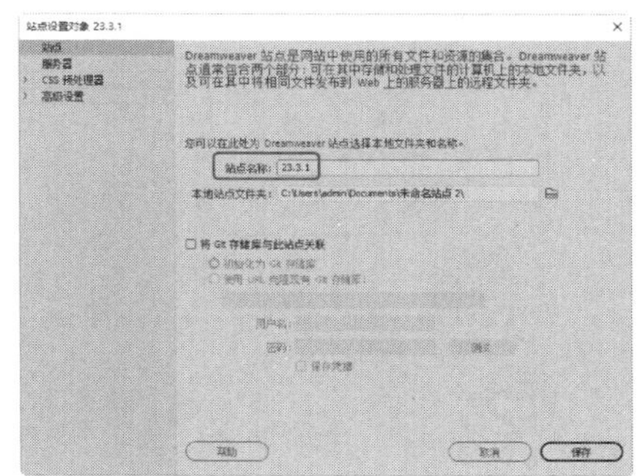

图 23-37　“站点设置对象”对话框

03 单击“本地站点文件夹”文本框右侧的浏览按钮，弹出“选择根文件夹”对话框，选择站点文件，如图 23-38 所示。

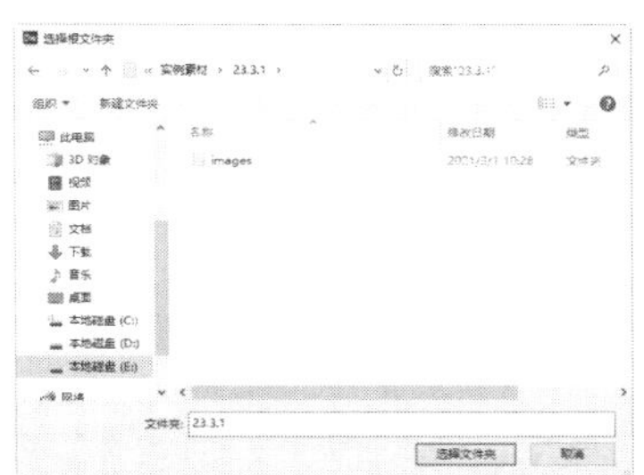

图 23-38　“选择根文件夹”对话框

04 选择站点文件后，单击“选择文件夹”按钮，如图 23-39 所示。

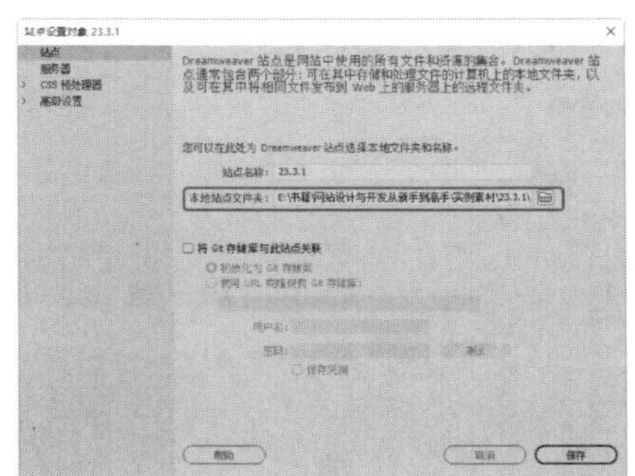

图 23-39　选择文件夹位置

05 单击“保存”按钮，更新站点缓存，出现“管理站点”对话框，其中显示了新建的站点，如图 23-40 所示。

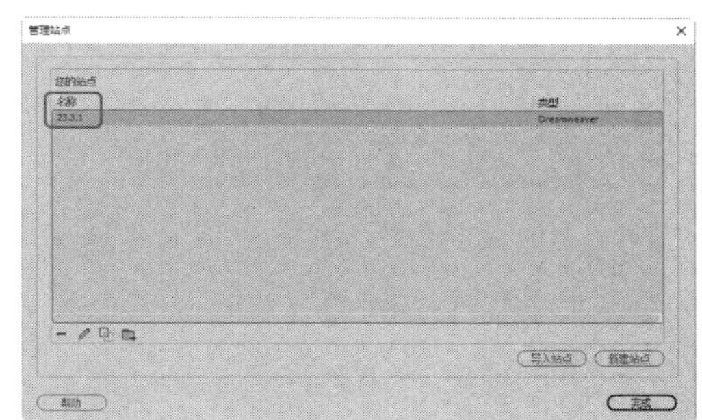

图 23-40　“管理站点”对话框

06 单击“完成”按钮，此时在“文件”面板中可以看到创建的站点文件，如图 23-41 所示。

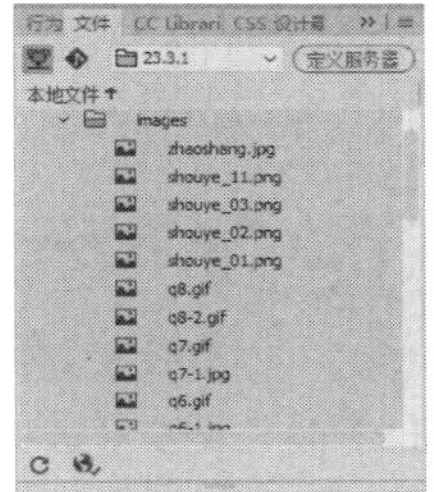

图 23-41　创建的站点文件

23.3.2　创建二级模板页面

在 Dreamweaver 中，可以创建一个空白模板，在其中输入需要的文档内容。模板实际上也是文档，它的扩展名为 .dwt，并存放在根目录的模板文件夹中。下面讲述模板的制作方法，具体的操作步骤如下。

01 启动 Dreamweaver，执行“文件”|“新建”命令，弹出“新建文档”对话框，在该对话框中选择“新建文档”|“</>HTML 模板”|“＜无＞”选项，如图 23-42 所示。

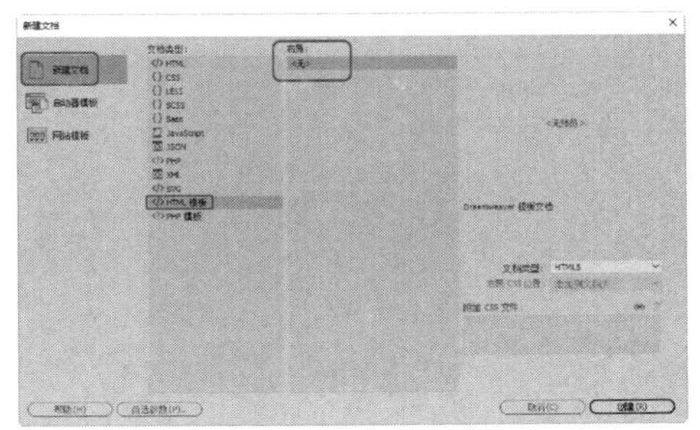

图 23-42　“新建文档”对话框

02 单击"创建"按钮，即可创建一个空白模板页，如图 23-43 所示。

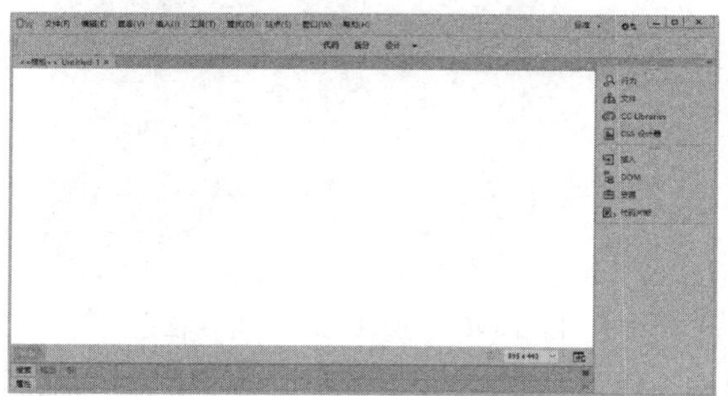

图 23-43　创建一个空白模板页

03 执行"文件"|"另存为模板"命令，弹出提示对话框，如图 23-44 所示。

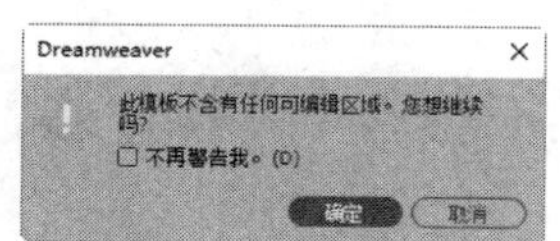

图 23-44　提示对话框

04 单击"确定"按钮，弹出"另存模板"对话框，在该对话框的"另存为"文本框中输入 moban，如图 23-45 所示。

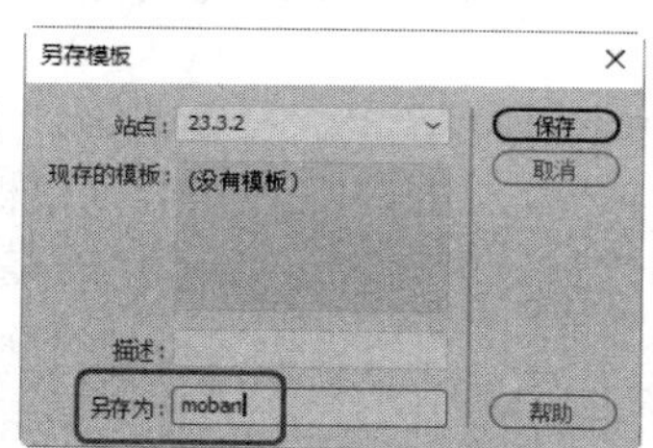

图 23-45　"另存模板"对话框

05 单击"保存"按钮，即可保存文档，如图 23-46 所示。

图 23-46　保存文档

06 执行"插入"|Table 命令，弹出 Table 对话框，在该对话框中将"行数"设置为 5，"列"设置为 1，"表格宽度"设置为 1000，如图 23-47 所示。

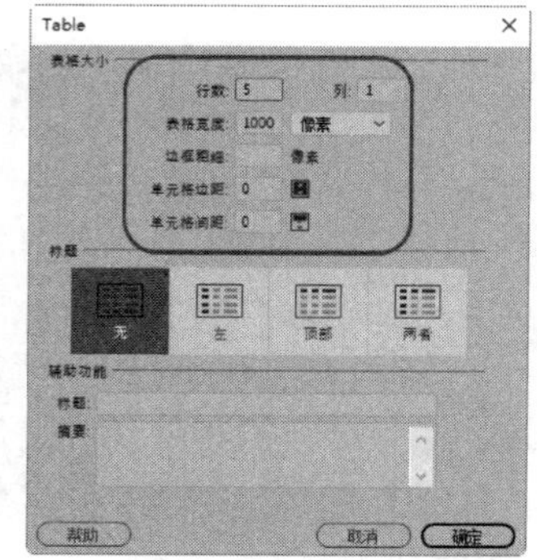

图 23-47　Table 对话框

07 单击"确定"按钮，插入表格。此表格记为表格 1，如图 23-48 所示。

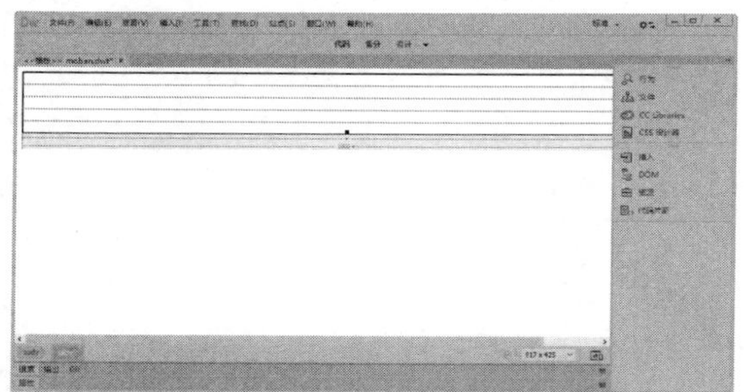

图 23-48　插入表格 1

08 将光标置于表格 1 的第 1 行单元格中，执行"插入"|Image 命令，弹出"选择图像源文件"对话框，如图 23-49 所示。

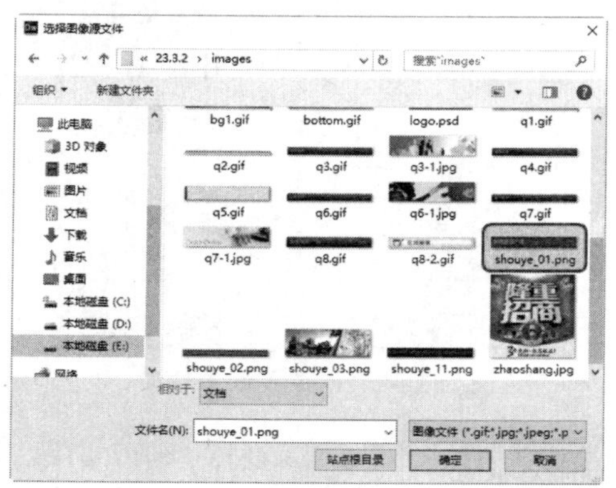

图 23-49　"选择图像源文件"对话框

09 在“选择图像源文件”对话框中选择shouye_01.png，单击“确定”按钮，插入图像文件，如图23-50所示。

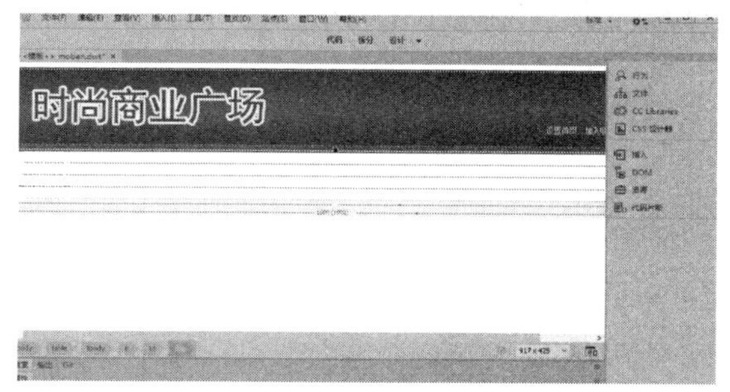

图 23-50　插入图像

10 采用步骤08~09的方法，在表格1的第2和3行单元格中分别插入图像文件shouye_02.png和shouye_03.png，如图23-51所示。

图 23-51　插入图像文件

11 将光标置于表格1的第4行单元格中，执行“插入”|Table命令，插入1行2列的表格，此表格记为表格2，如图23-52所示。

图 23-52　插入表格 2

12 将光标置于表格2的第1列单元格中，执行“插入”|Table命令，插入3行1列的表格，此表格记为表格3，如图23-53所示。

图 23-53　插入表格 3

13 将光标置于表格3的第1行单元格中，执行“插入”|Image命令，插入图像images/about.gif，如图23-54所示。

图 23-54　插入图像

14 将光标置于表格3的第2行中，切换至“拆分视图”，输入代码height="180" background="../images/a1-bg.gif"，设置行高和背景颜色，如图23-55所示。

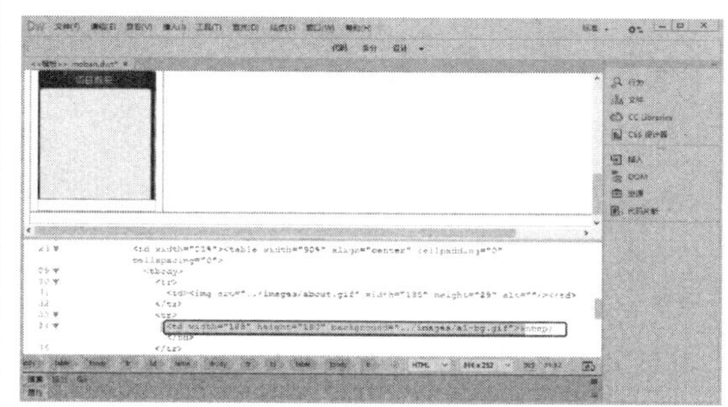

图 23-55　设置行高和背景颜色

15 将光标置于表格3的第2行单元格中，执行“插入”|Table命令，插入5行1列的表格，此表格记为表格4，在“属性”面板中将“对齐”设置为“居中对齐”，如图23-56所示。

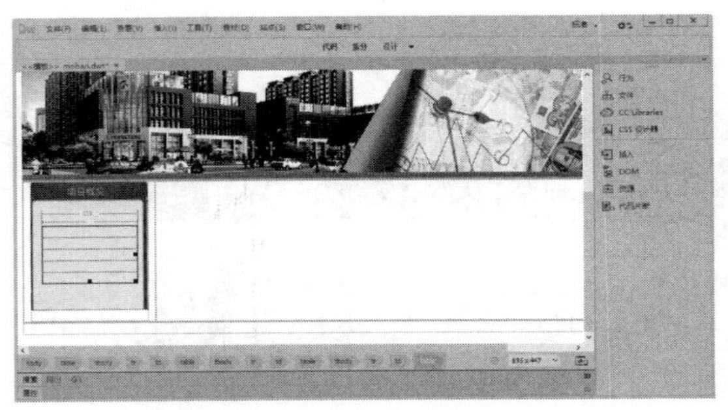
图 23-56　插入表格 4

16 将光标置于表格 4 的第 1 行中，切换至“拆分视图”，输入代码 background="../images/a2.gif"，设置背景图像，如图 23-57 所示。

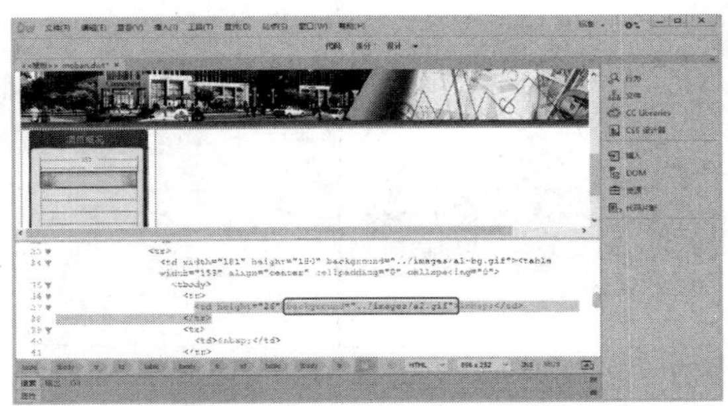
图 23-57　设置背景图像

17 在背景图像上面输入文本“项目介绍”，如图 23-58 所示。

图 23-58　输入文本

18 采用步骤 16~17 的方法，在其余的 4 行单元格中分别设置背景颜色，并输入相应的文本，如图 23-59 所示。

19 将光标置于表格 3 的第 3 行单元格中，执行“插入”|Image 命令，插入图像 images/a1-1.gif，如图 23-60 所示。

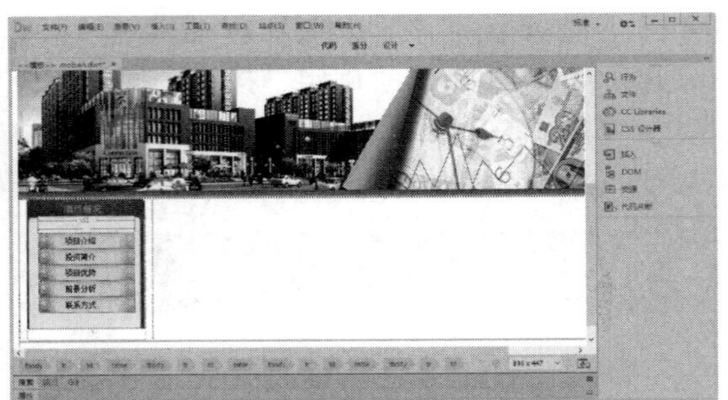
图 23-59　输入文本

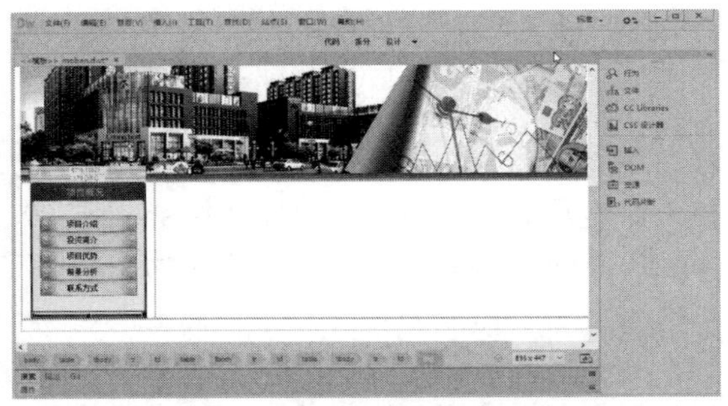
图 23-60　插入图像

20 将光标置于表格 2 的第 2 列单元格中，执行“插入”|“模板对象”|“可编辑区域”命令，弹出“新建可编辑区域”对话框，如图 23-61 所示。

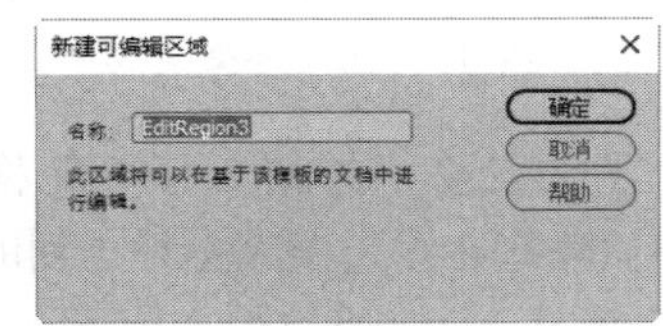

图 23-61　“新建可编辑区域”对话框

21 单击“确定”按钮，即可插入可编辑区域，如图 23-62 所示。

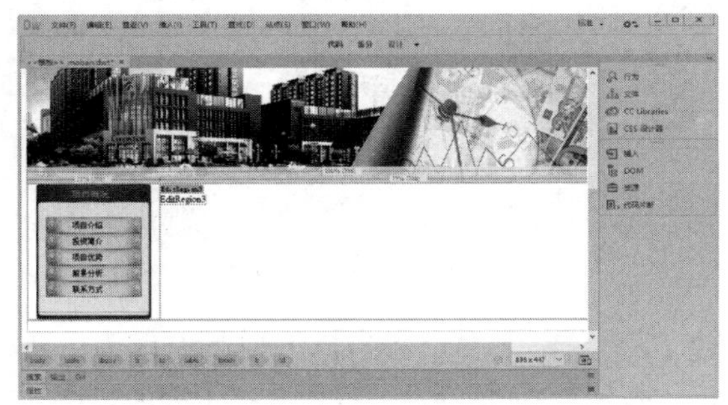
图 23-62　插入可编辑区域

22 将光标置于表格1的第5行单元格中，插入图像images/shouye_11.png，如图23-63所示。

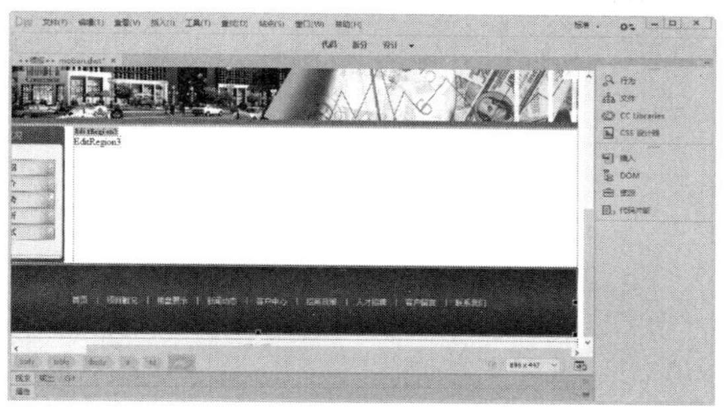

图 23-63　插入图像

23 执行“文件”|“保存”按钮，即可保存文档。

23.3.3　利用模板制作其他网页

下面利用模板创建其他网页，具体的操作步骤如下。

01 执行“文件”|“新建”命令，弹出“新建文档”对话框，选择“网站模板”|“站点23.3.3”|moban选项，如图23-64所示。

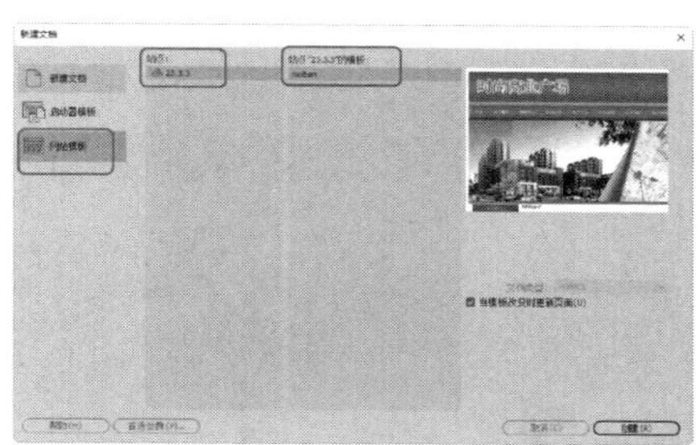

图 23-64　“新建文档”对话框

02 单击“创建”按钮，即可利用模板创建网页，如图23-65所示。

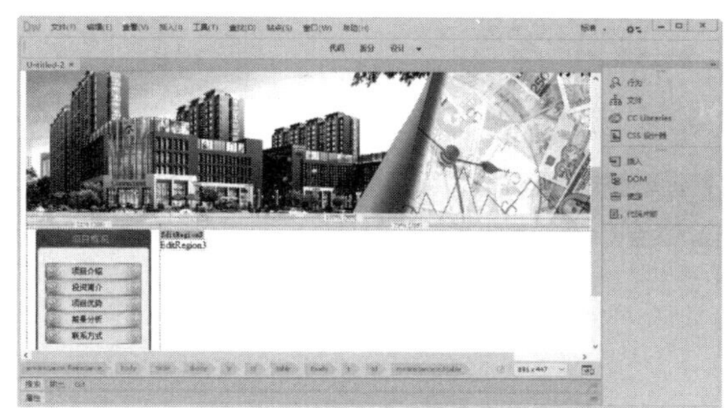

图 23-65　利用模板创建网页

03 执行“文件”|“保存”按钮，弹出“另存为”对话框，在该对话框中将“文件名”设置为index1.html，如图23-66所示。

图 23-66　“另存为”对话框

04 单击“保存”按钮，即可保存文档。执行“插入”|Table命令，弹出Table对话框，在该对话框中将“行数”设置为3，“列”设置为1，“表格宽度”设置为95，如图23-67所示。

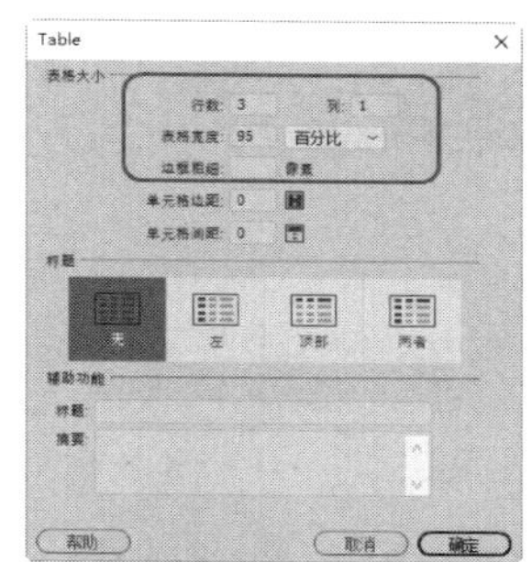

图 23-67　Table 对话框

05 单击“确定”按钮，插入表格，在“属性”面板中将“对齐”设置为“居中对齐”，如图23-68所示。

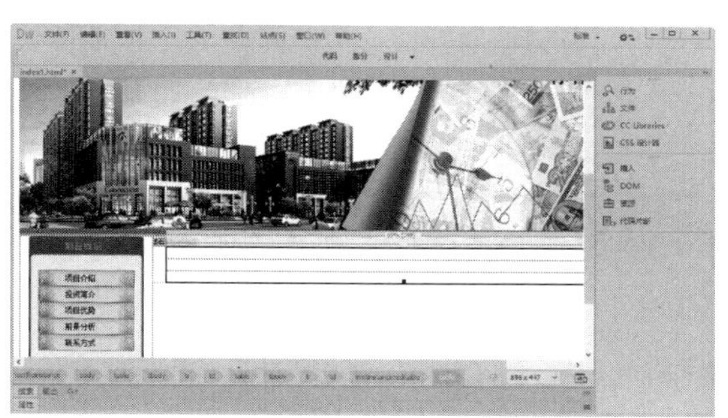

图 23-68　插入表格

06 在第 1 行单元格中输入相应文本，在“属性”面板中将字体颜色设置为 #8b0100，大小设置为 14，如图 23-69 所示。

图 23-69　输入文本

07 将光标置于第 2 行单元格中，执行“插入”|HTML|“水平线”命令，插入水平线，如图 23-70 所示。

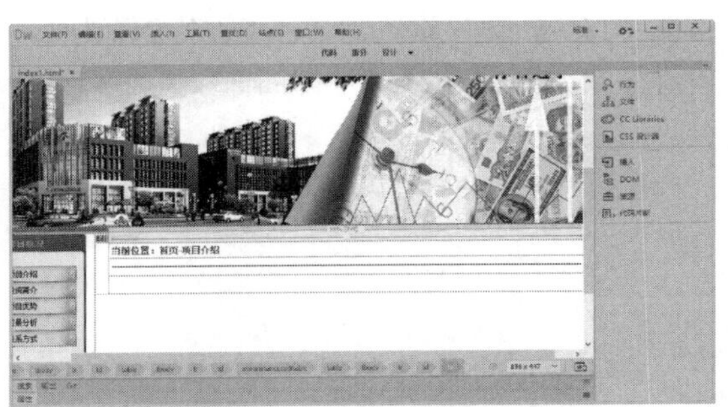

图 23-70　插入水平线

08 在第 3 行单元格中输入相应的文本，如图 23-71 所示。

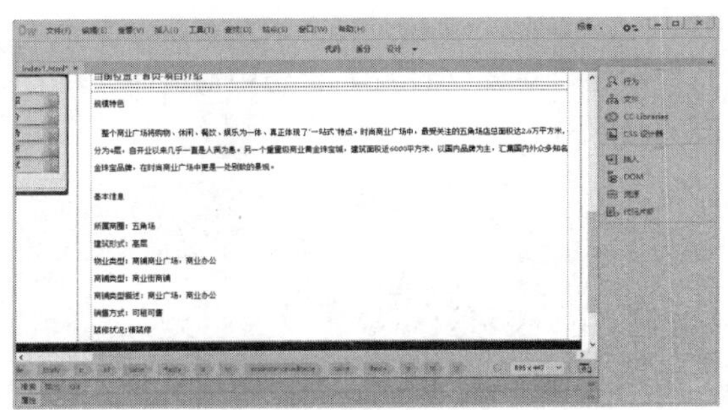

图 23-71　输入文本

09 将光标置于文字中，执行“插入”|Image 命令，插入图像 images/tu.jpg，如图 23-72 所示。

10 选中图像并右击，在弹出的快捷菜单中选择“对齐”|“右对齐”命令，对齐图像，如图 23-73 所示。

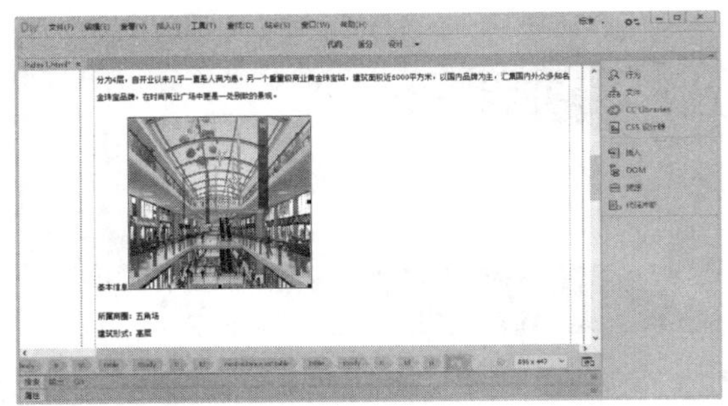

图 23-72　插入图像

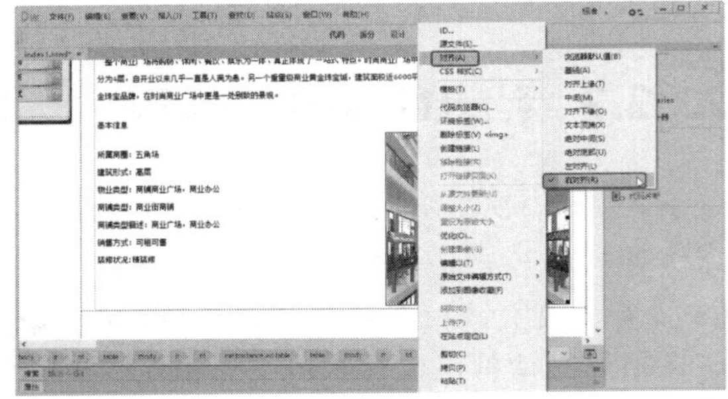

图 23-73　对齐图像

11 保存文档，预览网页效果如图 23-74 所示。

图 23-74　利用模板制作网页效果

23.4 给网页添加特效

利用脚本可以为网站制作很多特效，甚至可以利用脚本做出任何想要的效果，特效网页主要利用 JavaScript 编写的一些静态的客户端脚本来实现。

23.4.1 滚动公告

滚动公告栏也称“滚动字幕”，滚动公告栏的应用将使整个网页更有动感，显得很有生气，制作滚动公告栏的具体的操作步骤如下。

01 打开网页文档，首先选中文字，如图 23-75 所示。

图 23-75　选中文字

02 在“拆分”视图中，在文字的前面加上一段代码，如图 23-76 所示。

```
    <marquee onmouseover=this.stop()
    style=height: 160px"
onmouseout=this.start()
scrollAmount=1
    scrollDelay=1 direction=up
width=230  height=150>
```

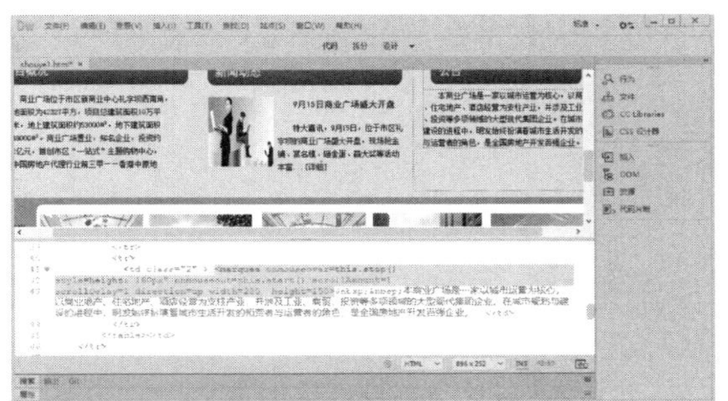

图 23-76　输入代码

03 在文字的后边加上代码 </marquee>，如图 23-77 所示。

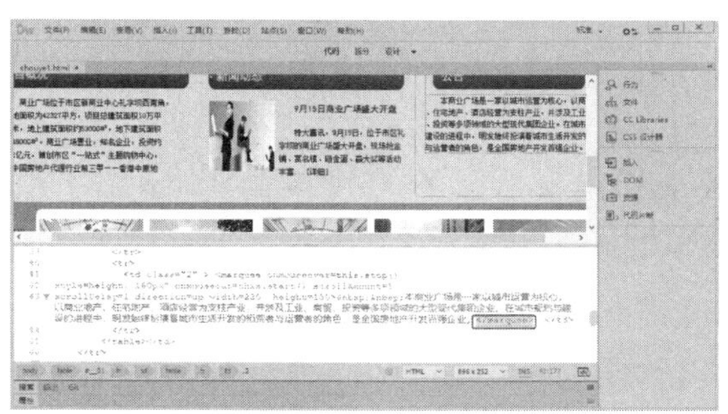

图 23-77　输入代码

04 保存文档，按 F12 键在浏览器中预览，滚动公告的效果如图 23-78 所示。

图 23-78　滚动公告效果

23.4.2 制作弹出窗口页面

使用“打开浏览器窗口”动作可以在一个新的窗口中打开网页，并且可以指定新窗口的属性、特征和名称。制作弹出窗口页面具体的操作步骤如下。

01 打开网页文档，单击文档窗口的 body 标签，如图 23-79 所示。

图 23-79　打开网页文档

02 执行“窗口”|“行为”命令，打开“行为”面板，在该面板中单击“添加行为”按钮，在弹出的菜单中执行“打开浏览器窗口”命令，如图 23-80 所示。

图 23-80　“行为”面板

03 弹出“打开浏览器窗口”对话框，在该对话框中输入文件路径 images/chuangkou.jpg，如图 23-81 所示。

04 设置完毕，单击“确定”按钮，添加到“行为”面板，如图 23-82 所示。

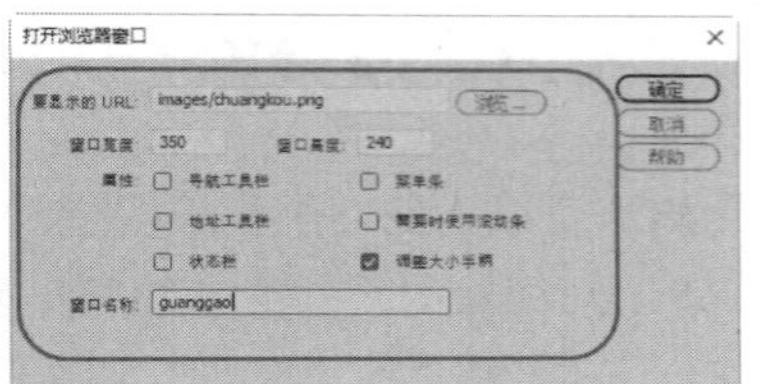

图 23-81　“打开浏览器窗口”对话框

图 23-82　添加行为

05 保存文档，在浏览器中预览弹出页面窗口的效果，如图 23-83 所示。

图 23-83　弹出页面窗口效果

23.5　本章小结

制作一个完整的企业网站，首先考虑的是网站的总体策划、网站主要功能栏目，接着进行首页的设计与切片，在 Dreamweaver 中进行页面排版制作，为网页添加特效。在设计综合性网站时，为了减少工作时间，提高工作效率，应尽量避免一些重复性劳动，特别要掌握在本章中介绍的模板的创建与应用方法，读者在学习本章的过程中应多下功夫，从而掌握企业网站的特点与制作方法。